# AHA!

Hubert Filsers
großes Buch der
Alltagsfragen

# AHA!

*Hubert Filsers*
*großes Buch der*
*Alltagsfragen*

DROEMER

Besuchen Sie uns im Internet:
www.droemer.de

© 2015 Droemer Verlag
Ein Imprint der Verlagsgruppe
Droemer Knaur GmbH & Co. KG, München
Alle Rechte vorbehalten. Das Werk darf – auch teilweise –
nur mit Genehmigung des Verlags wiedergegeben werden.
Mitarbeit: Katharina Roth
Lektorat: Nadine Lipp
Covergestaltung: HildenDesign, München
Coverabbildung: HildenDesign, Veronika Wunderer
Layout und Satz: HildenDesign
Druck und Bindung: CPI books GmbH
ISBN 978-3-426-27668-6

2 4 5 3 1

*Für Theresia und Max*

# AHA! Inhalt

# SOMMER

## HERBST

# WINTER

# Prolog

Wussten Sie schon? Staunen macht uns zu besseren Menschen. Erst kürzlich entdeckten Wissenschaftler, dass Menschen, die zuvor gestaunt hatten, sich danach einfühlsamer verhielten. Die Erklärung klingt einfach: Wer sich über die Vielfalt unserer Welt noch wundern kann, dreht sich nicht mehr nur um sich selbst. Der zieht größere Kreise und versteht sich als Teil eines Ganzen, als Mitmensch und Mitgeschöpf. Höchste Zeit also für Erstaunliches und Wunderbares.

Man muss nicht ins Weltall fliegen und die Erde als blauen Planeten betrachten, um ins Staunen zu geraten. Es reicht schon, im Alltag die Augen aufzumachen.

Haben Sie beispielsweise schon einmal ein Katzenpaar beim Liebesspiel beobachtet? Das ist ein stundenlanges Gemaunze und Gebalze, beide haben offensichtlich Interesse aneinander. Endlich darf der Kater ran, aber nur wenige Sekunden später faucht die Katze ihn wütend an und verpasst ihm eins mit der Tatze. Kurz darauf geht das Gemaunze wieder los und das Spiel beginnt von vorn. Erstaunlich!

Oder haben Sie sich schon einmal gefragt, warum es nach einem Sommerregen so ganz besonders duftet? Warum an manchen Stränden einfach keine guten Sandburgen gelingen wollen? Oder wie man das Problem wackelnder Biergartentische in den Griff bekommt?

An jedem Tag eines Jahres begegnen uns wundersame Rätsel und faszinierende Kleinigkeiten. Auf diese Fragen des Alltags gibt es oft verblüffende wissenschaftliche Antworten. Manches bleibt aber auch trotz jahrzehntelanger Forschungen rätselhaft.

Die schönsten und skurrilsten Erkenntnisse zu solchen Alltagsrätseln habe ich hier für Sie versammelt. »Aha!« möchte Sie einmal durch das ganze Jahr begleiten und viele Fragen beantworten, aufregende Geschichten und ungewöhnliche Fakten inklusive. Wir werden gemeinsam am Lagerfeuer sitzen, Eiszapfen beobachten und eine Bergtour unternehmen. Weil man überall spannende Fragen stellen kann – und hinter den einfachsten Beobachtungen oft die kompliziertesten Erklärungen stecken. Mich fasziniert es, in alltäglichen Situationen genauer hinzusehen und dann einzutauchen und den Dingen auf den Grund zu gehen. Auf einmal stößt man zum Beispiel auf uralte Fragen, die trotzdem spannend bleiben: Wer war zuerst da, die Wolke oder die Pfütze? Die Henne oder das Ei? Philosophisch betrachtet ist es die Frage nach der Ursache. Die Wolke regnet die Pfütze. Die Henne legt das Ei. Aber ist das wirklich der Anfang? Wer weiterstaunt, taucht plötzlich ganz tief ein in das Wesen der Welt.

Sie werden in diesem Buch also viele Fragen finden, die nur auf den ersten Blick klein sind oder nicht so wichtig – in denen sich aber etwas über das Wesen der Welt verbirgt. Streifen Sie mit mir durch Frühling, Sommer, Herbst und Winter. Ich erzähle Ihnen, warum der Kater sich eine Ohrfeige von der Katze abholen muss und wie Sie den schaukelnden Tisch ganz einfach ruhigstellen. Und das große Staunen beginnt.

Wenn es gut läuft, dann staunen wir gemeinsam … und machen damit uns selbst und unsere wunderbare Welt sogar ein kleines Stückchen besser.


Ihr
*Hubert Filser*

FRÜH

# Auf zum Frühjahrsputz!

**D**as Jahr beginnt. Immer wieder von Neuem, unser ganzes Leben lang. Und – machen wir etwas aus dem Neuanfang, den uns die Natur da Jahr für Jahr schenkt? »Ja, klar!«, rufen die einen. Sie lassen sich an Silvester voraussagen, dass es ein spannendes Jahr wird, mit Herausforderungen im beruflichen und im privaten Bereich. »Schau, das sieht doch ein bisschen wie ein Schiff aus!«, rufen sie beim Bleigießen. »Ein Aufbruch zu neuen Ufern!« Jedes noch so unförmige Bleiklümpchen bestätigt sie in ihren großen Plänen. Den Keller aufräumen! Endlich 10 Kilo abnehmen! Regelmäßig Sport treiben! An drei Tagen die Woche keinen Alkohol trinken! Und sie fangen gleich damit an, sich endlich wieder mehr um ihre Freunde zu kümmern, indem sie einen extra fest umarmen und »Schön, dass es dich gibt!« flüstern.

»Hm«, murmeln die anderen und kramen ein bisschen in ihrer Tasche. Läuft doch alles so weit ganz okay. Richtig ändern tut sich langfristig doch eh wenig. Sie feiern meistens gar nicht gern Silvester, denn was soll an diesem Abend schon besonders sein. Man kann sich an jedem Tag des Jahres etwas Neues vornehmen. Jeder weiß, dass Diäten wenig nützen, gleich danach isst man sich die Kilos sowieso wieder an. Mit Schwung in das Neue Jahr? Mensch, dafür haben sie nun wirklich keinen Kopf, der ist ja schon gefüllt mit den ganzen Terminen, noch aus dem alten Jahr.

Irgendwo dazwischen bewege ich mich. Ich feiere gern Silvester, mache gern Sachen zum ersten Mal. Neuanfang hat für mich mit Neugier zu tun, mit Lust und Freiheit. Mit 17 Jahren fand ich Hermann Hesse gut: Jedem Anfang wohnt ein Zauber inne. Es gibt doch nichts Spannenderes als Dinge auszuprobieren, von denen man nicht genau weiß, wie sie ausgehen. Das kann ja nicht mit der Jugend aufhören. Aber ich halte gleichzeitig nichts davon, mir Dinge vorzunehmen, die ich nicht schaffen kann, das frustriert nur. Man braucht einen guten Plan, eine Idee. Und für manchen Neustart braucht man auch Geduld, Geschick und etwas Übung. Aus kleinen Schritten können schließlich auch große werden.

Wir haben einige Rituale, die uns dabei helfen, Veränderungen zu üben. Viele von ihnen gehören ins Frühjahr. Diese Jahreszeit war in früheren Zeiten, bevor alle christlichen Länder denselben Kalender bekamen, mancherorts tatsächlich der Jahresbeginn. Und auch heute noch geht es im Frühling um den Neuanfang: Wir putzen den Winter aus dem Haus und richten alles schön her. Auch uns selbst wollen wir wieder in Form bringen, also fasten und entschlacken wir. Und – kaum hat man mit dem Staubwischen begonnen, da wirbelt man schon die ersten Fragen auf.

## WAS IST STAUB?

Er ist nicht nur unser lästiger Begleiter im Haushalt, ein vermeintlicher Gegner, den wir bekämpfen müssen. Wer sich mit Staub beschäftigt, sieht, dass er ein großartiges Archiv der Vergangenheit ist, sowohl auf der Erde wie auch im Weltall; mit ihm lassen sich Zusammenhänge des Lebens und des Universums besser verstehen. Und er hat eine faszinierende Eigenschaft, die wir sonst kaum beobachten können: Er widersetzt sich der Schwerkraft, schwebt tagelang durch die Luft oder bleibt einfach an Oberflächen haften.

Aus dem Alltag kennen wir Staub meist als Hausstaub, der sich überall in unserer Wohnung sammelt. Er wirkt wie eine einheitliche graue Schicht oder ein graues Knäuel, doch wenn man ihn genauer betrachtet –, am besten unter einem Mikroskop – erkennt man, dass er aus den unterschiedlichsten Materialien besteht. Hausstaub enthält textile Fasern, menschliche Hautschuppen und Haare, Essenskrümel, Reste von Insekten, Pflanzenteile, Gesteinspartikel, Kunststoffteilchen, Schadstoffe wie beispielsweise Weichmacher aus Teppichböden, Körnchen von Salz und Sand, sogar einige kosmische Staubteilchen. Es ist eine bunte Mischung aus organischen und anorganischen Stoffen, die zudem noch den Lebensraum für winzige Staubbewohner bilden. Milben, Läuse, Schimmelpilze, Algen, Bakterien und Viren sowie deren Ausscheidungen und Ausdünstungen sind ebenfalls Bestandteile unseres Hausstaubs.

Von diesem Staub sinken täglich 6,2 Milligramm pro Quadratmeter in einen durchschnittlichen Wohnraum herab. Etwas weniger als die Hälfte dieses Staubes entsteht normalerweise innerhalb unserer vier Wände. Winzige Faserteilchen lösen sich durch Abrieb von unserer Kleidung und anderen Wohntextilien und verteilen sich in der ganzen Wohnung. Jede unserer Bewegungen verursacht Staub. Staubwischen und Putzen produzieren paradoxerweise durch das Aufwirbeln, Abreiben und das viele Herumhantieren mehr Staub als sie beseitigen. Direkt von uns Menschen stammt auch ein Teil der Staubpartikel: Bis zu zwei Gramm abgestorbene Hautzellen geben wir Tag für Tag an die Luft ab. Auf Bücherregalen und Bilderrahmen bilden sie den Hauptbestandteil des Hausstaubs, da warme Luft mit den leichten Teilchen aufsteigt und an den kühleren Wänden wieder absinkt. Deshalb ist es an den Wänden in der Regel staubiger.

Mehr als die Hälfte unseres Hausstaubes (im Durchschnitt etwa 60 Prozent) tragen wir an unseren Schuhsohlen von der Straße nach drinnen. Die Zusammensetzung dieses Staubanteils variiert sehr stark: Sie ist abhängig von der Umgebung, enthält auf dem Land viel mehr pflanzliches Material als in der Großstadt. Sie ist aber auch von der Jahreszeit abhängig: Staub ist im Winter salziger, weil wir das Streusalz vom Gehweg im Hausflur verteilen. Auch der Staub außerhalb der Wohnung entsteht größtenteils mechanisch durch Abrieb oder Zerkleinerung, manchmal auch durch chemische Prozesse, wie Rauch. Einige Stäube werden auch direkt von Pflanzen in die Welt

geschickt, so wie der Blütenstaub. Und nicht zuletzt ist von Menschen erzeugter Staub überall in unserer Umwelt zu finden: Industrie, Kraftwerke, Verkehr und Städtebau hinterlassen staubige Spuren. Dieser Feinstaub schwebt in der Luft und kommt durch die geöffneten Fenster auch in unsere Wohnungen. Wer an einer vielbefahrenen Straße lebt, hat eine deutlich höhere Staubbelastung als jemand in einer einsamen Almhütte.

Staub ist also eine Art Überbleibsel unterschiedlicher Vorgänge. Viele der winzig kleinen Teilchen können wir mit bloßem Auge gerade noch erkennen, manche aber nur noch mit modernsten Mikroskopen. Wer sich mit Staub beschäftigt, arbeitet an der Grenze vom Sichtbaren zum Unsichtbaren. Die kleinsten Staubpartikel, etwa von Feinstaub, sind weniger als 10 Mikrometer klein. Diese Winzigkeit verändert die physikalischen Eigenschaften der Staubkörner. Wird ein Material zerkleinert, verlieren die einzelnen Teilchen schnell an Masse, ihre Oberfläche dagegen nimmt nicht so rasch ab. Staubkleine Teilchen haben immer eine im Verhältnis zu ihrer Masse große Oberfläche. Ihre Gewichtskraft ist viel geringer als die Oberflächenkräfte, die auf sie wirken. Sie gehorchen nicht mehr in erster Linie den Gesetzen der Schwerkraft, sondern werden bestimmt von Anhaftungs- und Reibungskräften. Staub ist daher ziemlich anhänglich. Manche der Teilchen sind elektrisch geladen und kleben hartnäckig an bestimmten Oberflächen. Sogar Wechselwirkungen auf Molekülebene spielen dabei eine Rolle. Die waltenden Kräfte sind für Physiker faszinierend und im Detail längst nicht alle verstanden.

Staub bleibt aber nicht nur an Oberflächen haften, er schwebt auch lange in der Luft. Während ein größeres Sandkorn sofort zu Boden fällt, wird ein Staubkorn vom Luftwiderstand getragen und sinkt – abhängig von der Größe – ganz langsam herab. Ein Feinstaubpartikel von weniger als 1 Mikrometer Durchmesser sinkt mit einer Geschwindigkeit von 30 Mikrometer in der Sekunde. Und wenn man ganz genau hinsieht, tanzen die

Staubkörnchen sogar. Die unregelmäßigen, ruckartigen Bewegungen der Teilchen entstehen durch die Wärmebewegungen der sie umgebenden Moleküle. Die sogenannte Brown'sche Bewegung der Staubteilchen macht also die unsichtbare Welt der Moleküle und Atome sichtbar. Natürlich reagieren die tanzenden Teilchen auch auf jeden noch so feinen Windhauch. Eine der ersten Definitionen von Staub, die der Gelehrte Isidor von Sevilla vor fast 1500 Jahren niederschrieb, war:»Alles, was so leicht ist, dass es von der Luft emporgetragen wird.« Staub gelangt deshalb auch überallhin. Jede Staubansammlung enthält dabei eine ganz eigene Mischung von Materialresten – je nachdem, wo sie entstanden ist. Und das wiederum ist das Spannende an der Erforschung von Staub: Er bietet eine Art Archiv auf Mikroebene. Genau wie der Hausstaub alles enthält, was die Hausbewohner tun, befinden sich in Kometenstaub sehr wahrscheinlich einige der Urbausteinchen unseres Sonnensystems.

Dabei darf nicht vergessen werden, dass es schon lange vor den Menschen Staub auf unserem Planeten gab. Seine Zusammensetzungen änderten sich durch die Zeitalter mit der Entwicklung der Pflanzen- und Tierwelt und zuletzt mit derjenigen des Menschen. Auch heute noch stammen schätzungsweise 80 bis 90 Prozent des Staubs, der über die Erde wirbelt, aus der Natur. Wüstensand, Vulkanasche oder Meersalz spielen eine wichtige Rolle in der Atmosphäre. Der Wasserkreislauf auf unserem Planeten wäre ohne sie nicht möglich: Sie bieten die »Oberflächen«, an denen der Wasserdampf kondensieren kann, um dann zu Wolken, Regentropfen oder Schnee zu werden. Der Saharastaub wird durch den Wind in einem fast endlosen Staubstrom über die Meere getragen und düngt dann die riesigen Regenwälder des Amazonasgebiets, vor allem mit dem Element Phosphor. 182 Millionen Tonnen Sand tragen Wind und Wetter jedes Jahr aus der afrikanischen Wüste in den südamerikanischen Dschungel, 27 Millionen Tonnen landen im Amazonasbecken, haben Satellitenmessungen ergeben. Und das sind nur zwei Beispiele für die Bedeutung des Staubs in unserem Ökosystem.

### Folge dem Spitzwegerich

Organischer Staub vergangener Zeiten könnte uns viel über längst verschwundene Pflanzen und Lebewesen erzählen. Doch er zersetzt sich im Lauf der Zeit. Wissenschaftler suchen deshalb nach Staubsammlungen, bei denen sich Schicht um Schicht übereinander abgelagert hat. Und sie werden fündig: in Mitteleuropa beispielsweise im Torf von Mooren, wo Staubablagerungen ohne Sauerstoff konserviert wurden. Diese Staubarchive der Vergangenheit sind für Biologen ebenso spannend wie für Geografen und Archäologen. Den Chemiker und Philosophen Jens Soentgen, der das Buch »Staub – Spiegel der Umwelt« herausgegeben hat, interessiert beispielsweise das Vorkommen von Spitzwegerichpartikeln. Denn wo Spitzwegerich wuchs, lebten wahrscheinlich Menschen. Die Pflanze gedeiht nur an Stellen, die regelmäßig begangen werden, und solche eingetretenen Pfade legen eigentlich nur Menschen an. Wenn Torfproben Spitzwegerichreste enthalten, ist das ein Hinweis, dass in dieser Gegend Menschen unterwegs waren.

### Der Staubkrimi

Auch die Kriminaltechnik beschäftigt sich mit Staubspuren. Die Untersuchung winziger Mikropartikel am Tatort eines Verbrechens ist seit Beginn des 20. Jahrhunderts ein wichtiger Teil der Polizeiarbeit. »Jede Berührung hinterlässt eine Spur«, formulierte Edmond Locard, der Pionier der Kriminaltechnik. Er überzeugte seine Kritiker mit der praktischen Anwendung seiner Theorien: An der Kleidung von Falschmünzern wies er mithilfe des Mikroskops Metallstaub nach, dessen Zusammensetzung genau der Münzlegierung entsprach. Den Männern wurde sozusagen ihr »Berufsstaub« zum Verhängnis. Durch modernste Technik können heute immer feinere Spuren untersucht werden: Man rekonstruiert den Gebrauch einer Schusswaffe mittels mikrofeiner Schmauchteilchen und identifiziert sogar die DNA menschlicher Zellen.

## Unsere persönliche Staubwolke

Übrigens sind nicht nur Verbrecher von individuellem Staub umgeben. Forscher haben gemessen, dass wir alle in eine »personal cloud« gehüllt durch den Alltag laufen. Am Körper ist die Staubkonzentration eindeutig am höchsten. Diese Staubhüllen stellen eine Art Visitenkarte unseres Lebens dar. Die persönliche Staubwolke enthält alles, womit wir in Kontakt sind, Partikel von Personen genauso wie von Stoffen. Berufe und Gewohnheiten hinterlassen in der Wolke ihre Spuren. So geht ein Schreiner in eine Wolke kleinster Holzteilchen gehüllt durchs Leben, ein Raucher nimmt seinen kalten Rauch überallhin mit und einen Zeitungsleser umgeben Druckerschwärze und Papierpartikel.

Staub hilft nicht nur, die Natur und die Menschen besser zu verstehen. Wenn er aus den Tiefen des Weltalls kommt, kann er auch etwas über die Ursprünge unserer Welt erzählen. Klaus Torkar untersucht solchen Weltraumstaub an der Technischen Universität Graz. Am vielversprechendsten ist die Erforschung von Kometenstaub. »Kometen sammeln gewissermaßen den im frühen Sonnensystem oder gar vor der Planetenentstehung vorhandenen Staub und konservieren ihn über Jahrmillionen«, schreibt Torkar. Werden die Kometen schließlich in eine sonnennahe Bahn gelenkt, verdampfen durch die Erwärmung Gase und reißen winzige Staubpartikel aus dem Inneren des Kometen mit sich. Raumsonden gelang es bereits, den Kometenstaub im Weltraum zu untersuchen. Es geht dabei auch um die wichtige Frage: Sind darin organische Moleküle zu finden? Und kam mit ihm das Wasser auf die Erde? Denn möglicherweise ist Staub nicht nur das Archiv, sondern der Anfang allen Lebens.

Trotzdem heißt es jedes Frühjahr in vielen Haushalten: Tief Luft holen und auf zum großen Frühjahrsputz! Die Küche sollte mal wieder gründlich gereinigt werden – bis in die hinterste Ecke der Schränke und Ablagen bitte! Die Holzböden erhalten eine neue Politur und das Abstauben will nicht vergessen werden. Auch den Betten wird die Frühjahrsmüdigkeit ausgetrieben: Kopfkissen und Decken werden gelüftet und Matratzenauflagen in die Waschmaschine gesteckt. Dafür steht uns eine Armada an Helfern zur Seite: die Putzmittel.

In unseren Putzschränken stehen sie Seit' an Seit' bereit zu polieren, zu bleichen, zu absorbieren, zu lösen, zu waschen und zu enthärten. Jedes Mittel hat seinen eigenen Auftrag, so jedenfalls lautet die Werbebotschaft. Aber stimmt das auch, oder enthalten sie nicht doch alle dieselben Wirkstoffe?

Im Wesentlichen gehören fünf Stoffe zu den wichtigsten Waffen gegen Schmutz: Tenside, Alkalien, Säuren, Lösungsmittel und Enzyme.

Jeder Wohnbereich hat seine eigene Schmutzart. In der Küche zum Beispiel regiert das Fett. Herd, Küchenschränke, Arbeitsflächen und den Boden rings um den Herd bedeckt oft ein schmieriger Schmutzfilm. Dagegen helfen am besten Tenside, die Klassiker des Reinigens, die Menschen seit Jahrtausenden verwenden, um Schmutz und Fett zu beseitigen – früher ausschließlich in Form von Seife.

Tenside erhöhen die Reinigungswirkung des Wassers auf zweierlei Weise: Sie verringern die Oberflächenspannung, dadurch benetzt das Wasser auch wirklich alles, was es reinigen soll. Sie lösen zudem den fettigen Schmutz und halten ihn im Wasser fest, sodass er mit dem Putzwasser in den Abfluss gespült werden kann. Der Grund für diese Fähigkeiten liegt in der Zwitter-Struktur der Tensidmoleküle. Sie besitzen einen Kopf, der das Wasser liebt, und einen Schwanz, der sich zum Fett hingezogen fühlt. Die Moleküle können so an Grenzflächen aktiv sein, seien es Flüssigkeit-Luft-Grenzen oder Flüssigkeit-Flüssigkeit-Grenzen. Ihnen gelingt es, eigentlich Unvermischbares zu mischen, nämlich fettigen Schmutz und Wasser. Tenside sind in fast allen Putzmitteln zu finden, sie sind so etwas wie das Herz der Reinigungsmittel.

Tenside können das Wasser zum Schäumen bringen. Dann nämlich, wenn durch Bewegung – also zum Beispiel kräftiges Schütteln – Luft in die Tensidflüssigkeit kommt. So entsteht auch die schillernde Seifenblase: In diesem Fall pusten wir Luft auf einen dünnen Tensid-Wasser-Film. Diese sogenannte Lamelle hat auf beiden Seiten eine Tensidschicht, dazwischen eine dünne Schicht Wasser. Deshalb ist die Lamelle elastisch, durch die eingeblasene Luft dehnt sie sich und schließt sich um die Luft als fast perfekte Kugel. Früher waren die Schaumblasen ein Problem. Die ersten synthetisch hergestellten Tenside führten zu riesigen Schaumbergen auf unseren Flüssen. Heute setzt man deswegen schaumärmere und sehr schnell abbaubare Tenside ein.

## Ätzende Lösung

Nun gibt es in Küchen auch altes, eingebranntes Fett. Hier brauchen die Tenside Unterstützung. Alkalien erhöhen den pH-Wert des Wassers: auf einen Wert von über 7 (alkalischer Bereich). In einem solchen Milieu können Tenside optimal arbeiten: denn Schmutz löst sich leichter von den Oberflächen (alkalisches Wasser führt dazu, dass sich die Schmutzteilchen und die Oberflächen regelrecht abstoßen), und Fette, Öle und Proteine lassen sich leichter aufspalten.

Alkalien verwenden wir vielfach in der Küche; nicht nur zum Putzen, auch zum Kochen und Backen. Bäcker zum Beispiel tauchen ihre rohen Brezelteiglinge für wenige Sekunden in eine alkalische Lösung mit stark ätzendem Natriumhydroxid (Natronlauge), bevor sie sie in den Ofen schieben. Dadurch bekommt das Gebäck eine braun glänzende Oberfläche und einen besonderen Geschmack. Da alkalische Lösungen auch als Laugen bezeichnet werden, sprechen wir von »Laugengebäck«.

Schaut man sich die Inhaltsstoffe seines Backofenreinigers genau an, kann es gut sein, dass man dieselbe Alkalie entdeckt, die auch die Brezeln braun macht. Solche Reiniger kombinieren die ätzende Natronlauge mit weiteren Alkalien und Tensiden – die Laugen spalten die in den eingebrannten Speiseresten enthaltenen Fette zumindest teilweise in Seife und Glyzerin, sie lockern so die Verkrustung und machen sie wasserlöslich. Die Tenside lösen dann den fettigen Rest aus dem Backofen.

## Wenn Kalk zur Brausetablette wird

Weiter geht es im Badezimmer. Hier haben wir es in erster Linie mit Kalk zu tun. In den Nassräumen hinterlässt unser kalkhaltiges Leitungswasser überall Rückstände. An diesen mineralischen Verschmutzungen scheitern Alkalien und Tenside. Jetzt kommt der große Auftritt der Säuren. Sie können den Kalk auflösen, und zwar durch eine chemische Reaktion: Der Kalk – beziehungsweise das Kalziumcarbonat, ein kaum wasserlösliches Kalziumsalz der Kohlensäure, oder auch andere kalkhaltige Verkrustungen wie Magnesiumcarbonat – reagiert mit starken Säuren zu Kohlensäure und einem wasserlöslichen Salz. Die Kohlensäure wiederum zerfällt in Kohlendioxid und Wasser, deshalb sprudelt es beispielsweise im Wasserkocher, wenn wir den Entkalker hineinschütten.

Es gibt starke, aggressive und weniger starke Säuren. Bei dicken Kalkablagerungen empfehlen Chemiker beispielsweise die gut kalklösende Phosphorsäure. Sie ist auch in Coca-Cola enthalten, deshalb kann man das Getränk tatsächlich zum Reinigen des WC verwenden. An diesem Örtchen bildet sich zusätzlich zum Kalk noch eine weitere mineralische Verschmutzung, der Urinstein. Um ihn zu lösen, muss der saure WC-Reiniger manchmal länger einwirken. Deshalb ist die Keramik der Toiletten ganz unempfindlich und säure- und alkalistabil. Das trifft aber nicht auf alle Oberflächen in Bad und WC zu. Bei Materialien wie Marmor, älterem Email, einigen Metallen und PVC sollte man mit sauren Reinigern vorsichtig sein, sie beschädigen die Oberflächen. Auch auf die Haut und die Augen muss man natürlich bei Putzmitteln mit starken Säuren oder Laugen aufpassen. In modernen Badreinigern tauchen deshalb in erster Linie organische Säuren wie Zitronensäure, Essigsäure oder Ameisensäure auf. Sie sind milder und zudem vollständig biologisch abbaubar.

Die größten Putzhürden sind damit genommen, nun wollen wir noch alle abwischbaren Oberflächen zum Glänzen bringen, die Böden ebenso wie den Badezimmerspiegel. Stark verschmutzt sind diese Flächen meist nicht – blitzblank werden sie durch den Einsatz eines Lösungsmittels, das die Staubreste und Flecken mitnimmt. Bei dem Begriff denkt man vielleicht zuerst an chemische Zusätze wie Alkohol oder Azeton. Eigentlich bedeutet Lösungsmittel aber nur, dass eine Flüssigkeit Wirkstoffe löst, ohne sie dabei chemisch zu verändern. Beim Putzen setzen wir in erster Linie ein Lösungsmittel ein: Wasser. Für viele Oberflächen reicht das aus. Leicht verschmutzte Spiegel und Fensterscheiben kann man mit klarem Wasser wischen und danach gleich trocken reiben. Glasreiniger, die zusätzlich Alkohole, Tenside und auch manchmal Alkalien enthalten, erleichtern die Sache aber. Beim Wischen der Bodenflächen gibt man dem Wasser meist Putzmittel zu. Sie enthalten je nach Art des Bodens unterschiedliche Zusätze: Ein unempfindlicher, stark verschmutzter Boden wie in der Küche zum Beispiel braucht leichte Säuren oder Laugen; das Parkett im Wohnzimmer reinigen milde Tenside, gleichzeitig bilden Polymere und Wachse einen schützenden Film auf dem Holzboden aus.

An Reinigungsmitteln wird immer weiter geforscht. So rücken beispielsweise Enzyme immer mehr in den Mittelpunkt des Interesses. Sie zerlegen besonders hartnäckige Verschmutzungen wie Stärke, Fette, Blut, Milch, Ei oder Kakao bei niedrigen Temperaturen, sodass sie sich leichter aus- bzw. abwaschen lassen. Enzyme wirken im Fleckenteufel, in Spülmaschinentabs und im Color-Waschmittel. Sie haben klangvolle Namen wie Protease, Lipase und Amylase. Natürlich hört die Liste der Wirkstoffe nicht mit den Enzymen auf. Noch zu erwähnen wären Komplexbildner, Abrasivstoffe (Marmormehl oder Sandpartikel in Scheuermilch), desinfizierende Stoffe und Bleichmittel. Und nicht zu vergessen die Duftstoffe, Farb- und Füllstoffe, die in allen genannten Mitteln stecken. Waschmittel können bis zu fünfzig Inhaltsstoffe enthalten. Die vollständige Liste der Inhaltsstoffe unserer Reinigungsmittel findet man übrigens fast nie auf der Verpackung – die Hersteller müssen diese Listen aber auf ihrer Homepage im Internet veröffentlichen.

## Der Sinn des Sinnerschen Kreises

Wir haben uns dem Putzen bislang von der chemischen Ecke genähert. Doch das ist nur eine Seite der Sauberkeitsmedaille, das dachte sich auch der deutsche Waschmittelentwickler und langjährige Henkel-Mitarbeiter Herbert Sinner. Beim praktischen Putzeinsatz spielen neben der Chemie noch drei weitere Dinge eine Rolle: die Zeit, die man zum Putzen braucht; die Temperatur, bei der sauber gemacht wird, und die Kraft, die wir beim Putzen aufwenden, wenn wir kräftig den Schrubber aufdrücken oder wild mit dem Lappen scheuern. Um das Wechselspiel dieser Faktoren zu veranschaulichen, hat Herr Sinner einen wunderbaren Farbkreis mit vier Segmenten erfunden, der nach ihm benannt und mittlerweile unter Fachleuten ein geschätztes Instrument ist. Die Idee des Sinnerschen Kreises ist einfach: Wird ein Segment größer, wird die Summe der drei anderen entsprechend kleiner. Ein Beispiel: Spült man bei höherer Wassertemperatur Geschirr, braucht man weniger Spülmittel und muss auch weniger schrubben. Ein weiteres Beispiel: Eine Waschmaschine benutzt kein (mechanisches) Waschbrett – sie wäscht stattdessen sehr viel länger und mit dem passenden chemischen Pulver. Für den Hausputz bedeutet das: Ist ein Putzmittel chemisch wirksamer, müssen wir weniger schrubben und polieren.

## Womit haben die Menschen früher geputzt und gewaschen?

Viele der aufgezählten Inhaltsstoffe sind den Menschen schon seit Jahrtausenden bekannt. Über **Seife** kann man bereits auf einer 2500 Jahre alten Tontafel der Sumerer in Keilschrift lesen. An ihrer Herstellung und Verwendung änderte sich erst einmal vier Jahrtausende nichts Grundlegendes – bis zur Tensidforschung im 20. Jahrhundert.

Auch die Wirkung von **Alkalien** kennen wir Menschen schon lange. Die Sumerer beschrieben nicht nur die Verwendung von Seife, sondern auch die Reinigung von Stoffen mit Pflanzenasche. Die wirksame Alkalie darin ist Pottasche, von deren arabischer Bezeichnung *al-qualya* das Wort abstammt. Ebenfalls seit langer Zeit wird Soda oder Natriumcarbonat als Lauge verwendet. Soda kann durch den Abbau natürlicher Natriumcarbonat-haltiger Minerale gewonnen werden. Sie findet man beispielsweise in Sodaseen in Nordafrika und Kleinasien.

Die Römer nutzten **Ammoniak,** das aus vergorenem Urin gewonnen wurde, zum Reinigen von Textilien und zum Gerben von Leder. In diesem Zusammenhang wurde übrigens der Ausdruck *Pecunia non olet,* also »Geld stinkt nicht«, geprägt: Kaiser Vespasian erhob auf die von den Wäschern und Gerbern zum Sammeln des benötigten Urins öffentlich aufgestellten amphorenförmigen Latrinen eine spezielle Latrinensteuer. Als sein Sohn das kritisch kommentierte, hielt Vespasian ihm das verdiente Geld unter die Nase und fragte ihn, ob es übel rieche.

## DER HAUSHALT IST GEFÄHRLICHER ALS DER STRASSENVERKEHR!

Haushaltsarbeit, insbesondere der Frühjahrsputz, ist nicht ungefährlich. Haushaltsunfälle ereignen sich meistens wegen falsch eingesetzter Gegenstände. Tische und Stühle beispielsweise nutzen wir als Ersatzleitern, sie spielen bei etwa 23 Prozent aller Hausunfälle eine zentrale Rolle. Knapp dahinter rangieren Bodenbeläge, an denen wir hängenbleiben oder auf denen wir ausrutschen (18,9 Prozent), gefolgt von Haushaltsgeräten (18,7 Prozent), das ergab eine Studie des Robert Koch-Instituts.

So starben im Jahr 2013 allein in Deutschland 7227 Menschen aufgrund von Stürzen im Haushalt, teilt das Statistische Bundesamt mit. Die Stürze machen mehr als 80 Prozent aller tödlichen Unfälle aus.

Der gefährlichste Ort ist die Küche, dann folgen Bad und Flur. Saisonal gibt es ebenfalls interessante Muster: Während es im Winter und in der Weihnachtszeit die Wohnungsbrände sind, zählen in der warmen Jahreszeit die Grillunfälle sowie Verletzungen beim Rasenmähen und Heimwerken zu den häufigsten Unglücksursachen. Im Frühjahr sind tatsächlich die Putzopfer ganz vorn in der Statistik.

Seit Jahren sterben mehr als doppelt so viele Menschen im Haushalt als im Straßenverkehr.

Wir sind also sensibilisiert, was den Frühjahrsputz angeht. Eine Sache ging aber bei all dem Saubermachen ein wenig unter. Nicht alles, was wir da mit Chemie und Körpereinsatz vernichten, ist schlecht. Übertriebene Hygiene ist nämlich gar nicht so vorteilhaft für uns.

## WARUM SIND BAKTERIEN SO WICHTIG?

Sie sind winzig, und sie sind in der Überzahl. Bakterien sitzen auf unserer Haut, vor allem auf den Schleimhäuten, und sind hauptsächlich dafür verantwortlich, wie wir riechen. Der amerikanische Mikrobiologe Dwayne Savage machte sich Ende der 1970er-Jahre die Mühe, ihre Zahl abzuschätzen, und kam darauf, dass sie 90 Prozent aller Zellen unseres Körpers ausmachen.

### Freunde fürs Leben

Auf und in uns lebt ein gigantischer Mikrobenzoo – 100 Billionen Bakterien, die zusammen zwei Kilogramm wiegen. Man könnte sagen, dass uns die Bakterien besiedelt haben, so wie wir die Erde besiedelten. Ein großer Teil von ihnen ist für uns extrem wichtig, er sorgt für unser Leben, aktiviert unser Immunsystem, liefert uns Vitamine, zerteilt Fette und bildet Enzyme, mit deren Hilfe wir etwa die Nahrung zerlegen können. Vor allem im Darm spielen die Bakterien eine immens wichtige Rolle, 99 Prozent aller Mikroorganismen leben hier.

Seit einigen Jahren werden die Bakterien am und im menschlichen Körper verstärkt erforscht. Man erstellte eine Art Bakterienkarte und suchte dabei nach Familien und Untergruppen. Dafür tupften Forscher die Menschen überall mit Wattestäbchen ab, im Mund, auf der Stirn und unter den Achseln. Dann nahmen sie Stuhlproben und machten Abstriche an unseren Genitalien. Sogar in Organen wie der Lunge fanden sie neue Bakterien. Insgesamt gibt es wohl einige tausend Arten. Alle diese Bakterien zusammen besitzen etwa acht Millionen Gene, sagen Mikrobiologen, der Mensch hat nur knapp 23 000.

### Persönlicher Darmabdruck

Die Ergebnisse der Forschungen sind in vielerlei Hinsicht verblüffend. Jeder Mensch scheint seine eigene, individuelle Mikrobenwelt zu besitzen, die ihn von anderen Menschen unterscheidet. Die Hälfte des Mikrobioms, wie man die Gesamtheit aller Bakterien nennt, ist bei allen Menschen gleich. Der Rest

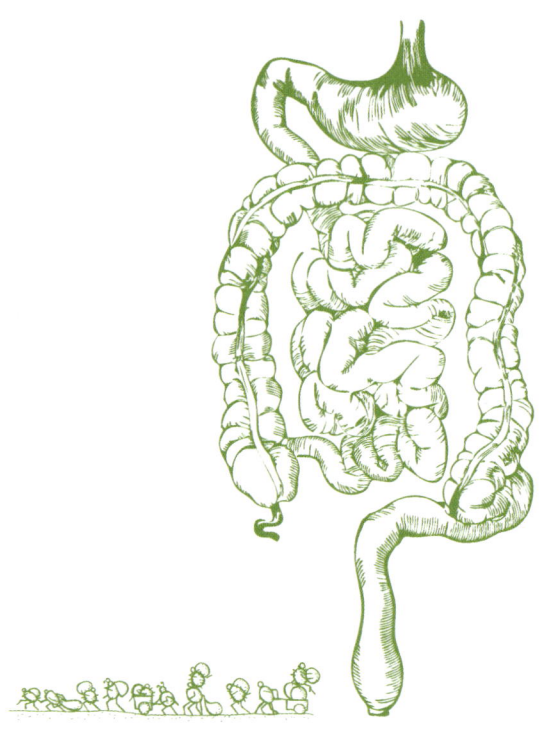

aber nicht. Forscher vermuten, dass der eigene Bakterienzoo im Darm so charakteristisch ist wie ein Fingerabdruck. Vegetarier beispielsweise haben andere Bakterien als Fleischesser, Radfahrer andere als Nicht-Radfahrer, Dicke andere als Dünne. Sogar die Art der Geburt (auch im Geburtskanal und am Darmausgang sind Bakterien) spielt eine Rolle; Kaiserschnittkinder brauchen Monate länger, bis sie eine intakte Darmflora haben. Später beeinflussen Hygiene, Infektionen, Medikamente und auch Stress die Zusammensetzung. Selbst wem man die Hand schüttelt und wo unser letzter Aufenthaltsort war, hinterlässt Spuren, allerdings verschwinden diese nach kurzer Zeit wieder.

In den vergangenen Jahren gab es immer mehr Hinweise, dass es schädlich sein kein, wenn einige der winzigen Siedler abwandern oder erst gar nicht einwandern. Das könnte nämlich eine Reihe von Krankheiten begünstigen, Asthma etwa oder Allergien, Depressionen, Übergewicht, Autoimmun- und Stoffwechselerkrankungen, also einige unserer Zivilisationsleiden. Es scheint klar, dass Lebensstil und Mikrobiom eng miteinander zusammenhängen und dass sich Sport und eine ballaststoffreiche Ernährung positiv auswirken.

## Haben wir im Lauf der Menschheitsgeschichte wichtige Mitbewohner verloren?

Forscher versuchen aktuell herauszufinden, wie man ein möglichst widerstandsfähiges Mikrobiom erhalten oder wiedererlangen kann. Manche von ihnen flogen auf dieser Mission in die entlegensten Regionen der Regenwälder zu den isoliert lebenden Yanomami, um eine möglichst unverfälschte Bakterienpopulation zu analysieren. Sie nahmen Proben von der Haut, der Mundhöhle und dem Kot. Diese Proben wiesen fast doppelt so viele Bakterienarten auf als die von Nordamerikanern. Das ist der erste Beweis für einen bislang unbemerkten Artenschwund. Möglichweise hat man damit tatsächlich eine Ursache für viele Erkrankungen in westlichen Zivilisationen gefunden.

# Die Entstehung der Jahreszeiten

D ie Tage nach dem letzten Sonntag im März fühlen sich für mich oft an, als wäre ich von einer langen Flugreise zurückgekommen. Gegen dieses Jetlaggefühl hilft auch früh ins Bett gehen nicht. Mir fehlt einfach die eine Stunde zwischen zwei und drei Uhr nachts wochenlang. Ich bin nun mal kein Morgenmensch. Vielleicht liegt es daran. Die Zeitumstellung im Herbst stecke ich in der Regel leicht weg.

## WARUM MACHT UNS DIE UMSTELLUNG AUF DIE SOMMERZEIT ZU SCHAFFEN?

Forscher wie Charlotte Förster vom Biozentrum der Universität Würzburg bestätigen, dass die Umstellung im Herbst für die meisten Menschen keine negativen Auswirkungen hat. Ganz anders sieht es im Frühling aus. Das hängt mit unserer inneren Uhr zusammen, die stark an den Zeitpunkt der Morgen- und Abenddämmerung gekoppelt ist, nicht aber an unsere Armbanduhr. Wenn sich Sonnenauf- und -untergang im Lauf eines Jahres verschieben, justiert die innere Uhr immer leicht nach.

Statistische Untersuchungen des Münchner Chronobiologen Till Roenneberg ergaben schon vor Jahren, dass sich die Menschen in den ersten vier Wochen nach der Zeitumstellung nicht wirklich innerlich auf die Sommerzeit umstellen. So blieben Testpersonen an freien Tagen (also ohne äußeren Zwang wie Arbeitsbeginn) bei ihrem alten Schlafrhythmus, sie ignorierten die neue Uhrzeit einfach. An Arbeitstagen mussten sie ihren Rhythmus dann zwangsweise wieder eine Stunde nach vorne verlegen. Am stärksten leiden unter dieser Umstellung die sogenannten Eulen, wie Chronobiologen Menschen wie mich nennen, die morgens lieber länger im Bett bleiben.

Unsere innere Uhr justiert nämlich bei uns allen nur langsam
nach. Im Frühjahr dämmert
es allmählich wieder früher
am Morgen, vor der Zeit-
umstellung Mitte März spüren wir das schon ein wenig
beim Aufwachen. In diese innere
Umstellungsphase bricht nun die
Zeitumstellung ein, wir stellen die
Uhr nach vorne und wachen schlagartig
wieder im Dunkeln auf. Das führt zu wochenlanger Müdigkeit, weil wir innerlich immer hinterherhinken. Besser wird
es erst, wenn wir auch nach der neuen Sommerzeit wieder in
der Dämmerung aufwachen.

Jüngst haben Forscher um Timothy Brown von der Universität
Manchester Hinweise gefunden, dass neben der Helligkeit auch
die Farbe des Tageslichts unsere innere Uhr beeinflusst. Während
der Dämmerung ist nämlich der Anteil des eher kurzwelligen
blauen Lichts höher. Auf dem Weg durch die Atmosphäre werden
bei tief stehender Sonne die anderen Lichtkomponenten her-
ausgefiltert. Offenbar lassen sich solche Farbunterschiede genau
registrieren. Versuche an Mäusen legen das nahe. Das würde
auch erklären, warum unsere innere immer Uhr funktioniert,
egal welches Wetter gerade herrscht, bei strahlendem Sonnen-
schein genauso wie bei stark bewölktem Himmel. Helligkeit
allein wäre dann nicht das Maß für die Tageszeit, denn das
Lichtspektrum bleibt relativ unabhängig vom Bedeckungsgrad.
Das kurzwellige blaue Licht kann auch die Wolkendecke durchdringen. Interessanterweise liegt die Master-Clock, also unsere
zentrale innere Uhr, bei uns Menschen genau an der Stelle, an
der sich die von beiden Augen kommenden Sehnerven kreuzen.
Dieser suprachiasmatische Kern im Hypothalamus kontrolliert
unseren Schlaf-wach-Rhythmus. Fällt am Morgen das bläuliche
Licht auf unsere Augenlider, melden die Nerven das an die
Master-Clock, das senkt den Melatoninspiegel. Wir wachen

deshalb nicht sofort auf, aber unser Organismus synchronisiert die innere Uhr mit dem Lauf der Sonne.

Timothy Brown meint, dass wir möglicherweise mit Farben gezielt unsere innere Uhr beeinflussen könnten. Das könnte beispielsweise Schichtarbeitern helfen oder Zeitumstellungsopfern. Es gibt aber immer noch Arbeitgeber, die solche Ergebnisse mit einem Achselzucken abtun. Schicht ist Schicht, Schulbeginn ist Schulbeginn, die optimierten Prozesse dominieren über uns Menschen. Vielleicht motivieren folgende Erkenntnisse den einen oder anderen Chef, zu Frühlingsbeginn etwas nachsichtiger mit seinen Mitarbeitern zu sein. Forscher um David Wagner von der Singapur Management University stellten fest, dass wir in den Wochen nach der Umstellung auf die Sommerzeit deutlich häufiger (und eher ziellos) im Internet surfen. Cyberloafing nennen Forscher diese Auszeit vor dem Schirm, eine Art virtuelles Bummeln. Offenbar nimmt also unsere Konzentrationsfähigkeit ab, wir zerstreuen uns mit anderen Dingen, das Internet ist hier Alternative Nummer eins.

Amerikanische Psychologen um John Gaski wiesen vor Jahren schon darauf hin, dass Schüler in Bundesstaaten ohne Sommerzeit (Arizona, Hawaii und Teile von Indiana nehmen nicht an der Umstellung teil) in einem wichtigen Highschool-Test, der über die Vergabe von Studienplätzen an Universitäten entscheidet, deutlich besser abschneiden.

## UNSER SCHLAF

Wir schlafen im Durchschnitt sieben Stunden und vier Minuten, Frauen acht Minuten länger als Männer. Im Schnitt stehen wir um 6.20 Uhr auf. Kurz zuvor sind schon Körpertemperatur und Blutdruck angestiegen, bei Männern ist zudem der Spiegel des Sexualhormons Testosteron auf seinem Höchststand. Dafür wird die Produktion von Melatonin heruntergefahren, einem Hormon, das unseren Körper auf Dunkelheit und Schlaf einstellt.

Wir ermüden in der Regel um die Mittagszeit, den Grund dafür haben Wissenschaftler bislang nicht ergründet. Schlafforscher empfehlen für die Zeit ab 13 Uhr einen kurzen Schlaf.

Das Power-Napping von 20 bis 30 Minuten macht uns fit, wie selbst die amerikanische Raumfahrtbehörde NASA belegt hat: Wir sind danach aufmerksamer und leistungsfähiger, unser Kurzzeitgedächtnis funktioniert besser. Zudem macht der Mittagsschlaf gute Laune, weil währenddessen die Konzentration von Serotonin im Blut steigt – das Hormon hebt die Stimmung. Und der Kurzschlaf reduziert sogar unser Gewicht: Wer müde ist, hat mehr Lust auf fette und süße Sachen.

Am späten Nachmittag ist die beste Zeit für Sport. Abends gegen 21 Uhr steigt dann der Melatoninspiegel wieder langsam an (bei Teenagern erst um 23 Uhr, deshalb gehen sie später ins Bett), wir werden müder, weniger aufmerksam und gehen schließlich durchschnittlich um kurz nach 23 Uhr ins Bett, lesen noch sieben Minuten ein Buch und schlafen um 23.14 Uhr ein.

## Gibt es tatsächlich Unterschiede zwischen Eulen und Lerchen?

Dass Frühaufsteher und Langschläfer anders ticken, ist bekannt. Lerchen, wie Schlafforscher den ersten Chronotyp nennen, gehen lieber früh ins Bett und stehen früh auf. Eulen, der zweite Chronotyp, gehen spät ins Bett und schlafen morgens gern aus. Morgenstund hat für sie kein bisschen Gold im Mund, mit Frühsport könnte man sie jagen. Die Unterschiede zwischen den Chronotypen scheinen genetisch bestimmt zu sein. Uns alle steuert unsere innere Uhr durch Tag und Nacht. Mit Folgen für eine ganze Reihe von Dingen im Alltag. Wir tragen unseren Taktgeber in uns – Blutdruck, Verdauung, Kreativität, Lust auf Sex – überall regiert die innere Uhr mit. Welcher Typ wir sind, zeigt sich vor allem im Urlaub, wenn keine äußeren Zwänge uns antreiben.

Wer versucht, gegen seinen inneren Rhythmus zu leben, und etwa von sich in der Zeit nach dem Mittagsessen geistige Höchstleistungen erwartet, vergeudet letztlich nur unnötig Energie. Es ist reine Zeitverschwendung – und macht uns nur unzufrieden.

So zeigten britische Forscher, dass sich die Schlafgewohnheiten auch auf die Leistungsfähigkeit auswirken. Jeder Mensch, egal ob Nachtschwärmer oder Frühaufsteher, hat wohl eine ganz eigene Tageszeit, an der er Höchstleistungen bringen kann. Zumindest bei Sportlern schwankt die Form im Lauf eines Tages um bis zu 26 Prozent. Dies ergaben Fitnesstests zu sechs verschiedenen Tageszeiten. Bislang waren Forscher der Meinung, dass generell der frühe Abend ideal für sportliche Höchstleistungen sei. Doch tatsächlich hängt das Leistungsmaximum in erster Linie davon ab, wie lange die Sportler schon wach waren.

Ein Frühaufsteher, der morgens um 7 Uhr aus dem Bett kommt, war um 12 Uhr in Bestverfassung, wer um halb neun aufstand, war zwischen 15 und 16 Uhr am besten in Form, die Langschläfer (sie standen um 10 Uhr auf) brauchten am längsten, um das Maximum abzurufen. Erst um 20 Uhr brachten sie ihre Topleistung. Die Zeit des Erwachens ist demnach entscheidend für die Selbsteinschätzung, wann wir unser Optimum erreichen können.

Frühaufsteher brauchten also die kürzeste Zeit, um in Höchstform zu kommen, Langschläfer die längste. »Es geht nicht um die Uhr an der Wand, sondern um die Uhr in uns«, sagt Studienleiterin Elise Facer-Childs von der Universität Birmingham. »Man muss auch wissen, wann man die beste Leistung hinbekommt.«

Auch in der durchschnittlichen Bevölkerung sind die Leistungsunterschiede im Lauf des Tages groß, nicht nur im Sport. Zwei Leistungsspitzen verzeichnen Schlafforscher, morgens um zehn Uhr und nachmittags zwischen 16 und 18 Uhr. Auch hier gilt: Bei Lerchen sind beide Leistungspeaks etwas früher, bei Eulen etwas später.

## Die verschlafensten Tiere

Für folgende Tiere stellt die Zeitumstellung kein Problem dar, sie verschlafen sie einfach.

**Koala:** Das in Australien heimische Beuteltier schläft täglich **20–22 Stunden**. So kann es am besten Energie sparen. Wach ist es eher nachts, dann frisst der Koala Eukalyptusblätter.

**Taschenmaus:** Die Nagetiere schlafen in ihren verwinkelten Höhlensystemen **bis zu 20 Stunden** täglich, sind nur nachts wenige Stunden aktiv, um Nahrung zu sammeln, Körner, Insekten oder Würmer. Ist es kalt oder nass, bleiben sie einfach im Untergrund – und dösen.

**Faultier:** Es lebt vorwiegend in Baumkronen und bewegt sich, wenn überhaupt, extrem langsam hangelnd an den Ästen entlang. Es frisst fast ausschließlich Blätter, weshalb Faultiere die meiste Zeit auch damit beschäftigt sind, die faserige Kost zu verdauen. Faultiere haben gemäß ihrer Größe die niedrigste Stoffwechselrate aller Säugetiere. **20 Stunden pro Tag** schlafen sie.

**Gürteltier:** Es sieht ein bisschen aus wie eine riesige Kellerassel. Das in Savannen und Wäldern Südamerikas lebende Tier schläft bis zu **19 Stunden täglich** in einem unterirdischen Bau, nur nachts wacht es auf und sucht Nahrung. Gürteltiere gibt es seit 60 Millionen Jahren, sie sind ein Erfolgsmodell der Evolution.

**Opossum:** Die Beutelratten sind nachts aktiv. Sie schlafen ebenfalls **19 Stunden pro Tag**. Und sind auch sonst sehr vorsichtig, bei jeglicher Gefahr stellen sie sich tot (also quasi schlafend). Sie haben ebenfalls ein spezielles Merkmal: Sie sind immun gegen Schlangengifte – weshalb sich Forscher sehr für diese Säugetiere interessieren.

**Lemur:** Sie schlafen in Nestern oder Baumhöhlen, manchmal auch (im Winter) in sicheren Erdhöhlen, **16 Stunden pro Tag** halten die Primaten ihre Augen geschlossen.

**Katze:** Hauskatzen schlafen bis zu **16 Stunden täglich**, meist aufgeteilt in mehrere Schlafphasen. Ältere Tiere dösen am längsten, auch die Jahreszeiten spielen eine Rolle: Ist es kühler verlängern sich die Ruhezeiten. Rekordhalter bei den Katzen sind die Großkatzen, ältere Löwen schlafen bis zu **18 Stunden pro Tag**.

**Fledermaus:** Sie schlafen bis zu **16 Stunden täglich**, und zwar kopfüber. An ihren Beinen haben sie eine spezielle Sehne mit winzigen Widerhaken, diese können an Felsvorsprüngen an Höhlendecken quasi einrasten, so hängen und schlafen sie dann, ohne Kraft aufzuwenden.

## WARUM GIBT ES TAGES- UND JAHRESZEITEN?

Wir auf der Erde haben ziemliches Glück. Unser Planet kreist verlässlich um die Sonne. Das liegt daran, dass diese ein Einzelstern ist. In vielen Galaxien sucht man vergeblich nach so einer Konstellation. Knapp zwei Drittel aller sonnenähnlichen Sterne befinden sich in Mehrfachsternsystemen. Die begleitenden Planeten bewegen sich dann eher chaotisch um die Sterne. Mögliche Bewohner müssten mit wilden Temperaturschwankungen klarkommen – die aber sind Gift für jede Art von Evolution.

Die Erde rast im Schnitt mit 30 Kilometer pro Sekunde auf einer Ellipse um die Sonne. Das bedeutet, wir sind mal ein bisschen näher an der Sonne, mal ein bisschen weiter weg. Je näher die Erde an der Sonne ist, umso schneller fliegt sie auf ihrer Bahn. Aber die Sonnenentfernung ist nicht der Grund für die Jahreszeiten. Wäre das so, hätten wir überall auf der Erde dieselbe Jahreszeit. Richtig groß sind die Abweichungen von der Kreisbahn eh nicht – ein weiterer Vorteil für uns, denn die ankommende Sonnenenergie (und damit die Wärme) bleibt relativ konstant.

Die Ursache für die wechselnden Jahreszeiten hat mit der Neigung der Erdachse zu tun. Die Achse ist um 23,4 Grad gegen die Bahnebene gekippt. Wie ein Kreisel dreht sich die Erde um sich selbst. Achsneigung und Drehgeschwindigkeit bleiben während des gesamten Umlaufs um die Sonne konstant. Im Sommer zeigt die Erdachse auf der Nordhalbkugel in Richtung Sonne, dann sind die Tage länger als die Nächte, im Winter weist sie weg von der Sonne, dann ist es umgekehrt. Im Frühjahr und Herbst gibt es jeweils einen Moment, an dem Tage und Nächte exakt gleich lang sind, das ist der Beginn des astronomischen Frühlings und Herbstes.

30 bis 40 Kilometer bewegt sich der Frühling in Europa täglich Richtung Norden.

### Tageszeiten und der Einfluss des Mondes

Für unser tägliches Leben ist die Kreiselbewegung der Erde entscheidend, sie bestimmt die Dauer des Tages. Den größten Einfluss darauf hatte und hat immer noch der Mond. Er stabilisiert die Erdachse, sonst würden die Jahreszeiten schon mal leicht aus dem Gleichgewicht geraten, wenn etwa der Mars nahe vorbeizieht. Wenn man bedenkt, dass selbst das Erdbeben, das zur Katastrophe in Fukushima führte, die Erdachse um 11 Zentimeter verschob, ahnt man, was gewaltige Einschläge größerer Himmelskörper einst bewirkten.

Die Rotationsdauer der Erde lag nicht immer bei knapp 24 Stunden. Als die Ur-Erde vor rund 4,5 Milliarden Jahren mit einem marsgroßen Planeten zusammenrauschte, veränderte sie sich gewaltig. Aufgrund der Kollision beschleunigte die Erde so stark, dass der Tag damals nur noch 14 Stunden dauerte. Auch der dabei entstandene Mond drehte sich deutlich schneller als heute. Seit diesem Zeitpunkt bremsen sich die beiden Himmelskörper gegenseitig ab, die Tage wurden langsam länger.

## WARUM WIR IMMER AUF DIESELBE SEITE DES MONDES SCHAUEN

Die Erde bremste den Mond über Jahrmilliarden durch ihre deutlich höhere Masse, und zwar so lange, bis beide Himmelskörper den aktuellen Gleichklang erreichten. Astrophysiker nennen diesen Zustand »gebundene Rotation«. Die Eigendrehung des Mondes ist also unmittelbar an seinen Umlauf um unsere Erde gekoppelt. Wir auf der Erde schauen deshalb immer auf die gleiche Seite des Mondes. Genau genommen sehen wir 59 Prozent, was damit zu tun hat, dass der Mond die Erde aufgrund seiner elliptischen Bahn um die Erde mal langsamer und mal schneller umrundet und uns deshalb mal mehr die östliche und mal mehr die westliche Seite zeigt. Da zudem die Mondbahn leicht schräg zur Erdbahnebene läuft, lassen sich auch nördlichere und südlichere Bereiche beobachten. Die Rückseite kennen wir nur von Sondenaufnahmen.

Der Mond dreht sich heute von der Sonne aus betrachtet im

Lauf von 29 Tagen, 12 Stunden und 44 Minuten einmal um sich selbst, das ist die Zeit, die er von Vollmond zu Vollmond braucht. Ein Tag auf dem Mond dauert also einen Monat auf der Erde. Für einen Betrachter auf dem Mond wäre es die Zeit von Mitternacht zu Mitternacht. Diese sogenannte synodische Umlaufzeit ist etwas länger als die siderische Umlaufzeit von 27,32 Tagen, die der Mond tatsächlich um die Erde braucht. Der Grund: Die Erde ist mittlerweile auf ihrem Weg um die Sonne etwas weiter gewandert, was zu einem anderen Winkel führt. Der Erdtrabant muss also noch rund zwei Tage weiterwandern, bis er wieder im gleichen Winkel zu Erde und Sonne steht.

Der Mond bremst umgekehrt auch die Erde, jährlich werden die Tage um 0,016 Millisekunden länger, in 100 000 Jahren verlangsamt sich die Erddrehung um 1,6 Sekunden. Dabei überträgt die Erde gleichzeitig Drehimpuls auf den Mond, weshalb dieser sich jährlich um 3,8 Zentimeter von der Erde entfernt, das ist ungefähr so viel, wie Haare pro Jahreszeit wachsen.

## WIE IST UNSERE ERDE ENTSTANDEN?

Auch wenn der Alltag uns andere Wichtigkeiten vorgaukelt, unsere Existenz beruht nicht auf technischem Fortschritt. Eine fast unendliche Reihe von Zufällen ließ uns entstehen. Alles begann damit, dass am Rand einer ziemlich durchschnittlichen Galaxie eine Wolke aus Staub und Gas kollabierte und ein ziemlich durchschnittlicher Stern entstand – und mit ihm auch unsere Heimat. Nichts Besonderes also. Für uns durchaus. Wir sind Kinder dieses Zufalls.

### Was vor 4,6 Milliarden Jahren geschah

Am Anfang unseres Sonnensystems (auch anderer vergleichbarer Sternensysteme) existiert irgendwo im Weltraum (in unserem Fall: in der Galaxie Milchstraße) eine dichte Staub- und Gaswolke mit vielen schweren Elementen wie Sauerstoff, Kohlenstoff oder Stickstoff. Ein neuer Stern im Zentrum der Wolke entsteht immer dann, wenn diese instabil wird und aufgrund der Schwerkraft zusammenschnurrt. Bei schweren und dichten Wolken ist in der Regel so viel Masse vorhanden, dass der Druck aufgrund der Schwerkraft ausreicht, um im Inneren des jungen Sterns ein Feuer zu zünden. Wasserstoffatome verschmelzen dabei zu Helium und geben Energie frei.

## Steckbrief Sonne

Unser Leben hängt von einem durchschnittlichen Stern im äußeren Drittel der Milchstraße ab. 1,4 Millionen Kilometer misst er im Durchmesser, die Erde würde 1,3 Millionen Mal hineinpassen. Die Sonne dreht sich wie die Erde um sich selbst, am Äquator braucht sie 25 Tage für eine Umdrehung, an den Polen 35 Tage. Sie besteht zu drei Viertel aus Wasserstoff und zu knapp einem Viertel aus Helium. Diese beiden Stoffe sichern unser Überleben.

In ihrem Inneren brennt ein Höllenfeuer, 1,5 Millionen Grad Celsius heiß, 600 Millionen Tonnen Wasserstoff pro Sekunde verschmelzen dort zu Helium. Ein Gramm würde reichen, um die Energie einer Atombombe zu liefern. An der Oberfläche ist es immerhin noch 6000 Grad heiß.

Gewaltige Mengen an Energie werden frei, die die Sonne bisweilen in heißen Bogen Zehntausende Kilometer ins All schleudert. Sekunde für Sekunde strahlt sie 110 Trillionen Kilowatt ab. Diese Energie würde ausreichen, um den Energiebedarf der Menschheit eine Million Jahre lang zu decken. Gut 150 Millionen Kilometer ist das Licht der Sonne zu uns unterwegs und braucht dafür acht Minuten.

Weitere sechs Milliarden Jahre wird das noch so gehen, dann geht der Brennstoff in der Sonne zur Neige. Kurz darauf wird sich die Sonne zu einem Roten Riesen aufblähen. Ihr Licht scheint dann rötlich, sie wächst und frisst erst den Merkur, dann die Venus und schließlich auch die Erde. Wenn die Menschheit dann noch existiert und keinen Weg gefunden hat, die Erde in Richtung eines anderen Sonnensystems zu verlassen, ist dies das Ende.

## Der Anfang eines Sternensystems

Als sich unsere junge Sonne bildet, frisst sie nicht die gesamte Materie aus der Wolke. Ein Rest aus Gas und Staub dreht sich weiter und formt aufgrund der Rotationskräfte eine Scheibe um die Sonne. Dies ist die Geburtsstube der Planeten, auch der Erde. Astrophysiker nennen diese Scheibe die protoplanetare Scheibe, sie kommt in allen jungen Sternensystemen vor. Sie ist das Hauptforschungsgebiet der Astrophysikerin Barbara Ercolano. Was in solchen protoplanetaren Scheiben, auch in der unseres damals noch jungen Sonnensystems, im Lauf der nächsten Jahrmillionen passiert, erläutert sie mir in ihrem Büro in der Münchner Sternwarte an einer Tafel. Es ist eine Freude, ihr zuzuhören, und ich ertappe mich dabei, wie ich kurz an mein Physikstudium an der TU München denke und im Nachhinein noch mehr bedaure, dass ich damals keiner einzigen Professorin begegnet bin, die so toll unterrichten konnte (ich weiß nicht, ob es damals überhaupt eine Physikprofessorin an der TU gab).

Barbara Ercolano zeichnet minutenlang einen Stern mit Scheibe und Planeten, Kurven physikalischer Parameter, Teilchen, die strahlen, und solche, die verdampfen. Den Stern (unsere Sonne) in der Mitte malt sie wie einen Weihnachtsstern. Die Italienerin erzählt von einem Schlüsselmechanismus, den die Forscher »Photoevaporation« nennen. Der Vorgang erklärt, warum bestimmte Zonen in der Scheibe frei von Gas und Staub sind, etwas, was man in vielen Sternsystemen beobachtet. Die Teilchen geraten durch sehr energiereiche Photonen aus dem Stern regelrecht unter Beschuss. Trifft so ein Lichtteilchen auf ein Gas- oder Staubteilchen, überträgt es seine Energie und beschleunigt das beschossene Teilchen so auf Geschwindigkeiten, die ausreichen, um das Schwerefeld der Scheibe zu verlassen. Sendet der Stern sehr energiereiche Strahlung im ultravioletten Bereich und im Röntgenbereich aus, verdampfen die Teilchen regelrecht. So entstehen Lücken in der Scheibe. Diese sind extrem wichtig, denn sie sorgen dafür, dass eben erst weiter draußen in der protoplanetaren Scheibe entstandene Planeten nicht weiter in Richtung Muttersonne wandern können. Ohne sie würde der Stern seine jungen Planeten fressen – was relativ häufig passiert.

## Das Wunder Erde

In dieser Phase haben unsere Erde und die anderen Planeten schon einen langen Weg hinter sich. Anfangs stoßen winzige, wenige Mikrometer kleine Teilchen zufällig zusammen, gehen chemische Verbindungen ein oder kleben mithilfe elektrischer Anziehungskräfte zusammen. Gleiches passiert mit den Gasteilchen, erste Kristalle formen sich. Die Gravitation spielt noch keine wichtige Rolle, sie sorgt nur dafür, dass sich die Teilchen eher spüren. Allmählich bilden sich Körner, dann größere Felsbrocken, und irgendwann rasen kilometerhohe Berge zusammen mit Abermillionen anderer steinerner Inseln und Felsen in verschiedensten Umlaufbahnen um den Stern. Manchmal stoßen größere Brocken zusammen und zerspringen wieder in Bruchstücke. Meistens fliegen die Teilchen aneinander vorbei.

Nach Jahrmillionen aber sind an verschiedenen Orten in der protoplanetaren Scheibe Planetesimale entstanden, Vorläufer von Planeten, die immer weiter kleinere Teilchen einsammeln und irgendwann tatsächlich zu größeren Fels-, Eis- oder Gasplaneten (wie Saturn oder Jupiter) werden. Weiter weg vom Mutterstern funktioniert das oft am besten, weil dort noch am meisten Materie schwebt. Größere planetare Körper pflügen Lücken und Ringe in die Scheibe, die Planeten ziehen langsam nach innen.

Insgesamt existieren protoplanetare Scheiben maximal zehn Millionen Jahre, nur in dieser Zeit konnte die Erde entstehen. Danach ist aber auch die Gefahr für bereits existierende Planeten vorbei, noch von der Muttersonne gefressen zu werden.

Im unserem Sonnensystem machen es sich – in respektvollem Abstand zur Sonne – die vier Felsplaneten Merkur, Venus, Erde und Mars gemütlich. Es fällt auf, dass sich mit Ausnahme von Venus und Uranus alle Planeten in die gleiche Richtung drehen. Dies zeigt, dass sie alle aus der gleichen, sich drehenden Gas- und Staubscheibe entstanden sind und den größten Teil des Drehimpulses aufgenommen haben. Beim Zusammenziehen nahm die Eigendrehung der Gaswolke zu. Das ist ein Effekt, wie man ihn auch vom Schlittschuhlaufen kennt. Wenn man mit ausgestreckten Armen eine Pirouette dreht (für mich ist das reine Theorie) und dann langsam die Arme am Körper anlegt, rotiert man schneller (aufgrund der Drehimpulserhaltung, sagen Physiker). Der Großteil des Drehimpulses steckt in der Bahnbewegung, ein kleinerer Teil in der Eigenrotation der Planeten und ihrer Monde und nur 0,5 Prozent in der Sonne.

Sobald die Scheibe weg ist, können sich die Planeten auf ihren unterschiedlichen Bahnen nur noch gegenseitig beeinflussen. Zwischen den Planeten befinden sich zu diesem Zeitpunkt noch andere größere Himmelskörper, Asteroiden, Zwergplaneten, Kometen. Dabei wird auch noch der eine oder andere Planet aus dem System geschleudert und treibt dann einsam durchs All. Oder es gibt gewaltige Einschläge und Kollisionen, die jeweils Einflüsse auf fundamentale Dinge haben können: auf die Neigung der Planetenachse (entscheidend für mögliche Jahreszeiten), auf die Schnelligkeit der Eigenrotation (diese Kreiselbewegung bestimmt die Dauer eines Tages), auf die Atmosphäre und das Klima des Planeten, auch auf sein Magnetfeld, ja sogar auf die Bahnbewegung um den Mutterstern. Dass die Venus einen anderen Drehsinn hat, ist wohl dem gewaltigen Einschlag eines Asteroiden zu verdanken. Das sind dramatische Ereignisse in Dimensionen, die wir uns vermutlich gar nicht vorstellen können. Dagegen sind manche heutigen Science-Fiction-Szenarien mit nahenden Asteroiden Kinderkram.

Ein solch dramatisches Ereignis reißt auch unseren Mond aus der Erde. Der gängigsten Theorie zufolge entsteht er nach einem heftigen Zusammenstoß der Protoerde mit einem etwa marsgroßen Himmelskörper namens Theia, der etwas unglücklich ihre Bahn kreuzt. Es ist nicht der einzige, aber sicher der folgenschwerste Treffer. Planeten und Monde, die geologisch an der Oberfläche nicht mehr aktiv sind, zeigen die Spuren kleinerer und mittlerer Einschläge. So sind beispielsweise der Mars und unser Mond übersäht mit Kratern, es sieht aus wie nach einem Dauerbombardement. Auf der Erde sind nur noch wenige dieser Krater zu sehen, etwa im Nördlinger Ries oder auf der mexikanischen Halbinsel Yucatan, wo einst ein Meteorit einschlug und wohl das Zeitalter der Dinosaurier beendete.

Erst nach und nach entsteht im Sonnensystem ein stabiles Gefüge mit Bahnen, auf denen sich die Planeten nicht mehr großartig stören.

### Drehen sich alle Planeten um sich selbst?

Ja, die Rotation ist ein Relikt aus der Frühzeit des Sonnensystems. Manche Planeten wie der Merkur, der sonnennächste aller Planeten unseres Sonnensystems, kreiseln aber extrem langsam. Der Merkur schafft im Lauf eines Sonnenumlaufs nur 1,5 Umdrehungen um sich selbst. Drei Tage auf dem Merkur dauern also zwei Merkurjahre. Nur alle 176 Erdentage geht auf dem Planeten die Sonne auf, sie wandert so langsam über den Merkurhimmel, dass man die Bewegung vom Boden aus gar nicht registrieren würde. Während dieses langen Merkurtags gibt es ein schönes Schauspiel am Himmel. Die Sonne scheint auf dem Weg zu ihrem Zenit zunächst größer zu werden, stoppt dann am höchsten Punkt am Himmel, läuft sogar kurz wieder zurück und bewegt sich dann erst weiter. Der Grund: Die Merkurbahn ist sehr exzentrisch, und je näher der Merkur der Sonne kommt, umso mehr wird er beschleunigt.

## DIE KRAFT DES MONDES ODER WARUM ES EBBE UND FLUT GIBT

Der Mond ist für uns das hellste Objekt am Nachthimmel. Er schimmert genauso hell wie eine Kerze, die 1,8 Meter von uns entfernt steht. Das Licht, das wir sehen, ist das reflektierte Sonnenlicht. Das Leuchten fasziniert die Menschen schon seit Urzeiten, die ersten Kalender der Menschheitsgeschichte waren am Mondzyklus ausgerichtet. Bis das Feuer erfunden wurde, war der Mond das wichtigste Licht in der Nacht. Eigentlich könnte der Mond viel heller strahlen, doch eine vier bis zehn Meter dicke Staubschicht bedeckt seine Oberfläche. Er strahlt deshalb nur 7 Prozent des Sonnenlichts zurück. Zum Vergleich: Die Erde reflektiert rund 39 Prozent, vor allem wegen der Wolken und der Eisflächen.

### Ebbe und Flut

Der Mond sorgt auch für Ebbe und Flut, er zieht aus 384 000 Kilometer Entfernung das Wasser der Meere an. Da der Mond jeden Tag rund 50 Minuten später auf- und untergeht, verschieben sich auch die Gezeiten entsprechend. Man kann das gut beobachten, wenn man mehrere Tage hintereinander am gleichen Strand sitzt, wann das Meer am weitesten in Richtung des eigenen Strandtuches vordringt. Vom tiefsten zum höchsten Meeresspegel dauert es etwas mehr als 12 Stunden. Wie hoch die Flut steigt, hängt auch von der Küstenform ab, in schmal zulaufenden Küstenregionen ist sie besonders hoch.

Wenn Sonne, Erde und Mond bei Vollmond oder Neumond auf einer Linie stehen, sind die Gezeitenkräfte am stärksten, es kommt zu Springfluten. Den Rekord für den größten Tidenhub, den Abstand des Meeresspiegels zwischen Ebbe und Flut, hält die Bay of Fundy in der kanadischen Provinz Nova Scotia mit 21,6 Meter Differenz, gemessen nach einem Sturm im Jahr 1869.

Übrigens wird nicht nur das Meer angehoben, auch die Erde unter uns bewegt sich im Takt der Gezeiten. In Europa etwa hebt und senkt sich der Boden täglich um etwa 80 Zentimeter, was wir nicht spüren.

### Warum gibt es zwei Flutberge?

Der zweite Flutberg gab Forschern lange Rätsel auf. Er entsteht immer parallel mit dem ersten auf der dem Mond abgewandten Seite. Hier spielen die Fliehkräfte eine Rolle, die bei der Rotation des Systems Erde-Mond entstehen. Mond und Erde sind physikalisch betrachtet ein Doppelsystem zweier Körper, die um einen gemeinsamen Schwerpunkt rotieren. Das kann man sich wie eine Hantel vorstellen. Auf der mondabgewandten Seite gibt es deshalb ebenfalls ein weiteres Gezeitenmaximum.

## WIE KAM DAS WASSER AUF DIE ERDE?

Eigentlich gehen Forscher davon aus, dass das Wasser im Sonnensystem eher in den eisigen Außenbezirken entstanden ist und mit Kometen und Asteroiden auf die Erde kam. Doch ganz sicher ist das nicht. Denn Geologen konnten anhand der ältesten Gesteine nachweisen, dass es auf der Erde schon vor 4 Milliarden Jahren, also etwa 600 Millionen Jahre nach ihrer Entstehung, flüssiges Wasser gab. Wie dieses Wasser entstand, ist noch unklar. Entweder gasten es irdische Vulkane bei ihren gewaltigen Eruptionen aus. Der Wasserdampf kühlte danach ab und bildete einen großen Ozean. Oder Kometen und Asteroiden gaben bei der Kollision mit der Erde Wasserdampf frei. Neueste Forschungen weisen eher darauf hin, dass die Kometen hier doch keine Rolle spielten. Wie Messungen der Raumsonde Rosetta am Kometen 67P/Tschurjumow-Gerassimenko, kurz Tschuri, zeigen, passt der Fingerabdruck des dort vorhandenen Wassers nicht zum Wasser irdischer Ozeane. Kometen scheiden demnach wohl als Quelle aus. Asteroiden gelten nun als wichtige Wasserquelle.

## KANN ES EINE ZWEITE ERDE GEBEN?

Das grobe Bild der Planetenentstehung ist für die Forscher gelöst, doch es gibt sehr viele Rätsel im Detail. Um ein genaueres Bild der zeitlichen Abläufe zu erhalten, arbeiten die Forscher immer mehr mit Simulationen. »Sie zeigen uns, welche Schicksale Planeten erleiden, die in unterschiedlichen Distanzen zu ihrem Stern geboren werden – und mit welcher Wahrscheinlichkeit ein Planet wie die Erde entstehen kann«, sagt Ercolano.

Klar ist mittlerweile: Wir sind nicht allein im Universum. Mehr als 5000 Planeten außerhalb unseres Sonnensystems haben Astronomen vor allem mithilfe des Teleskops Kepler inzwischen entdeckt. Die fernen Welten beeindrucken mit allen möglichen Größen, Dichten und Umlaufbahnen. Im Sternbild des Krebses beispielsweise wollen die Forscher sogar schon eine Super-Erde aus reinen Diamanten und Kohlenstaub entdeckt haben. Immer mehr Sterne, Doppel- und sogar Vierfachstern-Systeme mit Planeten tauchen auf. Letzteres würde bedeuten, dass von diesem Exoplaneten aus vier Sonnen am Himmel zu sehen wären – eine unglaubliche Vorstellung.

»Planeten wie die diamantenreiche Super-Erde sind nur ein Beispiel für die vielen Entdeckungen, die uns bei der Suche nach fremden Planeten noch erwarten«, sagt der Astronom David Spergel von der Universität Princeton. Allein in unserer Galaxie, der Milchstraße, gibt es etwa 250 Milliarden Planeten. Und das Universum besteht aus mehr als hundert Milliarden Galaxien. Mittlerweile bestätigten Astronomen, dass fast alle Sterne auch Planetensysteme um sich haben.

Jedes Sternensystem scheint dabei anders zu sein. Gemeinsam ist allen eine Architektur aus Felsplaneten und Gasriesen. Mal sind die großen Gasplaneten eher auf den inneren Bahnen, mal die Gesteinsplaneten; mal sind es nur ein oder zwei Planeten, mal gut ein Dutzend; mal haben sie keine Monde, mal bis zu einhundert. All die neuen Erkenntnisse heizen die Frage an, ob es dort draußen unter all den Exoplaneten nicht vielleicht auch einen zweiten Blauen Planeten geben könnte. Als bewohnbaren Bereich definieren Physiker die Zone, in der Wasser in flüssiger

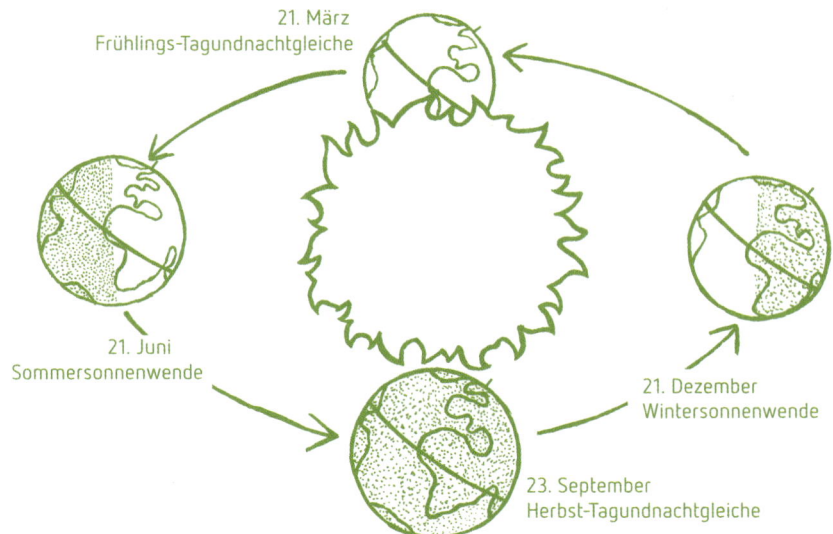

21. März
Frühlings-Tagundnachtgleiche

21. Juni
Sommersonnenwende

21. Dezember
Wintersonnenwende

23. September
Herbst-Tagundnachtgleiche

Form vorliegen kann, als Basis für Leben, wie wir es kennen. Auch in unserem Sonnensystem gibt es Orte, an denen Wasser war oder noch ist. Die Nordhalbkugel des Mars bedeckte einst wohl ein riesiger, 150 Meter tiefer Ozean. Auf dem Jupitermond Europa schlummert unter einem dicken Eispanzer ein enormes, kilometertiefes Meer.

Es kann also durchaus eine zweite Erde geben. Astrophysiker sind hier ganz zuversichtlich. Sie können mittlerweile ferne Planeten beobachten, wenn sie an ihren Muttersternen vorbeifliegen, und dabei Dichte und Bahngeschwindigkeit messen. Die Helligkeit des Mutterplaneten ändert sich dann beispielsweise und diese winzige Schwankung ist gut zu erfassen. So können wir mit immer genaueren Teleskopen aus einer Entfernung von Dutzenden Lichtjahren grundlegende Daten über ferne Welten erhalten: die Dichte des Planeten, seine Größe, wie schnell er sich auf seiner Bahn bewegt – und möglicherweise bald auch, ob er wie unsere Erde eine Atmosphäre hat. »Eine zweite Erde existiert mit Sicherheit, wenn man nur Größe, Dichte und Abstand zum Mutterstern berücksichtigt«, sagt Barbara Ercolano. »Damit solche Exoplaneten wirklich die gleichen Eigenschaften haben wie unsere Erde und sogar Leben ermöglichen, muss aber schon sehr viel passieren.« Man wisse beispielsweise fast gar nichts über die Atmosphäre von Exoplaneten.

Barbara Ercolano sagt am Ende des Besuchs einen schönen Satz: »Planeten entstehen nur in friedlichen, ruhigen Wolken.« Also wissen wir, dass eine zweite Erde – so wir sie denn finden sollten – in einer friedlichen Wolke liegen wird. Benennen dürfen wir sie übrigens jetzt schon mal. Die Internationale Astronomische Union (IAU) sucht Namen für rund dreihundert Planeten. Auf der Webseite: www.nameexoworlds.org kann seit Juni 2015 die gesamte weltweite Öffentlichkeit über die besten Namen abstimmen.

## DIE GENAUESTE UHR DER WELT

Amerikanische Wissenschaftler vom National Institute of Standards and Technology entwickelten im Jahr 2015 die nunmehr genaueste Uhr der Welt. Erst nach 15 Milliarden Jahren geht eine Strontium-Gitter-Uhr um eine Sekunde falsch, sie hätte also seit dem Urknall nie nachgestellt werden müssen. Das sind die Uhren der Zukunft, die den Takt der Welt bestimmen, indem sie unsere Zeit mit unvorstellbarer Genauigkeit messen. Haupttaktgeber ist das Bureau International des Poids et Mesures in Paris, dort steht quasi die wichtigste Uhr der Welt, eine Atomuhr, die mit Cäsiumatomen arbeitet. Solche Uhren sind die Basis für unsere offizielle Zeitmessung, die Koordinierte Weltzeit UTC genauso wie für die in den einzelnen Regionen der Welt geltende Zeit. In Europa ist das die Mitteleuropäische Zeit (MEZ), kontrolliert wird sie in Deutschland von der Physikalisch Technischen Bundesanstalt in Braunschweig. Weltweit gibt es 70 Institute mit insgesamt 400 Atomuhren.

## Was ist der Unterschied zwischen einer Armbanduhr und einer Atomuhr?

Armbanduhren gibt es als Quarzuhren oder mechanische Uhren. Bei einer Quarzuhr gibt – wie der Name schon sagt – ein Quarz in Form einer kleinen Stimmgabel den Takt vor. Eine elektronische Schaltung bringt ihn zum Schwingen, typischer mit einer Frequenz von 32 768 Hertz (Schwingungen pro Sekunde). Je höher die taktgebende Schwingung ist, umso genauer geht eine Uhr. Obwohl 32 768 Schwingungen pro Sekunde nach sehr viel klingen, führen sie zu einer leichten Abweichung von der tatsächlichen Zeit. Im Monat können da leicht zehn bis 30 Sekunden zusammenkommen. Je weniger Temperaturschwankungen herrschen, umso genauer geht so eine Uhr. So kann also ein und dieselbe Uhr je nach Träger und Aufenthaltsort mal genauer und mal ungenauer gehen.

Um Zeitfehler auszugleichen, haben Quarzuhren oft eine Verbindung zum Funksignal eines Zeitzeichensenders (das ist im Endeffekt das Signal der genauen Atomuhren) oder über Bluetooth oder USB-Kabel zu einem Internet-Zeitserver. Dann stellen sie die Abweichung wieder auf null. Den Strom für die Quarzuhren liefern Batterien oder Solarzellen, größere Uhren etwa in Bahnhöfen oder öffentlichen Einrichtungen sind auch ans Stromnetz angeschlossen.

Eine mechanische Uhr dagegen ist ein komplett unabhängiges System. Die Energie, die das Räderwerk und die Zeiger der Uhr antreibt, wird mechanisch erzeugt, das Drehen am seitlichen Rädchen außen liefert sie. Teure Uhren haben auch eine Aufziehautomatik: Bewegt der Träger die Arme beim Gehen, versetzt das einen Rotor im Inneren der Uhr in Bewegung, der so die Uhrenfeder aufzieht. Genaue mechanische Uhren sind technische Meisterwerke. Räder in mehreren Getrieben greifen exakt ineinander, sie laufen mit gleichbleibender Winkelgeschwindigkeit.

Auch bei mechanischen Uhren hat die Nutzung einen Einfluss. So ist es ein Unterschied, ob man sie permanent trägt oder nachts ablegt. »Die Ganggenauigkeit ist sehr stark abhängig von den individuellen Gewohnheiten des Trägers und kann deshalb variieren«, sagen die Uhrmacher des deutschen Herstellers Glashütte. Dauerhaftes Tragen ist in der Regel besser, weil es relativ gleichbleibende Rahmenbedingungen schafft (außer beim Sport, wo schnelle, hektische Bewegungen oder Erschütterungen ebenfalls den Gang der Uhr beeinflussen können). Auch Temperatur- und Luftdruckveränderungen wirken sich aus. Im Sommer gehen diese Uhren normalerweise etwas langsamer als im Winter. Zudem wirken sich auch magnetische Felder – etwa in der Nähe von Induktionsherden – auf mechanische Uhren aus. Magnetisierte Uhren gehen oft plötzlich stark vor.

Gute Uhren haben eine Gangabweichung von weniger als zehn Sekunden pro Tag. Bemerkt man bei seiner Uhr, dass sie regelmäßig vor- oder nachgeht, lässt sich dieser Fehler beheben. Wir haben also gesehen, dass solche mechanischen Uhren zwar technische Meisterwerke sind, aber ihre Fehler trotzdem im Sekundenbereich liegen. Vielleicht lässt das schon erahnen, welcher Aufwand hinter Atomuhren stecken muss, damit sie eine Sekunde nicht pro Tag, sondern in Milliarden von Jahren verlieren.

### Wie funktioniert eine Atomuhr?

Für unsere mitteleuropäische Zeit sind Cäsium-Uhren verantwortlich. Solche Atomuhren sind deutlich weniger handlich als unsere Armband-uhren, sie sind wohnzimmergroß. Sie ticken auch nicht mehr, die Cäsiumatome schwingen fast zehn Milliarden Mal pro Sekunde, unvorstellbar für uns und völlig unhörbar. Bereits seit 1967 definieren Physiker die Dauer einer Sekunde über das Isotop Cäsium-133.

Bei Atomuhren regt Strahlung einer ganz exakt definierten Frequenz Atome einer bestimmten Sorte an und löst so Über-gänge von Elektronen zwischen verschiedenen Energieniveaus aus. Im Fall der Cäsiumuhr durchfliegen Cäsiumatome ein zwei Meter langes Rohr, in dem Vakuum herrscht. Sie werden dabei mit Mikrowellen bestrahlt. Ähnliche Mikrowellen kommen auch im Mobilfunk oder im Mikrowellenherd zum Einsatz, in der Atomuhr aber eben nur mit einer ganz bestimmten Wel-lenlänge. Treffen sie auf die Cäsiumatome, springen diese auf ein höheres Energieniveau, sie wechseln ihren Zustand. Bei wie vielen Atomen das klappt, kann man messen. Eine maximale Ausbeute ist gleichbedeutend damit, dass man den atomaren Übergang optimal getroffen hat. Genau diese optimale Frequenz der Mikrowellenstrahlung muss man halten und zählen. Dies funktioniert mithilfe einer komplexen elektronischen Schaltung und eines Schwingquarzes. So lässt sich auch die Zeitspanne von einer Sekunde festlegen. Sie entspricht der 9 192 631 770-fachen Periodendauer einer Schwingung in der Uhr.

Die Genauigkeit dieser frühen Generation von Atomuhren – die ersten haben Forscher im Jahr 1949 gebaut – ist aber durch die Eigenschaften der Cäsiumatome beschränkt. Deshalb dienen in der neuen Rekorduhr einige Tausend Strontiumatome als Taktgeber. Diese Uhrengeneration wird in wenigen Jahren auch offiziell die Zeit mithilfe eines Lichtfeldes messen (noch fehlt die Stabilität der Uhr über längere Zeiten). Dazu vergleicht man die Lichtschwingungen des Lasers mit einer speziellen Frequenz der Strontiumatome, es sind prinzipiell auch andere Elemente wie Aluminium, Ytterbium oder Quecksilber möglich. Diese Elemente wählt man, weil sie Licht im sichtbaren Bereich absorbieren, also Licht mit kürzeren Wellenlängen als Mikrowellen. Das bedeutet, dass die Frequenzen entsprechend bis 100 000-fach höher sind, die Werte hängen unmittelbar zusammen. Das wiederum macht die Uhr genauer.

## Wie baut man die genaueste Uhr der Welt?

Wer einmal in so ein Labor schaut, wird darin nichts finden, was nur annähernd an eine Uhr erinnert. Kein Pendel, keine Zeiger, nirgends. Stattdessen sieht man eine zerklüftete Landschaft aus unzähligen Linsen, Spiegeln, Blenden, Schaltern, Glasfaserkabeln und auch sonst noch allerlei Kleinteilen. Auf den ersten Blick wirkt die Szene wie eine Modelleisenbahn-Miniaturwelt, nur dass hier anstelle von Zügen Licht auf die Reise geht.

So sieht die Uhr der Zukunft im Moment noch aus. Inmitten dieses geordneten Chaos ist eine Edelstahlkammer mit einem Fenster, und irgendwo da drinnen in der Mitte der Vakuumkammer sind einige tausend Strontiumatome in einem winzigen, nur 0,03 mal 0,03 Millimeter großen Bereich eingesperrt. Allerdings muss der Atomuhrenbauer dafür zunächst einige Tricks anwenden.

Er muss die Strontiumatome mithilfe von Lasern auf extrem tiefe Temperaturen von nur noch einigen millionstel Kelvin kühlen, das sind Temperaturen nahe dem absoluten Nullpunkt von minus 273,15 Grad Celsius. Er bringt sie so zur Ruhe und hält sie dann in einem Lichtgitterkäfig aus gekreuzten blauen Laserstrahlen gefangen, eine technische Meisterleistung. Intensives Laserlicht bildet mit optischen Gitterplätzen den Käfig für einige tausend der tiefgekühlten Atome. Innerhalb dieser Lichtgitter können sich die Atome praktisch nicht mehr bewegen. Das stabile rote Licht eines weiteren Lasers regt dann die eingesperrten und isolierten Strontiumatome an, der Übergang entspricht bei Strontium einer Frequenz von 430 Billionen Schwingungen pro Sekunde. Diese Frequenz des anregenden roten Lasers misst man und versucht, sie exakt auf der sogenannten atomaren Resonanz zu halten. Es ist quasi das Ticken der Uhr.

Bis vor wenigen Jahren konnten die Atomuhrenbauer solch hohe Frequenzen noch gar nicht messen. Das ist erst möglich, seit der Münchner Physiker Theodor Hänsch eine neue Apparatur entwickelt hat, wofür er im Jahr 2005 zusammen mit dem Amerikaner John Hall den Nobelpreis erhielt.

Es ist sehr anspruchsvoll, die Frequenz genau zu überwachen, mit der die Strontiumatome »ticken«. Sie kann sich nämlich ändern, wenn die Uhr nur minimal erschüttert wird, wenn die Temperatur im Raum schwankt oder magnetische oder elektrische Felder vorhanden sind. Gegen all diese Einflüsse muss man den eigentlichen Schwingungsvorgang im Inneren der Uhr schützen. Ein Atomuhrenbauer muss dafür sorgen, dass das »Pendel« der optischen Uhren regelmäßig schwingt. Dafür ist die zerklüftete Modelleisenbahn-Miniaturwelt mit ihren Zügen aus blauem und rotem Licht da. Zeit wird mithilfe eines Lichtfelds gemessen. Nur sieben Länder der Welt können bislang solche Uhren bauen, nach den USA, Deutschland, Großbritannien, Kanada, Österreich und Japan ist China seit kurzem das siebte Land, das optische Uhren entwickeln kann. Mit einer Armbanduhr haben sie keine Ähnlichkeit – jedenfalls noch nicht. In China gibt es das erste Modell einer optischen Atomuhr fürs Handgelenk. Preis: 1500 Dollar. Im Inneren schwingt ein einzelnes Calciumatom.

## Wofür braucht man so genaue Uhren?

Extrem genaue Uhren sind nicht nur für Forscher wichtig, um Naturkonstanten oder fundamentale Naturgesetze etwa im Rahmen von Einsteins Relativitätstheorie exakt zu überprüfen, wir brauchen sie auch, um die Position von Satelliten präzise zu bestimmen. Und noch eine neue Aufgabe könnten sie bald übernehmen: die Vermessung der Erde. Sie können nämlich einen sehr eigenwilligen Effekt beobachten, den Einsteins Relativitätstheorie beschreibt: Die Zeit vergeht in unterschiedlichen Höhen unterschiedlich schnell, also auf der Zugspitze anders als auf Sylt oder Rügen. Der Grund dafür ist, dass die Erdanziehungskraft sich sich an diesen Orten unterscheidet. Die Effekte sind winzig, doch bei der neuen Uhr machen sich bereits Höhenunterschiede von zwei Zentimetern (!) bemerkbar.

## WAS BRINGEN SCHALTSEKUNDEN?

Das Jahr 2015 wird eine Sekunde länger gewesen sein als das Vorjahr. Am 30. Juni um 23.59 Uhr und 59 Sekunden wurde nämlich eine zusätzliche Sekunde bis Mitternacht eingefügt. Das passiert im Durchschnitt alle drei, vier Jahre, zuletzt im Jahr 2012. Der Grund dafür ist, dass sich die Erde immer langsamer dreht, nicht dramatisch, aber eben doch spürbar. Die vom Mond verursachten Gezeitenkräfte bremsen die Erde, genauer gesagt bremsen sich Mond und Erde gegenseitig in ihrer gebundenen Rotation (das bedeutet, dass sich beide Himmelskörper immer die gleiche Seite zeigen und synchron zueinander um ihre Achsen rotieren). Auch große Erdbeben, etwa die, die in den Jahren 2004 und 2011 die Tsunamis vor Indonesien und Japan auslösten, verschieben riesige Massen in den Erdplatten und verändern dadurch die Drehgeschwindigkeit und auch die

Drehachse der Erde minimal – mit Auswirkungen auch auf die Tageslänge. Deshalb wird die Tageslänge immer wieder korrigiert. Für uns Menschen wäre so eine leichte Abweichung von Sonnenzeit und Weltzeit verkraftbar, eine Sekunde zusätzlich alle paar Jahre würde nicht gleich die Jahreszeiten verschieben. Doch bei astronomischen Beobachtungen wirken sich auch minimale Abweichungen durchaus aus. Dann wäre nämlich die Zeit nicht mehr an die Rotation der Erde gekoppelt, und wir müssten ständig astronomische Daten umrechnen.

Informatiker sind von der unregelmäßigen Schaltsekunde nicht sonderlich begeistert. Denn sie macht in praktisch allen digital gesteuerten Prozessen Probleme. Ein Computer ist verwirrt, wenn eine Sekunde einmal doppelt so lange dauert. Buchungssysteme von Fluglinien streikten, Online-Dienste wie LinkedIn meldeten Schwierigkeiten. Google behalf sich mit einer eigens entwickelten Technik, Smear (zu Deutsch: verschmieren) genannt. Sie sorgt dafür, dass die Sekunden über einen längeren Zeitraum leicht gedehnt werden, die Zeit also minimal langsamer vergeht, und zwar solange, bis die Zusatzsekunde aufgefangen ist. Computertechnisch ist das elegant gelöst, denn so muss man keine zusätzliche Einheit einfügen.

Man könnte das Problem mit der Schaltsekunde auch noch ganz anders auflösen. Da sie im Mittel doch relativ regelmäßig auftritt, könnte man auch einfach die Definition der Sekunde anpassen. Sie ist ja über die Schwingungsdauer einer bestimmten Strahlung von Cäsiumatomen definiert.

Seit 1967 ist die Sekunde als »das 9 192 631 770-Fache der Periodendauer der dem Übergang zwischen den beiden Hyperfeinstrukturniveaus des Grundzustands von Atomen des Nuklids Caesium-133 entsprechenden Strahlung« (so liest sich tatsächlich die offizielle Definition) festgelegt. Würde man hier einfach einige Perioden hinzunehmen, könnte man die Sekunde so in winzigen Schritten verlängern. Doch dagegen wehren sich Physiker, denn die Sekunde in ihrer jetzigen Form fließt in zahlreiche Konstanten der Physik mit ein.

# In der Fastenzeit

Frühjahr ist Fastenzeit. Jede zweite Frau und jeder vierte Mann will laut der Gesellschaft für Konsumforschung im Jahr 2015 eine Diät machen. Die Fitness-Apps boomen wie nie. Und heizen die Diskussion mit markigen Sprüchen an, z.B.: Abgerechnet wird am Strand.

## WAS BRINGEN DIÄTEN?

Ich wog mal 93,4 Kilogramm. Das war mein persönlicher Spitzenwert. Und dann erwischte mich irgendwann im Januar vor einigen Jahren eine Magen-Darm-Infektion und legte mich drei Tage lang komplett flach. Danach war ich nur noch 89 Kilogramm schwer und dachte mir: Bessere Voraussetzungen kriegst du nie wieder! Und so begann meine persönliche Diät, die einzige, die ich in meinem ganzen Leben ernsthaft versucht habe. Ich bin nämlich ein Diätskeptiker. Ich bin viel gelaufen, habe weniger gegessen, also aufgehört, wenn ich satt war, und ich habe keine Süßigkeiten mehr zu mir genommen. Das war's schon. Danach wog ich 82,4 Kilogramm. Und seit dieser Zeit bin ich damit beschäftigt, mein Gewicht einigermaßen stabil zu halten. Das ist der schwierigere Part, weshalb ich abends beim Bier mit meinem besten Freund (ja, auch Männer reden über Hüftringe) immer wieder neue Strategien durchdiskutiere. Auch der Bierkonsum steht dabei auf dem Prüfstand.

Die besten Ergebnisse erzielte ich im Sommerurlaub in der Maremma. Während ich das schreibe, kommt mir der Gedanke, dass man daraus vielleicht eine eigene Diät machen könnte, die Aha!-Filser-Diät sozusagen, eine echte Sommerdiät. Man trinke dabei etwa drei Liter Wasser täglich (natürlich in erster Linie, weil es so heiß ist), esse mittags jeden Tag frischen Büffelmozzarella mit sonnengereiften, erntefrischen Tomaten und kaltgepresstem Olivenöl. Abends genieße man landestypische Gerichte wie Pizza oder Pasta, also nicht unbedingt Sachen, die sonst auf einem Diätplan stehen. Ich nahm dabei zwei bis drei Kilogramm in drei Wochen ab (getestet in drei Urlauben!).

In einem Ratgeber zu meiner Diät käme im »wissenschaftlichen« Teil vor, dass reichlich Wasser die Giftstoffe aus meinem Körper schwemmt und dass Olivenöl den Anteil guter Fette erhöht (Fett ist eh diätmäßig inzwischen einigermaßen rehabilitiert). Damit verbunden wäre ein Hinweis auf die gesunde mediterrane Lebensweise – frisches Gemüse und regionale Produkte sind zudem sowieso immer gut.

Wie Sie vielleicht merken, kann ich das Thema Diät nicht in allen Belangen ernst nehmen. Wahrscheinlich hängt das auch damit zusammen, dass die allermeisten Versuche, wissenschaftlich belastbare Fakten zu finden, schiefgingen. Klar ist eine ausgewogene, gesunde Ernährung wichtig. Wir essen auch zu viel Zucker und Salz und trinken zu viel Alkohol. Aber Diäten haben offensichtlich mehr mit Moden und Trends zu tun als mit Fakten und neuen Erkenntnissen. Die Erfinder jeder Diät nutzen für sich, dass Menschen komplexe Organismen sind, die von allerlei Faktoren beeinflusst werden, nicht nur von dem, was sie essen. Also kann man viel behaupten, und wenn es bei manchen Menschen dann nicht klappt, sind die im Zweifel selbst schuld. Oder ihre Gene.

Nehmen wir ein aktuelles Beispiel: Was steckt hinter der gerade so modernen Paläodiät? Dabei isst man in der Regel viel Fleisch von Tieren, die ihrerseits Gras fressen, dazu Fisch, Obst, Gemüse, Eier, Nüsse, Samen und Oliven- oder Walnussöl. Streng verboten sind alle Produkte, die sich der Mensch im Zuge der Sesshaftwerdung und der neolithischen Revolution hart erarbeitet hat: Getreide und Hülsenfrüchte, Milch und Milchprodukte, Kartoffeln, später Zucker, Salz. Etwas vereinfacht ausgedrückt, sagt diese Diät laut »Nein!« zu bösen Kohlenhydraten. Es ist eine Art Low-Carb-Diät. Forscher sagen, dass man damit ein bisschen abnehmen könnte; umstritten ist allerdings, ob man das einfach nur tut, weil man gezielter kocht und sich somit einfach bewusster ernährt – also nicht schnell mal am Abend ein Tiefkühlgericht in die Mikrowelle schiebt.

Wer den Begriff »Diät« googelt, erhält derzeit 15 300 000 Treffer (Stand: Juni 2015). Schon der erste Treffer klingt verheißungsvoll: »Die beste Diät der Welt« steht da, gefolgt von »55 Diäten im Test« und »Welche Diät taugt was?«. Viele Diäten degradieren uns zu Kalorienzählern. Dabei sind sich Ernährungswissenschaftler längst darüber einig, dass kleinliches Kalorienzählen wenig bringt. Der Wahrheitsgehalt der Diättipps scheint sich längst abgekoppelt zu haben von wissenschaftlichen Erkenntnissen und eigenen Gesetzen zu gehorchen.

Wissenschaftler der Medical School der University of Sheffield werteten in der Zeitschrift *Public Health Nutrition* Frauenzeitschriften aus und stellten fest, dass sich dort periodisch jeweils Texte über üppige Menüs, leckere Partyhäppchen und gehaltvolle Nachspeisen (Weihnachtszeit) mit solchen über Diätpläne, die schnell Hilfe bringen, abwechselten, also Exzess und Verzicht in stetiger Abfolge propagiert wurden. Das ist sozusagen ein journalistischer Jo-Jo-Effekt.

Auch historisch gibt es solche Trends. Sehr diätlastig waren die 1970er-Jahre. In den achtziger und neunziger Jahren ging es viel um Spezialstrategien wie Low-Carb und Low-Fat. Mittlerweile ist das Fett wieder rehabilitiert, jetzt sind spezielle Segmente dran, Milch und Milchprodukte sind gerade out, ebenso ist der Weizen schwer in Verruf geraten. Und eines ist sicher: Das wird nicht das Ende der Diätspirale sein.

Bleiben noch die sogenannten Radikaldiäten. Sind sie wirklich so schlimm wie immer berichtet? Im vergangenen Jahr testeten australische Wissenschaftler um Katrina Purcell das Prinzip mit 204 Probanden. Ihr Fazit: Die Crash-Diät ist mindestens genauso erfolgreich wie langsames und langfristiges Abspecken. Die Forscher begleiteten die Probanden schließlich weitere drei Jahre. Tatsächlich setzte der schon erwartete Jo-Jo-Effekt ein. Drei Viertel erreichten wieder ihr Ursprungsgewicht – allerdings völlig unabhängig davon, ob sie schnell oder langsam abgenommen hatten.

Ist das die bittere Wahrheit? Der Erfolg einer Diät hängt davon ab, wie nachhaltig man sein Leben umstellt. Wer wirklich abnehmen will, braucht einen langen Atem. Ernährungswissenschaftler sagen, dass man weder Fette noch Kohlenhydrate komplett weglassen solle. Ein bisschen weniger essen, sich regelmäßig bewegen und Sport machen reicht schon aus. Es ist letztlich alles eine Frage des eigenen Energiehaushalts. Wie viel Energie nimmt man zu sich und wie viel verbraucht man? Physiker nennen das Energiebilanz. Ist sie positiv, nehmen wir zu. Verbrauchen wir mehr Energie und nehmen weniger auf, sinkt unser Gewicht.

## Kann Sport etwas bewirken?

Sport ist die effektivste Möglichkeit, unseren Energieverbrauch zu steigern und damit die Energiebilanz zu verbessern. Jede Art von Bewegung zählt. Schon wenn man sich nach der Arbeit kurz anstrengt und ein paar Meter sprintet, hat das einen positiven Einfluss (und baut dabei das Stresshormon Adrenalin ab). Der österreichische Physiker Martin Apolin rechnet in seinem amüsanten Buch »Mach das! Die ultimative Physik des Abnehmens« vor, warum allein schon regelmäßiges Gehen etwas bringt.

Wir müssen bei jedem Schritt unseren Körperschwerpunkt um etwa drei Zentimeter heben und senken, das sei aufwendiger als stehen oder sitzen. Die Leistung ist um den Faktor 3 bis 4,5 (je nach Gehtempo) höher als im Stehen. Deshalb sei für untrainierte Menschen ein Spaziergang bereits als Sport einzustufen.

Es muss auch nicht immer der viel zitierte Body-Mass-Index (BMI) das Maß aller Dinge sein. Das ist eine Zahl, die das Körpergewicht eines Menschen in Relation zu seiner Größe setzt. In der bis heute mit fast drei Millionen Teilnehmern weltweit größten Studie stellten Forscher um Katherine Flegal von den Centers for Disease Control in Maryland fest, dass leicht übergewichtige und sogar noch leicht fettleibige Menschen eine etwas höhere Lebenserwartung haben als normalgewichtige Menschen. Möglicherweise wirkt sich das Körperfett schützend auf das Herz aus. Erst ab einem BMI von 35 stieg das Sterberisiko drastisch an.

### Wohin verschwindet das Fett, wenn wir abnehmen?

Australische Forscher von der University of New South Wales machten jüngst einen witzigen Versuch. Sie fragten Experten – Ärzte, Ernährungsberater und Fitnesstrainer – wohin das Fett verschwindet, wenn wir abspecken. Mehr als 90 Prozent der Fachleute hatten keine oder nur eine vage Ahnung. Einige meinten, es würde sich in Muskeln umwandeln oder einfach mit dem Stuhlgang ausgeschieden werden. Etwas mehr als die Hälfte gab an, das Fett werde in Energie oder Wärme umgewandelt.

Das ist zwar nicht komplett falsch, aber eben auch nur ein Teil der Geschichte. Tatsächlich wird Energie frei, wenn unser Körper Fett abbaut. Doch was passiert mit der Fettmasse? Die Antwort ist verblüffend: Sie löst sich praktisch in Luft auf, sie wandelt sich in Kohlendioxid um und verlässt mit unserem Atem den Körper. Die australischen Wissenschaftler liefern hier beeindruckende Zahlen: 84 Prozent unserer Fettpolster verlassen den Körper über die Lunge, der Rest wird zu Wasser, das wir über Schweiß, Urin und Tränen ausscheiden.

## Diät-Geschichten

Der griechische Arzt Hippokrates empfahl 400 v. Chr. lange Läufe, keinerlei Sex, das Schlafen auf einem möglichst harten Bett sowie das Auslösen von Erbrechen.

Angenehm auf den ersten Blick klang das Diätrezept von Horace Flechter aus dem Jahr 1900: **Man dürfe alles essen, müsse nur lang genug kauen,** jeden Bissen mindestens 100 Mal, dann solle man den Rest ausspucken. Zu den Anhängern gehörten: John Rockefeller, Franz Kafka und der Schriftsteller Henry James. Angeblich gab es sogar Kaupartys.

Die Idee, **Fettzellen zu zerquetschen** und so zu eliminieren, indem man Bauchspeck heftig massiert, stammt aus Baden-Baden, praktiziert um etwa 1910. Die schmerzhafte Behandlung bringt: nichts!

Auch Glaube versetzt keine Speckberge. Trotzdem erschien 1957 das erste christliche Diätbuch unter dem Titel **»Pray your weight away«,** gefolgt von »I prayed myself slim«. In der Folge entstanden Gebetsdiätsclubs.

Übertriebene Diäten würden den **Fortbestand der Menschheit** gefährden. Denn falls der Körper einer Frau nicht zu mindestens 20 Prozent aus Fett besteht, bleibt ihr Eisprung aus – was tatsächlich bei sehr stark untergewichtigen Frauen und Leistungssportlerinnen häufig passiert. Forscher fanden vor Jahren heraus, dass viele Schaufensterpuppen mit ihren Proportionen diesen Fettanteil nicht erreichen würden.

Erfolgreichstes Diätbuch aller Zeiten ist **»The Drinking Man's Diet«,** über eine fett- und alkoholreiche Low-Carb-Diät. Es verkaufte sich 2,4 Millionen Mal. Vermutlich hat der Erfolg damit zu tun, dass endlich auch einmal Männer als Zielgruppe angesprochen werden.

## WARUM FASTEN WIR?

Bereits vor etwa 2400 Jahren empfahl der griechische Arzt Hippokrates seinen Landsleuten: »Wer stark, gesund und jung bleiben will, sei mäßig, übe den Körper, atme reine Luft und heile sein Weh eher durch Fasten als durch Medikamente.« Dieser Idee folgt nach Aschermittwoch etwa jeder zehnte Bundesbürger und verzichtet auf Süßigkeiten, Alkohol, Fleisch oder andere Nahrungsmittel seiner Wahl. Manche Menschen machen auch aufwendige Heilfastenkuren nach strengem Plan (etwa nach Buchinger mit Säften, Honig und Gemüsebrühe, gleichzeitiger Darmreinigung, reichlich Bewegung und Stressabbau), sie wollen ihren Körper entschlacken. Das freiwillige Fasten soll den Körper und den Geist gleichermaßen stärken.

## Was ist Fasten?

Wer wirklich streng fastet, verzichtet auf feste Nahrung und Genussmittel. Für die wichtigsten Körperfunktionen genügen schon 250 Kilokalorien (kcal) in Form von Suppen oder Säften. Wie schon die Aussage von Hippokrates zeigt, ist das Fasten keine Erfindung des Christentums, auch wenn unsere westliche Fastenzeit zwischen Aschermittwoch und Ostern natürlich auf das Kirchenjahr zurückgeht. Fastenrituale sind in vielen Religionen – etwa im Hinduismus und im Buddhismus– schon seit Jahrtausenden gebräuchlich. Das Christentum setzt den Verzicht (auf Lebensmittel wie Eier, Milchprodukte oder Fleisch) in den Mittelpunkt. Das berücksichtigt auch, dass es im Jahreszyklus nahrungsarme Phasen gibt, wie eben die Zeit nach dem Winter.

## Wie lange können wir ohne Nahrung auskommen?

Ein gesunder Mensch schafft es, mindestens einen Monat lang ohne feste Nahrung auszukommen. Das bedeutet aber für den Körper enormen Stress, er muss auf eigene Reserven umstellen. Deshalb werden in den ersten Tagen des Fastens vermehrt Hormone wie Adrenalin, Noradrenalin, Serotonin oder Kortisol ausgeschüttet. Die Folge davon ist eine Art Hochgefühl, die Aufmerksamkeit ist erhöht. Der Körper greift dann zunächst auf

Kohlenhydratreserven in der Muskulatur und der Leber zurück, nutzt dann seine Fettreserven und zuletzt Muskeleiweiß. Wir fahren dabei eine Art Nothaushalt und verringern den Puls und den Blutdruck. Nach einigen Tagen mit leerem Magen und leerem Darm stellt sich der Körper auf die neue Situation ein, und wir haben auch deutlich weniger Hunger. Unverzichtbar bleiben für uns jedoch das Wasser und darin enthaltene Mineralstoffe. Ohne Wasser können wir nur wenige Tage überstehen. Es gibt Berichte wie über den Fischer José Salvador Alvarenga, der von Mexiko aus in See gestochen war, um Haie zu fangen. Ein Sturm trieb das Boot ab – so erzählte er jedenfalls danach –, und er habe sich auf hoher See von Fischen und Vögeln ernährt, die er mit bloßen Händen fing. Um seinen Durst zu stillen, habe er Regenwasser, Schildkrötenblut und seinen eigenen Urin getrunken. 13 Monate habe er so durchgehalten.

## Kann Fasten heilen?

Immer wieder ist vom Entschlacken des Körpers die Rede. Und das, obwohl unser Körper nun wahrlich keine Schlacke besitzt. Solche Schlacken oder schädlichen Stoffwechselprodukte im Körper gebe es nicht, sagt die Deutsche Gesellschaft für Ernährung. Nicht verwertbare Stoffe würden bei ausreichender Flüssigkeitszufuhr über den Darm und die Nieren ausgeschieden. Es gibt allerdings durchaus Hinweise auf positive Auswirkungen des Fastens, ein sinkender Blutdruck helfe etwa bei Herz-Kreislauf-Kranken. Positive Effekte sind auch bei vielen entzündlichen und neurodegenerativen Erkrankungen belegt. Wichtig ist bei allen Heilfastenkuren die ärztliche Kontrolle. Allerdings ist die Studienlage beim Thema Fasten insgesamt eher dünn, auch weil die Pharmaindustrie hier kein Marktpotenzial sieht. Schließlich verzichten wir auf etwas. Damit lässt sich kein Geld verdienen.

# Von Hasen und Eiern

**A**m Ostersonntag in aller Frühe hoppelt der Osterhase durch die Felder und Gärten. Er hat einen geflochtenen Korb bei sich, randvoll mit bunten Eiern, die er unter Blättern, neben Blumen und unter Steinen versteckt. Zumindest durch viele Bilderbücher bewegt sich Meister Lampe (der Name kommt übrigens aus der Jägersprache: Lampe heißt der weiße Fleck auf der Hasenschwanzunterseite) auf diese Weise.

### SEIT WANN GIBT ES OSTERHASEN?

Bereits vor 330 Jahren spielten sich in einigen Gegenden Deutschlands Szenen ab, die uns bekannt vorkommen:

*In Oberdeutschland, Pfalz, Elsass und den angrenzenden Gegenden, sowie in Westfalen nennt man diese Eier Haseneier. Man macht den Einfältigen und Kindern weis, der Osterhase lege solche Eier und verstecke sie in den Gärten, im Gras und im Gebüsch, damit sie von den Kindern zum Ergötzen der lächelnden Erwachsenen eifrig gesucht werden.*

Dies schrieb der Mediziner Georg Franck von Franckenau im Jahr 1682 in seinem Text »De Ovis Paschalibus. Von Oster-Eyern«. Er war allerdings von diesem Brauch nicht sehr begeistert, denn er beobachtete Gesundheitsgefährdendes:

*Oft fügen sich gesunde Kinder mit jenen Eiern großen Schaden zu, denn sie stopfen sie sich unbeaufsichtigt geradezu gierig in den Rachen, ohne Salz, Butter oder andere Gewürze. So kommt zu dem Vergnügen der Schmerz dazu.*

In diesem Text wird zum ersten Mal überhaupt der Osterhase erwähnt. Endgültig durchgesetzt hat er sich, wie so viele unserer

heutigen Traditionen, erst im 19. Jahrhundert. Als Produzent und Überbringer der Ostereier hatte der Hase lange Zeit tierische Konkurrenz – unter anderem von dem Hahn, dem Fuchs, dem Storch und dem Kuckuck. Aber der Hase machte das Rennen, sicherlich auch, weil er seit je in vielen Kulturen für Fruchtbarkeit und Zeugungskraft steht. In der byzantinischen Tiersymbolik war das Tier zudem ein Symbol für Christus. Der Hase wäre somit sogar ein religiöses Element in unseren eher weltlich gefüllten Osternestern.

Aber was ist mit den gefärbten Ostereiern selbst? Sie gehören seit dem Mittelalter zum Osterfest, werden das erste Mal im 13. Jahrhundert in einer deutschen Quelle erwähnt. Aber waren sie ursprünglich eine germanische Tradition anlässlich eines Frühlingsfestes, wie manche schreiben? Oder lässt sich dieser Brauch zu den Ägyptern zurückverfolgen, von denen bekannt ist, dass sie schon vor 4000 Jahren Eier bunt bemalten? Es gibt hier sicher nicht die eine richtige Antwort, sondern viele Geschichten, die zusammen unsere Tradition der Ostereier erklären. Das Ei wurde seit je als das Sinnbild des Lebens, der Auferstehung (im Frühchristentum, aus einem »toten« Ding schlüpft etwas Lebendiges) und der Unendlichkeit (die runde Schale hat keinen Anfang und kein Ende) gesehen. Sogar die Erde wurde manchmal als Ei beschrieben. Außerdem war es ein wichtiges Nahrungsmittel und fiel in der Fastenzeit oft unter die verbotenen Speisen. Zu Ostern gab es also (durch Kochen haltbar gemachte) Eier im Überfluss und man durfte sie endlich wieder genießen. Der Gründonnerstag war zudem der Abgabe- und Zinstag, man bezahlte seine Schulden unter anderem mit Eiern – und übrigens auch mit Hasen.

Eine schöne Geschichte vom Ursprung der Ostereier führt zurück ins 9. Jahrhundert, an die Wiege eines Kindes, das von seiner Mutter auf Althochdeutsch in den Schlaf gesungen wird: »Ostârâ stellit chinde / honak egir suozziu.« (»Ostara stellt hin dem Kinde / Honig Eier süsse«) lautet eine Liedzeile. Sie handelt von der Frühlingsgöttin Ostara, benannt nach der Morgenröte. Auch die Gebrüder Grimm bringen in ihrem berühmten Wör-

terbuch den Begriff »Ostern« mit dieser Göttin in Verbindung; sie zitieren dabei einen der wichtigsten Gelehrten des frühen Mittelalters, den englischen Mönch Beda Venerabilis (der Ehrwürdige) aus dem 8. Jahrhundert. Laut Beda soll Ostara dem Frühlingsmonat »Eosturmonath« (der heutige April) den Namen gegeben haben und auch in dieser Zeit besonders gefeiert worden sein. Es handelt sich demnach um eine Göttin, zu deren Ehren im Frühling Feste veranstaltet wurden und die in einem althochdeutschen Wiegenlied den Kindern Eier hinstellt, damit sie sanft schlummern.

Allerdings hat dieses so schöne Bild möglicherweise einen kleinen Schönheitsfehler. Im 19. Jahrhundert war man nämlich so begeistert auf der Suche nach solchen alten (am liebsten germanischen) Traditionen, dass man es manchmal mit der Wahrheit nicht so genau nahm. Das althochdeutsche Schlummerlied beispielsweise wurde sehr wahrscheinlich in dieser Zeit von seinem »Entdecker« selbst gefälscht.

Auch die Göttin Ostara lässt sich wissenschaftlich bis heute nicht eindeutig nachweisen – schon die Gebrüder Grimm waren da vorsichtig und erwähnten sie nur in einem einzigen Text. Tatsächlich weiß man bis heute nicht genau, woher unsere deutsche Bezeichnung »Ostern« (und das englische »easter«) kommt. Es gibt verschiedene Theorien. Ostara ist nach wie vor im Rennen. Auch der Osten, das Frühlingserwachen, die Morgenröte in ihrer altgermanischen Form können die Namensgeber gewesen sein. In den meisten anderen europäischen Sprachen wird die Bezeichnung des Osterfestes abgeleitet vom jüdischen Pessachfest, das mit dem ersten Frühlingsmond eingeleitet wird: italienisch »pasqua«, finnisch »pääsiäinen« oder isländisch »páskar«.

## DIE EIER SIND DA!

Vor Jahren war ich mit der ersten offiziellen chinesischen Reisegruppe durch Deutschland unterwegs, in sieben Tagen durch sieben deutsche Städte. Es war an einem Morgen in Hamburg am Frühstücksbüfett. Es gab nur noch zehn Eier für die 30-köpfige Gruppe. Aber alle wollten ein Ei, was einer auch lautstark kundtat. »Schsch, nicht so laut«, sagte der Reiseleiter Herr Wu und bestellte rasch neue Eier für alle. Minuten später sprang plötzlich einer der Chinesen auf und schrie quer durch den Raum, sodass die deutschen Gäste zusammenzuckten: »Ji Dan Lei Le – die Eier sind da!«

Daran muss ich oft denken, wenn ich Eier bestelle, oder jetzt an Ostern: Die Eier sind da! Es waren damals ziemlich hart gekochte Eier und der Dotter schimmerte am Rand leicht grünlich.

## Warum haben hart gekochte Eier manchmal einen grünen Dotterrand?

Dotter mit einem grünen Rand bilden sich immer dann, wenn Eier sehr lange im Wasser kochen. Verantwortlich dafür ist eine chemische Reaktion im Eiklar, die erst bei längerem Erhitzen abläuft. Das Eiklar eines Hühnereis besteht zu 88 Prozent aus Wasser, den Rest bilden rund 40 verschiedene Eiweiße. Eiklar ist flüssig, glibberig, durchsichtig und klebt leicht. Schlägt man es mit dem Schneebesen, wird es fest und weiß. Kocht man es, wird es hart und ebenfalls weiß. Mechanische Einwirkung oder Hitze bewirken also, dass die Eiweißbausteine ihre Struktur verändern – und zwar unwiederbringlich. Der Grund: Jedes Eiweißmolekül hat anfangs seine spezielle Gestalt, ist gefaltet und zu einem Knäuel eingewickelt. Bei Hitze entfalten sich die langen Moleküle und werden zu kürzeren Molekülen aufgespalten. Sie ändern dabei auch sichtbar und spürbar ihre chemischen Eigenschaften. Denn Hitze bringt Moleküle in Bewegung, dadurch können sich Verbindungen auflösen oder zumindest lockern. Die Effekte sind dann auch für uns mit bloßem Auge sichtbar. So verschwindet das Klebrige am Eiklar komplett, es ist auch nicht mehr durchsichtig.

## Eierwissen

**Haushühner** sind effiziente Eierlegemaschinen, sie legen bis zu **300 Eier pro Jahr.** Mehr können sie auch nicht schaffen. Denn eine Eizelle verbleibt rund 24 Stunden im Bauch einer Henne und wird dann von einer Schale geschützt und mit Dotter versorgt an die Luft gesetzt. Rund 20 Stunden ist ein Huhn damit beschäftigt, die etwa 0,4 Millimeter dicke Kalkschale zu produzieren.

**Hühner als Haustiere** gibt es seit rund 8000 Jahren, Bauern in Asien domestizierten sie wohl aus dem Bankiva-Huhn. Nach Europa kamen Henne und Hahn erst vor rund 2000 Jahren. Dass Vögel – als Landbewohner – Eier mit harten Schalen legen, hat sich im Lauf der Evolution so herausgebildet. Nur sie bieten Schutz vor dem Austrocknen. Tiere, die im Wasser leben, haben in der Regel Eier mit weicher Schale.

In Europa werden alle Eier mit einem Code gekennzeichnet. Die erste Ziffer auf einem Ei steht für die Art der Tierhaltung. **Die Ziffer 0 steht für Bio-Haltung, 1 steht für Freilandhaltung, 2 für Bodenhaltung und 3 für Käfighaltung.** (Bei der Bio-Haltung teilen sich 6 Hühner einen Quadratmeter Stallfläche, bei der Freiland- und Bodenhaltung sind es bereits 9 Hühner pro Quadratmeter.) Hinter dieser Ziffer steht der Ländercode, etwa »DE« für Deutschland oder »AT« für Österreich, dann folgt die Kennung des Legebetriebs.

**Eier-Anpiksen vor dem Kochen kann man sich sparen.**
Zwar steigt im Eiinneren der Druck beim Kochen um etwa
1 bar an, doch die Eierschalen sind stark genug, um das
auszuhalten. 0,3 bar Druckanstieg erzeugt die im Ei enthaltene erhitzte Luft, 0,7 bar das im Eiklar enthaltene Wasser.
Zahlreiche Eierexperimente haben statistisch gezeigt, dass
gepikste und ungepikste Eier etwa gleich oft beim Kochen
kaputt gehen. Etwa bei jedem zehnten Ei bricht die Schale,
der Grund: mikrofeine Risse, die wir mit bloßem Auge nicht
sehen können.

Calciumcarbonat **macht die Eischalen hart**. Bis zu 4,5 Kilogramm Gewicht pro Quadratzentimeter kann die Kalkschale
eines Hühnereis aushalten. Ein Erwachsener mit 85 Kilogramm Gewicht könnte sich also locker auf ein Brett stellen,
das auf mehreren Eiern ruht. Die runde Form macht die
Eier zusätzlich stabil. Kräfte, die an einer Stelle angreifen,
verteilen sich über die gesamte Oberfläche.

**Am längsten ungekühlt haltbar** sind »Tausendjährige Eier«,
ein traditionelles chinesisches Gericht. Das hängt mit ihrer
Herstellung zusammen. Die Tausendjährigen Eier werden langsam fermentiert. In einem Mantel aus Gewürzen,
gebranntem Kalk, Sägespänen und Holzasche gären die
Eier wochenlang, das Eigelb wird dabei grün, das Eiweiß
bernsteinfarben, fast schwarz, die Konsistenz erinnert an
Gelatine. Man kann sie noch nach Jahren essen, sie
schmecken würzig, ein bisschen wie Oliven.

Es gibt in verschiedenen Regionen **den Brauch des Eiertit-schens** (manche verwenden dafür den schönen Ausdruck »Spitzarschen«), etwa im Rheinland, in Süddeutschland, Österreich, der Schweiz und Griechenland. Dabei schlagen zwei Wettstreiter jeweils ein gekochtes Ei auf das eines Gegenspielers mit dem Ziel, dessen Schale zu brechen. Gewinner ist der, dessen Ei unversehrt bleibt, er bekommt dann als Belohnung beide Eier. Das erklärt auch die Herkunft des Brauchs: Nach der Fastenzeit ging es darum, den Hunger auf Ei zu stillen. Heute spielt man eher zum Spaß. Das härtere Ei siegt. Generell gilt: Die Spitze eines Eis ist härter als die Eikuppe, die Kraft ist hier auf einer kleineren Fläche gebündelt. Zudem machen Luftblasen an der flachen Seite die Eier an diesem Ende empfindlicher.

**Das größte jemals entdeckte Ei** ist ein wahrer Gigant: Es wiegt 11 Kilogramm, ist 33 Zentimeter lang, hat einen Umfang von 1 Meter und fasst den Inhalt von 150 Hühnereiern, 9 Liter. Die Schale ist mehr als einen halben Zentimeter dick. Gelegt hat es der seit 400 Jahren ausgestorbene Madagaskar-Strauß. (Bei Auktionen können solche seltenen Eier Preise von **80 000 Euro** erzielen!) Noch lebende Rekordhalter sind der Afrikanische Strauß und der australische Emu. Ihre Eier wiegen 1,5 Kilogramm – immerhin würden in das 15 Zentimeter große Ei 25 Hühnereier passen.

Noch größer waren vor Jahrmillionen nur die Eier des Raubsauriers **Tyrannosaurus Rex**. Von ihnen sind aber nach 66 Millionen Jahren nur noch versteinerte Reste übrig. Die 40 Zentimeter langen und schmalen Eier sahen aus wie Dragees, während andere Dinosaurier ovale bis kreisrunde Eier legten. Über das größte Dinosaurierei gibt es viele Gerüchte. Die Angaben gehen bis zu einem Meter Höhe. »Das ist aber Unsinn«, sagt Bernd Herkner, Leiter des Frankfurter Senckenberg-Museums. »Eier können aus physiologischen Gründen eine bestimmte Größe nicht überschreiten. Je größer das Ei ist, umso geringer ist auch die Oberfläche im Verhältnis zum Volumen. Ab einer bestimmten Größe würde der Gasaustausch durch die Schale nicht mehr funktionieren. Außerdem würde die Schale zu dick sein müssen. Ein Eivolumen über 10 Liter halte ich für unmöglich.«

**Die Bienenelfe,** der mit einem Gewicht von 1,8 Gramm kleinste Vogel der Welt, legt auch die kleinsten Eier. Die Eier dieses Kolibris sind nur etwa einen halben Zentimeter hoch, nicht einmal so hoch wie eine 1-Cent-Münze, und ein Viertel Gramm schwer.

Die **ungewöhnlichste Eiform** produzieren Trottellummen, sie ist kegelförmig. Stößt man so Ei an, dreht es sich in einem sehr engen Kreis um die eigene Achse. Das ist wichtig, da die Vögel an Klippen nah am Abgrund brüten. Die Schale fasziniert Forscher, denn sie hat kegelförmige Nanostrukturen eingebaut, die verhindern, dass sich Meersalz anlagert. Das ist einzigartig im Tierreich.

Sobald das Eiweiß bei Temperaturen oberhalb von knapp 85 Grad Celsius fest geworden ist (hier gerinnt das hauptsächlich enthaltene Protein Ovalbumin), braucht es die Wärme aus dem kochenden Wasser nicht mehr dafür, sondern kann diese ins Innere des Eis zum Dotter weiterleiten. Er stockt und wird langsam von außen nach innen hart.

Zunächst ist der Dotter allerdings noch nicht grün. Hier kommen die geringen Mengen an Eisen ins Spiel, die sich im Dotter befinden. Die Eisenverbindungen werden langsam frei, wenn man die Eier länger als acht bis zehn Minuten kocht. Im mittlerweile festen Eiweiß bildet sich gleichzeitig Schwefelwasserstoff. Das Eisen aus dem Dotter und der Schwefelwasserstoff verbinden sich zu Eisensulfid. Das macht die grüne bis blaugrüne Farbe an der Grenze von Eigelb und Eiweiß. Der Dotter wird nie durchgehend grün, sondern nur am Rand. Bei gekauften gekochten Eiern sieht man den grünen Rand häufiger, denn diese industriell gekochten Eier werden in der Regel deutlich länger gekocht, um sie haltbarer zu machen. Sie liegen vor den Ostertagen oft wochenlang in den Regalen.

## Warum gibt es weiße und braune Eier?

Jedes Huhn hat eine Schalendrüse, sie befindet sich im Legedarm des Tiers. Hier produziert das Tier den Farbstoff für die Eierschale. Die Drüse bildet dabei aus dem Blutfarbstoff Hämoglobin rötliche Farbpigmente, die langsam abgebaut werden, dazu kommen gelbliche Pigmente aus der Galle. Hühner, die weiße Eier legen, bilden diesen Farbstoff nicht. Eine Genvariante verhindert dies. Je nach genetischer Veranlagung einer Hühnerrasse ergibt sich also die typische Eierfarbe.

Dass es in bestimmten Ländern mehr braune oder mehr weiße Eier gibt, ist eine Entscheidung der Züchter. Derzeit sind in Deutschland eher braune Eier angesagt, wir halten sie – ohne Grund – für gesünder. Züchter wählen hierzulande eher die dunkelsten Eier aus, um sie zu bebrüten. Die geschlüpften Hühner legten auch wieder dunkle Eier. Genauso geht es mit den weißen Eiern. In Deutschland sind sieben von zehn Eiern braun. In Skandinavien gibt es fast ausschließlich weiße Eier zu kaufen.

Oft stimmt die Farbe des Gefieders auch mit der der Eier überein, aber eine Regel lässt sich daraus nicht ableiten. Wichtiger sind die Ohrläppchen der Tiere, sie sind ein sehr gutes Indiz. Hühner haben tatsächlich Ohrläppchen, es sind kleine, im Federkleid versteckte Hautflächen auf beiden Seiten des Hühnerkopfs. Sind sie weiß, legt die Henne meist weiße Eier, sind sie rötlich, legt sie in der Regel braune. Eine eindeutige Aussage lässt sich aber nur mithilfe einer Erbgutanalyse machen.

## Was ist die perfekte Kochzeit für ein wachsweiches Ei?

Das ist die klassische Loriot-Frage. Sie ist nicht eben leicht zu beantworten. Eierkochen ist eine Wissenschaft für sich. Jedes Ei ist anders. Es gibt kleine und große Eier und solche mit dickerer und dünnerer Schale. Dann spielt auch die Temperatur eine Rolle, also ob man ein Ei aus dem Kühlschrank holt oder bei Raumtemperatur lagert. Sogar der Luftdruck hat eine Bedeutung bei der Frage, wie lange ein Ei im kochenden Wasser sein sollte. Zudem gibt es Menschen, die Eier ins kalte Wasser legen, und solche (wie ich), die Eier immer nur in bereits kochendes Wasser geben. Einfluss auf das Resultat haben auch noch die Wasserhöhe im Kochtopf und das Alter der Eier (da im Lauf der Zeit Kohlendioxid aus der Schale entweicht, steigt der pH-Wert an, und dies führt dazu, dass sich die Schale besser vom Eiweiß löst).

Wir haben es also mit einer Reihe von physikalischen Größen zu tun: Masse, Schalendicke, Temperatur, Luftdruck.

Der Ort, an dem wir Eier kochen, hat einen Einfluss auf die Siedetemperatur von Wasser. Die Siedetemperatur sinkt pro 285 Meter Höhe um 1 Grad Celsius, das bedeutet, dass das Wasser auf der Zugspitze bereits bei 90 Grad Celsius kocht, auf dem Everest würde es schon bei 70 Grad Celsius sprudeln. Allerdings hilft einem das beim Eierkochen wenig, denn bei niedrigerer Siedetemperatur klappt der Wärmetransport ins Eiinnere auch schlechter. Im Gebirge brauchen Eier daher generell länger, um hart zu werden. Bei Temperaturen unterhalb von 62 Grad kann das Eiklar überhaupt nicht mehr gerinnen. Und harte Eier brauchen eine Innentemperatur von 84,5 Grad Celsius, das funktioniert auf der Zugspitze also gerade noch.

In den ersten Kochminuten benötigt das Ei die zugeführte Wärmeenergie, um das glibberige Eiklar fest werden zu lassen. In dieser Zeit isoliert das Eiklar das innen liegende Eigelb thermisch noch komplett. Erst wenn das Eiklar komplett geronnen ist, kann die Wärme des Wassers nach innen zum Eigelb gelangen. Dann beginnt der Dotter zu stocken. Diesen Zeitpunkt will man beim wachsweichen Ei erwischen.

Der österreichische Physiker Werner Gruber bemerkt lakonisch, dass jeder, der es nicht mit höherer Mathematik versuchen will, für normalgroße Eier (Größe M, 60 Gramm Gewicht) einen Wert zwischen 5 und 6 Minuten wählen sollte. Das entspricht »meinem« Eierwert für München von 5 Minuten und 25 Sekunden.

## WARUM SCHICKEN WIR LEUTE IN DEN APRIL?

Menschen in den April zu schicken ist eine sehr spezielle Art von Humor. Zahlreiche Medien beteiligen sich Jahr für Jahr an diesem öffentlichen Spiel mit Falschmeldungen. Wer darauf hereinfällt, ist öffentlich genarrt worden. April, April, heißt es dann.

Die Tradition existiert in mehreren europäischen Ländern (und überall dort auf der Welt, wohin Europäer ausgewandert sind). In historischen Schriften sind vor allem in Deutschland, England, Italien und Frankreich zahlreiche Hinweise zu finden, der Brauch scheint bis ins frühe 16. Jahrhundert zurückzugehen. Die ältesten Quellen stammen aus Frankreich, wo dieser Brauch »poisson d'avril« (also »Aprilfisch«) genannt wurde und auch heute noch so heißt.

Der Regensburger Volkskundler Gunther Hirschfelder verweist darauf, dass der französische König Karl IX. im August 1564 den Neujahrstag vom 1. April auf den 1. Januar verlegte. Einige Bürger, die dieses Edikt von Roussillon nicht mitbekommen hatten, feierten im darauffolgenden Jahr wieder wie gewohnt Ende März das neue Jahr und bekamen falsche Neujahrsgeschenke. Sie wurden als »Aprilnarren« verspottet. Allerdings spricht viel dafür, dass es die Tradition des Aprilscherzes schon früher gab, was mehrere ältere französische Texte bezeugen.

Vielleicht hängt der »April Fools' Day«, wie er auf Englisch heißt, mit dem Neujahrsbeginn des Mittelalters und der frühen Neuzeit zusammen, der fast überall Ende März angesetzt wurde, mancherorts auch am 1. April; da gab es in Europa lange keine einheitliche Regelung. Und als dann im Laufe des 16. Jahrhunderts der 1. Januar in ganz Europa zum Neujahrstag wurde, bekamen die Aprilscherze neuen Aufschwung. Man schenkte sich falsche Neujahrsgeschenke und schickte die Lehrlinge und Dienstboten auf unsinnige Botengänge, also »in den April«.

Im 19. Jahrhundert war der Brauch so bekannt, dass »in den April schicken« Eingang ins Grimm'sche Wörterbuch fand: einen »vergeblichen gang thun lassen oder sonst auf irgend eine weise teuschen«. Das konnte durchaus gemeine Züge annehmen, etwa wenn man sich über die mangelnde Bildung der Opfer lustig machte. Johann Jakob Schenkel, Pfarrer aus Schaffhausen am Rhein, beschrieb im Jahr 1884 einen fiesen Scherz: »In Basel schickt man den Aprilnarren in die Apotheke, um Ibidum zu verlangen, mit dem Schein eines lateinischen Wortes aus ›Ich bin dumm‹ gebildet.« Das »Ibidum«, wahlweise auch »Binidum«, wurde damals zu einem Klassiker der Aprilscherze.

In Spanien und Lateinamerika gibt es übrigens einen anderen Tag, an dem man sich gegenseitig Streiche spielt: den 28. Dezember, dem »Día de los Santos Inocentes« (Tag der unschuldigen Kinder). Den Brauch, anlässlich des Kindermords von Bethlehem eine Art Narrenfest zu feiern, gab es auch in Deutschland. Er verschwand erst im 18. Jahrhundert.

Zum Ursprung des Aprilscherzes gibt es zahlreiche weitere Erklärungen, die teilweise hübsch zu lesen sind, aber die Sache nicht zwingend erklären. So heißt es, der April sei ein wenig verlässlicher Monat, der mit seinem Aprilwetter den Menschen immer wieder einen Streich spielt. Auch religiöse Erklärungen gibt es zahlreiche: Von einer Verbindung zur Passion Christi ist die Rede, denn die frühen Christen stellten Jesus mit dem Fisch-Symbol dar, es war auch ein Symbol der Bekenntnis zum Christentum. Alternativ sei der 1. April wahlweise der Geburtstag von Judas, der Christus verraten habe, oder der des wahrhaften

Teufels, der an diesem Tag in die Hölle eingezogen sei, weshalb man sich vor Unheil mithilfe von Scherzen schützen müsse. Ein bisschen scheint es so, als wollten einen auch manche der Erklärungen ein bisschen zum Narren halten.

Vielleicht sollte man sich also lieber an überlieferte Aprilstreiche halten. Schon im 16. Jahrhundert wurde der französische König Heinrich IV. (ein berüchtigter Frauenheld) Opfer eines Aprilscherzes seiner Gemahlin: Sie lockte ihn mit einem gefälschten Brief in ein kleines Lustschloss, in dem angeblich ein sechzehnjähriges Mädchen auf ihn wartete.

In Deutschland wurde am 1. April 1774 erstmals in einer deutschen, in Berlin erscheinenden Zeitung ein Aprilscherz abgedruckt. Darin stand zu lesen, dass man Ostereier und sogar Hühner in allen gewünschten Farben züchten könne. Man müsse dafür nur die Umgebung der Tiere in der passenden Farbe streichen. Im 21. Jahrhundert verliert das »In-den-April-Schicken« zunehmend an Bedeutung. Schade eigentlich, denn kaum ein Brauch aus dem Mittelalter hat so lange ohne Unterbrechung gehalten wie der 1. April.

# Ein Tag im Frühling

Frühlingsgefühle! Die Sonne scheint, die Pflanzen treiben aus, und auch wir Menschen fühlen uns voller Energie. Wir genießen die erste Sonne, ziehen uns luftig an und haben Lust zu flirten. Überall keimt und sprießt es, im Frühlingslicht beginnt die Welt zu strahlen. Die Monate März, April und Mai sind die Monate der Verliebten. Friedrich Rückert dichtete vor 200 Jahren:

> *Sie lehnt sich an, zu lauschen,*
> *Und hört in stiller Lust*
> *Die Frühlingsströme rauschen*
> *In ihres Dichters Brust.*

Heute würden wir sagen: Die Hormone spielen verrückt. Aber stimmt das auch?

## SPIELEN DIE HORMONE IM FRÜHLING VERRÜCKT?

Veränderungen in unserem Körper werden in erster Linie von Hormonen gesteuert. Mit Blick auf die seit Jahrhunderten besungenen Frühlingsgefühle ist es also sinnvoll anzunehmen, dass im Frühling vermehrt Hormone ausgeschüttet werden, die für unser Wohlbefinden, unsere Stimmung und auch unsere Sexualität verantwortlich sind. Die Jahreszeiten haben tatsächlich einen Einfluss auf unseren Hormonhaushalt. Temperatur und Licht machen hier den Unterschied.

Am 20. März beginnt bei uns offiziell der Frühling. (Manchmal ist es auch der 21. März und manchmal der 19., das hängt mit den Schaltjahren zusammen.) Das heißt, ab diesem Zeitpunkt sind die Tage länger als die Nächte, und die Sonne steht immer höher am Himmel. Die Tageslänge und die Intensität des Lichteinfalls ändern sich. An einem hellen Frühlingstag (10 000 Lux) fällt fast dreimal so viel Sonnenlicht auf uns wie an einem Wintertag (3500 Lux) – und an einem strahlenden

Tag im Hochsommer ist es dann gleich nochmals zehnmal so hell (100000 Lux). Zum Vergleich: In einem hell erleuchteten Büro (500 Lux) sitzen wir ziemlich im Dunkeln. Einige Hormone in unserem Körper werden direkt über das Licht gesteuert. Das »Schlafhormon« Melatonin ist eines von ihnen. Es wird in der Zirbeldrüse in unserem Zwischenhirn gebildet und ist mitverantwortlich für unseren Tag-Nacht-Rhythmus. In der Dunkelheit der Nacht produzieren wir vermehrt Melatonin, das uns müde macht und einschlafen lässt. Licht hemmt die Bildung dieses Hormons. Dabei reichen schon wenige Minuten im Licht (besonders aus dem kurzwelligen blauen Spektralbereich) aus, um den nächtlichen Melatoninspiegel auf ein Minimum zu senken. Durch die kürzer werdenden Nächte im Frühjahr produziert die Zirbeldrüse weniger Melatonin, und wir fühlen uns wach und energiegeladen.

Auch die Hormone Serotonin und Dopamin beeinflusst das Licht. Serotonin wirkt vielfältig im Körper, unter anderem im Herz-Kreislauf-System, im Darm und im Zentralnervensystem. Am deutlichsten wirkt sich ein höherer Serotoninspiegel auf unsere Stimmung aus: Das Hormon macht uns gelassen und ausgeglichen. Und es ist sehr wahrscheinlich (daran wird aktuell immer noch geforscht) ein Wachmacher wie das verminderte Melatonin. Auch Dopamin, das »Glückshormon«, brauchen wir: Es steuert unsere Bewegungen und beeinflusst unsere Motivation und unsere Impulsivität. Deshalb haben wir im Frühling neuen Schwung und können oft Dinge anpacken, die den ganzen Winter über liegen geblieben sind.

Den Einfluss der stärkeren und längeren Lichteinstrahlung merken besonders Menschen, die an einer »Winterdepression« oder SAD (seasonal affective disorder) leiden. Im Frühjahr bessert sich ihre Stimmung spontan.

Wie wichtig es für uns alle ist, viel hinaus ins Freie zu gehen, haben übrigens aktuelle Studien bestätigt: Helles Licht fördert unter anderem die Freisetzung von Dopamin in der Netzhaut des Auges – und verhindert damit wahrscheinlich das Längenwachstum des Augapfels, also Kurzsichtigkeit. Vor allem Kinder sollten daher mindestens drei Stunden am Tag unter freiem Himmel verbringen, rät die Deutsche Gesellschaft für Endokrinologie (die wissenschaftliche Vereinigung der Hormonexperten).

## Spring fever

Es gibt da noch die andere Seite der Frühlingsgefühle: Manche von uns fühlen sich in dieser Zeit eben gerade nicht wach, sondern eher schlapp und müde. Im Englischen verwendet man nur einen Ausdruck für diese zwei Gegenpole:»Spring fever« bezeichnet sowohl die beschwingten Frühlingsgefühle als auch die Frühjahrsmüdigkeit. Wie letztere entsteht, darüber spekulieren Wissenschaftler immer noch. Wahrscheinlich ist es die Umstellung der Hormone, die unserem Körper zusetzt, aber auch die noch ungewohnten wärmeren Temperaturen. Das macht unter anderem unserem Blutdruck zu schaffen.

## Die menschliche Paarungszeit

Wach sind nun also die meisten von uns im Frühling, aber sind wir auch bereit für die Liebe? Bei den Frauen schwankt die Konzentration der Sexualhormone im Blut deutlich – allerdings nicht nur im Frühling. Biologisch betrachtet findet die menschliche Paarungszeit einmal im Monat statt und nicht im April oder im Mai. Den Monatszyklus einer Frau steuern eine ganze Reihe von Hormonen, die sich dabei gegenseitig verstärken bzw. hemmen, die Eizellen heranreifen lassen, den Eisprung auslösen und die Gebärmutter auf eine mögliche Befruchtung vorbereiten.

Menschen sind hormonell nicht auf»Brunftzeiten« festgelegt wie viele Tiere. Für die Erhaltung unserer Art wäre das auch nicht sinnvoll, denn der menschliche Nachwuchs braucht ja sowieso mehrere Jahreszyklen, bis er auch nur annähernd selbstständig ist.

Und trotzdem entdeckt man immer wieder, dass sich auch bei uns Menschen die Jahreszeiten in den Hormonen spiegeln. Einzelne Studien ergeben zusammen ein Bild. Bei den

Männern sinken die männlichen Testosteronwerte im Winter und steigen erst im Frühling langsam wieder an. Wissenschaftler der Universität Graz haben beispielsweise 2010 einen Zusammenhang von Testosteron mit dem Spiegel von Vitamin D festgestellt. Dieses wird in der Haut mithilfe von Sonnenlicht gebildet. Einen direkten Zusammenhang zwischen Testosteron und Frühlingsgefühlen herzustellen bleibt trotzdem schwierig. Obwohl man davon ausgeht, dass das Hormon den Geschlechtstrieb des Mannes beeinflusst, kann man weder nachweisen, dass erhöhte Testosteronspiegel größere sexuelle Aktivität bedeuten, noch, dass sie die Fruchtbarkeit des Mannes erhöhen.

Vielleicht beeinflusst die Sonne auch den weiblichen Zyklus, darauf gibt es vereinzelte Hinweise. Sicher ist, dass sich ein Zusammenhang zwischen der Jahreszeit und der Geburtenrate feststellen lässt – zumindest für die Zeit vor 1950. Für Länder wie Deutschland oder Schweden entdeckten Wissenschaftler um Till Roenneberg zwei eindeutige »Hochs« in der Geburtenrate: eines im Frühling (von im Frühsommer gezeugten Kindern) und eines im Herbst (von im Winter gezeugten Kindern). Sie werteten dazu Daten ab dem 18. Jahrhundert aus und stellten etwas Spannendes fest: Diese Spitzen in der Statistik wurden ab der Mitte des 20. Jahrhunderts deutlich flacher. Man vermutet, dass die Menschen aus den industrialisierten Ländern durch künstliches Licht und den Aufenthalt in gut geheizten (oder gekühlten) Innenräumen viel weniger der Umwelt (und damit den Jahreszeiten) ausgesetzt sind als früher und diese deshalb auch keinen so großen Einfluss auf unser Fortpflanzungsverhalten mehr hat.

Natürlich hat sich auch mit der künstlichen Verhütung und der modernen Lebensweise viel geändert. Die Frühlingsgefühle halten sich trotzdem hartnäckig – vielleicht weil sie ein Teil unserer Kultur geworden sind.

Das ultimative Messinstrument unserer Zeit jedenfalls, die Suchmaschine Google, registriert natürlich auch, in welchen Zeiten wir uns mehr für die Paarung interessieren als sonst: Neben dem Winter ist es eindeutig der Frühsommer, in dem wir vermehrt nach Stichwörtern wie »nackt« oder und »Porno« googeln.

## Was sind Hormone?

Gehen wir zurück in die Urzeit: Am Anfang waren alle tierischen und pflanzlichen Lebensformen noch Einzeller. Im Laufe der Zeit entwickelten sich mehrzellige Lebewesen. Die voneinander unabhängig existierenden Zellen mussten nun aber koordiniert werden, damit diese Wesen lebensfähig blieben. Es wurden interne Prozesse gebraucht, die das System im Gleichgewicht hielten. Die Zellen mussten miteinander kommunizieren. Genau dazu dienen seit den Anfängen die Hormone, und zwar in pflanzlichen, tierischen und damit auch in menschlichen Lebensformen. Hormone können sich über die Blutbahn im ganzen Körper verteilen, wirken aber nur in den Zellen, für die sie bestimmt sind. Nur diese besitzen die passenden Rezeptoren und können die Nachricht der Hormone »lesen«.

Die Erforschung dieser Botenstoffe begann mit der Entdeckung der sogenannten endokrinen Drüsen, wie etwa der Hirnanhangdrüse (Hypophyse), der Schilddrüse oder den Keimdrüsen (Hoden bzw. Eierstöcke). In einem frühen Hormonexperiment, Mitte des 19. Jahrhunderts, setzte man beispielsweise kastrierten Hähnen die abgetrennten Hoden in die Bauchhöhle ein. Daraufhin schwoll den Hähnen der Kamm wieder an und sie verhielten sich auch sonst wieder dominant-männlich. Damit war klar, dass sich ein Stoff aus den Hoden über den Blutkreislauf im ganzen Körper verteilte und dort zu Reaktionen führte. Heute nennen wir diesen Stoff Testosteron. Inzwischen weiß man auch, dass Hormone nicht nur von spezialisierten Drüsen, sondern von fast jedem Organ des menschlichen Körpers produziert werden können.

Hormone steuern unser Wachstum, den Energiestoffwechsel, unsere Fortpflanzung und auch unser Gefühlsleben. Bei Tieren haben Hormone die gleichen Funktionen und Wissenschaftler stellten bald fest, dass bestimmte Hormone aus tierischem Gewebe auch beim Menschen wirken. Die ersten Behandlungen von hormonellen Erkrankungen erfolgten (mehr oder weniger erfolgreich) mit extrahierten tierischen Hormonen. Inzwischen kann man viele dieser chemisch sehr komplexen Moleküle synthetisch herstellen.

Übrigens haben auch Pflanzen einen Hormonhaushalt. In ihnen steuern die Phytohormone die Entwicklung und das Wachstum. Am bekanntesten ist Ethylen, ein gasförmiges Pflanzenhormon, das den Reifeprozess fördert. Weil reife Pflanzen es absondern, ist Reifen quasi ansteckend. Eine gelbe Banane etwa wird neben einem Apfel viel schneller braun.

## Wie sieht es mit den Frühlingsgefühlen der Tiere aus?

In einer amüsanten Glosse in der *Süddeutschen Zeitung* überlegte sich Christian Weber, was wäre, wenn wir Menschen auch einmal im Jahr für einen Zeitraum »brünftig« würden wie die Tiere. Ausgerechnet zur Adventszeit würden wir uns zwei Wochen lang nur der Fortpflanzung widmen, dem Glühwein am Weihnachtsmarkt wäre schon vorsichtshalber ein Kondom beigelegt, und die Hebammen wären elf Monate im Jahr ohne Arbeit.

In der Tierwelt sind der Hormonhaushalt und die Fortpflanzung eindeutigen jahreszeitlichen Rhythmen unterworfen. In unseren Breiten spielen der Frühling und der Frühsommer meist eine wichtige Rolle. Erst die wärmeren Temperaturen und das Wachstum der Pflanzen ermöglichen eine Aufzucht des Nachwuchses. Gezeugt wird dieser allerdings nur bei einigen unserer heimischen Tiere im Frühling. Das ist eigentlich nur bei denjenigen Tieren der Fall, die eine kurze Austragungs- oder Ausbrütezeit haben: Vögel, kleine Waldtiere wie der Hermelin oder der Marder oder die Murmeltiere. Der Fuchs entwickelt schon im Februar Frühlingsgefühle und bringt seine Jungen nach 1,5 Monaten pünktlich zum Osterhasen auf die Welt.

Größere Tiere, wie Wildschweine, Rotwild und Rehe tragen ihren Nachwuchs länger aus. Sie mussten also ihre Balz- und Brunftzeiten so anpassen, dass die Jungen im Frühjahr geboren werden. Besonders raffiniert machen es die Rehe: Sie werden im Juli oder August brünftig, danach ruht das befruchtete Ei erst einmal für vier Monate. Im Winter beginnt sich das Ei zu entwickeln und im Mai oder Juni wird das Kitz geboren. So finden sowohl die Brunft als auch die Aufzucht des Nachwuchses in der warmen, grünen Jahreszeit statt.

Die Hirsche röhren entsprechend der Tragzeit von acht Monaten im September und Oktober, das Wildschwein hat seine Rauschzeit um Weihnachten herum, ähnlich wie der Steinbock. Nur die Hasen hüpfen aus der Reihe – bei ihnen ist fast das ganze Jahr Paarungszeit (nur im Winter machen sie eine Pause), und sie können deshalb drei- bis viermal Mal jährlich Junge bekommen. Eine Häsin kann dabei durch die sogenannte Superfetation während der Trächtigkeit mit einem Wurf bereits mit dem zweiten Wurf trächtig werden.

## Verrückte Balzrituale

Es muss gar kein exotisches Tier sein: Das Paarungsverhalten der **Katze** mutet martialisch an. Wird die rollige Katze vom Kater bestiegen, schreit sie laut auf und schüttelt ihn nach wenigen Sekunden wieder ab. Die Widerhaken am Penis des Katers scheinen ziemlich stark zu schmerzen. Gleichzeitig lösen diese *Spicae penis* aber den Eisprung aus, erst die mechanische Reizung führt dazu, dass die Hirnanhangsdrüse bei der Katze das entsprechende Hormon ausschüttet.

**Der Specht** lockt sein Weibchen mit einem Trommelwirbel an. Dafür setzt er sich auf einen gut klingenden Ast und schafft in 2,5 Sekunden 40 Schläge. Nach der Paarung hämmert er mit dem Weibchen gemeinsam, um eine Nisthöhle in den Baumstamm zu schlagen.

**Das Nilpferd** macht mit einem anderen Wirbel auf sich aufmerksam. Es verteilt seinen Kot mit dem schnell hin- und her schlagenden Schwanz meterweit in der Umgebung.

Ganz sicher wissen wir nicht, was es damit sagen will, aber es ist wohl entweder das Markieren seines Reviers oder einfach ein Signal für Kraft und Gesundheit an das andere Geschlecht.

**Der Ohrwurm** *(Euborellia plebeja)* hat zwei Penisse. Praktisch! Bricht ihm beim Sex einer ab, kann er einfach mit dem anderen weitermachen.

**Männliche Stachelschweine** signalisieren den Weibchen sehr deutlich, dass sie bereit zur Paarung sind. Mit einem kräftigen Strahl Urin machen sie ihre zukünftige Partnerin von oben bis unten nass.

Das Männchen der **Schwarzen Witwe** ist da schon vorsichtiger: Es ist viel kleiner als das Weibchen und nähert sich lieber langsam, um nicht gleich als Beute aufgefressen zu werden. Aber auch nach der Paarung kann ihm dieses Schicksal noch blühen, daher der Name dieser Spinnenart.

Bei den **Hyänen** haben ebenfalls die Weibchen das Sagen. Diese Dominanz machen sie durch eine stark vergrößerte Klitoris deutlich, die aus ihrem Körper herausragt.

## WARUM KÜSSEN WIR UNS?

Küssen ist biologisch betrachtet überhaupt nicht notwendig. Wir könnten auch ohne zu küssen überleben, was man schon allein daran sieht, dass sich rund ein Zehntel der Bevölkerung, also 700 Millionen Menschen, nie mit den Lippen berührt. Andererseits hat der Kuss – zumindest bei den restlichen 90 Prozent – eine gesellschaftliche Bedeutung, in einigen Regionen der Welt sogar eine sehr hohe. An ihren ersten Kuss können sich wohl die meisten von uns ganz genau erinnern. Und ist nicht gerade der kleine, unscheinbare Kuss auch später in unserer Beziehung ein wichtiger Indikator dafür, ob diese noch lebendig ist? Wer nicht mehr küsst, bei dem geht auch oft die Beziehung den Bach runter.

Aber warum küssen wir überhaupt? Die Wissenschaft hat sich auch bei dieser Frage um Antworten bemüht. Die erste wissenschaftliche Theorie geht davon aus, dass Küssen einst eine Form des Nahrungsaustausches war. Mütter fütterten auf diese Weise ihre Kinder, afrikanische Volksstämme wie die Himba in Namibia praktizieren das noch heute.

Die zweite Antwort der Wissenschaft geht davon aus, dass der Kuss eine erotische Handlung ist, eine Art Vorspiel zum Sexualakt. Die amerikanische Evolutionsbiologin Helen Fisher sagt, dass Männer mit einem Kuss die Lust der Frauen entfachen wollen, sie signalisieren, dass sie den Wunsch nach mehr haben. Frauen wiederum testen auf diese Weise, ob sie den Mann für tauglich erachten. Frauen würden ungern mit einem Mann schlafen, ohne ihn vorher zu küssen. Beim Kuss gehe es auch um den Austausch von Informationen. Geruch, Geschmack, Gefühl – all das liefere Argumente für die unbewussten Mechanismen, die Menschen entscheiden lassen. Die amerikanische Forscherin Sarah Woodley glaubt sogar, dass wir beim Küssen den Immunstatus des möglichen Partners testen, also gegen welche Erkrankungen er geschützt ist – ein Indikator für seine Lebenserwartung und die möglicher gemeinsamer Nachkommen.

Es ist schwer zu beurteilen, ob diese evolutionsbiologischen Erklärungen wirklich stichhaltig sind. Kulturgeschichtler und

## Kusswissen

Paare in Frankreich und in Italien küssen sich deutlich häufiger als solche in China oder Japan. Während die einen ungefähr siebenmal am Tag küssen, tun dies die Menschen in Fernost nur einmal alle zwei Tage.

Im Schnitt küssen Menschen im Leben **120 000 Minuten**, also rund 2000 Stunden.

Bei einem intensiven Kuss werden **80 Millionen Keime** ausgetauscht. Im neu eröffneten niederländischen Mikroben-Museum Micropia in Amsterdam können sich Paare küssen und sofort erfahren, wie viele und welche Bakterien sie dabei ausgetauscht haben. Falls die Paare sich neunmal oder häufiger am Tag küssen, gleicht sich die Keimzusammensetzung im Mund einander an.

Pro Zungenkuss geben wir auch 0,7 Gramm Fett, 0,45 Milligramm Salz und 9 Milligramm Wasser an unseren Partner ab.

Küssen ist auch ein bisschen Sport: Wir bewegen dabei etwa **30 bis 40 Muskeln** – und verbrennen rund 4 kcal pro Minute.

Philosophen wie Alexandre Lacroix halten entgegen, dass beileibe nicht alle Regionen der Erde den Kuss, zumal den öffentlichen, praktizieren. »Bis 1950 hat nur der Okzident geküsst«, sagt der französische Autor des Buchs »Kleiner Versuch über das Küssen«.

Bleibt noch Theorie drei: Für den berühmten Wiener Psychiater Sigmund Freud geht jedes orale Bedürfnis, auch das Küssen, auf die eigene Erfahrung als Säugling zurück, der mit dem Mund an der Mutterbrust saugt und so genährt wird. Das Küssen sei uns demnach angeboren, eine Art Ur-Instinkt. Dem Kind diene noch der Daumen als Ersatz, ihm folge der küssende Mund. Unbewusst wollen wir dabei letztlich wieder gestillt werden.

Wie viel in der Öffentlichkeit geküsst wurde und welche Bedeutung wir dem Kuss verleihen, ist stark kulturell geprägt. So ist beispielsweise der romantische Kuss eine Erfindung des 18. Jahrhunderts. Der französische Schriftsteller und Philosoph Jean-Jacques Rousseau sah im Kuss eine romantische, authentische Geste zweier liebender Menschen.

Mit seinem Briefroman »Julie oder die neue Héloise« schrieb er nicht nur ein flammendes Plädoyer für die Liebesehe – sondern landete auch einen der größten Bucherfolge des 18. Jahrhunderts. In Goethes »Die Leiden des jungen Werther« wird die Kussszene im Wald zum Inbegriff des romantischen Kusses – ein Zelebrieren des innigen, tiefen Gefühls zweier Menschen füreinander.

Hier springen wieder die Sexualforscher bei und bestätigen dem innigen Kuss auch eine biochemische Relevanz. Er produziere ein Feuerwerk an Glückshormonen, ebenso steige der Puls. Sich zu küssen stärke zudem das Immunsystem, rege die Bildung von Abwehrzellen an, schärfe die Wahrnehmung und schone Herz und Kreislauf. Die Pegel von Stresshormonen wie Kortisol oder Adrenalin sinken, sogar die Cholesterinwerte fallen, allerdings nur, wenn sich Menschen oft und lange küssen. Wenn das keine klare Ansage ist!

## WARUM SIND BLÄTTER GRÜN?

Jeden Frühling frage ich mich aufs Neue, wie viele verschiedene Töne von Grün es wohl gibt. Hunderte, Tausende? Kaum eine andere Farbe kann ihre Möglichkeiten so gut zeigen wie das Grün im Frühling. Jeder Grashalm, jedes Blatt an jeder Blume, jedem Busch und jedem Baum hat einen anderen Farbton. Und die Grüntöne wirken morgens anders als in der Mittagssonne oder abends vor dem Sonnenuntergang. Sie schimmern neu, wenn die Luft feucht ist oder Regen darauf fällt, wenn die Sonne scheint oder der Himmel wolkenverhangen ist. Ja sogar der Wind kann einen Unterschied ausmachen, weil er die Blätter bewegt und das Licht sich je nach Winkel anders bricht. Die Farbe ändert sich auch im Laufe eines Blattlebens: Ein junges, gerade austreibendes Blatt im Frühling leuchtet anders grün als später im Sommer, wenn es erwachsen ist.

Grün ist die Farbe des Wachstums – und das ist diesmal nicht wirtschaftlich gemeint. Das Wort »grün« stammt vom althochdeutschen gruoen ab, was wachsen, gedeihen oder sprießen heißt. Viele Menschen empfinden grün als beruhigend. Im Mittelalter war die Farbe ein Symbol für eine frische, junge Liebe.

### Könnten Blätter auch eine andere Farbe als grün haben?

Blätter sind Lichtfänger. Sie brauchen die Energie des Lichts, um Kohlenhydrate wie Zucker oder Stärke herstellen zu können. Wir nennen diesen Vorgang Fotosynthese, es ist der wichtigste biochemische Vorgang auf unserem Planeten. Er stellt den Pflanzen und dadurch auch vielen anderen Lebewesen die elementaren Baustoffe des Lebens zur Verfügung. Ohne die

Fotosynthese sähe die Erde anders aus. Nur mit ihrer Hilfe lässt sich die energiereiche Sonnenstrahlung einfangen. Mit dieser Energie wird dann aus Wasserstoff im Wasser und Kohlenstoff aus (dem Kohlendioxid) der Luft die Nahrungsgrundlage der meisten Lebewesen erzeugt – und nebenbei auch noch der so wichtige Sauerstoff. Eine große Buche produziert beispielsweise pro Tag vierzig Kilogramm Sauerstoff, so viel wie fünfzig Menschen täglich zum Atmen brauchen.

Der Farbstoff in den Pflanzenzellen, der hier die Schlüsselrolle spielt, nennt sich Chlorophyll. Es steckt in winzigen linsenförmigen Körnchen in den Blättern und fängt das Licht ein. Aber eben nicht alles sichtbare Licht mit seinen unterschiedlichen

Farben, sondern nur blaues und hellrotes Licht. Grünes Licht mit Wellenlängen zwischen 480 und 560 Nanometern kann das Chlorophyll nicht gebrauchen. Es streut es zurück – und wir sehen es als Farbe der Blätter. In den Blattzellen stecken noch weitere Stoffe, die die Blätter farbig erscheinen lassen könnten. Aber diese Karotionide und Anthozyane sind das ganze Jahr über bis zum Herbst mit einer anderen Aufgabe betraut, sie sind eine Art Sonnencreme der Pflanzen und schützen die Blätter vor zu starkem Sonnenlicht. Mengenmäßig sind sie im Vergleich zum mächtigen Chlorophyll in der Unterzahl – und deshalb farblich zu schwach. Erst wenn dieses seine Pflicht getan hat und sich im Herbst aus den Blättern zurückzieht, um im Stamm und in den Ästen der Bäume zu überwintern, beginnen die Karotinoide ihre Leuchtkraft zu entfalten. Dann sehen wir ein Meer aus kräftigen Orange- und Rottönen.

Unsere Erde hätte anders aussehen können, mit blauen oder roten Bäumen. Das Ergrünen der Welt im Frühjahr ist nur diesem biochemischen Zufall zu verdanken. Vielleicht gibt es irgendwo draußen im Universum eine andere Welt mit andersfarbigen Pflanzen, die gelernt haben, die Energie ihrer Sonne anders zu nutzen.

## Die größten Blüten

Blüten duften und locken somit Schmetterlinge und Insekten zum Bestäuben an. Für den Duft verantwortlich sind meist wohlriechende Terpene, die Hauptbestandteile ätherischer Öle. Parfümeure kreieren mit ihrer Hilfe die schönsten, sinnlichsten Düfte. Allerdings verfolgen ausgerechnet die drei Rekordhalter unter den Blühpflanzen eine ganz andere Strategie: Die Blütengiganten setzen auf Aasgeruch. Durch diesen Kadaveringeruch werden bestimmte Insekten angelockt, die die Pflanzen bestäuben.

### 1. Titanenwurz *(Amorphophallus titanum)*
Jedes Jahr gibt es ein Riesenspektakel, wenn in den botanischen Gärten ein Titanenwurz blüht. Der Bonner Garten macht traditionell am meisten Wirbel, er hat aber auch ein Prachtexemplar, das bis ins Jahr 2005 mit 2,81 Meter Blütenhöhe sogar den Weltrekord hielt. Ihm folgte der Titanenwurz aus dem zoologisch-botanischen Garten Wilhelmina in Stuttgart mit 2,94 Metern (immer noch der deutsche Rekord), der wiederum den Weltrekord am 18. Juni 2010 an ein Prachtstück aus New Hampshire in den USA verlor: 3,10 Meter ist die neue Messlatte. Der Blüte folgt der Verwesungsgestank. So will die Pflanze Aaskäfer anlocken. Nach drei Tagen ist das Spektakel vorbei – und die Pflanze hoffentlich bestäubt.

### 2. Riesenrafflesie *(Rafflesia arnoldii)*
Sie hat die Blüte mit dem größten Durchmesser. Mehr als einen Meter erreicht die Riesenrafflesie, die weder Blätter noch Wurzeln hat. Sie ist ein Schmarotzer, der sich mithilfe eines wurzelartigen Netzwerks von seiner Wirtspflanze ernährt. Sie macht dafür keine Fotosynthese. Erst vor wenigen Jahren ist es amerikanischen Botanikern gelungen, die fast 8 Kilogramm schwere Pflanze genetisch einzuordnen. Sie gehört wie Weihnachtsstern, Gummibaum und Maniok zu den Wolfsmilchgewächsen *(Euphorbiaceae)*. Auch die

Riesenrafflesie lockt mit Hitze und Aasgeruch Insekten an. Die tiefrote Blüte braucht 9 Monate, bis sie sich öffnet. Evolutionär ist die Riesenrafflesie ebenfalls ein Rekordhalter: Die Blüte sei in den vergangenen 6 Millionen Jahren auf das 79-Fache ihrer einstigen Größe angewachsen, so Harvard-Botaniker Charles Davis, alle anderen Mitglieder der Familie haben eher kleine Blüten. Dieser evolutionäre Spurt ist einer der dramatischsten, die man überhaupt in der Pflanzenwelt beobachtet habe. Hätten wir Menschen so eine Entwicklung durchlaufen, wären wir heute 146 Meter groß, so hoch wie die Große Pyramide von Gizeh.

### 3. Großblumige Pfeifenblume *(Aristolochia grandiflora)*
Die Blüten der größten aller mittelamerikanischen Pflanzenarten hat zwar im Vergleich zu den anderen Rekordhaltern mit maximal 50 Zentimetern einen kleineren Durchmesser, doch rechnet man den Fortsatz an der Spitze der Blütenblattlippe hinzu, ergeben sich rekordverdächtige 4,5 Meter. Die Blüte lockt ebenfalls mit Aasgeruch Fliegen ins Innere, verschließt dann die Blüte und hält die Insekten einen Tag lang gefangen – bis sie bestäubt ist.

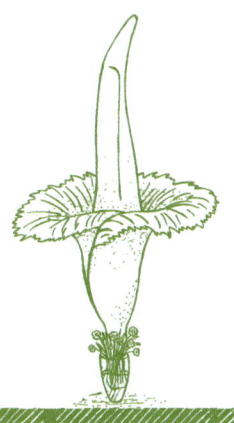

## WIRD EUROPA IMMER GRÜNER?

Es sind vielleicht nur flüchtige Eindrücke aus dem Urlaub. Die Wälder auf den Hügeln der Maremma in der südlichen Toskana beispielsweise sind grüner geworden, man sieht dicht bewachsene Hänge mit Macchia- und Steineichenwäldern. Es gibt alte Fotos, die relativ kahle Bergrücken zeigen. Dasselbe Bild in Südfrankreich nahe Avignon. In der Vaucluse sind ganze Gebirgszüge bei Apt oder Roussillon, die vor mehr als 110 Jahren kahl waren, flächig wieder aufgeforstet worden. Wird Europa tatsächlich immer grüner?

»Das sind keine zufälligen Beobachtungen«, sagt der Geoinformatiker und Umweltforscher Richard Fuchs. Mit Kollegen von der Wageningen University zeigte er, dass der gesamte europäische Kontinent deutlich grüner geworden ist. »Vom Jahr 1900 bis heute ist die Waldfläche um ein Drittel angewachsen«, sagt Fuchs.

Die Auswirkungen sieht man europaweit, im Norden Spaniens haben sich die Waldflächen vergrößert, im Süden Frankreichs, quer über den gesamten italienischen Stiefel in den Mittelgebirgsregionen, in Finnland, Norwegen, Schweden oder Schottland. In Deutschland ist die Zunahme nur gering, der Waldanteil stieg von 27 Prozent im Jahr 1900 auf heute 31 Prozent. Zuwachsspitzenreiter sind Großbritannien und die Niederlande. Um 1900 gab es dort fast keine Wälder mehr, heute liegt der Waldanteil wieder bei rund 11 Prozent. »Das waren Seefahrernationen«, sagt Fuchs. »Sie hatten Holz in rauen Mengen für den Schiffsbau benötigt.«

Ausnahme im europäischen Trend sind Gegenden im Süden, die aufgrund neuer künstlicher Bewässerung landwirtschaftlich intensiv genutzt werden, etwa die spanische Region Almeria. Unter dem Plastikmeer der Treibhäuser reifen rund 80 Prozent der spanischen Gemüseexporte. Wälder sucht man dort vergebens.

Die Geoinformatiker verwendeten für ihre Analyse Satellitendaten, topografische Karten sowie nationale und internationale Statistiken etwa der UN-Welternährungsorganisation oder der europäischen Statistikbehörde Eurostat. Die Daten für die erste Hälfte des 20. Jahrhunderts stammen von alten Militärkarten früherer Großmächte wie des Kaiserreichs Österreich-Ungarn und Statistiken aus alten Enzyklopädien. Man habe sogar in Antiquariaten alte Landnutzungskarten entdeckt, erzählt Fuchs. Auch den Hauptgrund für das Ergrünen konnten die Umweltforscher ausmachen. Holz war bis weit in das 20. Jahrhundert ein elementarer Rohstoff. Ohne Holz wäre ein wirtschaftlicher Aufstieg oft nicht möglich gewesen. Das Material wurde für beinahe alles gebraucht: als Brennstoff, als Heizmaterial bei der Metallherstellung, für Möbel, im Schiffs- und Hausbau, für Strommasten, in Bergwerken als Stützpfeiler, im Schienenbau als Schwellen, im Krieg für den Schützengraben. Seit dem Mittelalter hatte man die Wälder in Europa rücksichtslos abgeholzt. Spätestens um 1900 blieben kaum Wälder in Europa übrig. Eine Zeit lang behalfen sich die Länder mit Holzimporten aus Kanada. Doch spätestens nach dem Zweiten Weltkrieg erkannten viele Nationen, dass massiv aufgeforstet werden musste.

Wichtig waren auch Entwicklungen in der Landwirtschaft. Synthetische Dünger und die Tatsache, dass immer mehr technisches Gerät zum Einsatz kommt, haben ebenfalls erhebliche Auswirkungen auf das europäische Landschaftsbild. Die intensivere Landwirtschaft ermöglichte es, die Anbauflächen insgesamt zu verkleinern. In manchen Regionen, die technisch gut zu bewirtschaften waren, nahm die Anbaufläche zu. Dagegen verschwand die Landwirtschaft aus Regionen, die für große Maschinen schwerer zugänglich waren. Das erklärt auch, warum in der Vaucluse oder der Maremma die Waldflächen zugenommen haben. Ein wenig bremst Fuchs die Euphorie angesichts des grüneren Kontinents aber doch. »Unsere Analyse bezieht sich nicht auf den Zustand der Wälder«, sagt Fuchs. »Vom Erblühen der Landschaften würde ich auf keinen Fall sprechen.« Denn mehr noch als die Wälder legten die Städte zu: Seit 1900 verdoppelten sich die Siedlungsflächen fast. Dies heißt auch, dass deutlich mehr Land versiegelt wurde.

Dieses Versiegeln hat auch Auswirkungen an Orten, denen wir kaum Beachtung schenken. Ich will an dieser Stelle auch mal die Gelegenheit nutzen, genau hinzuschauen auf etwas, das kaum beachtet wird.

## LOB DER PFÜTZE

Pfützen gehören zu den Dingen, die einem im Laufe des Lebens irgendwie abhandenkommen. Als Kind springt man mit Wollust hinein und freut sich, wenn es spritzt und man sich so richtig schön einsauen kann. Pfützen gehören zur Kindheit dazu. Irgendwann fängt man an, über sie drüber zu hüpfen, was auch schön sein kann. Und noch ein bisschen später beginnt man, Pfützen zu umgehen. Es gibt ein Bild des berühmten französischen Fotografen Henri Cartier-Bresson, das ich sehr mag. Inmitten einer riesigen Pfütze springt ein Mann von einer flach im Wasser liegenden Leiter über die weite Fläche. Der hüpfende Mann am Gare Saint-Lazare schwebt für einen Moment in der Luft und spiegelt sich dabei im Wasser, seine Silhouette sieht aus wie ein Ampelmännchen. Vermutlich wird er gleich mit einem riesigen Pflatsch aufkommen, aber diesen Moment zeigt Cartier-Bresson nicht. Für mich geht es in diesem Bild um die Magie einer Pfütze.

Pfützen haben sehr interessante Eigenheiten. Eine kleine Pfütze neigt dazu, im Lauf der Zeit immer größer zu werden. Das ist einer der Gründe, wieso auf meiner Laufstrecke entlang der Isar jedes Frühjahr die Wege neu aufgekiest werden. Nach einem Regen ist der Boden erst einmal aufgeweicht, dann fahren Leute mit dem Fahrrad durch die Pfütze und verspritzen das braune, schlammige Wasser, oder Kinder springen mit Schwung hinein. So verteilen sie den Schlamm, die Pfütze wächst, sie gewinnt an Breite und Tiefe. Schwebeteilchen im Schlamm sinken zu Boden, meist sind es lehmige Teilchen, die die Pfütze langsam nach unten abdichten. Beim nächsten Regen bleibt das Wasser schon länger stehen, weicht den Boden weiter auf und macht die Pfütze wieder größer. Pfützen, die man auch Lache, Sudel, Lacke (österreichisch), Lackerl, Lusche oder Glungge (schweizerdeutsch) nennt, sind schon erstaunliche Erscheinungen.

Sie sind – was viele nicht wissen – auch als Lebensräume für viele Tierarten überlebenswichtig. In unserer zivilisierten Welt werden diese Rückzugsgebiete allerdings zunehmend kleiner. Wir legen Straßen mit leichter Wölbung an, damit das Wasser

aus der Mücken! Ihretwegen entfernt der
Mensch die Pfützen!

ablaufen kann. Wir versiegeln immer mehr Böden, befestigen
und teeren auch noch die kleinsten Wege. Wir zwängen Flüsse
in Deiche, sodass sie nicht mehr die Auen überfluten und Pfützen
zurücklassen können. Doch Vögel brauchen Pfützen als kleines
Gewässer zum Baden und Trinken, Fledermäuse nutzen sie als
Nahrungsquelle und Schwalben finden hier Material für ihre
lehmigen Nester. Für einige Tiere sind sie der Ursprungsort
ihres Lebens. Die stark gefährdete Gelbbauchunke braucht sie

zum Laichen, der Froschlurch mit den herzförmigen Pupillen
kann ohne sie nicht überleben. Molche, Kaulquappen, Blattfuß–
krebse, Wasserkäfer, Libellen und zahlreiche andere Amphibien
nutzen das oft nur winzige Biotop. Auch manche Pflanzen wie
beispielsweise Moose brauchen die Pfütze. Wasser ist Leben,
auch wenn es nur kurz da ist. Manche Tiere haben ihre Strategie
darauf ausgelegt, eine wenige Zentimeter tiefe Pfütze für kurze
Zeit zu bevölkern.

Das klingt erst einmal verrückt, sie könnten doch auch einfach
normale Gewässer nutzen. Doch betrachtet man das System
genauer, steckt eine zwar riskante, aber ausgefeilte Strategie
dahinter. Die Pfützen sollen und dürfen nämlich zwischendurch
austrocknen.

Denn dabei sterben nicht nur die Amphibienlarven, sondern auch jene all ihrer Fressfeinde, also die von Käfern, Libellen oder – wenn es kleine Teiche sind, die von Fischen. Danach ist die Pfütze sozusagen sicher. Wenn dann der Regen auf den Boden prasselt, ist sie in kürzester Zeit gefüllt – und wird sofort von Mikroorganismen besiedelt. Legt jetzt ein Tier seine Larven hinein und bleibt die Pfütze ausreichend lange feucht, ist eine ganze Generation gesichert. Die Verluste aller zu früh ausgetrockneten Pfützen sind so ausgeglichen. Hoch riskant, aber effektiv.

Genau diese Pfützen und auch die vielen kleinen temporären Tümpel, die es in der Landschaft gab, sind zu 80 Prozent verschwunden. Schuld sind meist menschliche Eingriffe. Dass die Pfütze bedroht ist, zeigt auch ein Blick auf die Bestandszahlen von Tieren, die von und in ihr leben. Gerade Amphibienarten, die temporäre Gewässer nutzen, sind stark bedroht. Naturschützer legen deshalb vermehrt künstliche Pfützen an, in ehemaligen Kiesgruben oder Steinbrüchen. Anna Bruzinski arbeitet für den Naturschutzbund Nabu und legte kürzlich, wie die *Süddeutsche Zeitung* berichtete, im Westen Freiburgs Pfützen für Gelbbauunken an. Damit die Unke nicht auch noch in Baden-Württemberg ausstirbt, wie zuvor schon in Hessen und Niedersachsen. Bruzinski erzählt von den Brunftrufen der Gelbbauchunken-Männchen: UuUuUuh. »Das Quaken klingt ganz tief, wie das Gurren von Tauben«, sagt sie, kein anderes Tier klinge so. Es ist der Klang der Pfützen.

## WIE BIENEN EIN NEUES ZUHAUSE FINDEN

Es ist ein besonderer Moment, wenn sich ein Bienenvolk teilt. Innerhalb von Minuten schwärmen bis zu 10 000 Bienen mit der alten Königin aus und überlassen den Stock der anderen Hälfte der Bienen und einer neuen Königin. 500 Bienen pro Minute verlassen ihre alte Heimat. Das ist ein gewaltiges Schauspiel der Natur mitten im Mai – und notwendig, um sich zu vermehren und Verluste des Winters auszugleichen. Zuvor stieg die Zahl der Bienen im Stock an, bis es fast unerträglich eng wurde, dann zog das Volk eine neue Königin heran.

Bienenforscher um Jürgen Tautz erforschen solche Vorgänge in Bienenvölkern. Wer genau das Signal für die Teilung der Völker gibt, ist noch nicht geklärt. Aber Tautz zeigte, dass kurz vorher die Temperatur im Stock von 35 auf 39 Grad Celsius ansteigt, die Flugaktivität der Bienen praktisch zum Erliegen kommt und sie keinen Honig mehr sammeln. Das ist eine Art Startsignal, das alle mitbekommen.

Einmal draußen, beginnt der Schwarm, ein neues Zuhause zu suchen. Das wird nicht etwa vorab erledigt, es ist ein Aufbruch ins Unbekannte. Die 10 000 Bienen formen eine zigarrenförmige Wolke, fliegen dann langsam und allmählich schneller mit bis zu 10 km/h los. Alle Bienen schwirren dicht an dicht, obwohl zu diesem Zeitpunkt praktisch niemand das Ziel kennt.

Nun folgt die Quartiersuche. Einige Hundert meist erfahrene Bienen schwärmen aus, suchen ein neues Zuhause, kommen zurück und tanzen mit ihrem typischen Bienentanz den Weg vor. Anfänglich tanzen Dutzende Bienen und versuchen, den Schwarm von ihrem Weg zu überzeugen. Immer mehr Tänzerinnen geben dann auf, bis nur noch ein Weg übrig bleibt. Für ihre Kommunikation haben die Bienen erstaunliche Wege, neben dem Tanz können sie auch Pieplaute ausstoßen und im dichten Schwarm über Vibrationen oder einen Wechsel ihrer Körpertemperatur kommunizieren. All diese Möglichkeiten nutzen die Bienen später auch, wenn sie ihren Artgenossen neue Futterplätze mitteilen wollen.

Haben die Bienen sich kollektiv auf das neue Heim geeinigt, geht es nur noch darum, den Weg für den Schwarm zu kennzeichnen, was mithilfe von Duftstoffen wie Geraniol geschieht. Das Ziel markieren einige Bienen zusätzlich mit gut hörbaren Brauseflügen. Man muss kein Bienenforscher sein, um diesen Vorgang faszinierend zu finden. In der heutigen Realität der Imker, die auf ihre Nutzvölker achten und sie selbst umsiedeln, passiert so eine Trennung nicht mehr so häufig.

# Bienenwissen

Eine Felsmalerei in einer Höhle bei Valencia zeigt, dass Menschen schon **vor 12 000 Jahren** Bienen nutzten, um an Honig zu gelangen.

Einmal schaffte es die Biene sogar zum Wappentier. Drei Bienen als Symbol für Arbeit, Sparsamkeit und Süße nahm **Papst Urban VIII.** in sein Symbol auf.

Bienen bestäuben alle Obst- und etwa ein Drittel aller Gemüsesorten. Damit sorgen sie für **ein Drittel aller Nahrungsmittel** für uns Menschen – Bienen sind also ein gewaltiger Wirtschaftsfaktor.

Bienen beschäftigen eine Reihe von Spezialistinnen im ihrem Schwarm. Eine davon ist **die Heizerbiene,** sie kann Körpertemperatur von bis zu 44 Grad Celsius erreichen, das sind neun Grad mehr als die Bruttemperatur im Bienennest. Sie erreicht das durch extremes Zittern der Flugmuskulatur.

Im vergangenen Winter ging ein Drittel aller Bienenvölker in Deutschland zugrunde, ein Höchstwert seit 2003. Normalerweise sterben nur 10 Prozent. Aktuell bleiben noch **525 000 Völker** übrig, sagt der Deutsche Imkerverband. Varroamilben hatten den durch die milde Witterung geschwächten Bienen zugesetzt.

Die exakt sechseckige Wabenform mit ihren präzisen 120-Grad-Winkeln ist ein **Meisterwerk der Natur** – auch statisch. Mit lediglich 40 Gramm Wachs gelingt es den Bienen, zwei Kilogramm Honig zu halten.

## UNSERE FÜNF SINNE

### Im Frühling: Sehen

Das helle Grün der ersten Triebe, das Lila der Krokusse, das kräftige Gelb des Löwenzahns, die bunte Farbenpracht der Blumenwiese – der Frühling gleicht einer Explosion der Farben. In den ersten Strahlen der Frühjahrssonne beginnt die Welt zu leuchten. Es ist ein ganz besonderes Licht, die Sonne steht noch nicht so hoch am Himmel, und es erzeugt eine ganz besondere Stimmung. Nach diesem Licht und nach diesen Farben haben wir uns in den trüben, dunklen, eintönigen Wintermonaten gesehnt. Für mich ist deshalb das Sehen die Hauptwahrnehmung des Frühjahrs. Natürlich schmecken, riechen, fühlen und hören wir ihn auch, aber die Magie des Frühjahrs nimmt vor allem das Auge wahr.

Vor mittlerweile fast 20 Jahren habe ich mein perfektes Bild für den Frühling gefunden. Ich genoss die ersten warmen Märzsonnenstrahlen in einem Café nahe der Münchner Residenz. Da kam vom Odeonsplatz her eine Frau in einem lichtblauen Kleid und lief mit leichten Schritten Richtung Oper. Sie war einige Meter entfernt, und es schien mir, als würde sie schweben. Ihr Gesicht konnte ich kaum erkennen. Alles andere von diesem Tag habe ich vergessen, ich bin mir nicht einmal sicher, wie alt ich damals genau war. Doch das leuchtende Blau des schlichten Kleides, die schimmernden Falten und das Licht, das durch den Stoff drang, all das ist mir bis heute sehr präsent.

Fünf Milliarden Nervenzellen verarbeiten in unserem Gehirn die Bilder des Frühlings. Zunächst treffen die Lichtsignale durch die Pupille auf 130 Millionen Sehzellen in der Netzhaut unseres Auges. Dort wandeln sie die Sehzellen in biochemische Signale um. Zwei Arten von Sensoren gibt es in den Sehzellen: Rund 6 Millionen Zapfen für das Farbensehen am Tag (für die Grundfarben Rot, Grün und Blau) und mehr als 120 Millionen Stäbchen für die schwächeren Hell-Dunkel-Signale in der Dämmerung. Das Gehirn kann dabei aus den Millionen unterschiedlichen Einzelimpulsen unzählige Farbabstufungen erkennen. Die Grüntöne des Frühjahrs etwa sind ein Fest fürs Auge, hier darf es zeigen, was es kann.

Unser Auge ist auch ein Filter: Die Lichtsignale werden von einem dichten Nervengeflecht vorgefiltert und die Informationen werden dann wie über eine Standleitung weiter ins Gehirn geschickt, zum Thalamus. Das ist eine Art Verteilerstation, an der auch andere Sinnesreize ankommen. Hier werden die Signale bewertet, bei Gefahr beispielsweise werden Bilder sofort ins eigentliche Sehzentrum geschickt, in die Großhirnrinde. Dort verarbeiten dann wiederum Milliarden von Nervenzellen die Signale und konstruieren aus den eingegangenen und gespeicherten Informationen ein farbiges Abbild der Welt – unsere persönliche Sicht der Dinge.

Das Sehen ist vermutlich unser komplexester Sinn, vielleicht ist es sogar der am höchsten entwickelte. Kein anderes Sinnesorgan versorgt uns mit so detaillierten und umfangreichen Informationen wie das Auge. Wir können Szenen in Bruchteilen von Sekunden erfassen, wir können Farben, Formen und Gesichter erkennen, wir können Entfernungen abschätzen, für uns wichtige Bewegungen wahrnehmen und uns selbst im Raum sicher bewegen.

Dabei filtern wir beim Sehen permanent unwichtige Informationen aus und nehmen nur für uns relevante Vorgänge wahr. Diese wichtigen Ausschnitte behalten wir im Auge. Unser Gehirn lenkt die Aufmerksamkeit des Auges gezielt auf Bildbereiche, in denen sich etwa ein Freund befindet, den wir in einer Menschenmenge suchen, oder eben auch auf eine Frau mit einem hellblauen Kleid. Was wir sehen, ist stark davon abhängig, was uns interessiert, was wir erwarten und was wir schon wissen. So ist es auch zu erklären, dass wir manchmal Dinge, die sich direkt vor unseren Augen abspielen, einfach nicht sehen. Wir filtern sie aus, weil sie für uns keine Bedeutung haben. Andere Bilder speichern wir für immer ab, wie ich mein Bild eines Frühlingstags.

SALZ

SOM

7 500 000 000 000 000 000 000
Sandkörner

# Ein Tag am Strand

**W**as macht den Sommer aus? Eis essen, Sonne auf der Haut, laue Nächte unterm Sternenhimmel, Urlaub, draußen sein, am Strand liegen, entspannen. Es ist ein Gefühl von Endlosigkeit. Wenn man aufs Meer hinausschaut, die Wellen im ewig gleichen, unermüdlichen Takt an Land rollen sieht, Muscheln sammelt, mit den Kindern eine Sandburg baut und nach dem ersten Sprung ins Meer schon das Salz auf der Haut spürt.

Einer meiner Lieblingsstrände liegt in der südlichen Toskana, genauer in Maremma etwa auf der Höhe der Insel Elba. Um dorthin zu gelangen, muss man einen kleinen Fluss durchqueren. Das Wasser geht bei Ebbe knapp an die Badeshorts. Der Grund nahe der Mündung fühlt sich an den Füßen weich und sandig an. Bei schönem Wetter erkennt man vom Strand aus die Umrisse von Elba. Vor Jahren konnte ich weit draußen im Meer sogar einmal Delfine sehen.

Eine kleine Strandbude an einem nahe gelegenen Campingplatz bietet Eis, leckeren Espresso (für mich ein elementares Getränk), annehmbare Pizza und eiskaltes Bier. Das reicht für den perfekten Sonnenuntergang direkt über dem Meer.

Es ist nur eine kleine Szene aus meinem Leben, doch wir werden gleich sehen, dass sich hinter Alltagsdingen spannende Erkenntnisse verbergen, die es zu ergründen lohnt. Man muss nur genauer hinschauen und in die Details eintauchen.

## WIE KOMMT DER SAND INS MEER?

Insgesamt soll es auf der Erde 7 500 000 000 000 000 Sandkörner geben. 7,5 Trillionen. Das haben Forscher in Hawaii abgeschätzt. Eine unvorstellbare Zahl. Würde man die Körner aneinanderreihen, könnte man mit ihnen wie bei Hänsel und Gretel 50 000-mal den Weg von der Erde zur Sonne auslegen. Aber selbst das kann man sich nicht vorstellen. Eher vielleicht, dass in jeder Sekunde rund eine Milliarde Sandkörner neu entstehen, das jedenfalls sagen Geologen. Es ist, als würde da ein ewiger Sandstrom fließen. Und die Quelle für den Sand im Meer liegt ausgerechnet in den Bergen. Felsen, Steine, ganze Gebirgsmassive zerbröseln zu grobem und immer feinerem Sand. Denn die Kraft der Natur nagt an den Felsen. Wind reibt sich an ihnen, Regen spült lose Teilchen weg, Hitze und Kälte sprengen den Stein. Sie lösen im Lauf von Jahrtausenden beharrlich Material ab. Sand besteht also aus zahllosen Gesteinskörnchen, die sich wiederum aus Mineralien zusammensetzen. Viele der Sandkörner sind aus Quarz, dem gleichen Material, aus dem unsere Fensterscheiben gemacht sind oder Computerchips.

Quellen, Bäche und Flüsse tragen die Körner und Kieselsteinchen mit sich. In den Bachbetten reiben Kieselsteine aneinander und werden immer feiner, die Flüsse führen gewaltige Sandmengen über Tausende von Kilometer bis ans Meer. Je länger ein Fluss ist, umso weniger kantig sind die Sandkörner. Was genau mitgespült wird, hängt auch vom Weg und von der Fließgeschwindigkeit der Gewässer ab. Ein langsamer Bach kann nur leichte, feine Körnchen mitnehmen, die größeren Brocken bleiben liegen. Ein mächtiger Strom reißt oft gewaltige Schlamm- und Sandmassen mit sich, was man oft schon an der Wassertrübung erkennen kann. Dass die Fließgeschwindigkeit einen großen Einfluss hat, sieht man gut, wenn man einen Fluss zum Vergleich bei Niedrig- und bei Hochwasser betrachtet. Mit dem Frühjahrshochwasser führt ein Fluss auch deutlich mehr Sediment mit sich als im Sommer. Die Fließgeschwindigkeiten von Flüssen liegen zwischen 0,4 und 22 km/h: Die Elbe beispielsweise fließt langsam mit knapp 3 km/h dahin, so schnell etwa wie der Amazonas, der Rhein hat mehr Power, er bringt es im Winter auf 10 km/h.

Am Flussdelta schließlich ist die Reise des Sands noch nicht zu Ende. Ein Teil landet direkt am Strand nahe den Mündungen. Man sieht es schön auf den beeindruckenden Luftbildaufnahmen, wie die Sedimente ins klare Meerwasser einströmen. Wie bizarre beigebraune Fächer scheinen sie den Meeresboden zu überwuchern, als wären sie lebendige Wesen.

Der Amazonas, der wasserreichste Fluss der Erde, verdrängt mit seinen Süßwassermassen das Salzwasser des Atlantischen Ozeans. Mehr als 100 Kilometer weit hinaus ins Meer ist das Wasser also praktisch salzfrei. So weit nimmt er auch seinen Sand mit, immerhin etwa drei Millionen Tonnen Sedimente pro Tag! Der Salzgehalt ist erst 320 Kilometer entfernt von der Mündung wieder auf Atlantik-Normalniveau.

An den Küsten tragen Wellen und Strömungen den Sand weiter, letztere führen auch hinaus aufs offene Meer. Der Sand bleibt liegen, wo die Kräfte zur Mobilisierung nicht mehr ausreichen. Gerade der feinste Sand, den das Wasser am leichtesten tragen kann, legt die längsten Strecken zurück, kommt irgendwann auf dem Grund der Meere an, auf dem Schelf, einem Kontinentalhang oder in der Tiefsee, während oben im endlosen Kreislauf der Natur die Flüsse für Nachschub sorgen.

## WAS IST SAND?

Geologen definieren Sand rein physikalisch anhand seiner Korngröße. Er kann so zart sein wie Puderzucker, dann misst er 0,063 Millimeter im Durchmesser, oder mit zwei Millimetern so groß wie ein Streichholzkopf. Das sind die physikalischen Grenzen ihrer Größe. Größere Körnchen nennen die Forscher dann Kiese, winzigere Ton. Einer der feinsten Strände der Welt liegt in Australien, auf einer nicht bewohnten Insel der Whitsunday Islands. Der Sand von Whitehaven Beach rinnt fast geräuschlos durch die Finger, aufgrund seines Quarzgehalts von fast 99 Prozent schimmert er nahezu weiß.

Weißer Sand kann im Übrigen auch fast vollständig aus einem ganz anderen Material bestehen, nämlich aus Calciumcarbonat. Solche weißen Strände finden sich oft auf Inseln, denen ein Korallenriff vorgelagert ist. Die hellen Kalksteinskelette der Korallen zerbröseln aufgrund von Witterungseinflüssen und werden immer feiner. Schaut man genauer hin, kann man – anders als bei Quarzsand – noch winzige Strukturen und Maserungen in den Körnchen erkennen, die direkt von den Meerestieren stammen. Manchmal sind auch helle Bruchstücke von Muschelgehäusen darunter. Diese Art von Sand zerfällt interessanterweise nicht nur physikalisch durch Reibung, sondern auch chemisch, er löst sich quasi auf. Quarzsand wiederum wird einfach mechanisch immer kleiner gerieben, zerfällt und wird dabei immer runder.

Wer sich im Urlaub an seinem Lieblingsstrand umschaut, kann also viel über die Geschichte seines Sands herauslesen. Ein genauer Blick lohnt, wer will, kann auch eine Lupe mitnehmen. Die Form der Körnchen verrät viel. Sand vulkanischen Ursprungs ist meist relativ jung, deshalb noch kantiger und unförmiger. Abgeschliffene, gerundete Körner haben meist einen langen Weg hinter sich. Je mehr Ecken und Kanten fehlen, desto länger war der Transportweg. Es ist aber kein linearer Prozess. Je runder und kleiner Körner schon sind, desto weniger verändern sie sich. Um kantige Körner mittlerer Größe nur mäßig abzurunden, sind Tausende Kilometer Weg notwendig. Für richtig runde Sandkörner (meist aus Sandstein) gilt sogar: Sie sind uralt, haben schon mehrere Zyklen hinter sich, wo aus abgelagertem Sand am Meeresgrund allmählich Sandstein wurde, der dann wieder verwitterte und zu Sand zerfiel. Ein ewiger Kreislauf. So dass ein Quarzsandkorn in Gesteinen sogar bis zu zwei Milliarden Jahre alt sein kann, fast halb so alt wie die Erde. Die älteste Wüste mit praktisch unverändert lose daliegenden Sandkörnern ist übrigens die Wüste Namib an der Westküste Afrikas. Britische Geologen um Pieter Vermeersch haben die Körner datiert: Sie liegen seit mindestens einer Million Jahre dort.

Auch die Färbung erzählt viel über die Geschichte des Sandkorns. Es gibt wie auf der italienischen Insel Stromboli pechschwarze Strände; sie sind aus Vulkangestein. Auf der kanarischen Insel Lanzarote haben manche Strände einen grünlichen Schimmer, das Mineral Olivin ist der Grund dafür. Auf der indonesischen Insel Lombok gibt es den rosafarbenen Strand Pantai Tangsi, Bruchstücke der scharlachroten Koralle *Homotrema rubrum* bringen ihn zum Leuchten.

## WARUM VERSCHWINDEN IMMER MEHR SANDSTRÄNDE WELTWEIT?

Jahrtausendelang haben sich Sandstrände und Küsten verändert, weil sich Strömungen und Windverhältnisse geändert haben, weil die Meeresspiegel sanken und wieder stiegen, weil die Kontinente mit ihren großen Erdplatten seit Jahrmillionen in Bewegung sind und sich dadurch immer wieder grundlegende Dinge wie Wolkenbewegungen und Meeresströmungen verschoben, weil sich also letztlich das große Klimapuzzle mit seinen Warmzeit- und Eiszeitphasen auch auf den Sand am Meer auswirkte. Doch das waren nur Verlagerungen. Wenn Strände an einer Stelle verschwanden, tauchten an einer anderen Stelle wieder neue auf. Auf den deutschen Nordseeinseln Sylt und Amrun lässt sich das gut beobachten. Der schwindende Sand von Sylt landet etwas südlich auf Amrum und macht Europas breitesten Strand immer breiter. Jetzt schon geht er fast einein-halb Kilometer ins Landesinnere.

Doch seit einigen Jahren verändert sich weltweit die Situation dramatisch. Sand ist nämlich längst zum Wirtschaftsgut geworden. Er dient als Baumaterial, Inhaltsstoff für Kosmetikartikel und für die Chipproduktion – und kommt dementsprechend immer seltener überhaupt im Meer an. Begehrt sind sowohl die Quarzsande – man braucht sie für die Produktion von Mikrochips, Glas und optischen Linsen – als auch die gröberen Bausande. Die Folge: Weltweit verschwinden die Strände, in Italien, Spanien, Marokko, Kenia, Indien, auf Jamaika oder Neuseeland. Sand am Meer, Metapher für die Unerschöpflichkeit, wird tatsächlich knapper. Viele Länder in Asien haben mittlerweile die Ausfuhr von Sand verboten; zu Millionen Tonnen wird er verbaut in den boomenden Städten Asiens wie Singapur (hier sind 20 Prozent Stadtfläche neu im Meer aufgeschüttet worden), Shanghai, Mumbai oder Dubai.

»Sand ist seltener, als man denkt«, schreiben die Autoren der Studie des Umweltprogramms der Vereinten Nationen (UNEP). Und er werde schneller abgebaut, als er neu entstehe. Jährlich verschwinden 60 Milliarden Tonnen Sand. 350 Tonnen Sand und Kies stecken in einem mittelgroßen Haus, 30 000 Tonnen braucht ein Kilometer Autobahn; Hochhäuser und künstliche Inseln benötigen umso mehr.

Deshalb holen mittlerweile riesige Schiffe Sand von weit her, um entweder Strände oder wie vor Jahren in Dubai riesige Inseln neu aufzuschütten. Vor den Küsten schwimmen Pumpen im Meer, sie spucken Tag für Tag den Sand in braungelben Fontänen aus ihren Rohren. Es ist ein endloser, fauchender Strom aus mit Wasser vermischtem Sand. 385 Millionen Tonnen Sand waren allein für eine erste Palmeninsel, »The Palm, Jumeirah«, in Dubai vonnöten, mehr als 200 Millionen Kubikmeter des wertvollen Materials. Die zweite Palmeninsel »The Palm, Jebel Ali« ist größer und noch im Bau, hinzu kommt »The World«, eine Nachbildung der Welt mit 300 Inseln. Bedarf hier: 450 Millionen Tonnen Sand. Kein Wunder, dass angesichts solcher Projekte und der gigantischen Hochhäuser an Land Lieferknappheit herrscht. Der rötliche Wüstensand übrigens, der bei den Golfanrainerstaaten zuhauf im Landesinneren bereit läge, ist als Baumaterial nicht verwendbar, er enthält zu viel Kalk und Eisenoxid. »Wüstensand eignet sich nicht für Beton«, sagt der britische Geologe Michael Welland. Dubai importiert Bausand mittlerweile aus Australien.

Beim Aufschütten der Inseln war auch die luxemburgisch-belgische Firma Jan de Nul federführend, ihr gehören mit der »Cristóbal Cólon« und der »Leiv Eiriksson« die größten Baggerschiffe der Welt, zwei sogenannte Hopperbagger mit 223 Meter Länge. Sie sind größer als so mancher Flugzeugträger und können 46 000 Kubikmeter Sand laden. 155 Meter reichen ihre Saugrüssel in die Tiefe und pumpen tonnenweise Sand in die Mägen der Ozeangiganten – an manchen Stellen mit schlimmen Folgen für das Ökosystem am Meeresboden, denn dieser wird schlicht zerstört. Bis zu einen halben Meter tief fräsen die Rüssel der Hopperbagger den Meeresboden ab. Alles Lebendige, was sie mit dem Sand einsaugen, stirbt durch den Sanddruck noch im Saugrohr. Auch die Böden erholen sich oft nur langsam. Forscher der Universität Kiel haben vor Rügen solche tiefen Schürfrinnen gefunden, sie stammen aus DDR-Zeiten. Noch immer hat sich die Vegetation dort nicht richtig erholt. Der Markt boomt trotzdem, viele der Schiffe haben nach 2010 die Werften verlassen. Und Aufgaben gibt es genug, auch hierzulande. Auf der Westseite von Sylt wird ständig Sand aufgeschüttet, um die Insel vor dem Verschwinden zu bewahren. Doch das ist letztlich nur ein kleiner Fisch. Nach dem Hurrikan Sandy waren große Teile der Strände an der amerikanischen Ostküste verwüstet und vom Meer weggespült worden. Heftige Stürme und das ansteigende Meer bedrohen die Strände dort. 5,4 Milliarden Dollar gab der amerikanische Kongress frei, um mithilfe der größten jemals in der amerikanischen Geschichte bewegten Sandmassen die Küste wieder instand zu setzen.

Eine große Rolle beim Sandhaushalt der Strände spielen die Flüsse, sie liefern den natürlichen Nachschub. Kieler Forscher um den Geologen Karl Stattegger untersuchen den Rio São Francisco, mit seinen mehr als 350 Kilometer Länge neben dem Amazonas einer der längsten Flüsse Südamerikas, der etwa auf halber Strecke zwischen Salvador de Bahia und Recife in den südlichen Atlantik mündet und die kilometerlangen Strände mit Sand versorgt. Zwei große Staudämme und weitere Wehre stoppen den Sedimenttransport aus dem Landesinnern. Forscher schätzen, dass etwa ein Drittel des Sands mittlerweile auf dem Weg zum Atlantik entweder an den Dämmen hängenbleibt oder verwertet wird.

Beim indischen Ganges, der durch die Millionenmetropolen Kolkata und Kanpur fließt, entnehmen die Menschen mittlerweile so viel Sand, dass im Mündungsdelta von Bangladesch nur noch die feinsten Sedimente übrig bleiben, Ton und Silt. Eine regelrechte Sandmafia ist hier am Werk, die die Entnahme organisiert. Es gibt weitere warnende Beispiele auch in unserer Nähe. Flüsse wie der Ebro in Spanien oder die Rhone in Frankreich schaffen heute zwanzigmal weniger Sand ins Meer als noch vor 70 Jahren. Den Lauf des Tajo, der in Portugal ins

Meer fließt, versperren Staudämme, das gleiche Bild beim schon erwähnten Ebro. Hier gibt es drei Stauwerke, sie versorgen die Millionenstadt Barcelona mit Strom. Doch unten am Meer bei Tarragona sieht man die Folgen. Strände an der Costa Brava werden schmaler, Blanes beispielsweise, 60 Kilometer nordöstlich von Barcelona, hat 2,4 Kilometer Strand verloren, der Sandbereich ist auf 500 Meter zusammengeschmolzen, wie jüngst Reporter der Wochenzeitung *Die Zeit* berichteten.

Kanäle und einbetonierte Flüsse verändern die Fließgeschwindigkeiten und damit im Mündungsgebiet die Meeresströmungen; auch das bringt die Verteilung an den Küsten durcheinander. Wissenschaftler sagen, dass etwa 80 Prozent aller Strände weltweit bedroht sind, sie verlieren Fläche und Tiefe. In China gehen Strandstreifen mit Breiten von mehr als 80 Metern verloren. In Italien ist beispielsweise der berühmte Strand Macchiatonda beim toskanischen Capalbio, ein Strand der Reichen und Schönen aus dem nahen Rom, nur noch 10 Meter breit, vor 30 Jahren waren es noch etwa 50 Meter.

Die einzige Antwort des Menschen darauf ist: Wir schütten einen Teil der verlorenen Flächen künstlich wieder auf, mit den Hopperbaggern und Saugschiffen. Man darf an dieser Stelle mal

raten, welche Strände inzwischen künstlich sind: Marbella, Hawaii, Teneriffa. Die Stadtstrände von Rio, wo die Menschen zur WM tanzten und bald Olympische Spiele feiern. Die von Barcelona und Tel Aviv, die Westküste von Sylt. Malediven, Cancún in Mexiko, Venice Beach, Miami Beach. Palm Beach.

Zwei Drittel der Weltbevölkerung leben weniger als 50 Kilometer von der Küste entfernt. Die unmittelbare Lebensumgebung dieser Menschen verändert sich drastisch. Ist es nicht verrückt, dass sie das Verschwinden ihrer Strände zulassen?

## VERÄNDERN SICH STRÄNDE AUCH OHNE MENSCHLICHE EINWIRKUNG?

Sand ist eines der dynamischsten Materialien der Erde. Feuchter Sand verhält sich anders als trockener, er wird unglaublich fest. Die Größe der Körner, Bestandteile wie Kalk oder Eisenoxid machen jeden Sand anders. Die Physik hinter dem Strand ist unglaublich vielschichtig, denn hier treffen drei Elemente mit unzähligen Eigenschaften aufeinander: Wasser, Sand und Wind, ein komplizierteres System kann es eigentlich kaum geben. »Sandstrände reagieren auf unterschiedlichen Zeit- und Raumskalen auf unterschiedliche Wellenhöhen und -steilheiten, auf die Häufigkeit von Stürmen, auf den Anstieg des Meeresspiegels, auf großskalige Sedimenttransporte«, sagt der Geologe Christan Winter am Bremer Zentrum für Marine Umweltwissenschaften (Marum). »Und natürlich auf menschliche Eingriffe.«

Greift niemand ein, stellt sich in der Regel ein Gleichgewicht von Sand, der herein- und hinausgespült wird, ein. »Sobald wir Sand entnehmen, wird dieses Gleichgewicht gestört«, sagt der britische Geologe Michael Welland. »Stürme können Strände auf natürliche Weise zerstören.« Aktuelle Auswertungen von Klimaforschern zeigen, dass Stürme und Sturmfluten aufgrund des Klimawandels derzeit häufiger und intensiver werden. Britische Geophysiker von der Plymouth University haben während der Winterstürme vom Januar und Februar 2014 mit Seismometern und Lasergeräten die Küsten und Klippen beobachtet und schlagen Alarm. Wochenlang wühlten Orkane den Atlantik auf, die Winde türmten die Wellen sechs bis acht Meter hoch auf, die Ungetüme brandeten an die Klippen und Strände Westeuropas. Die Küsten verloren massiv an Substanz, das Hundertfache des langjährigen Durchschnitts. »Wir beobachteten bislang beispiellose Schäden und Veränderungen an der gesamten südwestenglischen Küste, von riesigen Sandmengen, die davongespült wurden, bis zum raschen Zusammenbruch von Klippen«, sagt Gerd Masselink von der Plymouth University, der an der Studie beteiligt war. Offenbar reißen nicht nur die gewaltigen Wellen Material mit sich, die Brandung erschüttert zudem massiv die Klippen. Sie sorgen so für kleine Minibeben, und zwar in einer Magnitude größer als bisher vermutet. In Zahlen klingt das nicht viel: Um 10 bis 50 Millionstel Meter heben sich die Klippen beim Aufschlagen der Wellengiganten. Das aber reicht, um die Klippen mürbe zu machen. Sie verlieren um mindestens das Hundertfache mehr an Material als bei normaler Erosion. Die Ergebnisse zeigten, so schreiben die Forscher in den *Geophysical Research Letters*, dass das Abtragen der Küsten sehr stark von Einzelereignissen wie den Stürmen abhänge. Auf lange Sicht ist es für die Klippenerosion entscheidend, wie häufig Sturmwellen auftreten und wie heftig sie sind.

Wie heftig die Auswirkungen sind, spüren auch die Anwohner und Gäste der französischen Atlantikküste. 238 Kilometer lang sind die Sandstrände und Dünen der Côte d'Argent und der Strände Richtung Norden. Die Silberküste hat ihren Namen vom in der Abendsonne silbrig leuchtenden Strand. Doch im Sommer 2015 herrscht Chaos, viele Strandhütten stehen im Nichts, Wege sind weggerissen, von der Landseite her lieblich wirkende Dünen enden plötzlich in einer steilen Sandwand. Kabel, Leitungen und sogar die Wurzeln der wenigen Bäume ragen ins Nichts. Draußen auf dem Meer, rund hundert Meter vom Strand entfernt, sind an manchen Orten bei Ebbe dunkle Punkte zu sehen. Es sind Relikte des Zweiten Weltkriegs, mächtige Bunker, die die Nazis als Teil des Atlantikwalls in die Dünen gebaut haben. Sie sind im Meer versunken. Bis zu zehn Meter Strand verlieren die Küsten an manchen Stellen jährlich, vor allem in den Jahren mit heftigen Winterstürmen.

## KÖNNEN SICH STRÄNDE IN IHRER FORM VERÄNDERN?

Physiker beschreiben Strände mit einem klassischen Modell, das die australischen Forscher L. Donelson Wright und Andrew Short anhand von Beobachtungen von 1535 Stränden über einen Zeitraum von sechseinhalb Jahren entwickelt haben. Darin erklären sie, wie sich Tiden, Stürme und Strandmorphologie beeinflussen. Gemessen werden die Brecherhöhe der Wellen, die Fallgeschwindigkeit des Sands und die Zeit zwischen zwei Wellen. Im Endeffekt wollen die Forscher so eine Art Normalzustand eines Strands erfassen.

Die Form eines Strands hängt wesentlich von der Energie der auflaufenden Wellen, von der Kraft der Gezeiten und vom Sand- oder Sedimenttyp ab. Anders gesagt: Ein Sturm zerrt mehr an der Küste als ein laues Lüftchen mit sanften Wellen und kann sie auch in kurzer Zeit dramatisch verändern. Ein Meer mit großem Gezeitenunterschied (wie am Atlantik und an der Nordsee etwa) hat mehr Kraft als das Mittelmeer. Und feinkörnigen Sand kann das Wasser leichter wegspülen und weiter tragen als grobkörnigen. Die Ostfriesischen Inseln (und ihre Strände) wandern so beispielsweise jährlich einige Meter Richtung Osten.

Physikalisch betrachtet, wirken Strömungen und Wellen wie eine Kraft auf eine Fläche am Boden, Physiker nennen die erzeugte Kraft Schubspannung. Durch diese Spannung wird Sand in Richtung der Strömung oder der Wellen in Bewegung gebracht; das geschieht einerseits direkt am Boden, andererseits kann die Kraft dazu führen, dass der Sand sozusagen in Suspension gebracht wird, sich also mit dem Meerwasser vermischt. Das sieht man direkt am trüberen Wasser.

## GIBT ES DEN PERFEKTEN STRAND?

Vermutlich wird hier jeder seine eigene Meinung haben und seinen eigenen Favoriten. Es ist eine zutiefst subjektive Angelegenheit. Zu meinen Favoriten gehört zum Beispiel ein weißer Kieselstrand bei Agios Ioannis an der Küste des Piliongebirges. Vermutlich ist der Strand in meiner Erinnerung viel schöner und weißer, als er heute tatsächlich ist.

Britische Forscher um Allan Williams von der University von Glamorgan haben aller Subjektivität zum Trotz eine Formel entwickelt, um die Schönheit von Küstenlandschaften und Stränden zu bewerten, das sogenannte D-Rating.

$$\text{Der perfekte Strand (D)} = \frac{(-2 \times A_{12}) + (1 + A_{33}) + (1 + A_{34}) + (1 + A_{45})}{AT}$$

Je höher der Wert ist, umso schöner der Strand. Fünf Kategorien ergeben sich daraus von »höchst attraktiv« bis »sehr unattraktiv, intensiv städtisch genutzt«. Die Evaluierungsmethode beruht auf Fuzzy Logic, einem Verfahren, das immer dann zum Einsatz kommt, wenn es keine mathematische Beschreibung eines Problems gibt, sondern nur eine verbale. Es geht dabei darum, unsichere, umgangssprachliche Beschreibungen zu objektivieren. So können mit dieser Theorie Angaben wie »ein bisschen«, »sehr« oder »ziemlich« mathematisch modelliert werden, sodass man damit rechnen und Aussagen treffen kann.

Im Fall der Küste interviewten Williams' Mitarbeiter rund tausend Menschen aus den drei beteiligten Studienländern Wales, Türkei und Malta. Sie arbeiteten dabei insgesamt 28 wichtige Kriterien heraus, die einen Strand als attraktiv oder charmant beschreiben. Das waren etwa hohe Klippen, die Farbe des Meers, historische Bauten wie Burgruinen oder Türme an der Küste, Ruhe und das Fehlen von Abwasser und Müll. Mithilfe dieser Bewertungskriterien beurteilten sie dann 60 Strände. Zu den Gewinnern gehören der Strand von Cirali in der Türkei, die Dingi Cliffs in Malta und Little Haven und Poppit Sands in Wales.

## WIE BAUT MAN DIE PERFEKTE SANDBURG?

Angeblich ist die Sandburg an einem deutschen Strand entstanden, im 19. Jahrhundert. Damals konnten sich allmählich immer mehr Menschen einen Urlaub leisten, die Strände wurden voller, und so habe man eine kleine mauerähnliche Wallanlage gebaut, um sich vom Nachbarn abzugrenzen. Gleichzeitig hatte man was zu tun, suggerierte also Geschäftigkeit. Heute gibt es große Badelaken, mit denen man Liegen besetzen kann, und am Strand ist mittlerweile eher Entschleunigung angesagt.

Eine richtig gute, also belastbare Sandburg zu bauen ist gar keine so leichte Aufgabe. Wichtig ist – wie bei vielen handwerklichen Aufgaben – gutes Material. In unserem Fall bedeutet das natürlich: Wir brauchen den richtigen Sand. Nicht jeder ist geeignet.

Trockener Sand rinnt einem durch die Finger. Es kommt auf die richtige Feuchtigkeit an, das merkt man schnell. Dann ist auch das richtige Alter des Sands wichtig. Der üblicherweise an der Adria von Bibione bis Rimini herumliegende Strandsand eignet sich nicht dafür, große Bauten zu errichten. »Der Sand am Strand ist zu alt; er ist von Wellen und Wind erodiert und glatt geschliffen und greift nicht mehr gut ineinander«, zitierte die *Süddeutsche Zeitung* jüngst Thomas van den Dungen, Art Director des Sandfestivals auf der Ostseeinsel Rügen. »Aus so alten, glatten Körnern kann man nichts Stabiles bauen.« Eckig müssten die Körner sein, und jung. Van den Dungen rät, etwa an Adriastränden nicht die oberste Sandschicht zu nehmen: »Graben Sie ein bisschen tiefer, holen Sie den Sand von weiter unten an die Oberfläche – der ist meistens schon besser als der ganz oben.«

Sandfestivals gibt es an Nord- und Ostsee regelmäßig, die Insel Rügen ist aktuell so etwas wie die deutsche Sandhochburg. Die Sand-Carver verwenden gepressten, angefeuchteten Sand und schneiden mit speziellen Werkzeugen Skulpturen heraus. Auf Rügen entstand im Jahr 2011 auch die bislang größte Sandburg der Welt, 90 Zentimeter hoch und 27,5 Kilometer (!) lang; sie löst die 26,38 Kilometer lange Sandburg vom Strand Myrtle Beach im US-Bundesstaat South Carolina ab.

Warum die Feuchtigkeit beim Bauen so wichtig ist, untersuchten Physiker nun im Detail. Der Wassergehalt sei das Entscheidende, schreiben die holländischen Forscher um Daniel Bonn in den *Science Reports*. 99 Teile Sand und nur ein Teil Wasser seien die optimale Mischung, um stabile Burgen zu bauen. Tiefer liegender Sand erfüllt solche Kriterien. »Unsere Untersuchungen haben ergeben, dass der optimale Wassergehalt sehr, sehr niedrig sein muss«, sagt Daniel Bonn von der Universität Amsterdam. Ohne Wasser würde der Sand dahinfließen, fast so wie Wasser es tut. Auch in Behältern »fließt« Sand, er passt sich etwa in einer Sanduhr mühelos der Form an und rinnt durch die Öffnung. Sand mit sehr hohem Wassergehalt neigt ebenfalls dazu, zu fließen; wie eine dickflüssige Suppe sieht das aus.

Sand mit einem nur geringen Wasseranteil hat erstaunliche Eigenschaften. Wenn nämlich die Sandkörnchen in ein Gerüst von Wassermolekülen eingebettet sind, halten sie perfekt die Form. Eine Burg wirkt dann wie ein stabiles Bauwerk, das zumindest eine Weile den Angriffen von Wind und Wetter trotzen kann.

Daniel Bonn hatte die Idee zu seiner Studie, als er an einem holländischen Strand fünf Meter hohe Sandburgen sah. Also experimentierte er im Labor mit Sandsäulen unterschiedlicher Dicke und verschiedenen Wassergehalts. Daraus ergab sich seine präzise Sandformel. Nach seinen Berechnungen kann ein leicht feuchter Sandzylinder mit 20 Zentimeter Durchmesser 2,5 Meter hoch werden, ehe ihn sein Eigengewicht zum Einsturz bringt. Bei größeren Höhen nimmt der Scherdruck zu stark zu, der Sand rutscht schlagartig weg. Das sieht so aus, als würde feste Materie plötzlich flüssig. Genau das passiert auch bei Erdrutschen. Die Formel der Physiker zeigt, dass die maximale Höhe von wenigen Parametern abhängt: von der Breite der Basis, der Dichte des Sands und vor allem davon, wie stark die Sandkörner untereinander zusammenhängen.

Daher ist es für alle Burgenbauer zu empfehlen, den Sand festzuklopfen. Klopfen macht den Sand kompakt, zwischen den Körnern können sich mehr Brücken ausbilden. Ein bisschen Wasser verstärkt die Kapillarbrücken. Die Oberflächenspannung hält die Körner zusammen. Ideal ist es, wenn jedes Sandkorn zu möglichst vielen Nachbarn eine Verbindung hat. Ist der Wassergehalt zu hoch, nimmt die Oberflächenspannung deutlich ab. Auch die Art des Sands und das Wasser sind von Bedeutung: Destilliertes Wasser und reiner Quarzsand haften sehr viel schlechter als Nordseesand und Meerwasser. Vor allem später, wenn in der Sommersonne der Sand trocknet und so im Inneren die Kapillarbrücken sozusagen verdunsten, kleben nur noch die Verunreinigungen im Wasser und das Meersalz.

Wer jetzt denkt, dass solche Untersuchungen nur hübsche Sandkastenspielereien von Physikern seien, irrt. Denn die Kräfte, die Sandburgen im Innersten zusammenhalten, sind für Forscher auch ganz grundsätzlich interessant. Stephan Herminghaus beispielsweise beschäftigt sich schon eine ganze Weile mit den Kapillarbrücken, die die Wasserstoffmoleküle zwischen den Sandkörnern bilden. Herminghaus arbeitet am Göttinger Max-Planck-Institut für Dynamik und Selbstorganisation. Er erforscht die physikalischen Grundlagen der mechanischen Eigenschaften feuchter Granulate. Für die Modelle interessiert sich auch die Industrie, denn etwa 60 Prozent aller Rohstoffe weltweit liegen in Pulverform vor. Wie man Granulate, also Sand, Kies, Kohle oder Salz, Müsli und Getreideflocken, richtig mischt und lagert, all das beschäftigt die Physiker. Sie wollen zum Beispiel beobachten, wie ein feuchtes Granulat unter Druck leicht nachgibt, aber insgesamt seine äußere Form behält. Genau das erlebt jeder, der eine Sandburg baut.

Im Modell ersetzen die Göttinger Forscher Sandkörner durch Glaskugeln und testen Strukturen mit mehr oder weniger Wasser zwischen den Kugeln. Sie meinen, dass solche vereinfachten Systeme helfen, auch komplexere granulare Materialien in ihrem Verhalten besser verstehen zu können. Der Aufbau lässt sich gut unter dem Mikroskop beobachten. Mehr Wasser führt dazu, dass die Brückenverbindungen zwischen zwei Körnern breiter werden, die gesamte Struktur wird weniger stabil. »Zu viel Flüssigkeit zerstört die Haltbarkeit des Systems«, schreiben die Forscher. Das ist genau das, was man auch in der Natur beobachtet. »Wenn Sand sehr nass wird, verhält er sich irgendwann wie eine Flüssigkeit.«

## Was haben Müslipackungen und Gläser mit Urlaubssand gemeinsam?

Man kann einen Versuch machen und eine Müslipackung (Physiker nennen das ebenfalls Granulat) in ein großes Einwegglas schütten. Dann lässt sich der sogenannte Paranuss-Effekt beobachten. Schüttelt man das Glas, kommen nämlich immer die großen Gegenstände (wie die Cornflakes oder eben die Paranüsse, daher der Name) nach oben. Das ist zunächst einmal verblüffend, sind es doch eigentlich die schwereren Teile. Man würde eher die kleinen, leichten Flocken im Müsli oben erwarten. Das Gleiche passiert in einem Glas voller Sand und kleiner Kieselsteine. Hier wandern ebenfalls Muscheln oder Steinchen beim Schütteln nach oben.

Der Effekt wurde erstmals im Jahr 1939 beschrieben, damals beobachtete man beim Transport von Kohle in Eisenbahnwaggons das »Prinzip der Entmischung«. Am Ende der Fahrt lag die Kohle sauber nach Größe geschichtet im Waggon. Das Rütteln hatte die großen Stücke nach oben befördert. Anfangs dachte man, dass die kleinen Stücke einfach zwischen den großen durchgefallen seien. Doch dann fiel auf, dass auch ein einziger Kohlebrocken unter vielen kleinen allmählich nach oben wandert.

Das kommt daher, dass beim Durchschütteln oder Rütteln für einen Moment kleine Hohlräume entstehen. In diese passen die kleineren Körner (oder Müsliflocken), sie rutschen nach unten. Die größeren Körner passen nicht hinein und wandern nach oben. Im Detail ist der Effekt aber ziemlich kompliziert und auch für Physiker noch ein Rätsel. Denn offenbar spielen auch die Dichte, die Form und die Art der Oberfläche eines Korns (oder eben einer Paranuss oder Müsliflocke) eine Rolle, auch die Größe und Art des umgebenden Gefäßes und sogar die

Schwerkraft. (Auf dem Mars würde die Entmischung aufgrund der geringeren Schwerkraft dreimal so lange dauern, auf dem Mond sechsmal so lange, das fanden Physiker um Jürgen Blum von der TU Braunschweig jüngst bei Parabelflügen heraus.) All diese Faktoren beeinflussen, wie die Teilchen rutschen. Und offenbar trennen sich beim Rütteln immer die einzelnen, unterschiedlich großen Bestandteile.

Auch der Effekt von Wasser auf viele Granulate ist ähnlich. Ein bisschen Feuchtigkeit führt nämlich dazu, dass der gesamte Inhalt im Müslibehälter (oder Sandglas) sehr viel besser durchmischt bleibt.

## WAS WUSSTEN DIE ALTEN ÄGYPTER ÜBER SAND?

Dass so eine spielerische Auseinandersetzung auch im Alltag Vorteile bringen kann, zeigt ein verblüffendes Beispiel aus der Geschichte. 2014 löste der bereits erwähnte holländische Physiker Daniel Bonn (der mit der perfekten Sandburg) ein jahrtausendealtes Rätsel aus Ägypten. Es geht um große Steinquader, den Bau mächtiger Pyramiden und natürlich um Sand. Wie nämlich konnten die Ägypter ihre gewaltigen Steinquader für die Pyramiden ziehen?

Es gibt eine Zeichnung auf dem Grab des ägyptischen Fürsten Djehutihotep, die zeigt, wie es gemacht wurde. Arbeiter stehen während des Transports der kolossalen Statue vorne auf dem Schlitten, der diese trägt, und schütten aus großen Krügen Wasser auf den Boden direkt vor die leicht gebogenen, hölzernen Schlittenkufen. Hunderte Männer ziehen das 2,5 Tonnen schwere Monstrum durch den Wüstensand in Richtung Grabstätte. Weitere Hilfsmittel sind nicht zu sehen. »Ägyptologen interpretierten das Wasser als Teil eines Reinigungsrituals«, erklärt Bonn. »Sie dachten niemals an eine wissenschaftliche Erklärung.«

Doch sehr wahrscheinlich hatten die Ägypter beobachtet, dass sich im trockenen Sand sofort kleine Hügel vor den Holzschlitten mit den schweren Statuen oder Sandsteinblöcken bildeten, sobald sie das Gefährt loszogen. Und dass es bei angefeuchtetem Sand einfacher ging.

Tatsächlich vermindert eine geringe Menge Wasser den Reibungswiderstand. Die Scherkräfte beim Ziehen sinken. »Ich war sehr überrascht, wie stark sich die notwendige Zugkraft verringerte«, sagt Boon. »Das waren bis zu 50 Prozent.« Die Ägypter sparten sich also die Hälfte der Arbeitskräfte. Einsatzgebiete gab es viele, denn die meisten großen Pyramiden liegen in Wüstengebieten.

Ein einfacher Versuchsaufbau im Labor stellt die Situation nach. Auf trockenem Sand bremst der Versuchsschlitten, ein Haufen türmt sich auf. Bei feuchtem Sand bleibt der Boden glatt, die durch das Wasser entstehenden Kapillarkräfte zwischen den Körnern halten diese im Verbund, der Schlitten mit dem Gewicht gleitet leichter über die Oberfläche, der Reibungskoeffizient sinkt. Ein Anteil von 2 bis 5 Prozent Wasser sei optimal, schreiben die Autoren in ihrer Studie in den *Physical Review Letters.*

# WAS AUS SAND GEMACHT WIRD

## Dämme

Sand dämmt. Im Hochwasserfall füllen die Helfer Säcke mit Sand, die dann Deiche verstärken oder Barrieren für die ansteigenden Fluten bilden. Der Sand ist ein effektiver Blocker. In einem Sack kann er eine begrenzte Menge Wasser aufnehmen, dann ist Schluss. Normalerweise würde er dann unter dem Druck zerfließen, aber die Hülle hält alles zusammen. Aufgrund der flexiblen Hüllen lassen sich Säcke gut zu höheren Dämmen aufschichten.

## Fracksand

Sand fördert. Seit einigen Jahren gibt es aufgrund einer neuen Öl- und Gasfördermethode enormen Bedarf an Quarzsand. Beim sogenannten Fracking pressen Pumpen unter hohem Druck das mit Sand und Chemikalien vermischte Wasser tief ins Erdreich, brechen dort das Schiefergestein auf und lösen daraus das wertvolle Öl oder Gas. Der Sand hält die Risse offen und füllt die entstandenen Zwischenräume.

## Filter beim Bierbrauen

Sand filtert. Das nutzen auch Bierbrauer. Allerdings verwenden sie keinen Quarzsand, sondern sogenannte Kieselgur. Diese Schalen fossiler Kieselalgen bestehen zum größten Teil aus nichtkristallinem Siliziumdioxid, sind daher sehr porös und ideal als Filtermaterial geeignet. Diese Kieselgur filtert Bier. Die Brauingenieure bringen die Kieselgur auf Zellulosetüchern auf und lassen das trübe Bier durch dieses natürliche Netzwerk laufen. Hefezellen und andere Schwebstoffe im Bier bleiben hängen, das Getränk wird klar.

## Schleif- und Scheuermittel

Sand ist hart. Das spürt man, wenn man mal Sand in den Mund bekommt. Alles, was weniger hart ist als Sand, lässt sich mit Sandkörnern abschleifen. Früher enthielten Schleifpapiere Sand, deshalb nannte man sie auch Sandpapier, heute kommen eher synthetische Schleifmittel zum Einsatz. Auch Scheuermittel können Sand enthalten, er reibt den Schmutz mechanisch ab. Den gleichen Effekt haben die Sandteilchen in Zahnpasten, meist eingepackt in ein Gel. Sie schleifen Beläge mechanisch von unseren Zähnen. Zahnpasten enthalten einen Sandanteil von bis zu 20 Prozent.

Auch Jeans behandelt man mit Sand, um den typischen Stone-washed-Effekt zu erzielen.

## Hightech: Computerchips und Solarzellen

Sand leitet Strom. Der Sandbestandteil Silizium kann Strom leiten, es ist ein sogenannter Halbleiter. Es steckt in Computerchips und modernen Solarzellen. Für die Siliziumwafer kommen Sande mit extrem hohem Quarzgehalt von fast 99 Prozent zur Verwendung, sie werden als hochreine Einkristalle unter staubfreien Reinraumbedingungen gezüchtet. Auf die Scheiben ätzt man Schaltkreise, man strukturiert, bedampft und beschichtet sie, bestückt sie mit Transistoren und versieht sie mit Leiterbahnen und baut so aus unzähligen Bausteinen komplizierteste elektronische Schaltkreise.

## Glas

Geschmolzener Sand ist durchsichtig. Gläser und Flaschen, aber auch Linsen, Lupen, Kameraobjekte werden aus Sand gemacht. Hauptbestandteil aller Quarzgläser ist Siliziumdioxid. Um durchsichtige Fenster- oder Trinkgläser zu machen, muss man Quarzsand, Pottasche, Soda und Kalk bei 1400 Grad Celsius einschmelzen, die Schmelze dann pressen, blasen, schleudern, walzen, ziehen oder spinnen und so in die gewünschte Form bringen. Erkaltet das Material, wird es durchsichtig.

Glas ist ein sehr altes Material. Im Staatlichen Museum Ägyptischer Kunst in München steht das angeblich älteste Glasgefäß der Menschheitsgeschichte, ein fast 3500 Jahre alter hellblauer und mit Ornamenten in Gelb und Dunkelblau verzierter Kelch von Pharao Thutmosis III.

Die älteste Formel zur Glasherstellung ließ der assyrische Herrscher Assurbanipal um 640 v. Chr. auf eine Keilschrifttafel gravieren: »Nimm 60 Teile Sand, 180 Teile Asche von Meerespflanzen und 5 Teile Kalk, und du erhältst Glas.« Die Mischung funktioniert noch heute.

## Beton

Sand ist der wichtigste Baustoff weltweit. Ein Kubikmeter Frischbeton besteht aus 600 Kilogramm Sand, 1400 Kilogramm Kies, 150 Liter Wasser und 300 Kilogramm Zement, Letzterer wiederum vorwiegend aus Sand und Kies.

Als Erfinder des Hochleistungsbetons gelten die Römer. Ihr *Opus caementitium* war steinhart. Offenbar war ihnen vor mehr als 2000 Jahren aus dem Stand eine sensationelle Mischung gelungen. Zahlreiche römische Betonbauten wie das Pantheon, das Kolosseum oder das Trajansforum in Rom haben als wichtige kulturelle Zeugnisse zwei Jahrtausende überdauert, das Pantheon – der bis heute (!) mit 43 Meter Durchmesser weltweit größte nichtbewehrte Betonkuppelbau – sogar ohne nennenswerte Schäden. Auch heftige Erdstöße konnten den Prachtbauten nichts anhaben – und immerhin mindestens sechs Erdbeben mit Stärken zwischen 6,7 und 7 auf der Richterskala sind überliefert. Dies ist ein deutlicher Beleg für eine erstaunliche Festigkeit dieser Bauten ohne den heute üblichen eingeflochtenen Bewehrungsstahl. So ist es schon verwunderlich, dass das Rezept für Beton in Vergessenheit geriet und erst im 18. Jahrhundert in England wieder Leuchttürme aus dem Material gebaut wurden – allerdings mit deutlich schlechterer Rezeptur.

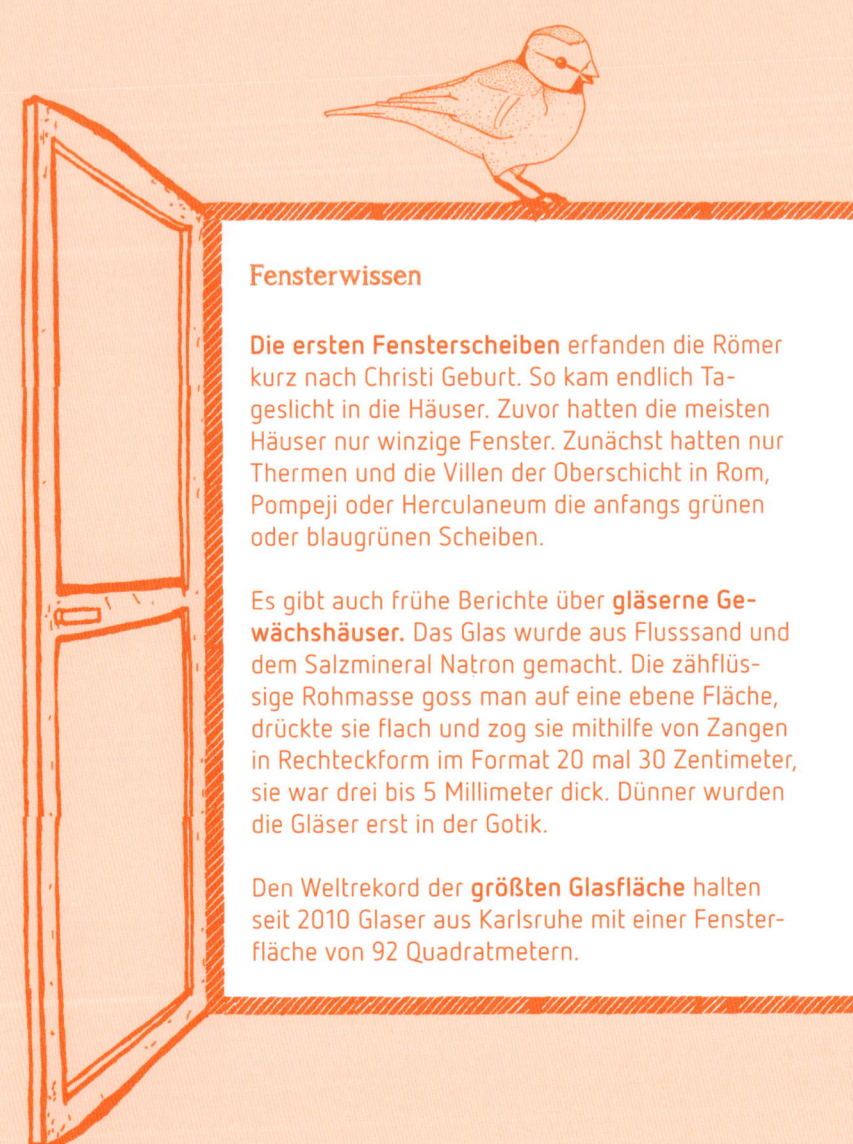

## Fensterwissen

**Die ersten Fensterscheiben** erfanden die Römer kurz nach Christi Geburt. So kam endlich Tageslicht in die Häuser. Zuvor hatten die meisten Häuser nur winzige Fenster. Zunächst hatten nur Thermen und die Villen der Oberschicht in Rom, Pompeji oder Herculaneum die anfangs grünen oder blaugrünen Scheiben.

Es gibt auch frühe Berichte über **gläserne Gewächshäuser.** Das Glas wurde aus Flusssand und dem Salzmineral Natron gemacht. Die zähflüssige Rohmasse goss man auf eine ebene Fläche, drückte sie flach und zog sie mithilfe von Zangen in Rechteckform im Format 20 mal 30 Zentimeter, sie war drei bis 5 Millimeter dick. Dünner wurden die Gläser erst in der Gotik.

Den Weltrekord der **größten Glasfläche** halten seit 2010 Glaser aus Karlsruhe mit einer Fensterfläche von 92 Quadratmetern.

## Glasklare Irrtümer

**Hinter Glas kann man nicht braun werden.**
Stimmt nicht. Zwar filtert normales Fensterglas
ultraviolettes Licht, das für die Hautbräunung verantwortlich ist, aber eben nur zum Teil. Man muss
nur länger in der Sonne sitzen.

**Kirchenfenster sind in der Regel unten dicker,
weil Glas fließt.** Stimmt nicht. Die Dicke hängt nur
mit dem früher üblichen Herstellungsprozess zusammen. Es war nur im Mittelalter noch nicht möglich, gleichmäßig dicke Scheiben herzustellen, das
hing mit dem Zylinderblasverfahren zusammen, bei
dem die Schwerkraft das Glas während des Blasens
nach unten laufen ließ, sodass die Scheiben unten
dicker waren. Der Stabilität wegen baute man
in der Regel die Scheiben mit der dickeren Seite
nach unten ein. Heute lassen die Glashersteller die
Glasschmelze auf einem flüssigen heißen Zinnbad
langsam schwimmend erstarren. Dieses Floating
sorgt für ebene, sehr glatte Flächen.

## WARUM IST DER ÄLTESTE BETON IMMER NOCH DER BESTE?

Nahe der Stadt Pozzuoli ist in der Bucht von Neapel ein bemerkenswerter Wellenbrecher aus Beton versenkt. »Obwohl er mehr als 2000 Jahre lang Salzwasser und Wellen ausgesetzt war, ist dieser Wellenbrecher noch immer intakt«, sagt die amerikanische Materialwissenschaftlerin Marie Jackson. Moderner Beton hätte diesen Belastungen nicht widerstanden. Ihm wird lediglich eine Lebensdauer von 100 Jahren bescheinigt. Wenn überhaupt, denn aktuelle Untersuchungen an deutschen Autobahnbrücken aus den 1960er-Jahren lassen das Schlimmste befürchten.

Doch warum sind Megabauwerke wie das Pantheon, das Kolosseum oder das Trajansforum noch immer so stabil? Bautechnik und Materialkunde waren damals extrem weit entwickelt. Neueste Forschungsergebnisse zeigen, dass der römische Beton widerstandsfähiger war als heutiger Hochleistungsbeton. Der Grund: Die Römer haben der Sand-Kies-Zement-Wasser-Mischung Vulkanasche beigemengt, sogenannte Puzzolane. Die Handwerker bauten sie einst unweit von Rom gezielt ab.

Vermischt mit Kalk, bildet sich ein perfektes Bindemittel. Härtet dieser Beton aus, verklebt die Asche die einzelnen Komponenten sehr gut. So wird das Material widerstandsfähiger gegen Witterungseinflüsse.

Jackson und ihre Kollegen von der University of California in Berkeley analysierten mithilfe von Röntgenstrahlen, Teilchenbeschleunigern und hochauflösenden Mikroskopen die Mikromechanismen im römischen Beton Ende 2014 genauer. Die Proben entnahmen sie aus dem Mauerwerk des 110 n. Chr. erbauten Trajansforums und aus dem Wellenbrecher in der Bucht von Neapel. Spezielle Eigenschaften der beigemengten Stoffe sind der Grund, dass sich Risse im Beton nicht weiter ausbreiten. In dem Kalk-Vulkanasche-Wasser-Gemisch wachsen plättchenförmige Kristalle des Minerals Strätlingit, eines Silikatminerals. Diese Plättchen verhaken sich mit Schlacketeilchen aus der Vulkanasche. Das Aluminium aus der Asche sorgt für die optimierte Kristallstruktur. Feinste Mikrorisse können sich so nicht ausbreiten und zu größeren Rissen werden. Sechs Monate härtet der Beton aus, während dieser Zeit wachsen die schuppigen Kristalle.

Bei ihren Recherchen sind die Materialwissenschaftler sogar auf das genaue Rezept für den superharten Beton gestoßen. Der römische Architekt Vitruv notierte in seinem Werk »De architectura« die historische Rezeptur. Er beschrieb darin, wie der Wellenbrecher von Neapel gebaut werden sollte, sogar mit exakter Beschreibung der kastenförmigen Unterwasser-Holzverschalung. Marie Jackson mischte den antiken Mörtel neu an und analysierte seine Eigenschaften. Der Beton sei enorm umweltfreundlich, sagen die Forscher, denn er müsse weniger stark erhitzt werden (auf 900 Grad statt auf 1450 Grad) und gebe geringere Mengen Kohlendioxid ab. Die heutige Zementindustrie produziert fast 5 Prozent der derzeitigen Kohlendioxidemissionen, mehr als der Flugverkehr. Der römische Beton könne ein Vorbild für neue, moderne Mischungen sein. Sogar der Originalmix sei in der Lage, noch heute eine Nische im Bauwesen zu finden.

## WIE LANGE DAUERT EIN SONNENUNTERGANG?

Vermutlich darf man diese Frage nicht vielen Menschen stellen. Diejenigen, die am Strand sitzen und aufs Meer hinausschauen, wollen kurz vor dem Sonnenuntergang nicht unbedingt rechnen. Sie betrachten das Farbspiel auf der Meeresoberfläche, denken über vergangene Zeiten nach, als man dachte, dass die Sonne vom Rand der Erde falle, oder sie nehmen ihre/n Liebste/n in den Arm und stoßen mit Wein auf den lauen Abend und die Nacht an.

Vielleicht ist das auch der sinnvollere Umgang mit dem Sonnenuntergang. Für die wenigen anderen will ich aber die Dauer doch kurz berechnen. Die genaue Dauer des Sonnenuntergangs hängt vom Beobachtungstag und vom Ort, also vom Breitengrad ab. Der Durchmesser der Sonne am Himmel beträgt ungefähr ein halbes Grad. Die Sonne wandert beim Untergehen genau um ihren Durchmesser weiter. Stoppt man im März oder September am Äquator sitzend die Zeit, erhält man Werte zwischen zwei Minuten und sechs Sekunden und zwei Minuten und zehn Sekunden. Näher zu den Polen dauert die Sache etwas länger, in Hamburg oder London etwa dreieinhalb Minuten, auf Spitzbergen im Norden Norwegens kommt man bereits auf knapp eine Stunde Sonnenuntergang. Am längsten dauert er am 21. März am Südpol. Die Sonne durchstößt den Horizont, bleibt stundenlang knapp über ihm stehen und geht nach fast 40 Stunden wieder unter.

# La dolce vita

Im Sommer essen wir zwar weniger, zum einen weil es oft schlicht zu heiß ist, wir aber auch mehr in Bewegung sind und nicht Unmengen an Chips und Erdnüssen vor dem Fernseher wegfuttern. Dennoch gibt es da einige kulinarische Sommerspezialitäten, von denen wir nie genug kriegen können.

## DIE PIZZA MARGHERITA KOMMT DOCH AUS NEAPEL, ODER?

Ich will in meinem Buch auch ein modernes Märchen erzählen. Es war einmal ein stolzer Italiener namens Raffaele Esposito, ein Pizzabäcker aus Neapel. Eines Tages, genauer im Juni des Jahres 1889, wurde er von König Umberto I. – einem Namensgenossen von mir übrigens – und seiner schönen Gemahlin Margherita beauftragt, eine köstliche Pizza in den königlichen Palast zu liefern. Er wollte natürlich etwas Besonderes in seinem Holzofen zaubern und belegte daher – welch genialer Einfall – den Teigfladen mit nur drei Dingen, die jedoch perfekt sein herrliches Land darstellten: mit grünem, intensiv nach Sommer duftendem Basilikum, mit zartem weißem Büffelmozzarella und mit frischen, leuchtend roten Tomaten. Die Farben Italiens. Der Königin soll diese einfache und doch so besondere Pizza so vorzüglich geschmeckt haben, dass das Gericht von diesem Tag an ihren Namen trug. Das war die Geburtsstunde der ersten wirklich »italienischen« Pizza. Den Lieferbeleg bewahrte sich Raffaele Esposito auf und dachte von diesem Tag an immer, wenn er vor seinem heißen Holzkohleofen den Teig durch die Luft wirbelte, an die schöne Margherita.

In Wirklichkeit ist die mit Tomatenscheiben, Käse und Basilikum belegte und mit Olivenöl benetzte Pizza schon mehr als ein Jahrhundert älter. Sie verbreitete sich, als Tomaten in Apulien an Italiens Stiefelspitze allmählich in größerem Stil angebaut wurden. Espositos Geschichte fällt eher in den Bereich der Eigen-PR, die Pizzeria Brandi in der Altstadt Neapels profitiert noch heute von der Geschichte. Nicht nur gab es die Pizza schon länger, auch andere Pizzerien belieferten den Königspalast, wie ein Text aus der *Washington Post* von 1880 anmerkt. Doch vielleicht verhalf Esposito immerhin seiner italienischen, für seine Königin zubereiteten Pizza Margherita zum nun weltweit bekannten Namen.

Wahr ist auch, dass erst die EU-Kommission 2010 in einer Verordnung schriftlich festgelegt hat, wie eine Pizza aus Neapel gemacht werden muss und wie sie ausschauen soll. Und wahr ist auch, dass man sie nicht zu heiß essen sollte. Denn auch wenn der Rand schon abgekühlt ist, kann man sich noch am Käse und an den Tomaten den Mund verbrennen, das wusste auch schon Königin Margherita. Das liegt – Achtung, jetzt endet die Geschichte ganz unmärchenhaft im Reich der Physik – an der spezifischen Wärmeleitfähigkeit.

Die ist für Tomaten fast so hoch wie für Wasser, und das kühlt auch nur langsam von 100 Grad herunter. Das wusste die Königin aber vielleicht auch schon.

## WIE MACHT MAN EIS?

Meine Kinder lieben Eis. So sehr, dass sie im Sommer kaum eine Gelegenheit auslassen, um sich selbst eines zu machen. Vorzugsweise schütten sie Fruchtsäfte in Behälter, die eigentlich für Eiswürfel vorgesehen sind, verschütten dabei immer ein wenig, sodass hinterher die Küche klebt. Ob sie mit ihrem Ergebnis zufrieden sind, ist schwer zu sagen. Sie lutschen meist drei bis vier harte Eiswürfel, kippen den Rest in ein Glas mit Wasser und schlürfen dann die kühle Saftschorle.

Geht so Eis? Jedenfalls nicht das cremig zarte, das wir in unserer Lieblingseisdiele bekommen. Der Unterschied ist nämlich, dass sich beim Gefrieren von Wasser zunächst Eiskristalle bilden, die immer länger werden und schließlich einen harten

Block bilden. Wer Speiseeis haben will, muss rühren – oder rühren lassen. Einen ersten Hinweis bekommt man, wenn man in italienischen Cafés die Granita-Maschinen beobachtet. Dort rührt das Gerät den leicht gezuckerten Fruchtsaft beim Gefrieren ständig durch, die Eiskristalle werden dabei wieder in kleinere Stücke zertrennt. Granita wird traditionellerweise aus Zuckersirup und frischem Zitronensaft hergestellt und ähnelt einem Sorbet. Das Schlagen und Rühren hält das Eis geschmeidig. Gleichzeitig friert immer mehr Wasser aus dem Fruchtsirup, es wird immer konzentrierter und damit auch süßer. Genau das lieben wir. Je mehr Zucker im Sorbet ist, umso weiter sinkt der Gefrierpunkt. Dadurch erhalten wir auch die unvergleichliche Frische von eiskaltem Eis, es ist kalt und süß zugleich.

Schon in der Antike machte man aus geschlagenem und zerstoßenem Gletschereis Sorbet. Griechische Dichter beschreiben es als Mischung von Gletscherschnee mit Früchten, Honig oder Rosenwasser. Die römischen Kaiser hatten eigene Schneeläufer engagiert, die Eisschnee aus dem Apennin nach Rom brachten. Der griechische Arzt Hippokrates soll seinen Patienten Eis als Heilmittel bei Bauchschmerzen, Entzündungen und Schwellungen verschrieben haben. Ob unsere Kinder heimlich Hippokrates gelesen haben?

In unseren Eisdielen finden sich inzwischen vorwiegend Milchspeiseeis-Sorten. In ihnen ist Milch oder Sahne enthalten – und damit auch eine Menge Fett. Auch hier muss man rühren und die Eis-Frucht-Masse zu einem gefrorenen Frucht-Fett-Schaum machen. Das Fett aus der Milch hat im Eis eine im Wortsinn tragende Rolle, die Moleküle bilden ein Netzwerk, das den fruchtigen, eisigen Schaum zusätzlich stabilisiert. Eis machen ist hohes Handwerk. Glänzt die Masse oder ist sie zu weich, stimmt etwa der Zuckergehalt nicht.

Beim Schmelzen dauert es oft noch eine Weile, ehe das Eis seine Form verliert, es fängt zwar an zu tropfen, bleibt aber noch als Kugel sichtbar. Auch hier kommt das Fettgerüst zum Tragen. Erwärmt sich das Eis noch weiter, löst sich auch das Gerüst auf und wir haben nur noch eine flüssige, süße Fruchtsuppe. Die nimmt im Übrigen deutlich weniger Raum ein als das Eis zuvor. Das Rühren und Aufschäumen brachte nämlich reichlich kalte Luft ins Eis. Bei Softeis sind bis zu 70 Prozent Luft im Eis. Ist Eis also hauptsächlich kalte Luft, eine Mogelpackung? Wenn wir es schnell genug essen, können wir es verschmerzen!

## DER BESTE ESPRESSO

Warum schmeckt der Espresso im Urlaub in einer italienischen Bar so gut und zu Hause aus dem eigenen, teuren Vollautomaten bisweilen schrecklich dünn? Und wie bekommt der Espresso seine Crema?

Das ist die richtige Frage für einen Kaffeesommelier, genauer für Michael Gliss, Deutschlands ersten Kaffeesommelier. Ach, sagt er, und lacht, der Geschmack eines Espresso hängt von gut zwei Dutzend Faktoren ab. »Natürlich fängt alles mit der Bohne an«, sagt der Kölner Kaffeekenner. »Kaffee ist ein Naturprodukt.« Die von Natur aus grünen Bohnen werden dunkler geröstet als bei normalem Kaffee, dadurch enthalten sie bei gleicher Menge Kaffeemehl weniger Koffein und Kaffeesäure. 50 bis 60 Bohnen braucht es für eine Tasse Espresso (rund 25 Milliliter). Durch die fein gemahlenen Bohnen fließt sehr heißes Wasser mit hohem Druck. Rund 25 Sekunden dauert dieses ursprünglich um das Jahr 1900 im italienischen Mailand erdachte Verfahren, das Wasser hat also weniger lang Kontakt mit dem Kaffeemehl als beim Filterkaffee. Aus der Maschine strömt am Ende ein stark konzentrierter Kaffe mit einer dichten, karamell- bis haselnussbraunen Schaumschicht obendrauf, der Crema, die ebenfalls wichtig ist für das Aroma. Chemiker sprechen bei der Crema von einer öligen, leicht fettigen Emulsion.

Wichtig für eine gute Crema ist auch der Mahlgrad, beim Espresso ist er feiner als beim Kaffee. Idealerweise sollten die Kaffeemehlkörner einen Durchmesser von einem viertel Millimeter haben. Je feiner eine Kaffeebohne gemahlen ist, desto mehr Aromastoffe und Öle kann das heiße Wasser beim kurzen

Kontakt mit dem Kaffee herauslösen. Doch Achtung: Sehr feines Mehl gibt zugleich viele Bitterstoffe frei. Zudem ist dann auch die Crema eher wenig ausgeprägt.

Ein guter Espresso ist also insgesamt ein komplexes Wunderwerk, bei dem physikalische Parameter wie die Temperatursteuerung des vorgebrühten Wassers, der eingestellte Druck, der Mahlgrad, die Rösttemperatur und Röstdauer der Bohne und der Härtegrad des Wassers entscheidende Rollen spielen. »Profis passen bei Meisterschaften ihre Maschinen an den jeweiligen Ort des Wettbewerbs an«, erzählt Michael Gliss. Jeder habe da seine eigenen Geheimnisse. Der Kaffeesommelier erzählt von einem Kunden mit einer sehr teuren italienischen Maschine, der kürzlich zu ihm kam, weil sein Espresso zu dünn und kraftlos schmeckte. Er hatte schon die verschiedensten Bohnen probiert. »Da lag es am falschen Mahlgrad«, sagt Gliss. »Das Mehl war zu grob.«

Das »Istituto Nazionale Espresso Italiano« fühlt sich besonders verpflichtet, für das Nationalgetränk Italiens auch verlässliche Kriterien zu definieren. Für eine Tasse des kräftigen Getränks seien sieben Gramm Espressobohnen notwendig, mit einer Abweichung von 7 Prozent, die Wassertemperatur müsse beim Verlassen des Brühbereichs 88 Grad Celsius betragen, in der Tasse dann zwischen 64 und 70 Grad Celsius. Der Druck beim Brühen solle 9 bar betragen, als Durchlaufzeit empfehlen die Experten 25 Sekunden für ein Getränk von 25 Millilitern inklusive der Crema. Der Gesamtkoffeingehalt wird mit 100 Milligramm pro Tasse angegeben, der Fettgehalt (Öle aus der Kaffeebohne) mit mindestens 50 Milligramm. Man sieht also, dass Italien die Sache mit dem Lieblingsgetränk ernst nimmt.

Nun kommen wir zu einem letzten entscheidenden Moment: Der Espresso strömt in die Tasse. Dieser Moment prägt das

Aussehen der Crema. Auch hier können kleine Fehler passieren. Also noch mal nachgefragt bei Michael Gliss. Offenbar ist es von Vorteil, wenn der Espresso schräg auf eine gerundete Tassenwandfläche fließt, und auch nicht aus allzu großer Höhe. »Ich habe irgendwann bei mir gemerkt, dass ich intuitiv immer die Tasse schräg und ganz nah an den Siebträger gehalten habe«, erzählt Gliss. »Das gibt die besten Ergebnisse.« In dieser Konstellation fließt die Crema sanft in die Tasse, die Oberflächenspannung ist gering. Das verhindert, dass die Crema aufreißt und sich schnell auflöst.

## WARUM STEHEN AUF URLAUBSSPEISEKARTEN OFT KOMISCHE SACHEN?

Auf der türkischen Speisekarte war knapp auf Deutsch zu lesen: »KunstiWürgt-Salat«. Es ist nicht bekannt, wie oft deutsche Touristen dieses Angebot wahrnahmen. Dabei wäre der Artischockensalat vermutlich durchaus lecker gewesen. Restaurantinhaber oder Hoteliers übersetzen in solchen Speisekarten den Text oft entweder Wort für Wort und erkennen dabei die Mehrdeutigkeit mancher Begriffe nicht, oder sie geben ihn in Übersetzungsprogramme im Internet ein. So kommt dann ein Sprachsalat zustande. Der türkische Gastronom hatte »enginar« ins Englische übersetzt, das brauchte er eh für seine mehrsprachige Karte, das ergab »artichoke«. Das wiederum übersetzte er zwischen zwei Sprachen, die er beide nicht beherrschte. »Art« wurde zu »Kunst«, »choke« zu »würgt« und das »i« dazwischen blieb stehen. Fertig war der »KunstiWürgt«-Salat.

Das Phänomen findet sich auf Speisekarten, Hotelbroschüren oder mehrsprachigen Schildern an Stränden. Der Autor Titus Arnu sammelt seit Jahren solche »Übelsetzungen«. Hinter vielen stecken automatische Übersetzungsprogramme wie Google Translate, die durchaus ihre Qualitäten haben – aber eben auch ihre Schwächen. Solche Internet-Übersetzungsgiganten haben einen unglaublich großen Wortschatz. Sie bieten etwa hundert Sprachen an, und alle Sprachen werden gleich behandelt, also nach demselben System übersetzt. Masse statt Klasse könnte man sagen. Andererseits haben sie für die Besonderheiten einer einzelnen Sprache wenig Gefühl. Dieses Vorgehen ist im Detail tückisch. »Es ist sehr schwer, in eine morphologisch komplexere Sprache zu übersetzen«, sagt der amerikanische Computerlinguist Alex Fraser. »Deutsch ist eine der schwierigsten Zielsprachen.« Sind die Besonderheiten nicht im Regelwerk der Programme erfasst, scheitern die Programme kläglich, weil sie den Sinn der Übersetzungen nicht überprüfen können. Dann muss man damit leben, einen Kuchen mit gepeitschter Sahne zu essen.

Eine der großen Herausforderungen beim maschinellen Übersetzen ist, aus mehreren möglichen Bedeutungen einzelner Wörter oder Satzkonstruktionen die richtige herauszufiltern. So müssen die Programme die möglichen Satzstrukturen begreifen, also nicht nur den klassischen Fall Subjekt-Prädikat-Objekt, sondern auch (gerade im Deutschen gern verwendete) Alternativen wie Objekt-Prädikat-Subjekt. Für einen geschulten Übersetzer sind solche Herausforderungen einfach zu bewältigen. Nicht so für ein Programm: Verneinungen, bestimmte oder unbestimmte Pronomen, zusammengesetzte Wörter oder Wörter wie »Smog« oder »Grexit«, die neu aus zwei erst einmal nicht identifizierbaren Wörtern gebildet werden, machen den maschinellen Übersetzungsprogrammen große Schwierigkeiten. Ebenso gehen manchmal beim Übersetzen Verben verloren.

Neue Übersetzungsprogramme beruhen eher auf statistischen Verfahren. Jede mögliche Übersetzung wird mit einer statistischen Wahrscheinlichkeit versehen, die das Programm errechnet. Zunächst ist jede denkbare Variante zugelassen, aber nicht gleich wahrscheinlich, weil sie in den Vergleichstexten so gar nicht oder nur selten vorkommt. Mit jedem neuen Wort im Satz kommen neue Übersetzungsvarianten hinzu, gleichzeitig lassen sich immer mehr unsinnige Übersetzungen ausschließen. Am Ende steht die wahrscheinlichste Übersetzung. Es ist, als würde man sich langsam den richtigen Pfad durch die fremde Wortwüste suchen.

Alle diese Übersetzungen basieren darauf, dass das Programm bereits zwischen zwei Sprachen übersetzte Texte vorliegen hat, anhand deren es trainieren konnte. Die Qualität der Übersetzung ist stark von der vorhandenen Textfülle in einem Bereich abhängig. Maschinenprogramme können in der Regel nur das in eine andere Sprache übersetzen, was sie bereits kennen. »Für uns Computerlinguisten sind die routinemäßigen Übersetzungen der Europäischen Union mit ihren vielen Sprachen ein Glücksfall«, sagt Fraser. So sei die Sache mit den oft falsch übersetzten Speisekarten ein Problem des nicht vorhandenen Vergleichsmaterials. Wenn hier – wie bei den politischen Texten aus der EU – ausreichend Speisekarten und Broschüren aus der Gastronomie oder dem Hotelbereich verfügbar wären, ließe sich das Problem schnell in den Griff bekommen. Bis dahin gibt es KunstiWürgt-Salat.

# Mehr als Meer

I ch genieße im Sommer jeden Tag am Wasser. Ich liebe das Meer, die kräftige Brandung, das unablässige Anrollen der Wellen und das salzige Gefühl auf der Haut. Aber: Einen Schluck warmes Meerwasser finde ich eklig.

## DAS SALZ IM MEER

Meerwasser verursacht einen Brechreiz, wenn man zu viel davon schluckt. Das ist eine Schutzreaktion des Körpers, denn das Salz im Darm entzieht dem Körper Wasser. Wasser strömt immer dorthin, wo eine höhere Salzkonzentration herrscht. Der Grund ist der aufgrund des verschiedenen Salzgehalts unterschiedliche osmotische Druck. Er sorgt dafür, dass Wasser durch die Zellmembranen sozusagen von der süßen zur salzigen Seite fließt. Meerwasser enthält 35 Gramm Salz pro Liter, Blut nur neun Gramm. Trinken wir Meerwasser, zieht das Salz Flüssigkeit aus unseren Zellen. Der Körper versucht gegenzusteuern und über die Nieren das überschüssige Salz wieder auszuscheiden. Das ist nur bis zu einem bestimmten Grad möglich. Wir bräuchten ungefähr eindreiviertel Liter Süßwasser, um das Salz aus einem Liter Meerwasser wieder loszuwerden. Der Körper greift auf die Wasserreserven in den Zellen zurück. Deshalb trocknen wir durch Meerwasser innerlich aus und bekommen immer mehr Durst.

Dass Meerwasser salzig ist, wissen wir, aber warum ist nicht jedes Meer gleich salzig?

## WIE KOMMT MAL MEHR UND MAL WENIGER SALZ INS MEER?

Nahezu alle in Meeren enthaltenen Salze stammen aus Gestein. An Land verwittern Felsen und Steine, wenn sie der Sonne, dem Wind oder dem Regen ausgesetzt sind. Das Wasser spült dabei die Mineralien und Salze aus dem Gestein, sie sind wasserlöslich. Chemiker sagen, die Salze seien im Wasser »dissoziiert«, also in

Ionen gespalten, Natriumchlorid als klassisches Salz in positiv geladene Natriumionen und negativ geladene Chloridionen. Das Wasser löst die Salze aus dem Boden, den Gesteinsschichten, den Felsen in Bächen und Flüssen. Und am Ende gelangen sie ins Meer. Flusswasser enthält noch so wenig Salze, dass sie kaum zu schmecken sind. Doch in den Meeren sammeln sie sich seit Jahrmillionen an, denn dort verdunstet eine große Menge Wasser, die Salze bleiben zurück. Im Meer stellte sich im Lauf der Jahrmillionen ein chemisches Gleichgewicht ein, der Salzgehalt bleibt derzeit einigermaßen stabil. Mittlerweile liefern die Flüsse in etwa so viel Salz an, wie dem Meer wieder entzogen wird. Es lagert sich in den Körpern von Meeresorganismen ein. Deren Überreste sinken nach dem Ableben zu Boden und werden zu mineralhaltigen Ablagerungen. Am Meeresgrund wird das Natrium gemeinsam mit dem Ton unter dem Druck, der dort herrscht, über Jahrmillionen zu Stein. Der dann wiederum aufgrund von Plattenbewegungen nach weiteren Jahrmillionen wieder an die Oberfläche gelangt. Ein ewiger langsamer Kreislauf.

Insgesamt befinden sich nach Angaben von Wissenschaftlern vom Zentrum für Marine Umweltwissenschaften (Marum) in Bremen knapp fünfzigtausend Billionen Tonnen Salz in den Weltmeeren. »Würde man all dieses Salz über das Festland verteilen, würde es dieses knapp 150 Meter hoch bedecken«, sagt Marum-Mitarbeiter Albert Gerdes.

Geringere Mengen Salz gelangen noch auf andere Art ins Meer, über unterseeische Aktivitäten. Zum einen enthält ausströmende Lava aus Vulkanen am Meeresgrund der großen Ozeane ebenfalls Salze, die das Meerwasser dann aus zunächst noch flüssigem Gestein herauslöst. Zum anderen gibt es unter den Böden der Ozeane bisweilen kilometerdicke Salzlager, die über Risse und Spalten im Meeresboden mit dem Meerwasser in Kontakt stehen. Ein spektakuläres Beispiel findet sich im Golf von Mexiko, wo ein sich 800 Meter hoch aufwölbender Salzdom am Meeresboden wie ein Vulkan dunklen Asphalt ausspuckt, ein ungewöhnliches Schauspiel, dessen Ursachen noch nicht genau verstanden sind.

Im Schnitt liegt der Salzgehalt der großen Weltmeere bei rund 3,5 Prozent, anders gesagt: 35 Gramm Salz, rund zwei gehäufte Esslöffel voll, sind in einem Liter Meerwasser enthalten. Das ist aber nur ein Mittelwert, denn es gibt Meere, die aufgrund höherer Verdunstung einen deutlich höheren Salzgehalt haben. Und solche wie die Ostsee, die eher salzarm sind. Im Mittel enthält sie 1,2 Prozent Salz, an manchen Stellen, wo große Flüsse wie Oder oder Weichsel münden, sind es nur 0,4 Prozent. Dieser starke Süßwasserzustrom hält den Salzgehalt niedrig, es verdunstet aufgrund der nördlichen Breiten eher wenig Wasser, zur salzhaltigeren Nordsee gibt es nur eine schmale Verbindung nördlich von Dänemark.

Das Mittelmeer liegt mit rund 3,8 Prozent über dem Durchschnitt, eine Folge der hohen mediterranen Verdunstung. Der Süßwasserzufluss kann diese nicht ausgleichen. Forscher nennen deshalb das bis zu 5267 Meter tiefe Mittelmeer auch ein Konzentrationsbecken. Einen interessanten Effekt gibt es an der Engstelle zwischen Mittelmeer und Atlantik. Da beide Meere unterschiedliche Salzgehalte haben, entsteht an der Meerenge eine starke Ausgleichsströmung. Das schwerere, weil salzhaltigere Mittelmeerwasser fließt am Grund Richtung Atlantik ab, an der Oberfläche strömt ständig leichteres, salzärmeres Atlantikwasser nach.

In erdgeschichtlichen Maßstäben betrachtet, trocknet das Mittelmeer immer wieder mal großräumig aus; in der Zeit vor fünf bis sechs Millionen Jahren passierte das wohl mehrere Male. Mächtige Salzwüsten bildeten sich überall, am Meeresgrund finden sich noch heute Gips- und Salzlager. Auch in jüngerer

Zeit schwankt der Meeresspegel noch, wenn auch nicht ganz so drastisch. Vor rund 22 000 Jahren lag er etwa 130 Meter tiefer als heute, selbst in der Antike vor 2000 Jahren waren es noch 35 Meter weniger. Dies führt manchmal zu verblüffenden Entdeckungen. So liegt der Eingang zu einer wichtigen französischen Steinzeithöhle heute 36 Meter unter dem Meeresspiegel. In der Henry-Cosquer-Höhle findet sich die älteste Darstellung eines Menschen. Auch die Landkarte sah noch vor wenigen tausend Jahren anders aus. Sardinien und Korsika waren beispielsweise eine große Insel. Das steigende Mittelmeerniveau führte vor rund 7500 Jahren auch dazu, dass der Bosporus überschwemmt wurde und der Pegel im Schwarzen Meer schlagartig um 100 Meter anstieg. Dieses Ereignis wird als Vorbild für die Sintflut der Bibel (und des Gilgamesch-Epos) gesehen.

Mehr Salz als die Meere enthalten manche Binnengewässer, vor allem dann, wenn sie in trockenen oder heißen Regionen liegen. Dann ist nämlich der Süßwasserzustrom extrem gering. In der Antarktis gibt es praktisch keine Niederschläge, die Luft ist extrem trocken. In wüstennahen Gebieten ist die Verdunstung extrem hoch, was in den Seen zu einem Effekt führt, der aus dem Toten Meer wohlbekannt ist: Man kann beim Baden in Rückenlage Zeitung lesen. Der Auftrieb ist aufgrund des hohen Salzgehalts ausreichend groß.

## Salzwissen I

**Meersalz besteht zu 97 Prozent aus dem sogenannten Kochsalz**, die chemische Bezeichnung dafür ist Natriumchlorid. Es enthält zudem Salze der Elemente Magnesium, Calcium, Kalium oder Mangan, entweder als Chloride (Magnesiumchlorid, Kaliumchlorid) oder Sulfate (Calciumsulfat, Magnesiumsulfat).

**70 Prozent des weltweiten Salzverbrauchs sind Steinsalz**, der Rest wird aus Salinen aus dem Meerwasser gewonnen. Man sieht etwa in Frankreich, Spanien oder an der portugiesischen Algarve die flachen Wasserbecken mit unterschiedlichem Wasserstand und den weißlichen, oft auch aufgrund von salzliebenden Bakterien rosafarbenen Ablagerungen.

In Bolivien liegt der mit 10 850 Quadratkilometer **größte ausgetrocknete Salzsee** Salar de Uyuni. Seine Fläche ist größer als Niederbayern. Das Salz ist stellenweise mehr als 120 Meter dick. In Seenähe liegen mehrere Hotels, komplett aus Salz gebaut. Am See wird nicht nur das Salz abgebaut, für die Industrie ist das darin gelöste Lithium noch interessanter — für die Herstellung von Akkus. Es ist das weltweit größte Lithiumvorkommen.

**Nachschub kommt aus dem All.** Winzige Meteorite enthalten Natrium, bis zu 300 Kilogramm pro Tag erreichen die Erde, woraus 750 Kilogramm Salz werden könnten.

## Salzwissen II

**Unser Körper enthält zwischen 150 und 300 Gramm Salz.**
Wir verlieren im Schnitt täglich 2 Gramm über Schweiß
und Ausscheidungen. Bei starker sportlicher Aktivität oder
extremer Schweißbildung können es deutlich mehr sein.
Diesen Salzverlust müssen wir ausgleichen. Allerdings empfiehlt die WHO Jugendlichen und Erwachsenen, nicht mehr
als 5 Gramm Kochsalz pro Tag zu sich zu nehmen, das ist
etwa ein Teelöffel. Tatsächlich nehmen wir mehr Salz auf,
Männer in Deutschland im Schnitt 9, Frauen 6,5 Gramm
pro Tag. Hauptsächlich steckt dieses Salz in Lebensmitteln,
allen voran in Brot und Brötchen (28 Prozent der Tages-
dosis). Hormone überwachen den Salzgehalt. Ist er zu hoch,
scheiden wir überschüssiges Natriumchlorid mit dem Harn
aus. Salz kann in zu hoher Dosierung auch tödlich sein:
Nimmt ein Erwachsener zehn Esslöffel reines Kochsalz zu
sich, stirbt er, bei einem Kleinkind ist bereits ein großer
Esslöffel tödlich.

**Salz ist das wichtigste und gleichzeitig am häufigsten
konsumierte Mineral in unserer Ernährung.** Seine Bestandteile, allen voran die Natrium- und Chloridionen,
braucht unser Körper dringend. Es hält wichtige Zellfunk-
tionen aufrecht, sorgt für den nötigen Blut- und Gewebe-
druck, ist wichtig für die Reizübertragung von Nerven- und
Muskelzellen, spielt eine wichtige Rolle in der Verdauung,
beim Stoffwechsel und Wasserhaushalt. Anders gesagt:
Ohne Salz ginge nichts, die Nerven lägen lahm, das Herz
würde nicht schlagen, Nahrung könnte nicht verwertet
werden.

**Seit Tausenden von Jahren wird Salz von uns Menschen
genutzt.** Der hohe Wert spiegelt sich in Bezeichnungen wie
**»Weißes Gold«** wider. Salz war lange wertvoller als Gold.

Auch beim Kochen bekam es zunehmend seinen Wert, und zwar nicht nur als Würzmittel. Es ist zum Beispiel sinnvoll, Gemüse in Salzwasser zu kochen, da es ein Konzentrationsgefälle zwischen dem Salzwasser und dem Wasser in den Zellen von Gemüse gibt. Die Osmose sorgt dafür, dass das Salz die Zellwände aufschließt. Die Kochzeit verkürzt sich und wertvolle Vitamine und Spurenelemente bleiben erhalten.

Vom Wort Salz leitet sich auch das Wort **Salär** ab, also eine Bezahlung. Es stammt aus dem Lateinischen *(salarium =* Sold), römische Soldaten bekamen einen Teil ihres Lohns in Form von Salz ausgezahlt.

Die hohe Bedeutung von Salz erkennt man auch an zahlreichen **Städtenamen**, entweder unmittelbar bei Städten wie Salzburg, Salzgitter, Bad Salzuflen oder, abgeleitet vom griechischen Wort *hals* und dem mittelhochdeutschen *Hall-*, beides bedeutet Salz, bei den Städten Halle, Bad Reichenhall, Hallein oder Schwäbisch Hall.

**Das teuerste Meersalz** ist die *Fleur de Sel* (Salzblume). Es entsteht nur an sehr heißen Tagen, an denen es zudem windstill ist. Die Salzkristalle, die sich hauchdünn an der Oberfläche des Meeres bilden, schöpfen Arbeiter mit einer Holzschaufel vorsichtig ab. Verdunstet das Wasser, formen sich die Salzkristalle und setzen sich als Kruste ab. Manchmal bilden sich auch an der Oberfläche von Binnengewässern hauchdünne Salzschichten. Ein Kilogramm kostet durchschnittlich rund 50 Euro.

## WIE WELLEN ENTSTEHEN

Die höchste jemals gemessene Welle war 29,1 Meter hoch. Die Rekorder an Bord des britischen Forschungsschiffs »Discovery« maßen den Giganten am 8. Februar 2000 nahe Rockall westlich von Schottland, der Wind blies konstant mit Windstärke 9 und mehr. Lange Zeit hielten Meeresforscher Wellen höher als 15 Meter für unmöglich. Heute weiß man, dass sich sogar Riesenwellen bis zu 35 Metern Höhe auftürmen können. Diese sogenannten Kaventsmänner sind oft deutlich höher als alle Wellen außen herum. Der Ausgangspunkt ist in allen Fällen der vom Wind erzeugte Seegang, möglicherweise in Verbindung mit Meeresströmungen und Unebenheiten des Meeresbodens. Wellenlängen und -höhen sind an die Wassertiefe gekoppelt, es sind dabei komplexe, nichtlineare Prozesse am Werk. Monsterwellen können einzeln oder in Gruppen (»Drei Schwestern«) auftreten.

Nicht immer erleben wir das Meer aufgewühlt, manchmal erscheint es wie eine spiegelnde Oberfläche, flach wie ein Brett. Dann ist es windstill. Frischt der Wind zu einer kräftigen Brise auf, werden bald auch die Wellen wilder. Der Wind ist der Ursprung der Wellen. Er überträgt seine Energie auf das Wasser, reibt sich an der Oberfläche und kräuselt sie so. Dann weht er die Verwirbelungen weiter, verstärkt sie und bauscht sie zu großen Brechern auf. Je stärker der Wind tobt, umso höher werden die Wellen.

Wenn wir am Strand Welle um Welle herandonnern sehen, haben wir das Gefühl, dass hier gewaltige Massen über die Meere bewegt werden. Doch das ist nicht der Fall, die einzelnen Wassermoleküle bewegen sich nur ein bisschen, im Wesentlichen wird die Energie aus dem Wind weitertransportiert. Physiker sprechen bei Wellen von gekoppelten Schwingungen, vielleicht erinnern sich manche noch an die Versuche im Physikunterricht, wo man eine Reihe von hängenden Kugeln an einer Seite anstupste, die mittleren Kugeln schienen unbeeindruckt, nur die letzte in der Reihe schwang wie von einer magischen Kraft getrieben nach oben. So ähnlich ist es auf hoher See. Der

Wind stößt die Welle an, er bringt die Moleküle dabei in eine kreisförmige Bewegung, sie werden gleichzeitig aufgrund der Erdanziehung nach unten gezogen und von der nächsten Welle wieder nach oben gedrückt. Es ist schwer, sich das vorzustellen. Vielleicht gelingt es am ehesten, wenn man ein Stück Treibholz betrachtet: Es bewegt sich auf den Wellen nicht nur auf und ab, sondern schaukelt auch parallel immer leicht vor und zurück.

Letztlich bleiben die Moleküle also an Ort und Stelle. Weiter unten im Wasser kreisen sie schon in kleineren Kreisen, bis sie ganz tief im Meer wieder ganz still an ihrem Ort bleiben. Ist das nicht eine schöne Vorstellung, dass sich die Wasserteilchen im Meer unter der Oberfläche leise um sich drehen, während die großen Wellen, einmal angestoßen vom Wind, sich fortbewegen und von nichts mehr stören lassen, bis sie zu uns an den Strand kommen. Dann spüren die Wellen den Boden unter sich, die Abstände zwischen zwei Wellenkämmen werden kürzer und die Wassermoleküle in ihnen bewegen sich elliptisch.

### Warum kommen Wellen immer parallel zum Ufer an?

Es ist verblüffend, dass Wellen draußen auf dem Meer immer dem Wind folgen, an der Küste aber praktisch parallel zum Strand ankommen, egal in welcher Bucht wir sind und wie diese genau

geformt ist. Das liegt daran, dass die Welle den Meeresboden ab einer Wassertiefe von einer halben Wellenlänge spürt.

Die Wellenfront kommt in der Bucht schräg mit dem Wind an, bremst dann an der strandnahen Seite zuerst ab, und zwar immer mehr, je flacher es wird und sie quasi den Boden spürt. Der strandfernere Teil der Welle läuft zunächst ungebremst weiter, bis auch er etwas später auf den flachen Boden trifft und ebenfalls langsamer wird. So dreht sich die Wellenfront Stück für Stück zum Strand hin, bis ihr Tempo wieder überall gleich ist. Das ist genau dann der Fall, wenn sie parallel zum Ufer weiterläuft. So kommt sie dann zu uns an den Strand, bricht und verschwindet.

Den Rekord für die größten Wellen überhaupt halten übrigens nicht die oben erwähnten Kaventsmänner nahe Schottland. Sie wogen im Pazifik, allerdings nicht für uns sichtbar, sondern tief unter der Meeresoberfläche am Grund der Straße von Luzon zwischen Taiwan und der philippinischen Insel Luzon. Dort ereignet sich einmal pro Tag ein gewaltiges Schauspiel mit einer 200-Meter-Monsterwelle, die bis zu 200 Kilometer weit durch das Südchinesische Meer schießt und den Ozean ordentlich durchmischt. Forscher um Jonathan Nash haben den Grund herausgefunden: Die Gezeiten strömen dort über eine Bergformation am Meeresboden, am höchsten Punkt des Unterwassergebirges angekommen, schießt das Wasser den Hang hinunter, verwirbelt, reißt kaltes Wasser aus der Tiefe nach oben. Dieses schwere kalte Wasser sackt wieder nach unten, verdrängt wiederum das Wasser dort. So kommt die Welle gigantischen Ausmaßes ins Rollen. Erstaunlich, oder? Und wir sitzen am Strand und schauen auf das stille Meer, während das Wasser tief unten tobt.

## FISCH VERSUS MENSCH

Ich war mal ein guter Läufer, zum Weltrekord über 100 Meter fehlten mir zu meiner besten Zeit als Jugendlicher nur 1,7 Sekunden. Meine Spitzengeschwindigkeit lag bei 37,9 Kilometer pro Stunde. Das war natürlich etwas langsamer als der jamaikanische Supersprinter Usain Bolt bei seinem Weltrekordlauf von Berlin im Jahr 2009, aber meine Spitzengeschwindigkeit war immerhin minimal höher als seine Durchschnittsgeschwindigkeit damals. Ich hielt mich also wacker, so wie wir Menschen uns an Land tempomäßig insgesamt ganz wacker halten. Wir sind passable Sprinter und gute Langstreckenläufer.

Im Wasser sieht das ganz anders aus. Hier fehlt uns die Anpassung, selbst mit dem besten Training sehen wir wenig Land. Ich schwimme sehr gern, im Sommer im Meer, in kleinen Seen im Münchner Süden oder im Schwimmbad in meiner Straße. Und eigentlich schwimme ich auch ganz gut. Aber ich würde gern viel schneller schwimmen können. Auf kürzeren Strecken etwa bin ich halb so schnell wie ein Spitzenschwimmer. Auf längeren Distanzen ist die Angelegenheit katastrophal. Doch auch die Besten unserer Spezies scheitern im Vergleich zu Fischen: Der brasilianische Schwimmer César Cielo erreichte bei seinem Weltrekord über 50 Meter Freistil eine Geschwindigkeit von 8,6 km/h. Das ist gut 100 km/h langsamer als der schnellste Fisch.

# Die schnellsten Fische

Die bis zu 3,4 Meter langen **Fächerfische** *(Istiophorus platypterus),* oft auch Segelfische genannt, sind die mit bis zu 110 km/h schnellsten Fische der Welt. Die großen, im offenen Ozean lebenden Raubfische kommen in fast allen tropischen und subtropischen Regionen vor. Pfeilartig schießen sie in einen Schwarm aus Makrelen oder Sardinen, machen eine scharfe Kurve, bremsen mit ihrer Bauchflosse ab und treffen Beutefische im Umkreis, indem sie mit ihrem Schwert schnell hin und her schlagen.

**Schwertfisch** *(Xiphias gladius).* Sein Schwert macht fast ein Drittel des Körpers aus, der bis zu 4,5 Meter lang werden kann. Seine ovale Form lässt ihn fast ohne Verwirbelung durchs Wasser gleiten, mit bis zu 100 km/h. Die verwandten Marline sind beinahe ebenso schnell.

**Kurzflossen-Mako** *(Isurus oxyrinchus).* Der Makrelenhai schafft 80 km/h und ist damit der schnellste Hai. Er jagt neben Makrelen auch Schwert- und Thunfische, das ist dann eine Highspeed-Jagd in den Tiefen der Meere.

**Wahoo.** Der schlanke, silbrige, torpedoförmige, bis zu 2,10 Meter lange und sehr elegante Raubfisch schafft knapp 80 km/h.

**Thunfische** mit ihrem lang gestreckten, spindelförmigen, seitlich nur wenig abgeflachten bis zu 4,5 Meter langen Körper haben ihren Schwerpunkt im vorderen Teil des Rumpfs, was sie ebenfalls mit 70-80 km/h durchs Wasser gleiten lässt.

# WARUM SCHWIMMEN FISCHE SCHNELLER ALS MENSCHEN?

Zunächst einmal müssen wir klären, warum wir (und Fische und unbelebte Dinge) überhaupt schwimmen. Wir tauchen so tief ins Wasser ein, bis unsere Masse der des verdrängten Wasservolumens entspricht. Körper, die schwerer sind als das verdrängte Wasser, gehen unten, leichtere schwimmen. Wir Menschen sind etwas schwerer, also gehen wir unter. Wenn wir ganz viel Luft in unsere Lungen pumpen, verringern wir unsere Dichte, dann können wir toter Mann oder tote Frau spielen und treiben eine Weile an der Oberfläche. In stark konzentriertem Salzwasser (wie im Toten Meer) ändert sich die Situation, denn Salzwasser ist schwerer als Süßwasser. Es trägt uns gerade so. Wir sind also ein wenig schwerer als Süßwasser und brauchen daher lediglich etwas Kraft, um an der Oberfläche zu bleiben. Wir müssen nur lernen, wie wir die Kraft richtig anwenden – das nennt man dann schwimmen. Schauen wir zunächst aber auf die schwimmenden unbelebten Dinge.

## Warum können tonnenschwere Schiffe schwimmen?

Das hängt mit dem bereits angedeuteten archimedischen Prinzip zusammen. Selbst gigantische Containerschiffe mit einem Gesamtgewicht von 200 000 Tonnen, die bis zu 18 000 Container transportieren können, gehen nicht unter. Der griechische Mathematiker und Ingenieur Archimedes erkannte bereits im dritten Jahrhundert vor Christus, dass Körper, die in eine Flüssigkeit eintauchen, durch diese einen Auftrieb erfahren. Das bedeutet, dass quasi eine Kraft von unten das Schiff (oder jeden anderen Körper) nach oben drückt, die genauso groß ist wie die Gewichtskraft des verdrängten Wassers. Nachdem Containerschiffe bis zu 400 Meter lang und 60 Meter breit sind und einen Tiefgang von 16 Metern haben, verdrängen sie 375 000 Tonnen Wasser, also fast doppelt so viel, wie sie wiegen. Damit schwimmen sie.

Es gibt eine alte Geschichte, die die beiden Marinehistoriker Robert Prescott und Mark Lawrence von der St.-Andrew's-Universität ausgegraben haben. Sie stießen auf Berichte eines

Schiffs, das ohne erkennbaren Grund nordöstlich von Aberdeen auf den Meeresgrund sank. Das Schiff blieb völlig intakt, es sank auch nicht mit Bug oder Heck voran, wie wir es von der »Titanic« kennen. Die Historiker denken, dass das Schiff einem Ausbruch von Methanblasen am Meeresgrund zum Opfer fiel. In Methangas kann nämlich ein schweres Schiff nicht schwimmen, die Masse des verdrängten Volumens ist zu gering, der Auftrieb bricht zusammen, das Schiff geht unter. Wissenschaftler glauben, dass hinter so manchem mysteriösen Verschwinden eines Schiffs ein Methan-Ausbruch stecken könnte.

### Warum schwimmen Fische?

Wir Menschen sind Landbewohner. Lange ist es her, dass die Vorfahren der Säugetiere (also auch unsere) das Wasser verlassen haben. Manchmal wäre es doch ganz schön, ein Fisch zu sein und einfach durchs Wasser gleiten zu können, umhüllt vom sanften Blau des Meeres. Ein wenig von diesem Gefühl verspüre ich beim Tauchen. Um einen herum bewegen sich die Fische und Mantas so mühelos, als wären sie schwerelos. Das erzeugt in mir eine große Ruhe.

Fische scheinen in beliebiger Höhe im Wasser schweben zu können. Tatsächlich trifft das nur auf einen Teil der Fische zu, auf viele der sogenannten Knochenfische. Nur sie besitzen eine Schwimmblase, in die sie bei Bedarf ein Gemisch aus Sauerstoff, Stickstoff und Kohlendioxid pumpen können, um ihre Dichte an die des Wassers anzupassen. Nur sie schweben wirklich im Wasser. U-Boote kopieren diese Technik: sie haben große Tanks, die man je nach gewünschter Wassertiefe mit Wasser oder Luft füllt, so reguliert man die Höhe. Knorpelfische wie Rochen oder Haie haben keine Schwimmblase, sie liegen entweder flach auf dem Meeresboden oder müssen − wie die Haie − ständig schwimmen, um nicht abzusinken. Fische haben also bezüglich der Wasserlage im Schnitt einen leichten Vorteil gegenüber Menschen, aber längst nicht alle Arten.

## Die Atmung

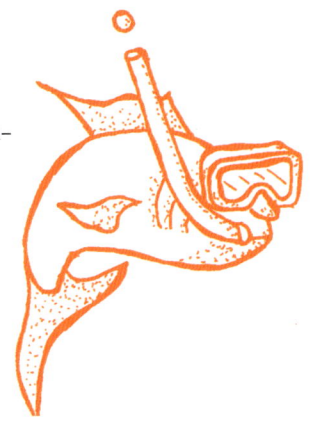

Fische atmen über Kiemen. Das ist eine ziemlich intelligente Technik, um unter Wasser an Sauerstoff zu gelangen. Kiemenatmung funktioniert in einer Art Gegenstromprinzip. Sauerstoffreiches Wasser trifft, wenn es in die Kiemen strömt, auf sauerstoffarmes Blut, das in einem getrennten Kreislauf fließt. Aufgrund des vorhandenen Konzentrationsunterschieds diffundiert Sauerstoff aus dem Wasser in Richtung Blut. Fische können sich deshalb voll aufs Schwimmen konzentrieren, Menschen müssen zwischendurch an die Oberfläche zum Atmen – ein klarer Nachteil für unsere Spezies.

## Der kräftige Antrieb

Die Muskulatur vieler Fische ist auf schnelles Schwimmen ausgelegt. Ihr Hauptantriebsorgan ist die Schwanzflosse. Kopf- und Mittelteil bewegen sich in der Regel nur wenig, dafür schwingt das Hinterteil mit seiner meist steifen, sichelförmigen Schwanzflosse in ausholenden Bewegungen hin und her. Seitlich links und rechts der Wirbelsäule liegende Muskeln ziehen sich abwechselnd zusammen und erschlaffen dann wieder. Zusammen mit den gegenläufigen Sehnen bewirken sie ein kräftiges Hin- und Herschlagen des Schwanzes inklusive Flosse. Die Fische erzeugen so eine Art Vortrieb. Jeweils auf der Seite, auf der der Fischkörper konvex wie ein Bogen gekrümmt ist, reduziert sich örtlich der statische Druck, was das angrenzende Wasser beschleunigt und so den Fisch elegant in einem Jetstrom nach vorne drückt. In Schwimmrichtung selbst müssen die Fische gar keine Kraft erzeugen. Bei den schnellsten Fischen ist auch die Form der Flossen auf das hohe Tempo hin optimiert. Der obere Teil der vertikal stehenden dreieckigen Flosse ist meist etwas länger als der untere, dies erzeugt an der Vorderkante der Flosse Verwirbelungen, die ebenfalls einen Schub nach vorn bewirken, denn dort sinkt lokal der Wasserdruck.

Gegen diese ausgeklügelte Technik haben wir Menschen mit unseren Kraul- oder Brustschwimmbewegungen keine Chance. Doch eines können wir lernen. Entscheidend für schnelles Schwimmen beim Menschen ist der optimale Beinschlag. Fische dienen auch in puncto Antrieb als Vorbild für Techniker. Physikingenieure der TU Darmstadt wollen sogar einen Fischflossenmotor für Schiffe entwickeln.

## Die Hautoberfläche

Die Haut von Fischen besteht zumeist aus Schuppen mit einer umhüllenden Schleimschicht, die den Reibungswiderstand beim Schwimmen vermindert. Manche Fische punkten zusätzlich mit einer speziellen Struktur der Schuppen. Die Haifischhaut ist hier ein Paradebeispiel, sie ist gezahnt, fühlt sich an wie raues Sandpapier. Die zahnförmigen Plättchen verringern den Strömungswiderstand, vor allem, wenn sich die Haihaut bei jedem Flossenschlag leicht krümmt. Amerikanische Biologen der Universität Harvard um George Lauder entdeckten bei Tests im Strömungskanal, dass sich das Schwimmtempo der Haie aufgrund der Struktur ihrer Hautoberfläche um 12 Prozent erhöht. Würden wir eine Ganzkörper-Haihaut tragen, wären wir deutlich schneller.

Offenbar gibt es noch weitere Ursachen für die höhere Geschwindigkeit. »Wir glauben, dass die Haihaut nicht nur den Strömungswiderstand verringert, sondern zusätzlich Schub erzeugt, indem sie den Sog durch Wirbel vergrößert«, sagt Lauder. An der Vorderkante der zahnförmigen Plättchen bildet sich ein kleiner Wasserwirbel, es entsteht eine Region mit niedrigem Wasserdruck, das erzeugt Schub nach vorn.

In der Bionik will man solche Konzepte der Natur kopieren. Schiffsrümpfe erhielten geriffelte Lackschichten nach dem Vorbild der Haihaut, was den Reibungswiderstand um 5 Prozent reduzierte. Die Beweglichkeit solcher Hüllen würde noch mehr bringen, aber das ist technisch schwer umzusetzen.

Auch Schwimmer wollten vom Prinzip Haifischhaut profitieren. So entwickelten einige Firmen eng anliegende Ganzkörperschwimmanzüge mit dieser rauen Haut. Die Weltrekorde purzelten, was auch an zwei Nebeneffekten der neuen Anzüge lag: Sie komprimierten die Muskulatur, was diese weniger schnell ermüden ließ, und sorgten aufgrund ihrer Dicke und des gleichzeitig geringen Gewichts für deutlich mehr Auftrieb und somit für eine bessere Wasserlage.

## Die Stromlinienform

Mein Malermeister, der schon einen leichten Bauchansatz hat, erzählte mir bei seinem letzten Besuch, dass er einst arabischer Meister im Schwimmen war. Er ist mittlerweile in den Fünfzigern, aber macht sich immer noch einen Spaß daraus, im Schwimmbad Leute zum Wettschwimmen herauszufordern. Ich habe ihn gegoogelt, er taucht tatsächlich in einer bayerischen Wettkampfliste auf. Er schwimmt 50 Meter Brust rund 15 Sekunden schneller als ich, das heißt, dass seine Schwächen hinsichtlich der Stromlinienform weniger stark ins Gewicht fallen als meine Verwirbelungen.

Fische haben oft eine lang gestreckte, seitlich abgeflachte, manchmal auch spindelartige Form. Dies vermindert den Strömungswiderstand. Doch entscheidend dabei ist die Bewegung. Es geht darum, möglichst wenig großflächige Verwirbelungen beim Schwimmen zu hinterlassen, sondern elegant durchs Wasser zu gleiten. Die schnellsten Fische haben auch einen optimalen Körperbau.

Gegen Fische haben wir Menschen keine Chance. Sie haben einen kräftigeren Antrieb, eine Form, die möglichst wenig Strömungswiderstand erzeugt, eine Oberfläche, die weniger Reibungswiderstand hervorruft, und eine angepasste Atmung.

## Rekordwissen

Jedes Kind hat schon mal probiert, wie lange es mit **Luft-anhalten unter Wasser** bleiben kann. Der Weltrekord liegt bei **11 Minuten und 35 Sekunden,** gehalten vom Franzosen Stéphane Mifsud.

Wie weit kann man mit **einem Atemzug ohne Flossen** schwimmen? **226 Meter** hat Mateusz Malina aus Polen im Jahr 2014 in einem Schwimmbad in Tschechien geschafft. Weltrekord!

**No limits** ist die Königsdisziplin der Taucher. Mithilfe von Gewichten und einem Schlitten gleiten sie ohne sonstige Ausrüstung in die Tiefe, steigen dann mit Unterstützung eines Ballons oder eines Tauchanzugs mit aufblasbaren Teilen wieder nach oben. **214 Meter** hinab in die Dunkelheit (unterhalb von 70 Meter wird auch das blaue Licht als letzte Lichtfarbe absorbiert) tauchte der Österreicher Herbert Nitsch im Juni 2007 vor der griechischen Insel Spetses. So tief kam noch nie ein Mensch ohne Tauchgerät.

**332,35 Meter** in die Tiefe schaffte der ägyptische Kampf-schwimmer Ahmed Gamal Gabr im Jahr 2014, das ist der absolute **Tiefenrekord für Menschen im Gerätetauchen.** Der Druck dort unten ist enorm, er steigt alle 10 Meter um ein bar, liegt also bei rund 33 bar. Ahmed Gamal Gabr hatte ein spezielles Gasgemisch in seinen Gasflaschen, normale Luft wäre in dieser Tiefe tödlich. Den Weg hinab im Tauchgebiet von Dabab im Roten Meer schaffte er in 12 Minuten. Fürs Auftauchen musste er sich deutlich mehr Zeit lassen und ständig Stopps einlegen, sonst hätte seine Lunge Schaden genommen. Ebenfalls hätte die Gefahr einer im schlimmsten Fall tödlichen Dekompressionskrankheit bestanden, aufgrund schnell frei werdenden Stickstoffs. Während der 15 Stunden Aufstieg verbrauchte er 60 Gasflaschen. Die Amerikanerin Diana Nyad hält den **Langstrecken-Weltrekord auf offenem Meer.** Sie schwamm erstmals 1979 rund 164 Kilometer von den Bahamas nach Florida. Weitere Versuche, ihren eigenen Rekord zu brechen, scheiterten immer wieder, bis 2013. Da schwamm sie als erster Mensch ohne Haikäfig vom kubanischen Havanna nach Key West in Florida. Am 2. September 2013 erreichte die 64-Jährige nach **177 Kilometer und 53 Stunden** im Wasser die US-Küste.

Der wohl bekannteste **Ultralangstreckenschwimmer** ist der Slowene Martin Strel. Er ist spezialisiert darauf, Flüsse vom Ursprung bis zur Mündung zu schwimmen. Nach dem Jangtsekiang in China und der Donau wagte er sich im Frühjahr 2007 an den Amazonas in Südamerika, den wasserreichsten Fluss der Erde. Start war in Peru, Ziel nach **5268 Kilometer** Belém im Mündungsgebiet. Laut Berichten musste Strel zahlreiche Gefahren überwinden: die gefürchteten Piranhas, Alligatoren und auch die tückische Amazonas-Flutwelle Pororoka. Diese Welle verursacht der Atlantik, sie kann bis zu 65 Kilometer pro Stunde schnell werden, sich 5 Meter hoch auftürmen und 800 Kilometer von der Mündung ins flache Amazonasbecken eindringen. Strel schaffte die Strecke, neuer Weltrekord, aber er war, wie sein Sohn erzählte, danach am »absoluten Nullpunkt«. Strel hält noch einen unglaublichen Ultrarekord: In der Donau schwamm er im Juli 2001 nonstop **504 Kilometer in 84 Stunden und 10 Minuten.**

**42 Meter tief** ist die Röhre im italienischen Montegrotto Terme, in der Apnoetaucher ihre persönliche Bestleistung verbessern können. Laut Guinness-Buch der Rekorde ist das Schwimmbecken weltweit das tiefste für Tauchen mit und ohne Atemgerät.

## MÜLL IM MEER

Es gibt zwei Arten, diese Geschichte zu erzählen. Fangen wir mit der eher lustigen an. Im Jahr 1992 erlitt ein chinesisches Schiff, das 29 000 kleine, gelbe Badeenten, blaue Badeschildkröten und grüne Badefrösche geladen hatte, mitten im Pazifik Schiffbruch. Die Gummitiere machten sich also auf die Reise übers offene Meer. Manche zogen in den Norden in Richtung Polarmeer (über die Stelle, an der die »Titanic« gesunken war), an der Beringstraße vorbei fast bis zum Nordpol und froren dort im Winter im Packeis ein. Andere trieb es nach Südamerika bis an die Küsten Chiles; wieder andere ließen sich ins südlich gelegene Australien und Indonesien mitnehmen. Diese »friendly floatees«, wie sie der amerikanische Ozeanforscher Charles Curtis Ebbesmeyer nannte, waren als bunter Flottenverband auf den Weltmeeren unterwegs. Fünfzehn Jahre später steuerten ein paar Enten sogar die Südwestküste von Großbritannien an, was dort für ein großes Hallo und allerlei Medienberichte sorgte.

Ebbesmeyer nutzte die Enten und ihre Begleiter für die Forschung. Nachdem auch Container mit 80 000 Nike-Turnschuhen und 34 000 Eishockey-Handschuhen über Bord gingen, erfasste er deren Bewegung, um sein Modell der Oberflächen-Meeresströmungen zu verfeinern.

Ein paar der Gummienten blieben (wohl zusammen mit Turn- und Handschuhen) im sogenannten »Great Pacific Garbage Patch« nördlich von Hawaii hängen. Das ist eine gigantische Insel aus schwimmendem Plastikmüll, die etwa die Größe von Deutschland hat, manche sagen sogar, sie würde ganz Westeuropa bedecken.

Damit sind wir bei der ernsten Art, über Plastik im Meer zu sprechen. Es wird immer mehr: Tüten, Plastikflaschen, Joghurtbecher, Golfbälle und Teile von Kunststoffnetzen treiben im Meer. Sie gefährden Pflanzen und Tiere. Mittlerweile schwimmt auf und in allen Weltmeeren eine unfassbar große Menge Plastikmüll. Viele Millionen Tonnen sind es. Namhafte Forscher im Fachmagazin *Science* berechneten, wie viel jährlich hinzukommt. Es sind erschreckende Zahlen. Etwa 2,4 Millionen Tonnen entlädt allein China pro Jahr ins Meer, zweitgrößter Müllproduzent ist Indonesien, gefolgt von den Philippinen. Die westlichen Nationen wie die USA produzieren zwar pro Kopf sogar mehr Müll als China, jeder Amerikaner wirft im Durchschnitt täglich 2,6 Kilogramm Müll weg, rund 270 Gramm davon sind Plastik. Allerdings werden in den USA nur 2 Prozent falsch entsorgt und können so im Meer landen.

Von den 300 Millionen Tonnen Kunststoff, die jährlich weltweit hergestellt werden, landen, vorsichtig geschätzt, 3 Millionen Tonnen pro Jahr im Meer.

Dort treibt der Plastikmüll in großen Kreisströmungen, das ist offenbar aber nur der kleinere Teil. Der überwiegende Teil sinkt zum Meeresgrund oder schwebt als Mikropartikel im Wasser. Meeresforscher berichten schockiert davon, dass der Müll in den entlegensten Regionen der Meere auftaucht: in der Arktis, wo Billionen Kunststoffpartikel im Meereis stecken, und in Tiefseegebieten, die noch nicht mal richtig erforscht sind. Unterwassergräben vor den Küsten von Millionenstädten dienen als gigantische Müllrutschen. Vor Lissabon und Barcelona gleitet der Müll hinab in eine Tiefe von 4500 Metern – und bleibt dort. Forscher denken, dass das Plastik das Wasser mit Stoffen vergiftet, die sich im Meer aus ihm lösen. Gleichzeitig wird der Kunststoff immer kleiner, sodass Tiere ihn aufnehmen können und daran zugrunde gehen.

Im Nordpazifik haben Forscher gemessen, dass auf fünf Algen, kleine Krebse oder andere Lebewesen ein Mikropartikel Kunststoff kommt. Alle diese Teile wiegen zusammen das Sechsfache des vorhandenen Planktons. Die Meerestiere nehmen den Müll bereits auf, Biologen wiesen ihn im Gewebe verschiedener Arten nach, vom winzigen Krebs bis zum Wal. Nach aktuellen Messungen hat jeder dritte Fisch Plastik in sich. Ein in Andalusien gestrandeter Pottwal hatte 17 Kilogramm Kunststoff im Magen. Schon jetzt landet der Müll über den Kreislauf der Meere und die Nahrungskette auch wieder in unseren Mägen.

### Was kann man gegen den Müll tun?

Zunächst einmal müssen wir natürlich Müll vermeiden und schon an Land trennen und recyceln. Für das Müllproblem im Meer schlug jüngst der britische Staubsaugererfinder James Dyson eine Lösung vor, eine Art Metastaubsauger auf einem Schiff, der zunächst mit riesigen Netzen den Müll aus den Flüssen filtern soll (sie transportieren ihn vor allem in Entwicklungsländern direkt ins Meer). Auf den Schiffen soll er dann getrennt, gesäubert und zu Granulat verarbeitet werden.

# Giganten in unseren Meeren

Über die Größe mancher Meeresriesen gibt es fast märchenhafte Berichte. Jüngst vermaß ein Team amerikanischer Biologen zahlreiche Bewohner der Ozeane neu, darunter sind bekannte Giganten wie der Blauwal, aber auch furchteinflößende Wesen wie Meeresspinnen, Riesenkalmare, Riesenoktopusse oder Riesenmuscheln. So ein Riesenoktopus etwa ist 270 Kilogramm schwer und hat fünf Meter lange Fangarme. Weniger furchteinflößend wirkt da ein runder Mondfisch mit 3,3 Meter Durchmesser oder ein Rochen, der sich sanft vom Meeresboden hebt und knapp über dem Boden davongleitet.

## Meeresgiganten

| | |
|---|---|
| Gelbe Haarqualle | 36,8 Meter |
| Blauwal | 33 Meter |
| Pottwal | 24 Meter |
| Walhai | 18,8 Meter |
| Riesenkalmar | 12 Meter |
| Riesenoktopus | 9,8 Meter |
| Weißer Hai | 7 Meter |
| Mantarochen (Breite) | 7 Meter |
| Südlicher See-Elefant | 6,85 Meter |
| Japanische Riesenkrabbe (Spannweite der Beine) | 3,7 Meter |
| Mondfisch | 3,3 Meter |
| Vasenschwamm (Durchmesser) | 2,8 Meter |
| Mensch | 1,8 Meter |
| Riesenmuschel | 1,37 Meter |

## WARUM KEHREN SCHILDKRÖTEN AN IHREN GEBURTSORT ZURÜCK?

Der Strand von Dalyan im Westen der Türkei ist einer der schönsten der Region. Man fährt mit kleinen Booten über einen sich hübsch durch einen Schilfgürtel schlängelnden Fluss zum Strand. Dort ist unendlich viel Platz. Nur ein kleiner Streifen mitten auf dem Strand ist abgesperrt für Schildkröten. Ausgewachsene Karettschildkröten kommen Jahr für Jahr an den Strand ihrer eigenen Geburt zurück und legen dort Eier ab. Warum sie ihren Geburtsort aufsuchen und wie sie das schaffen, war bis vor Kurzem unklar.

Heute wissen wir, dass die Tiere offenbar genau wie die Vögel einen Magnetsinn besitzen, mit dessen Hilfe sie an »ihren« Strand heimkehren. Die Schildkröten speichern dafür sehr exakt spezifische Muster des Erdmagnetfelds ab, fanden Forscher der University of North Carolina heraus. Sie sind in der Lage, die genaue Orientierung und die Stärke der magnetischen Feldlinien zu messen und damit auf ihren langen Streifzügen durch die Meere zu navigieren. Offenbar kann dieses Navi in der Genauigkeit mit technischen Geräten von uns Menschen mithalten.

Dass die Meeresschildkröten tatsächlich mithilfe ihres Magnetsinns nach Hause finden, konnten die Forscher zeigen, indem sie natürliche Schwankungen des Erdmagnetfeldes analysierten.

Dass die Schildkröten genau an diesen Geburtsort wollen, hat wohl damit zu tun, dass sie dort die Bedingungen für die Brut genau kennen: Der Sand muss weich genug sein, die Temperatur muss stimmen und

Sie haben Ihr Ziel erreicht!

der Strand sicher sein. »Der einzige Weg, wie eine weibliche Schildkröte sicher sein kann, ihre Eier an einem günstigen Ort abzulegen, ist, an dem Ort zu nisten, an dem sie selbst geschlüpft ist«, sagen die Forscher.

Damit sind wir wieder am Strand angelangt, wo unsere Reise durch den Sommer begann. Ehe wir ihn verlassen, wollen wir noch eine letzte Strandfrage klären.

Es gibt nicht viele Dinge, mit denen sich Unendlichkeit beschreiben lässt. Der Sommer hat viel mit Unendlichkeit zu tun, mit dem Gefühl, in einer lauen Sommernacht – umhüllt von der Wärme ewig draußen liegenbleiben zu können. Mit einer Flasche Wein am Strand zu sitzen, den Sternenhimmel über sich. Es ist sicher kein Zufall, dass es zwei Dinge gibt, die genau diese für uns Menschen so unfassbare Unendlichkeit symbolisieren wie sonst nichts auf der Welt: Sandkörner und Sterne. Auch wenn deren Anzahl unsere menschliche Vorstellung übersteigt, fragt man sich doch immer wieder, was der Unendlichkeit näher kommt. Schon in der Bibel ist von der Zahl der Sterne und Sandkörper die Rede, wenn es um unbeschreibbar große Zahlen geht.

## GIBT ES MEHR SANDKÖRNER AUF DER ERDE ODER MEHR STERNE AM HIMMEL?

Christoph Drösser hat sich mit dieser Frage in seiner unterhaltsamen Kolumne in der *Zeit* beschäftigt. Er zitiert den amerikanischen Astrophysiker und Autor Carl Sagan, der mal an einem Strand sitzend eine Handvoll Sand durch seine Finger rinnen ließ und behauptete, die Zahl der Sandkörner in seiner Hand sei in etwa so groß wie die der mit bloßem Auge sichtbaren Sterne am Himmel. Aber insgesamt gebe es mehr Sterne als Sandkörner, so Sagan weiter. Das Licht so manchen Sterns erreiche die Erde nämlich nicht.

Forscher der Universität Hawaii bestimmten jüngst die Zahl der Sandkörner und kamen auf die schon erwähnten 7,5 Trillionen, dabei zählten sie zunächst die Körner in einem Teelöffel und rechneten diese Menge dann auf alle Strände und Wüsten der Erde hoch. Vorstellen kann sich diese Zahl freilich niemand.

Als erster Forscher beschäftigte sich vor 2250 Jahren der griechische Erfinder, Ingenieur und Mathematiker Archimedes mathematisch mit der Unendlichkeit. Er wollte die Zahl der Sandkörner berechnen, die das Universum füllen könnten. Für die Griechen war die »Sandzahl« ein Synonym für die Unendlichkeit. Bis dahin war in ihrer Sprache die größte Zahl eine Myriade, also $10\,000$ oder $10^4$. Archimedes schrieb damals in seiner Abhandlung »Der Sandrechner«:

*Es gibt Leute, König Geleon, die der Meinung sind, die Zahl des Sands sei unendlich groß [...] Andere glauben zwar nicht, dass die Zahl unendlich sei, aber doch, dass noch keine Zahl genannt worden sei, die seine Menge übertreffen könnte.*

Der Mathematiker aus Syrakus auf Sizilien entwickelte ein System, das unseren Potenzen ähnelt, es war eine Art Exponentialrechensystem. Seine Idee war, dass das Universum von einer Himmelskugel begrenzt würde. Den Durchmesser nahm Archimedes mit etwa zwei Lichtjahren an. Sein Ergebnis: Im Weltall kann es maximal $10^{63}$ Sandkörner geben. Das war der Anfang der großen Zahlen.

Forscher wie der Astrophysiker Ralf Bender schätzen aufgrund von Beobachtungen mit Weltraumteleskopen, dass es etwa 100 Milliarden Galaxien geben könnte (die Milchstraße ist eine davon) mit jeweils 100 Milliarden Sternen und mindestens so vielen Planeten. Dies würde bedeuteten, dass am Himmel etwa 10 Trilliarden Sterne leuchten (die Planeten außerhalb des Sonnensystems sieht man am Nachthimmel nicht), das sind $10^{22}$, also eine 1 mit 22 Nullen. Damit wäre die Sache zugunsten der Sterne entschieden – wobei man natürlich die allerwenigsten von der Erde mit bloßem Auge sehen kann, schon allein wegen der Lichtverschmutzung an vielen Orten. Aber trotzdem sind sie da und bleiben die Helden der Unendlichkeit. Oder doch nicht?

Wie sieht es zum Beispiel mit der Anzahl der Moleküle in nur zehn Tropfen Wasser aus? Darin ist in etwa die gleiche Zahl von Molekülen wie Sterne am Himmel. Würde man nun alle Wassermoleküle in allen Flüssen und Meeren der Erde zählen … Ach, es ist schon so eine Sache mit der Unendlichkeit, wir werden sie nie wirklich begreifen. Aber ein Strand am Meer bei Dunkelheit ist der perfekte Ort, um darüber nachzudenken.

# Unendliche Weiten

**E**s gibt magische Sommernächte. Ich erinnere mich an eine Nacht an der Isar, an ein großes, spontanes Fest mit Leuten, die ich aus der Universität kannte. Irgendjemand beschloss, Holz für ein riesiges Sonnwendfeuer aufzuschichten. In den Isarauen liegen immer viele Äste und manchmal sogar ganze Baumstämme herum, die der Fluss bei Hochwasser anschwemmt. Das Feuer loderte schnell hoch. Es war faszinierend, die flackernden Flammen zu beobachten. Irgendwann fingen wir an, um das Feuer zu tanzen. Zuerst waren es nur ein paar, aber schließlich fassten sich alle an den Händen und kreisten um das helle Feuer. Das war, fern aller Esoterik, wahrlich ein magischer Moment, weil ihn keiner geplant hatte. Später tranken wir Bier, lagen im Gras und redeten über Gott und das Universum. Was man halt so macht, wenn man sich mit dem großen Ganzen verbunden fühlt.

## SEIT WANN HABEN WIR FEUER?

Feuer gab es schon sehr früh in der Erdgeschichte. Blitze oder Vulkanausbrüche waren dafür verantwortlich, hin und wieder auch der Einschlag eines Meteoriten. Lokale Waldbrände waren die Folge. Damit waren sicher auch irgendwann unsere frühen Vorfahren vor Jahrmillionen konfrontiert, lange bevor sie erkannten, dass Feuer nicht nur eine Gefahr darstellte, sondern es sich lohnte, es für sich zu nutzen.

Damit begann der *Homo erectus* vor rund 1,8 Millionen Jahren, sagt Richard Wrangham. Die Frühmenschen erhitzten erstmals ihre Nahrung im Feuer. Der amerikanische Anthropologe nennt dies einen gewaltigen evolutionären Vorteil. Gekochte Nahrungsmittel bringen sehr viel mehr Energie in den Körper als rohe. Zudem wird ein geringerer Anteil unverdaut ausgeschieden. »Wir Menschen sind die kochenden Affen«, sagt der Anthropologe. Chris Organ von der Universität Harvard ergänzt: »Der Mensch ist das einzige Tier, das gekochte oder anderweitig verarbeitete Nahrung aufnimmt.«

Wer nur Rohkost und rohes Fleisch aß, war einige Stunden allein damit beschäftigt, alles zu zerkauen. Rohes Fleisch ist zäher als rohes Gemüse, wir müssten fünf- bis zehnmal so viel Zeit aufwenden, um es zu zerkleinern. Waldfrüchte, Wurzeln oder auch Blätter, die die Frühmenschen damals sammelten, enthalten eher wenige Nährstoffe. Sie sind auch schwerer zu verdauen und ziemlich zäh.

Das alles änderte sich mit dem Feuer. Manche holzigen Wurzeln oder Pilze machte erst das Kochen genießbar. Feuer macht Essen auch haltbarer, weil es Keime abtötet oder Giftstoffe abmildert. Kartoffeln zum Beispiel sollten wir roh nicht in großer Menge essen, die Schalen und insbesondere grüne Stellen an Trieben enthalten einen für uns giftigen Stoff. Braten im Feuer senkt die Konzentration erheblich. Heute ist das alles für uns selbstverständlich, wenn wir am Lagerfeuer sitzen und Kartoffeln in Alufolie einwickeln.

Darwin bezeichnete die Entdeckung des Feuers als »wahrscheinlich die größte mit Ausnahme der Sprache«. Die Veränderungen waren auch optisch zu sehen. Die Zähne der Frühmenschen wurden kleiner, der Kiefer zarter. Der Kauapparat wurde weniger kräftig, der gesamte Verdauungstrakt schrumpfte, insbesondere der Dickdarm wurde kürzer.

Weil das gekochte Essen mehr Energie lieferte, konnte auch das Gehirn größer werden – es ist das Organ, das am meisten Energie verbraucht, bei Erwachsenen sind es gut 20 Prozent der verfügbaren Gesamtenergie im Körper. Die Menschen konnten ihre Zeit anders nutzen und ein komplexeres soziales Leben aufbauen. So aßen sie zum Beispiel gefundene Knollen nicht mehr an Ort und Stelle, sondern brachten sie zu einem gemeinsamen Kochplatz. Kochen war somit der Beginn des sozialen Lebens.

Feuer brachte Wärme, Licht und energiereichere Nahrung. Selbst entzünden konnten die Frühmenschen das Feuer lange Zeit noch nicht. Die ältesten Belege dafür finden sich am Ufer eines nun ausgetrockneten Sees im Jordantal im heutigen Israel. Das älteste Feuerzeug ist, so sagen es die archäologischen Spuren, etwa 790 000 Jahre alt. Es bestand aus zwei Steinen und einem Schwamm: einem graubraunen, harten Feuerstein und einem metallisch glänzenden knollenartigen Stein, der Eisensulfidkristalle enthielt. Mit genügend Übung kann man mit dem Feuerstein aus der Sulfidknolle Funken schlagen und damit den trockenen Zunderschwamm zum Glimmen bringen. »Das brennt wie Zunder«, heißt es noch heute – und wir beziehen uns damit auf genau diesen Baumschwamm, einen Pilz, der an Stämmen wächst. Er ist quasi der erste Grillanzünder.

Feuer ist aber nicht allein für die Nahrung wichtig. Wir fühlen uns an Lagerfeuern wohl, mögen den Geruch, das rötlichgelbliche Flackern und das Knistern der Flammen. Ein Feuer anzuzünden ist immer eine Art ritueller Akt, das verbindet uns auch heute noch mit unseren Vorfahren. In den ältesten Tempeln findet man Spuren von Feuer. In katholischen Kirchen brennt das ewige Licht. Feuer ist neben Erde, Luft und Wasser eines der klassischen vier Elemente. Die Olympischen Spiele werden eröffnet, indem ein Sportler mit einer Fackel das olympische Feuer entfacht. Immer steht das Feuer im Mittelpunkt.

## WARUM KNISTERT EIN LAGERFEUER?

Nicht jedes Feuer knistert, eine Kerze oder eine Gasflamme brennt ruhig vor sich hin. Wenn aber Holzscheite vor sich hin lodern, knackt und knistert es. Das Feuer prasselt. Der Grund liegt in der Struktur des Holzes und hängt zudem vom Feuchtigkeitsgrad ab. Stämme und Äste sind von Kanälen durchzogen, die Wasser speichern. Sogar das trockenste Holz enthält noch Reste davon. Werden die eingeschlossenen Tröpfchen im Lagerfeuer erhitzt, verdampft das Wasser in einer Art Miniexplosion, die auch als Knistern hörbar ist. Je feuchter das Holz, umso lauter knackt und prasselt es. So richtig knallt es, wenn Harz verbrennt – das ist dann nicht nur ein optisches, sondern auch ein akustisches Feuerwerk.

Dies bringt uns zur nächsten Frage: Was brennt am besten? Bei Hölzern ist die Lage klar. Nadelbäume verbrennen schneller als Laubbäume, sie liefern weniger Energie. Das liegt daran, dass Fichten oder Kiefern schneller wachsen als Birken oder Eichen. Das Holz von Nadelbäumen ist weniger dicht. Man kann das selbst ausprobieren, wenn man einen metallischen Gegenstand, einen Schlüssel etwa, auf verschiedene Hölzer drückt. Bei Fichtenholz sieht man den Abdruck, bei Buchenholz eher nicht. Nadelhölzer verbrennen schneller, die Flamme wird dabei sogar etwas heißer.

Eiche, Buche, Esche und Rubinie haben den höchsten Brennwert, knapp gefolgt von Ahorn und Birke, der Brennwert von Fichte ist um etwa ein Drittel niedriger. Allerdings sind die Scheite auch um etwa diesen Faktor leichter. Auf das Gewicht bezogen, haben praktisch alle getrockneten Hölzer etwa den gleichen Brennwert, auch Papier liegt in dieser Größenordnung (kein Wunder, es besteht ja hauptsächlich aus Holz). Würde man übrigens Stroh so dicht wie Holz pressen, wäre dessen Brennwert sogar leicht höher als bei Holz. Briketts haben den eineinhalbfachen Brennwert, Heizöl hat ungefähr den dreifachen Brennwert.

Feuchtes Holz brennt deshalb schlechter, weil ein Teil der Energie benötigt wird, um das enthaltene Wasser zu verdampfen. Es qualmt entsprechend am Lagerfeuer. Da könnte man genauso gut normalen Hausmüll ins Feuer werfen (vom Gestank natürlich abgesehen). Je trockener und schwerer das Holz ist, desto schöner brennt das Lagerfeuer. Zum Anzünden braucht man leichtes, trockenes Holz, weil es schneller anbrennt. Das perfekte Lagerfeuer ist übrigens so breit wie hoch, diese symmetrische Pyramidenform liefert den effizientesten Luft- und Wärmestrom, fanden gerade Forscher der Duke-Universität heraus.

## DIE WELT DA DRAUSSEN

Wer das Glück hat, einmal nachts den Sternenhimmel mit unserer Milchstraße zu betrachten, sieht Vergangenheit, Gegenwart und Zukunft zugleich. Vergangenheit, weil das Licht, das wir am Nachthimmel sehen, von uralten Sternen stammt, das diese vor Jahrmillionen oder noch längerer Zeit zu uns ausgesandt haben; manche von ihnen gibt es gar nicht mehr. Gegenwart, weil wir

Teil dieser unendlichen Geschichte sind. Zukunft, weil in die Eigenschaften und Bewegungen der Sterne und Galaxien auch die künftige Entwicklung des Universums eingeschrieben ist.

Die Größe und Tiefe des Universums spürt man in unseren lichtverschmutzten Städten oft nicht mehr, dort kann man höchstens noch ein paar helle Sterne und Planeten wie die Venus oder den Mars sehen. Im Garten des alten Steinhauses in der Maremma aber, in dem ich schon so manchen Sommer verbracht habe, begreift man in den sternenklaren Sommernächten, woher die Milchstraße ihren Namen hat. Dann ist tatsächlich wieder dieses milchig schimmernde Band zu sehen, das sich in einem großen Bogen über den dunklen Himmel zieht. Dann ist der Himmel keine endliche Fläche mehr, sondern wieder ein tiefer, unendlicher Raum. Wir auf der Erde sitzen am äußeren Arm dieser Spiralgalaxie (deren Arme wir nicht sehen können), sind Teil eines durchschnittlichen Sternensystems, wie es noch Milliarden andere gibt. Und wir wissen nicht, ob wir allein es sind, die über das Universum nachdenken, oder ob es da draußen noch andere denkende Wesen gibt. Das versuchen wir zu verstehen, weil es auch die Hoffnung in uns nährt, dass wir nicht allein und verlassen und dem Verschwinden geweiht durchs dunkle Weltall rasen.

## WIR SIND STERNENSTAUB

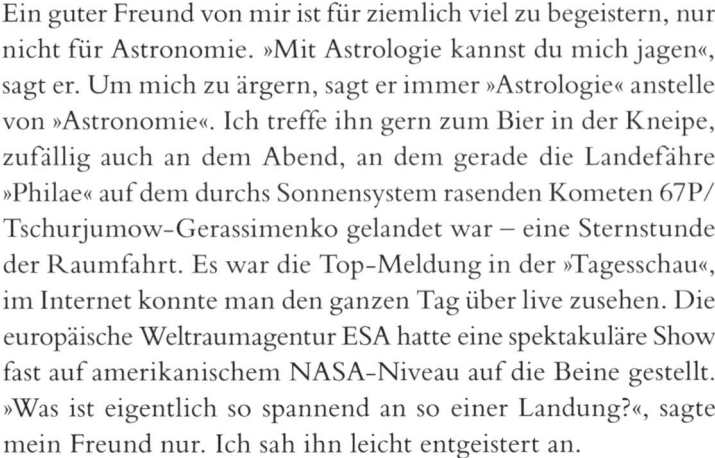

Ein guter Freund von mir ist für ziemlich viel zu begeistern, nur nicht für Astronomie. »Mit Astrologie kannst du mich jagen«, sagt er. Um mich zu ärgern, sagt er immer »Astrologie« anstelle von »Astronomie«. Ich treffe ihn gern zum Bier in der Kneipe, zufällig auch an dem Abend, an dem gerade die Landefähre »Philae« auf dem durchs Sonnensystem rasenden Kometen 67P/Tschurjumow-Gerassimenko gelandet war – eine Sternstunde der Raumfahrt. Es war die Top-Meldung in der »Tagesschau«, im Internet konnte man den ganzen Tag über live zusehen. Die europäische Weltraumagentur ESA hatte eine spektakuläre Show fast auf amerikanischem NASA-Niveau auf die Beine gestellt. »Was ist eigentlich so spannend an so einer Landung?«, sagte mein Freund nur. Ich sah ihn leicht entgeistert an.

Eindeutig: Es gibt Handlungsbedarf. Ein paar grundlegende Dinge müssen erklärt werden: über den Urknall und das Universum da draußen und die Tatsache, dass wir alle aus Sternenstaub gemacht sind. In den ersten Sekunden nach dem Urknall gab es keines der natürlichen 94 Elemente, die heute die enorme materielle Vielfalt auf unserer Erde bilden. Die Frage nach uns Menschen führt also zurück bis zu einem Zeitpunkt vor 13,8 Milliarden Jahren. Damals schon sind die Weichen gestellt worden.

Alles beginnt nach einem unfassbar kurzen Bruchteil eines Augenblicks – nach $10^{-43}$ Sekunden. Unmittelbar nach dem Urknall, in dieser Sekunde null sozusagen, breitet sich das gerade geborene Universum schlagartig aus. Zu diesem Zeitpunkt – auch die Zeit ist eben erst entstanden – ist es nur ein Fünkchen Materie von $10^{-5}$ Gramm, das sich immer schneller ausdehnt.

»Die Quanten, die kleinsten Portionen physikalischer Größen, unterliegen im frühen Universum gewissen minimalen Fluktuationen«, sagt der russische Physiker Viatcheslav Mukhanov. »Mit der ungeheuren Expansion wachsen sich diese kleinsten Fluktuationen zu Dichteschwankungen aus, die später die Masseverteilung und die heute sichtbaren Strukturen im All wie Sterne, Galaxien und Schwarze Löcher begründen.« Alles ist in diesem Anfang angelegt.

In der Startphase legt das Universum ein furioses Tempo vor. Nach 100 Sekunden schon ist alles da: die normale Materie, die Dunkle Materie, die Photonen, die Neutrinos. »Der Mix ist festgelegt, die Fluktuationen sind festgelegt. Und von da an läuft die Entwicklung des Universums ab wie ein Uhrwerk«, sagt der Münchner Physiker Ralf Bender. Etwa 380 000 Jahre nach dem Urknall entstehen aus dem heißen, ionisierten Gasgemisch neutrale Elemente. Wasserstoff und Helium, sie machen 95 Prozent der Atome aus. Die Hitze ist so weit abgeklungen, dass Atomkerne dauerhaft Elektronen einfangen können. In der Folge wird das Universum durchsichtig.

Dann beginnen sich die riesigen Wolken aus Wasserstoff und Helium unter dem Einfluss der Schwerkraft zu verdichten, sie heizen sich unter dem entstehenden Druck auf, eine mächtige Reaktion setzt ein: die Kernfusion. Sie lässt die Masseballungen zu mächtigen Fusionsöfen werden, wahrhafte Höllenfeuer und gleichzeitig unsere Energielieferanten: die ersten Sterne. Ungefähr eine Milliarde Jahre nach dem Urknall gibt es die ersten Galaxien, Strukturen, die so ähnlich aussehen wie heute. Sie wachsen, und irgendwann bilden sich die großen Spiralgalaxien wie die Milchstraße.

Den größten Teil des Wasserstoffs gibt es seit dem Urknall. Wenn man überlegt, dass ein erwachsener Mensch zu rund 65 Prozent aus Wasser besteht, kann man sehen, dass ein Teil von uns schon damals entstanden ist. In Sternen wird kein neuer Wasserstoff erzeugt. »Wir tragen kleine Mengen des Urknalls in uns«, sagt die Physikerin Anna Frebel. Genau genommen seien es bei einem 75 Kilogramm schweren Menschen 6,1 Kilogramm aus dem Urknall, rechnet sie in ihrem Buch »Auf der Suche nach den ältesten Sternen« vor. Die restlichen Elemente  sind in den Mägen von Sternen entstanden, bei Kernfusionen und Supernova-Explosionen. Jedes Atom in uns war schon etwa vier Mal im Inneren eines Sterns.

## Galaktische Rekorde

### Die Diamant-Erde
Der **wertvollste Planet** nach aktuellem Kenntnisstand ist nur doppelt so groß und achtmal so schwer wie die Erde. »Die Oberfläche dieses Planeten ist wahrscheinlich mit **Diamant** und Graphit bedeckt statt mit Granit und Wasser wie die Erde«, sagt der Astrophysiker Nikku Madhusudhan von der britischen Universität Cambridge. Forscher nennen sie eine kohlenstoffreiche Super-Erde. Wer sich auf den Weg machen will: 55 Cancri liegt im Sternbild des Krebses, ist der innerste der fünf Planeten des Sterns 55 Cancri, rund 23 Lichtjahre liegt er entfernt. Auf ihm ist es wohl nach Erkenntnissen von Wissenschaftlern sehr heiß, 2100 Grad Celsius herrschen an der Oberfläche. Der Planet ist auch extrem schnell unterwegs, er umrundet seinen Mutterstern in 18 Tagen.

### Der wohltemperierte Hundsstern
Der **hellste Stern** am Nachthimmel ist der Sirius, auch Hundsstern genannt. Er schimmert leicht bläulich, das hat mit seiner Oberflächentemperatur von 10 000 Grad Celsius zu tun. Sterne mit höheren Temperaturen leuchten in Bereichen, die wir mit unserem Auge nicht mehr wahrnehmen können, auch nicht mit optischen Teleskopen. Der Sirius hat also eine für unsere Augen optimale Temperatur und Größe.

## Kalt, kälter, am kältesten

Das Universum selbst ist schon extrem kalt, minus 270,42 Grad Celsius. Es ist die Temperatur der sogenannten Hintergrundstrahlung, die das gesamte All erfüllt. Noch kälter als der Kosmos ist nur der Bumerangnebel, dort herrschen minus 272 Grad Celsius, **aktueller Kälterekord** draußen im All. Den allerkältesten Ort finden wir ausgerechnet auf unserem Heimatplaneten. Mithilfe von aufwendigen Kühlapparaturen lassen sich im Labor Tiefsttemperaturen erzeugen, zum Beispiel im Teilchenbeschleuniger am CERN. Dort haben sich Wissenschaftler dem tiefsten möglichen Wert von minus 273,15 Grad Celsius bis auf ein Milliardstel Grad angenähert.

## Der weiße Zwerg und der Raser

So schnell ist kein Stern in der Milchstraße unterwegs. Mit **1157 Kilometer pro Sekunde** rast der Himmelskörper US 708 durch unsere Galaxie. Er dreht sich dabei gleichzeitig wie ein wild gewordener Kreisel. Die Oberfläche rotiert mit 115 Kilometer pro Sekunde, errechneten Forscher der Europäischen Südsternwarte (ESO). US 708 ist so schnell, dass er die Fluchtgeschwindigkeit unseres Milchstraßensystems übertrifft und irgendwann unsere Galaxis verlassen wird. Derzeit ist er bereits rund **28 000 Lichtjahre** von uns entfernt. Das Tempo hat ihm sein Doppelsternpartner mitgegeben, ein so genannter Weißer Zwerg. Bis zu dessen Explosion hatten sich die Sterne alle zehn Minuten in einem Abstand von nur knapp **140 000 Kilometer** umtanzt. Der Weiße Zwerg hat dabei von US 708 pro Sekunde 630 Milliarden Tonnen Material abgesaugt und ihn in eine immer schnellere Drehbewegung versetzt. Dann explodierte das angesammelte Helium mit der Wasserstoff-Kohlenstoff-Hülle des Sterns in einer gewaltigen Supernova. Die Druckwelle schoss US 708 aus seiner Position.

Vielleicht fühlen wir uns in klaren Sommernächten deshalb dem All da draußen so nahe. Ist Ihnen schon mal aufgefallen, dass wir uns oft über grundsätzliche Dinge Gedanken machen, wenn wir zur Ruhe kommen? Dass wir manchmal morgens mit einer Lösung für Probleme aufwachen, die nachts beim Einschlafen noch unlösbar schienen. Dass oft die Pause, die Unterbrechung des täglichen Trotts uns weiterbringt. Es gibt gute Gründe, sich eine Auszeit zu gönnen.

## WARUM SIND AUSZEITEN SO WICHTIG?

Nicht jeder Stress ist schlecht. Nicht jeder Anstieg der Stresshormone wie Kortisol oder Adrenalin schadet. Stressforscher sagen, dass uns unsere Stresssysteme eigentlich schützen, sie halten uns wach und lassen uns bei Gefahren schnell reagieren. Wir dürfen diese Hilfssysteme nur nicht überstrapazieren. Und genau das passiert bei andauerndem Stress, und dann kommen entzündliche Prozesse im Körper in Gang, die großen Schaden verursachen.

Pausen sind extrem wichtig, damit wir uns stärken können. »Seien Sie sportlich aktiv, essen Sie gesund, schlafen Sie ausreichend, schaffen Sie ein gutes soziales Umfeld, suchen Sie sich ein gutes Hobby und meditieren Sie«, sagt der amerikanische Stressforscher Bruce McEwen von der Rockefeller University. »Das sagt uns letztlich schon der gesunde Menschenverstand. Nun wissen wir aufgrund unserer Forschung, dass das auch unsere Gehirnarchitektur verbessert.«

In vielen Bereichen zeigen die Studien dabei nicht nur, dass wir so mit einfachen Methoden Stress vermeiden können. Ruhe und Achtsamkeit können sogar die Aufmerksamkeit schärfen. So belegte der Psychologe Richard Davidson vor Jahren am Beispiel Meditation, dass sich hier ein dreimonatiges Training positiv auswirkt. Die Aussagen sind klar: Bruce McEwen wendet sich gegen eine Politik des spätkapitalistischen »schneller, schneller, schneller«: »Das arbeitet gegen alles, wofür unsere Körper eigentlich gedacht sind.«

Letztlich ist es auch ein Plädoyer für einen selbstbestimmten Lebensrhythmus. Urlaub und Auszeiten geben uns die Gelegenheit, einen besseren Rhythmus aus Anspannung und Entspannung einzuüben.

Jessica de Bloom von der Universität Tampere in Finnland hält regelmäßige und »qualitativ hochwertige« Erholung aufgrund ihrer Untersuchungen für wichtiger als einen einzigen langen Urlaub. Man brauche in Pausen während der Arbeit, am Feierabend und am Wochenende andere Herausforderungen und einen geistigen Abstand von der Arbeit und zudem eine hohe Autonomie, so de Bloom. »Urlaub birgt nämlich auch die Gefahr, dass man sich einbildet, das ganze Jahr über hart arbeiten zu können, ohne sich eine Auszeit zu gönnen, denn im Urlaub kann man das ja alles wieder wettmachen«, sagt die Psychologin. »Das ist aber leider nicht so.« Man fühle sich im Urlaub zwar besser, aber die Erholung hält nicht lange vor. »Urlaub ist wichtig und steigert die Lebensqualität, aber kürzere Auszeiten sind mindestens ebenso wichtig.«

### Fünf gute Gründe, Stress zu vermeiden

1. Stress verringert das Mitgefühl füreinander.

In Stresssituationen, etwa, wenn wir uns mit beunruhigenden Dingen auseinandersetzen müssen, steigt nach kurzer Zeit der Pegel des Stresshormons Kortisol an. Gleichzeitig sinkt unser Mitgefühl gegenüber anderen, wie psychologische Tests ergaben. Stress schränkt unser emotionales Empfinden ein, wir sind schneller gereizt und können uns schlechter auf andere Menschen einlassen. Er kann auch zu aggressivem Verhalten führen.

2. Stress macht Menschen vergesslicher.

Kurzzeitig sind Stressreaktionen hilfreich, etwa wenn wir eine Situation durch Flucht- oder Kampfstrategien besser überstehen. Aber auf Dauer schaden die Stresshormone, das Kurzzeitgedächtnis leidet und der präfrontale Kortex ist schwächer vernetzt. Neuronenverbindungen werden dort bei Dauerstress gekappt, vor allem bei älteren Menschen. Dadurch lässt die

Gedächtnisleistung nach. Gleichzeitig können wir uns schlechter konzentrieren.

3. Stress erhöht das Herzinfarktrisiko.

Wir kennen an uns selbst körperliche Stressreaktionen, wir schwitzen, verspüren eine gewisse Enge in der Brust, der Blutdruck steigt. Kurzfristig können wir damit umgehen, doch dauerhafter Stress bewirkt fatale Reaktionsmuster: Stress aktiviert das Immunsystem, dieses produziert Abwehrzellen, die sich dann zu Plaques zusammenklumpen können und so die Infarktgefahr erhöhen. Stark erhöht ist dabei vor allem die Zahl der weißen Blutkörperchen. Auslöser ist das Stresshormon Noadrenalin, wie Forscher von der Harvard Medical School um Matthias Nahrendorf entdeckten. Es fördert die Produktion von Stammzellen, die wiederum die weißen Blutkörperchen bilden. Diese dringen dann in die Kalk-Fett-Ablagerungen an den Wänden der Blutbahnen ein und lösen sie teilweise ab. Diese Pfropfen können einen Infarkt verursachen. Wenn wir uns regelmäßig bewegen, schützt uns das vor den Folgen von Stress. Forscher sagen, dies könnte möglicherweise daran liegen, dass eine gut ausgebildete Muskulatur vermehrt Enzyme bildet, die unser Blut von schädigenden Substanzen befreien.

4. Stress führt zu Schlafstörungen.

Bei Stress lassen wir oft Erholungsphasen und Pausen ausfallen, obwohl gerade diese nachweislich die Leistungsfähigkeit steigern. Wer tagsüber überlastet ist, schläft schlechter. Wer schlechter schläft, nimmt zu, der Blutdruck steigt. Jede Stunde weniger als die erforderlichen acht Stunden Schlaf erhöht die Wahrscheinlichkeit, Bluthochdruck zu entwickeln, um 37 Prozent. Und wir schlafen im Mittel fast eine Stunde zu wenig.

5. Stress belastet die Psyche (vor allem in Ballungsräumen).

Dass einst die Großstädter wochenlang zur Sommerfrische aufs Land fuhren, war eine sinnvolle Sache. Der Lärm in der

Stadt, die räumliche Enge und der hektische Alltag belasten uns. Dem stehen zwar eine bessere Gesundheitsversorgung und auch ein höherer Lebensstandard entgegen, doch unsere Psyche braucht zumindest Auszeiten. Stadtbewohner reagieren beispielsweise empfindlicher auf sozialen Stress, sie haben zudem ein mindestens doppelt so hohes Risiko, unter Schizophrenie zu leiden. Das Risiko steigt mit der Größe der Stadt, in der man aufgewachsen ist.

Forscher vom Mannheimer Zentralinstitut für Seelische Gesundheit zeigten, dass vor allem eine Region in den Gehirnen der Großstädter Stresssignale zeigt, die Amygdala, Mandelkern, genannt wird. Diese beidseits tief im Schläfenlappen liegende, nur kirschkerngroße Hirnregion gilt unter Hirnforschern als eine Art Gefahrensensor. Sie löst Reaktionen wie Furcht oder Aggression aus, wenn wir uns bedroht fühlen. Die Aktivität der Amygdala war bei den Stressexperimenten höher, wenn die Testpersonen in Großstädten lebten. Gleichzeitig ist bekannt, dass Angststörungen und Depressionen mit einer Überaktivität der Amygdala verbunden sind. Den Mandelkern dauerhaft zu stressen ist also keine gute Idee.

## Meister der Entschleunigung:
## die langsamsten Tiere der Welt

### Schwämme: 1–2 Millimeter pro Stunde
Schwämme bewegen sich tatsächlich, mit 1 bis 2 Millimetern pro Stunde. Rekord und Platz 1 der entschleunigten Tiere. Die Zellen verfließen, die Tiere haken sich dann mit ihren silikathaltigen Nadeln fest und ziehen den Körper nach. Sie bewegen sich also, obwohl sie keine Muskeln, kein Gehirn, kein Nerven haben. Nur 0,1 Prozent aller Schwämme können das. Das ist dann so etwas wie ein »rolling stone«, sagt der Stuttgarter Zoologe und Schwammexperte Franz Brümmer.

### Seestern: 0,6 Meter pro Stunde
Der Körper dieser Stachelhäuter ist relativ starr, weshalb sie sich auch nur sehr gemächlich über den Meeresboden schieben können. Dazu nutzen sie kleine Füßchen an der Unterseite ihrer Arme. Zur Fortbewegung pumpen sie Flüssigkeit in die Füßchen, strecken diese grüppchenweise vor, saugen sich am Untergrund fest, lassen die Flüssigkeit aus den Beinchen und verkürzen diese damit, sodass dadurch der Seesternkörper nachgezogen wird. Keine schnelle, aber eine schlaue Strategie.

### Bernsteinschnecke: 1,2 Meter pro Stunde
Das wahrhaft langsamste Schneckentempo von 1,2 Metern pro Stunde schafft die Bernsteinschnecke. Sie lebt auf feuchten Wiesen oder in Mooren. Die **Weinbergschnecke,** die größte Landschnecke Mitteleuropas, schafft 4 Meter pro Stunde, ziemlich beachtlich für ihre Größe. Zentral dabei ist ihre muskulöse Kriechsohle, eine Art Riesenfuß. Mittels quer verlaufender Kontraktionswellen bewegt sie sich fort. Diese von hinten nach vorne wandernden Druckwellen schieben das Tier langsam voran. Der äußere Saum der Kriechsohle bleibt dabei stets im Kontakt mit dem Boden, so kann sie sich der Bodenform anpassen. Die Landschnecke produziert zudem ein Schleimbett, auf dem sie mühelos über schärfste Hindernisse (auch über Rasierklingen) gleiten kann.

### Pantoffeltierchen: 10 Meter pro Stunde

Sensationell schnell angesichts ihrer Größe sind Pantoffeltierchen unterwegs. Bis zu 10 Meter pro Stunde schaffen die winzigen Einzeller. Sie bewegen dazu rhythmisch die etwa **10 000 feinen Härchen** an ihrer Außenseite und produzieren so Schlagwellen um den Körper. Die Härchen sind spiralförmig angeordnet, deshalb drehen sich die Tierchen stets um ihre eigene Achse und schrauben sich so durch die Welt. Kommt ein Hindernis, können sie die Form ihres Körpers anpassen.

### Dreifinger-Faultier: 100 Meter pro Stunde (langsamstes Säugetier)

Die modrig-grüne Farbe vieler Faultiere ist eine Folge ihres Lebensstils. Sie bewegen sich so wenig, dass sie manchmal Moos ansetzen. Was nach Faulheit aussieht, ist in Wahrheit ein sehr schlaues Prinzip der Evolution. Mit ihrer extremen Langsamkeit sparen die langsamsten Säugetiere der Welt viel Energie, ihnen reichen deshalb sehr nährstoffarme Blätter als Hauptnahrungsquellen. Das größte Organ der Faultiere ist der Magen, um das Maximale aus der Nahrung herauszuholen. Sie haben nur sehr wenig Muskelmasse.

### Gopherus-Schildkröte: 210 Meter pro Stunde (langsamste Schildkröte)

Mit ihren flachen, stark beschuppten Beinen bewegen sich die Gopherus-Schildkröten in ihrem typischen, leicht schlängelnden Bewegungsrhythmus vorwärts, der Panzer ist dabei in der Luft. 210 Meter schaffen sie so in der Stunde, am wenigsten von allen Artgenossen. Das sieht nicht sehr elegant aus, aber so brauchen sie nicht viel Zeit, um bei Gefahr abzustoppen und die Beine einzufahren. Nicht alle Schildkröten sind übrigens so langsam, die schnellste ist die Lederschildkröte, sie schafft bis zu 35 Kilometer pro Stunde! Allerdings im Wasser.

## WIE WIR BESSER MIT STAUS UMGEHEN KÖNNEN

Nüchtern betrachtet, nennt man Stau eine Verkehrssituation, in der sich Verkehr länger als eine Minute mit weniger als 10 Kilometer pro Stunde bewegt.

Forscher definieren drei Dinge, die einen Stau ausmachen. Erstens: ein hohes Verkehrsaufkommen auf den Straßen. Zweitens: Hindernisse und Störungen. Baustellen, Unfälle (auch auf der Gegenfahrbahn), eine verringerte Anzahl von Fahrstreifen oder auch spezielle Einflüsse der Streckenführung (Kurve, Steigung, Autobahnkreuze) behindern den Verkehrsfluss. Und drittens: Störungen im Verkehrsfluss durch den Autofahrer. Kleine Bremsmanöver werden durch das nachfolgende Fahrzeug verstärkt, das kann der Beginn einer Stauwelle »aus dem Nichts« sein, die sich mit 15 Kilometer pro Stunde rückwärts fortsetzt. »Wer gebremst hat, bekommt in der Regel vom Stau nichts mit«, sagt der Duisburger Stauforscher Michael Schreckenberg.

### Sieben Fakten zum Stau

1. In Deutschland gab es laut ADAC im Jahr 2014 insgesamt 475 000 Staus mit einer Gesamtlänge von knapp einer Million Kilometer, das ist neuer Rekord für Deutschland.

2. Häufigster Stautag ist der Freitag. Die Gründe dafür sind der Pendlerverkehr und die hohe Zahl von Wochenendheimfahrern. Der allerschlimmste Stautag ist der Freitag vor den Pfingstferien, sagt Michael Schreckenberg. Der stauärmste Tag ist der Samstag.

3. Den mit 170 Kilometer längsten Stau in Deutschland gab es auf der A7 zwischen dem Elbtunnel in Hamburg und Flensburg im Jahr 1995.

4. Den längsten Stau der Welt auf einer durchgehenden Strecke gab es 1980 zwischen Paris und Lyon mit 176 Kilometer Länge. Wo sollte es hingehen? Natürlich in den Urlaub.

5. Erwachsene stehen jährlich durchschnittlich 50 Stunden im Stau, also mehr als eine Arbeitswoche.

6. Autobahnen könnten die größte mögliche Verkehrsdichte bewältigen, wenn alle Fahrzeuge mit einer gleichmäßigen Geschwindigkeit von 60 bis 80 Kilometer pro Stunde fahren würden. Raser erhöhen die Wahrscheinlichkeit eines Staus.

7. Autobahnen bewältigen heutzutage deutlich mehr Autos pro Spur und Stunde als noch vor 25 Jahren. Damals waren es 1900 Fahrzeuge, heute sind es bereits 2100. Wir Fahrer haben also staumäßig durchaus dazugelernt.

## Tipps für den Stau

Stauforscher empfehlen gleichmäßiges Fahren: Jedes hektische Beschleunigen und Abbremsen verstärkt zäh fließenden Verkehr und verhindert, dass sich der Stau schneller auflöst.

Zudem sollte man die Spur beibehalten, denn ein ständiger Wechsel bringt statistisch gesehen nichts. Es macht nur aggressiver – und führt häufiger zu Unfällen und damit zu noch längeren Staus.

Staus von weniger als zehn Kilometer Länge sollte man eher stoisch ertragen. Rein zeitlich bringen Umleitungen wenig – für die Nerven manchmal durchaus, aber dann ist vermutlich eh eine Pause notwendig.

Bei Spurverengungen sollte man so lange wie möglich die verfügbaren Spuren nutzen und dann im Reißverschlussverfahren einfädeln lassen.

Ein ebenfalls wichtiger Tipp ist: Egoismen vermeiden! Bei einem Stau zählt das Wohl der Gemeinschaft, nicht das subjektive Fortkommen. Egoismus führt auch im Straßenverkehr zu Konflikten – und trägt zum Stau bei.

Wenn sich der Stau auflöst, sollte man entspannt bleiben und defensiv weiterfahren, sonst bildet sich gleich wieder der nächste Stau.

Generell raten Verkehrsforscher zu einem antizyklischen

Fahrverhalten. Wenn alle nach der Schule in die Ferien fahren, empfiehlt es sich, bis zur Nacht zu warten und dann zu starten. Voraussetzung sind, dass man ausreichend vorgeschlafen hat und regelmäßig Pausen macht. Wer nicht gezwungen ist, zu Stoßzeiten oder zu Beginn der Ferien zu fahren, sollte das natürlich vermeiden. Dies verringert die Verkehrsdichte. Variable Arbeitszeiten, gestaffelter Ferienbeginn in verschiedenen Bundesländern, Anreizsysteme wie zeitabhängige Mautsysteme (in manchen Städten wird das bereits praktiziert) können den Verkehrsfluss steuern.

Stauforschung nutzt immer häufiger Daten von Sensoren oder Informationssystemen, die direkt im Fahrzeug installiert sind. So lässt sich die Verkehrslage sekundengenau erfassen, zudem sehen die Forscher dynamische Entwicklungen während eines Staus. Bei Warnsystemen stellen sich die Forscher immer mehr auf die Psyche der Autofahrer ein, in der Regel werden inzwischen die Ankunftszeiten bzw. Fahrzeiten angezeigt.

## WAS IST DAS SICHERSTE VERKEHRSMITTEL?

Die Statistiken geben als Maß die Zahl der Verletzen oder Toten pro Milliarden Personenkilometer an. Das berücksichtigt, dass ein Auto nur kürzere Strecken fährt und wenige Personen transportiert, ein Flugzeug aber einige Hundert Passagiere über Tausende Kilometer.

Folgende Zahlen gibt das Statistische Bundesamt an (pro einer Milliarde Personenkilometer):

| | | | |
|---|---|---|---|
| Auto | 276 Verletzte | und 2,9 | Tote |
| Bus | 74 Verletzte | und 0,17 | Tote |
| Straßenbahn | 42 Verletzte | und 0,16 | Tote |
| Bahn | 2,7 Verletzte | und 0,04 | Tote |
| Flugzeug | 0,3 Verletzte | und 0 Tote | (gerundet von 0,003) |

Europaweit ist das Motorrad am gefährlichsten: 53 Menschen sterben pro einer Milliarde Personenkilometer. Bei Unfällen im Straßenverkehr sterben weltweit 1,2 Millionen Menschen, bis zu 50 Millionen werden verletzt, mehr als bei allen anderen Verkehrsmitteln zusammen.

Riskanter als Bahnfahren ist übrigens der Versuch, Schienen zu überqueren. Jahr für Jahr sterben hier mehrere tausend Menschen weltweit.

# Draußen sein

Sommerzeit ist Biergartenzeit. München ist hier ein Paradies. Eigentlich kann also nichts schiefgehen, außer der Tisch wackelt mal wieder, die Wespen umschwirren den Schweinebraten oder Zwetschgendatschi oder ein Gewitter zieht auf. Doch ich sage immer: Probleme sind lösbar. Manchmal liegt es nur an unserer Sicht der Dinge. Doch wir können ja dazulernen.

Am intensivsten ist der Geruch von Sommerregen, wenn nach einer langen trockenen und warmen Phase ein leichter Landregen fällt. Schon wenn es nur ein bisschen zu tröpfeln beginnt, duftet es erdig, nach feuchtem Ton, manchmal auch modrig, aber immer voll und schwer. Sogar der graue Asphalt scheint dann auszudünsten.

## WARUM RIECHT ES NACH EINEM LEICHTEN SOMMERREGEN SO BESONDERS?

Zunächst einmal braucht es für den Regengeruch Pflanzen. Ohne sie gäbe es den typischen Sommerduft nicht. Pflanzen und Mikroorganismen produzieren zahlreiche Duftstoffe, Salze und Öle. Wie wir Menschen dünsten die Pflanzen über Blätter oder Blüten einen Mix an Substanzen aus, angenehme und unangenehme. Diese Stoffe bleiben zunächst auf der Pflanze. Ist es über Tage und Wochen trocken, bilden die Stoffe auf den Blättern und Stängeln einen öligen Film oder reichern sich während der Trockenzeiten im Boden an.

Auch in der Erde selbst sind Mikroorganismen aktiv, eine wichtige Rolle spielen Bodenbakterien der Gattung Streptomyces. Bei Trockenheit sind die langgestreckten, flechtwerkartigen Bakterien wenig aktiv. Aber wenn die Luft feuchter wird oder der erste Regentropfen fällt, fährt ihr Stoffwechsel hoch. Sie sondern dann unter anderem einen organischen Duftstoff namens Geosmin ab, einen Alkohol. Er riecht und schmeckt modrig-erdig, wir kennen diesen Geruch bzw. den

Geschmack von Walderde oder auch von Roter Bete (das Wurzelgemüse enthält Geosmin), er ist auch typisch für den Korkton bei Wein. Einige verwandte Streptomyces-Arten produzieren übrigens auch Antibiotika, die wir für Medikamente verwenden.

Geosmin bildet zusammen mit den Pflanzenölen und Aerosolen den typischen Geruch der Erde nach Regen, hinzu kommt je nach Umgebung mineralischer Steinstaub. »Wenn noch das im Boden versickernde Regenwasser die bereits gespeicherten oder neu gebildeten gasförmigen Stoffe aus den Bodenporen vertreibt, steigt die Konzentration der organischen Substanzen in der Luft sprunghaft an«, sagt Ingo Schneider, emeritierter Mikrobiologe von der Universität Potsdam. Ein normaler Boden besteht nur zu 50 Prozent aus Feststoffen, zu einem Viertel aus einer Lösung mit Nährstoffen darin und zu einem weiteren Viertel aus Gas und Luft. Regnet es, füllen sich die Bodenporen mit Wasser und verdrängen das Gas mit den Duftstoffen an die Oberfläche, wo es dann die Luft aufnimmt. Feuchte Luft kann viel mehr Duftstoffe aufnehmen als trockene. »Unsere Geruchsnerven riechen das sofort«, sagt Schneider.

Dieses Sommerregen-Duft-Gemisch hat sogar einen eigenen Namen: Petrichor haben es zwei australische Forscher schon vor gut 50 Jahren getauft. Der Name leitet sich aus zwei griechischen Begriffen ab, von »petros«, Stein, und »ichor«, einer Flüssigkeit, die in den Adern der griechischen Götter fließt. Der Regen spült die Stoffe aus den Pflanzen heraus, die Duftmoleküle erreichen unsere Nase, wenn die feinen Wassertröpfchen verdunsten, etwa auf dem warmen Asphalt.

Dass man diesen Geruch bisweilen bereits wahrnimmt, ehe der Regen einsetzt, hängt mit der zunehmenden Luftfeuchtigkeit vor einem Schauer zusammen. Die Feuchtigkeit aktiviert die schon erwähnten Bodenbakterien. Hier riechen wir also vorwiegend das Geosmin. Menschen können feinste Spuren davon wahrnehmen, bis hin zu einer Konzentration von 1 zu 10 Milliarden. Der aufkommende Wind verteilt die Aerosole schnell. Oft sinkt auch vor einem Gewitter oder Regenschauer der Luftdruck, so entsteht über dem Boden ein leichter Unterdruck, der noch zusätzlich Duftstoffe aus dem Boden zieht.

Wie genau Petrichor rein physikalisch in die Luft gelangt, war Jahrzehnte lang unklar. Mithilfe von Hochgeschwindigkeitskameras analysierten Forscher vom Massachusetts Institute of Technology (MIT) um Cullen Buie erst Anfang 2015, wie das erdige Aroma je nach Geschwindigkeit, Größe und Menge der Tropfen mechanisch freigesetzt wird. Sie zeigten dabei, dass auch die Art des Regens den Geruch beeinflusst. Die Bilder sind verblüffend. Die mit hoher Geschwindigkeit ankommenden Tropfen schließen beim Aufprall auf der Staubschicht winzigste Luftbläschen in sich ein. Diese Bläschen schießen dann nach oben, ähnlich wie Kohlendioxidbläschen in Champagner, und durchbrechen in winzigen Eruptionen die Oberfläche. Es britzelt, noch Sekunden nachdem der Regentropfen auf dem Boden aufkam. Feinste Tröpfchen oder auch winzige Teilchen – sogenannte Aerosole – werden so in die Luft geschleudert. Der Wind nimmt sie mit und verteilt sie in der Luft. An jedem dieser winzigen Schwebeteilchen hängen auch die Duftstoffe aus den Pflanzen und der Erde, mitunter auch Bakterien und Viren. »Diese Aerosole können einen erheblichen Einfluss auf die Umwelt und die menschliche Gesundheit haben«, schreiben die Forscher.

Wie viele Aeorosole schließlich in der Luft schweben, hängt stark von der Beschaffenheit des Bodens und der Regenstärke ab. Leichter Regen produziert den intensivsten Sommerduft. Bei heftigem Regen sind die Tropfen zu schnell, als dass sich Bläschen bilden könnten die ihre mitgerissenen Duftmoleküle herausschleudern. Ein starker Platzregen durchnässt den Boden zudem schnell, es bilden sich praktisch keine Bläschen mehr. »Bisher wusste niemand, dass Regentropfen auf trockener Erde Aerosole bilden können«, sagen die MIT-Forscher. Bislang dachte man, nur aufgewirbelter Staub oder Meersalzmoleküle aus der Gischt der Ozeane wären die Hauptquellen für Schwebstoffe in der Luft.

»Im Winter ist die Situation komplett anders«, sagt Ingo Schneider. »Wegen der tiefen Temperaturen haben Pflanzen und Mikroorganismen ihren Stoffwechsel oft stark heruntergefahren und bilden dementsprechend auch keine Duftstoffe.« Viele von ihnen werfen ihre Blätter ab. Der Boden ist zudem oft hart und gefroren. So kann Regen kaum eindringen und dabei Gase verdrängen. Daher entstehen bei Regen im Winter auch keine starken Gerüche.

## WAS IST ZU TUN, WENN DER BIERGARTENTISCH WACKELT?

Mathematiker sind bisweilen eigenwillige Gesellen. Sie kümmern sich mit Freude um Dinge, die man eigentlich gar nicht in ihrem Kompetenzbereich angesiedelt hätte. So wie Matthias Kreck zum Beispiel. Der Mathematiker und Topologieexperte von der Universität Bonn hat sich mit der Frage beschäftigt, was am besten zu tun ist, wenn ein Tisch wackelt. Dazu hat er ein launiges Youtube-Video für die vom Mathematical Sciences Research Institute der Universität Berkeley unterstützte Plattform »Numberphile« gedreht, das mittlerweile 700 000-mal angeklickt wurde. »Stellen Sie sich vor, Sie sitzen in einem Biergarten, das Wetter ist schön, Sie haben ein Bier bestellt, es kommt, und dann verschütten Sie es, weil der Tisch instabil ist«, erzählt der freundliche weißbärtige Mann mit der runden Metallbrille. Seine Augen blitzen. Er sagt nicht, dass der Tisch wackelt, sondern dass er instabil ist. Denn Kreck ist Mathematiker.

Ein durchschnittlicher Mensch würde mal eben einen Bierfilz oder eine Serviette passend falten und damit das Problem beheben. Kreck hat dafür ein freundliches Lächeln übrig und verweist – zu Recht – darauf, dass man dann nach wenigen Minuten bereits wieder nachjustieren müsse, weil das weiche Papier unter dem Gewicht des Tischs oder Stuhls nachgegeben habe und wieder – wie Kreck sagen würde – eine Instabilität erzeugt.

Kreck löst das Problem zudem ungleich eleganter, mit purer Mathematik. Denn: »Mathematiker sitzen niemals an wackelnden Tischen«, sagt Kreck. »Sie wissen, was zu tun ist.« »Nämlich Folgendes: Es geht um einen vierbeinigen Tisch mit gleichlangen Beinen (dreibeinige Tische wackeln übrigens nie). Ist der Boden uneben, hängt ein Bein in der Luft, den Abstand zum Boden kann man leicht messen.« »Versuchen Sie einfach, den Tisch um 90 Grad zu drehen«, sagt Kreck. Drei Beine bleiben dabei auf dem Boden. »Sie müssen meist gar nicht weit drehen, und schon wackelt der Tisch nicht mehr. Oft sind es nur wenige Zentimeter.« Das sei kein Glück, so Kreck, der Sachverhalt lasse sich mathematisch beweisen. Für Mathematikexperten vorweg: Es geht um einen Beweis aus der Analysis, den sogenannten Zwischenwertsatz, der Aussagen macht über den Wertbereich stetiger Funktionen. Im speziellen Biertisch-Fall betrachten wir, wie wir gleich sehen werden, einen mathematischen Sonderfall, nämlich den Nullstellensatz des Prager Mathematikers Bernard Bolzano, wobei Nullstelle meint, dass der Biertisch wackelfrei mit allen vier Beinen auf dem Boden steht. Alles ganz logisch, oder?

Die stetige Funktion, die es hier zu beschreiben gilt, ist die des Fußabstands x vom Biergartenboden in Abhängigkeit von der Drehzeit des Tisches. Macht man mit dem Tisch eine Vierteldrehung, sieht man, dass sich die Höhe x stetig ändert. Was klar ist, denn der Boden ist ja nicht eben. Wichtig dabei ist, dass die anderen drei Beine am Boden bleiben. Nach einer Vierteldrehung ist die Höhe des vierten Beins negativ, also gräbt er sich bei der Drehung in den Boden (was natürlich nur bei einem weichen Kiesboden im Biergarten geht, nicht aber in der Kneipe oder der heimischen Küche). Der Grund: Die Beine 1, 2 und 3 bleiben auf dem Boden (Höhe 0), rücken aber in der Position auf dem Untergrund bei einer Vierteldrehung jeweils an die Stelle des Vorgängers. Das ist nur möglich, wenn Bein 4 sich eingräbt.

Jetzt merkt man schon, wozu das mathematisch und praktisch führt. Man will ja keine negativen Werte, sondern die

Höhe null für alle vier Beine. Solange sich im Boden keine Stufen befinden, der Boden also stetig ansteigt oder fällt, ist auch die Höhenfunktion stetig, sie wechselt vom positiven x-Wert zu einem negativen. Und dazwischen liegt mindestens ein Wert null, es können auch mehrere sein, wenn der Boden wellig ist. Bei null ist Schluss mit dem Gewackel. Oder anders gesagt: Stetige Funktionen führen zu stabilen Bedingungen im echten Leben. Und dann seien doch alle zufriedener beim nächsten Biergartenbesuch und das Bier schmecke umso besser, sagt Herr Kreck und freut sich. Wir auch. Also: Danke, Herr Kreck!

## VON WESPEN UND FEIGENBLÄTTERN

Wespen nerven – im Gegensatz zu Bienen oder Hummeln. Bienen lieben wir, weil sie Blüten bestäuben und Honig für uns machen. Stechen können beide, und beide gehören gemeinsam mit den Ameisen sogar zur selben Familie, zu den Hautflüglern, eine der weltweit artenreichsten Insektengruppen. Angst haben wir in erster Linie vor dem Wespenstich, obwohl er meist harmlos ist und oft sogar weniger schmerzhaft als ein Bienenstich. Schwellung, Jucken, das war es in der Regel. Die Gefahr, die von Wespen ausgeht, ist an sich gering. Lediglich 1 bis 5 Prozent der Menschen sind allergisch auf Wespengift, bei Bienen sind die Zahlen in etwa gleich hoch, meist haben Betroffene beide Allergien.

Dennoch hassen wir nur die Wespen, wir halten sie für aggressiv. Wenn sie uns im Sommer im Biergarten, in den Bäckereien oder draußen am Kaffeetisch umschwirren, werden wir schnell selbst aggressiv und fragen uns bisweilen:

### Könnten wir nicht einfach alle Wespen ausrotten?

Es gibt rund 51000 verschiedene Arten weltweit, dazu gehören die parasitären Wespen mit rund 50000 Arten (sie legen ihre Eier in die Puppen anderer Insekten und nutzen sie so als Nahrungsquelle für den Nachwuchs) und die Echten Wespen mit rund 500 Arten. Letztere nehmen wir im Sommer am stärksten wahr. Es sind nämlich soziale Wespen, also solche, die Staaten bilden mit einer Königin als Zentrum, mit Arbeiterinnen, die die Brut mit Nahrung versorgen und Männchen, die erst spät im Sommer schlüpfen. Sie gehören zu den am höchsten entwickelten Insekten überhaupt.

Von diesen sozialen Wespen gibt es in Mitteleuropa nur elf verschiedene Arten, und letztlich verhalten nur sie sich aufdringlich. Parasitäre Wespen lassen uns Menschen in Ruhe. Rein von der Verhältnismäßigkeit her betrachtet wäre es also reichlich überzogen, gleich alle Wespen vernichten zu wollen.

In Deutschland sind vorwiegend die Deutsche Wespe und die Gemeine Wespe daran schuld, dass wir beim Anflug von schwarz-gelb gestreiften Insekten hektisch um uns schlagen. Alle anderen Wespenarten stören uns praktisch nicht.

Deutsche Wespe und Gemeine Wespe lassen sich gut an der Kopfzeichnung erkennen. Dazu muss man sich natürlich erst mal ein wenig näher an die Tiere heranwagen: Die Deutsche Wespe hat einen bis drei Punkte am Kopf, die Gemeine Wespe einen Strich, der ankerförmig nach unten hin breiter wird. Sie haben beide die auffällig schmale Wespentaille, sind zudem anders als Bienen kaum behaart.

Die meiste Zeit des Jahres sind auch diese beiden sozialen Wespen erst einmal eher harmlos. Im Frühsommer interessieren sich die Arbeiterinnen in erster Linie für den Nestbau, man sieht sie auf Pfosten Holz abnagen. Das zerkaute Holz verwenden sie als Baumaterial. Sie ernähren sich in der Regel von Pflanzensäften. Erst im Hochsommer brauchen sie viel eiweißreiche Nahrung für ihre Brut. Im Spätsommer ist dann so richtig Wespenalarm: Sie steuern süße Sachen an, fressen Eis, Kuchen, saugen Limonade oder Bier. Wenn sie fruchtig süße Säfte, vergorenes Bier oder Fleisch jedweder Art riechen – und das können sie ausgezeichnet, viel besser als ein Hund –, dann nähern sie sich der vermeintlichen Nahrungsquelle. Wespen trinken, wie wir Menschen auch, gerne vergorene Säfte. Besonders von Bier werden sie magisch angezogen. Mit Bierdunst und Alkoholatem kann man jede Wespe in der näheren Umgebung anlocken.

Im Spätsommer konkurrieren wir also um Bier und süße Sachen. Das wäre dann also der richtige Zeitpunkt zum Losschlagen, oder?

Vorsicht, sagen unisono alle Wespenforscher. Das wäre ein schaler Erfolg. Zwar wäre dann die Stechgefahr vermieden. Aber wir hätten mit einem Schlag eine gigantische Insektenplage. Wespen sind in unseren Gärten extrem wichtig, denn sie fressen eine ganze Reihe von Schädlingen. Sie werden sogar bewusst gegen den Maiszünsler oder den Kornkäfer als natürliche Insektenvertilger gezüchtet. Insekten und Raupen zerkauen sie und füttern damit den Nachwuchs in den Nestern. Wespen sind im Gegensatz zu Bienen keine Vegetarier, sie fressen auch Fleisch oder Aas von verendeten Tieren. Im Wesentlichen aber lebt ihre Brut von der zerkauten, eiweißreichen Insektennahrung. »Sie erbeuten alles Geziefer, das sie bekommen können, indem sie die Beute mit dem Gift ihres Stachels lähmen und dann die vorgekaute Nahrung als Brei ihren Nachkommen reichen«, sagt der Wiener Insektenforscher Manfred Walzl.

Damit haben die Wespen in den Ökosystemen eine zentrale Funktion als Müllabfuhr und Gesundheitspolizei. Größere Wespen wie Hornissen räumen bis zu 500 Gramm kleinere Insekten weg, das ist fast das Hundertfache ihres Körpergewichts. Insgesamt ist das ein gewaltiger Effekt für uns Menschen. So vernichten alle 51 000 Wespenarten weltweit eine schier unvorstellbare Menge an anderem Kleingetier, von der Blattlaus bis zu großen Käfern und sogar Aas von Kleinsäugern. Milliarden Schädlinge bleiben uns nur aufgrund der Wespen erspart. Kleinere, oft nur millimetergroße Wespenarten schwärmen gegen Blattläuse aus. Andere parasitäre Wespen legen ihre Eier in die Larven von Insekten, die geschlüpften Tiere ernähren sich dann von den heranwachsenden Wirtstieren und fressen diese langsam von innen auf, bis sie absterben. Das hat einen gewaltigen Einfluss auf die Ökosysteme, sagt Michael Ohl, Wespenexperte vom Naturkundemuseum in Berlin. Ohne Wespen säßen wir in einem Gewirr von unzählig vielen anderen Insekten. Na prost! Der Wiener Insektenforscher Manfred Walzl geht sogar noch weiter: »Wenn es keine Wespen mehr gibt, gibt es uns auch nicht mehr.«

Wespen können prinzipiell ähnlich wie Bienen und Hummeln auch Blüten bestäuben; allerdings nur solche mit flachen Kelchen, sie haben nämlich anders als Bienen keinen langen Saugrüssel. Man sieht sie zum Beispiel auf Doldenblüten (wie Holunderblüten). Für manche Pflanzen hätte das Ende der Wespen richtig dramatische Folgen. Feigen beispielsweise werden ausschließlich von Feigenwespen bestäubt. Die Feigenwespen leben in Symbiose mit der Feige, sie legen ihre Eier in die Feige ab und bestäuben sie dabei. Da die Feigenbäume entweder männlich oder weiblich sind, haben die Feigenwespen die wichtige Aufgabe, den Pollen der männlichen Blüte zur Blüte der weiblichen Bäume zu bringen. In Europa gibt es nur eine Feigenwespenart, die für die Befruchtung sorgt.

Man könnte also sagen: Ohne Wespen hätte das Paradies ganz anders ausgesehen, vor allem für Adam und Eva. Sie hätten sich nicht hinter Feigenblättern verstecken können.

Ein Tier würde übrigens massiv leiden, wenn wir Menschen alle Wespen ausrotten würden: der Wespenbussard. Er frisst vor allem die Brut von Deutschen Wespen und Gemeinen Wespen. Dazu wartet er ausdauernd in Bäumen, bis er heimfliegende Wespen entdeckt, verfolgt sie, gräbt ihre Nester aus und trägt die Waben mit den Larven und Puppen stückweise nach Hause ins eigene Nest, wo er sie dann frisst. Vielleicht sollten wir also lieber Wespenbussarde züchten, als Wespen auszurotten, denn sie suchen sich immerhin eher die fiesen Wespen.

Wer trotz dieser Informationen seine eigenen Aggressionen nicht ganz zügeln kann, sollte zumindest ein paar Tipps beherzigen. Er sollte beim Anblick von Wespen nicht wild mit den Armen fuchteln oder zuschlagen. Das löst die Aggressionen aus. Wespen greifen nur an, wenn sie sich angegriffen fühlen. Dann wollen sie sich mit einem Stich wehren. Flucht bringt nichts, die Tiere sind mit bis zu 30 Kilometer pro Stunde fast so schnell wie der Weltrekordler Usain Bolt. Besser ist, sie abzulenken, etwa mit überreifen Weintrauben, die man gut zehn Meter vom Picknickort oder Kaffeetisch ablegt. Zwei Schülerinnen fanden das bei »Jugend forscht« heraus. Ansonsten sollte man Nahrungsmittel im Freien eher abdecken und Kinder nur mit dem Strohhalm trinken lassen. So können Wespen nicht in den Mund gelangen.

Wespen sind längst nicht so aggressiv, wie viele Menschen glauben. Es geht ihnen nicht darum, uns anzugreifen, sie sorgen nur für ihre Nachkommen und kämpfen ums eigene Überleben. Nur soziale Wespen trauen sich an Menschen heran, die Aussicht auf Futter lässt sie das Risiko eingehen, erschlagen zu werden. Männchen sind übrigens komplett harmlos, sie haben

keinen Stachel und sind lediglich für die Fortpflanzung da. Wenn man also Ruhe bewahrt, kann man einigermaßen friedlich mit Wespen den Sommer verbringen. Im Herbst sterben eh alle Wespenvölker, nur ein paar Königinnen überwintern.

## GIBT ES SCHLIMMERE INSEKTENSTICHE ALS WESPENSTICHE?

Wer sich mit Wespen beschäftigt, sollte sich auch mit dem Thema Schmerz auseinandersetzen – auch wenn Wespen meist nur in Notwehr stechen. Und wer Wespen und Schmerz miteinander in Verbindung bringen will, kommt an Herrn Schmidt nicht vorbei. Wobei man »Justin Orvel Schmidt« amerikanisch aussprechen sollte, denn der Insektenforscher ist US-Bürger und arbeitet an der Universität von Arizona in Tucson. Schmidt sagt in Interviews herrliche Sätze wie: »Mein Traum war es, in Tucson zu arbeiten, es ist das Epizentrum für stechende Insekten.«

Justin Schmidt scheint eine gewisse Liebe für seine schmerzensreiche Arbeit mitzubringen, Schmerz und Insekten sind sein Lebensthema. Der Entomologe ließ sich im Laufe seines bisherigen Arbeitslebens von insgesamt 150 verschiedenen Insektenarten weltweit stechen, beschrieb danach jeweils den Schmerz und teilte ihn in vier Kategorien ein. Der »Schmidt Sting Pain Index« ist seitdem das Maß aller Schmerzen, die Insekten verursachen. Insekten, deren Stiche nicht wehtun, vernachlässigt Schmidt in seiner Skala. Im Jahr 1983 brachte er erstmals seine Stich-Schmerzskala heraus mit Werten von 1,0 bis 4,0+, 1990 hatte er bereits 78 Insekten eingeordnet. Seitdem verfeinert der »King of Sting« (König des Stichs oder Stachels), wie ihn ein amerikanisches Magazin einmal nannte, seine Skala. Jüngst versicherte er der BBC in einem Interview, dass er auch weiterhin auf der Suche nach Stichen sei: Es gebe da ein paar heftige Arten, etwa Wespen in Ostperu und auf Bäumen lebende Ameisen im Kongo. »Ich denke nicht, dass ich besonders tough bin«, sagt Schmidt. »Ich liebe, was ich tue. Das kann man auch verrückt nennen, wenn man will.«

In einem Youtube-Video sitzt Herr Schmidt in seinem Labor, überall im Raum stapeln sich Hunderte Gläser und Schaukästen mit lebenden und toten Insekten. Schmidt trägt olivfarbene Shorts und ein eigenwilliges T-Shirt bedruckt mit rostbraunen und eidottergelben Mustern. Mit seinem jugendlich-vollen Haar, dem üppigen Schnauzbart und der altersgemäß ledrigen Haut ist er optisch nahe an der Idealbesetzung des verrückten Wissenschaftlers.

Er erklärt, dass vier der zehn schlimmsten Attacken von Ameisen kommen, wobei die Knoten- und Feuerameisen nicht den heftigsten Schmerz verursachen. Klare Nr. 1 ist die zumindest in deutscher Sprache harmlos klingende »24-Stunden-Ameise«. Das zweieinhalb Zentimeter große Insekt aus dem südamerikanischen Regenwald verursacht einen »reinen, intensiven, strahlenden Schmerz«, was ein bisschen auch ihren englischen Namen »bullet ant« erklärt. So müssen sich Schusswunden anfühlen. 24-Stunden-Ameise heißt sie deshalb, weil das starke Gift, mit dem sie normalerweise Beutetiere lähmt, erst nach 24 Stunden heftigster Qualen abklingt. Es fühlt sich so an, als würde man bei lebendigem Leib verbrennen. Viermal in seinem bisherigen Leben stach eine 24-Stunden-Ameise Herrn Schmidt, einmal sogar in die Backe, als ein Tier von einem Baum direkt auf sein Gesicht fiel. Zu wissenschaftlichen Zwecken, um den Wert zu eichen, musste er sich sogar einmal freiwillig von so einer Ameise stechen lassen. »Das war schon sehr hart, mich dazu zu zwingen, mich von einer 24-Stunden-Ameise beißen zu lassen«, sagt Schmidt. Er sagt, er wolle es nicht nochmal erleben.

Nummer zwei, Schmidts Lieblingsinsekt, ist eine Wespenart, die Gott sei Dank in Europa nicht vorkommt. *Pepsis formosa* (Tarantulafalke) jagt handtellergroße Vogelspinnen: Sie lähmt sie, zerrt sie in ihr Nest und legt dann Eier hinein, die sich von der Spinne ernähren. Sie ist das offizielle Staatsinsekt von New Mexiko. Die Wirkung ihres Stichs verschwindet beim Menschen nach drei Minuten, die Stoffe bauen sich extrem schnell ab und zerfallen. Wegen solcher hochspannenden chemischen Effekte untersucht Schmidt diese Wespenart seit zwanzig Jahren.

Nummer drei ist die Ernteameise, ihr Gift wirkt direkt auf den synaptischen Spalt zwischen Nerv und Muskelfaser, eine einzigartige Strategie bei Insekten. Der Schmerz ist laut Schmidt »ätzend, brennend und unerbittlich, als ob jemand einen Bohrer benutzt, um einen eingewachsenen Zehennagel freizulegen oder man einen Becher mit Salzsäure über eine Schnittwunde schüttet.«

Schmidts Beschreibungen klingen bisweilen so, als würde er einen besonderen Wein testen und ihn mit ausgesuchten Begriffen auch ansprechend würdigen wollen. Solche lustvollen Noten hätten sich auch bei »Fifty Shades of Grey« gut gemacht. »Wie Level vier sich anfühlt, wollen Sie nicht wissen!«, sagt Schmidt. »Das beendet schlagartig alle Illusionen eines normalen Lebens. Das ist, als würden Sie Ihren Finger in eine Steckdose stecken und dort lassen.«

Feuerameisen und Blutbienen liegen am »angenehmeren« Ende der Schmerzskala. Feuerameisen erzeugen nur noch einen »scharfen, plötzlichen, etwas beunruhigenden« Schmerz. Tropische Feuerameisen übrigens breiteten sich entlang den großen Handelsrouten der Spanier aus, wie jüngst Forscher herausfanden. Diese fuhren in großen Mengen Heimaterderde über die Weltmeere, als absichtlichen Ballast, in den sich unbemerkt die Feuerameise einnistete. »Die genetischen Daten dokumentieren die Ausbreitung von *Solenopsis geminata* ausgehend von Mexiko über Manila nach Taiwan und von dort weiter durch die gesamte Alte Welt«, sagen die Insektenforscher. Ihr genetischer Stammbaum und ihr heutiges Verbreitungsgebiet stimmen gut mit den spanischen Handelswegen des 16. bis 19. Jahrhunderts überein.

Faszinierend, nicht?, hätte Mr. Spock aus »Raumschiff Enterprise« zu dieser Art Forschung wohl gesagt und eine Augenbraue hochgezogen. Eben beschäftigt man sich noch mit der Schmerzskala bei Insektenbissen, dann tauchen dahinter ganz andere Forschungen auf.

Es ist schon eine kuriose Sache, dass sich ein Wissenschaftler absichtlich von Insekten stechen lässt, um die Schmerzskala zu erfinden. Aber noch kurioser ist, dass das nicht nur Herr Schmidt tut, sondern auch ein gewisser Herr Smith, ebenfalls ein Amerikaner und Doktorand an der renommierten Cornell-Universität in Ithaca, New York. Er hat sich allerdings auf ein Insekt spezialisiert, die süße Honigbiene, die wir alle so lieben. Er wollte ernsthaft wissen, an welcher Stelle am Körper der Stich der Biene am meisten wehtut und ließ sich zu diesem Zweck mehr als 75-mal stechen.

Auf seiner Schmerzskala von null bis zehn liegt klar das Nasenloch vorn. In einer Publikation im *Journal PeerJ* verzeichnet es mit 9 den höchsten Wert. Danach kommt die Oberlippe mit 8,7, dann der Penisschaft mit 7,3. Stiche in die Schädeldecke seien harmlos, sagt Smith. Das fühle sich an, als würde jemand ein elektrisch geladenes Ei auf dem Kopf zerschlagen. Zusammen mit dem mittlerem Zeh und dem Oberarm hat die Schädeldecke mit 2,3 die niedrigsten Schmerzwerte.

Um Kritiker schon im Vorfeld zu besänftigen, versuchte Smith, einen objektiven mittleren Schmerzwert für sich zu definieren. Der Wert 5 bedeutet einen Stich in den Unterarm. Vor jedem anderen Stich gab es daher immer einen Vergleichsstich in den Unterarm. Das Experiment dauerte 38 Tage, in jedes der von ihm untersuchten 25 Körperteile ließ sich Smith dreimal stechen, jeweils zur selben Uhrzeit, in denselben Kleidern, auf dieselbe Art und im selben Raum.

In einem Interview mit dem Magazin *Geo* antwortete er auf die Frage, wie er denn auf die Idee mit den Bienen gekommen sei: »Als Bienenforscher wird man sowieso oft gestochen. Einmal habe ich mit einem Professor gerätselt, wo das am schmerzhaftesten sein könnte. Wir tippten auf die Hoden. Kurz darauf hat mich eine Biene dort erwischt. Und es hat weniger wehgetan, als ich dachte. Das hat meine Neugier geweckt.«

Die beiden Stichforscher betonen übrigens den wissenschaftlichen Zweck ihrer Forschung. Herr Schmidt analysiert die Gifte, ihre chemische Zusammensetzung und ihre Wirksamkeit; Herr Smith fragt sich, was die Stichorte evolutionär betrachtet unterscheidet. »Offenbar hat uns die Evolution dazu gebracht, gefährliche Stiche schmerzhafter wahrzunehmen – ein Stich in die Nase ist ja bedrohlicher als einer in den Arm. Von der Biene wiederum wissen wir: Wenn sie sich verteidigen muss, zielt sie auf Stellen, an denen viel Kohlendioxid freigesetzt wird – eine Erfolg versprechende Strategie.«

Eine Strategie, die auch viele andere Stechtiere anwenden. Sie orten uns aus bis zu dreißig Meter Entfernung über unseren Kohlendioxidausstoß, also über die ausgeatmete Luft. Die immer wieder zitierte Aussage, dass Lagerfeuer, Grill oder die Fackeln beim Gartenfest Mücken, Bienen oder Wespen vertreiben würden, stimmt wohl nicht. Rauch hat – wenn überhaupt – nur eine kurzfristige Wirkung.

# Der Sommer in Zahlen

Gianni Mucignat aus Wallenhorst bei Osnabrück ist Rekord-halter im **Eiskugelstapeln**. **539 Kugeln** hat er auf einer Waffel zu einer Pyramide von 60 Zentimeter Höhe gesta-pelt, dann musste er abbrechen. Das Eis war 17 Kilo schwer — das ist fünfmal so viel, wie jeder Deutsche pro Jahr isst: nämlich **3,48 Kilo Speiseeis.**

In vielen Umfragen sagen die Deutschen, sie verbänden den Sommer ganz stark mit **Barfußlaufen**. 60 Barfußparks in Deutschland listet die Seite www.barfußpark.info. Da kann man auf Holz, Kieselsteinen, weichen Lärchennadeln, Baumstämmen und Steinbrocken laufen und auch spüren, wie sich richtiger Schlamm am Fuß anfühlt.

**Am Nordpol dauert der Sommer** 4 Tage und 17 Stunden (113 Stunden) länger als am Südpol. Der Grund dafür ist, dass die Erdachse etwas geneigt ist.

Erwachsene können **pro Stunde 0,85 Liter Schweiß** abge-ben, also etwas mehr als eine normale Mineralwasserfla-sche voll. Wir haben je nach Alter zwischen 2–4 Millionen Schweißdrüsen. Schwitzen ist effektiv, um Wärme abzuge-ben. Der Schweiß verdunstet und dadurch kühlt er.

**Der längste Strand** der Welt zieht sich etwa 245 Kilometer am Atlantik entlang, es ist die Praia do Cassino im Süden Brasiliens bis zur Grenze Uruguays.

Den bisher **sonnigsten Sommermonat** in Deutschland hat-te die Insel Rügen im Juli 1994. **403 Stunden** schien dort am Kap Arkona die Sonne, 13 Stunden täglich.

**70,7 Grad Celsius ist die höchste jemals gemessene Temperatur** auf der Erdoberfläche, per Satellit ist dieser Wert im Sommer 2007 in der iranischen Lut-Wüste ge-messen worden. Damit sind die bisherigen Rekordhalter Death Valley in den USA und El Aziziyah in Libyen abge-löst. Dort waren die bislang höchsten Werte 56,7 und 58,0 Grad Celsius, gemessen 1913 und 1922, registriert.

## WAS PASSIERT, WENN DER SOMMER AUSFÄLLT?

Eine hypothetische Frage, glücklicherweise, könnte man meinen. Aber das stimmt so nicht ganz. Vor gar nicht allzu langer Zeit – mit Blick auf die Geschichte der Menschheit – hat es tatsächlich einmal ein solches Jahr gegeben. Wahrscheinlich waren es sogar mehrere, aber es ist das Jahr 1816, das als das »Jahr ohne Sommer« in die Geschichte eingegangen ist. Bereits im Frühling ertrank Mitteleuropa in nicht enden wollendem Regen, und den ganzen Sommer über blieben die Temperaturen weit unter dem Durchschnitt. Im Juli und August froren Flüsse und Seen an der amerikanischen Ostküste zu. Der Himmel über Amerika und Europa war von einem »trockenen Nebel« bedeckt, der das Licht der Sonne dimmte. Ernteausfälle führten zu Hunger, Krankheit und Tod.

Es war ein dramatisches Jahr, und Weltuntergangsstimmung ergriff die Menschen: »Nach den Berechnungen eines Astronomen aus Bologna, der kürzlich etwas zu diesem Thema veröffentlich hat, wird es am 18. Juli zu einer großen solaren Katastrophe kommen und unsere Welt wird in einer Feuersbrunst verglühen. Vorzeichen dafür sind ebenjene Flecken, die man zurzeit auf der Sonnenscheibe erkennen kann«, schrieb die *London Times* im Juni 1816. Die »Bologna-Prophezeiung« beunruhigte so manchen europäischen und amerikanischen Bürger. Auch weil nicht erkannt wurde, dass man die Sonnenflecken in dem trüben Wetter nur besser erkannte, sie aber bereits vorher da gewesen waren.

Den wahren Grund dafür, warum im Jahr »Achtzehnhundertunderfroren« der Sommer ausfiel, kannte man damals noch nicht. Man behalf sich mit verschiedenen Erklärungen, von einer Gottesstrafe bis hin zu Experimenten mit Elektrizität. Erst mehr als hundert Jahre später verstand ein Klimaforscher den Zusammenhang mit einer Naturkatastrophe, die ein Jahr zuvor und über 10 000 Kilometer von Europa entfernt auf der indonesischen Insel Sumbawa stattgefunden hatte: der Ausbruch des Vulkans Tambora. Im April 1815 schleuderte der Vulkan in mehreren gewaltigen Explosionen große Mengen Magma,

Asche und Gase aus. Der Berg sprengte dabei mehr als einen Kilometer seiner Spitze weg. Eine kilometerhohe Eruptionssäule stieg als glutheiße Wolke auf, um dann zu kollabieren und mit Temperaturen um 800 Grad Celsius ins Tal zu rasen. Ein Tsunami verwüstete die Küsten der Inselgruppe. Mehr als 70 000 Menschen starben an den unmittelbaren Folgen des Vulkanausbruchs.

All diese sichtbare Zerstörung hätte sich aber auf das den Vulkan umgebende Gebiet beschränkt. Die dramatischen Folgen für das globale Klima wurden durch unsichtbare Schwefelgase hervorgerufen, die von der Explosion des Vulkans in die Stratosphäre geschleudert wurden. Wissenschaftler schätzen, dass sie etwa 60 Millionen Tonnen Schwefel enthielten. In der Stratosphäre wurden aus dem Gas dann winzige Schwefelaerosole, also Tröpfchen, die unseren Erdball umkreisen. Auf welche Weise genau diese Aerosole das Klima veränderten, können Wissenschaftler im Rückblick nur vermuten. Auf alle Fälle reflektierten die Tröpfchen einen Teil des Sonnenlichts, der Himmel erschien milchig und die Erde wurde weniger stark erwärmt.

Die anderen Folgen des Vulkanausbruchs, wie beispielsweise der sintflutartige Regen in Mitteleuropa, entwickelten sich aus der komplexen Dynamik, die unser globales Wetter bestimmt. Für die Bevölkerung waren diese Folgen katastrophal: Niedrige Temperaturen und anhaltende Niederschläge führten zu Missernten, steigenden Getreidepreisen und Hungersnöten. Es gab Unruhen und Aufstände, und viele wanderten nach Amerika aus (es war die erste größere Auswanderungswelle) – aber aus dieser Zeit stammen auch die Anfänge unserer modernen Katastrophenhilfe. Im stark betroffenen Baden-Württemberg beispielsweise gründete die Königin damals zentral verwaltete Wohltätigkeitsvereine. Auch die Neue Welt – in die ja viele voller Hoffnung aufbrachen – wurde von den Folgen des Vulkanausbruchs nicht verschont. Hier hungerten und froren die Menschen ebenfalls und machten sich deshalb auf den Weg in den Westen: Der erste Siedlertreck wurde durch den Notstand des Jahres ohne Sommer ausgelöst.

*Ich hatte einen Traum, der keiner war.*
*Die Sonne war erloschen, und die Sterne,*
*verdunkelt, schweiften weglos durch den Raum,*
*kein Mond, die Erde schwang im Äther, blind*
*und eisig sich verfinsternd; kam der Morgen*
*und ging und kam – er brachte keinen Tag.*

Mit diesen Zeilen beginnt Lord Byrons Gedicht »Darkness«
(»Die Finsternis«), ein dramatisches Weltuntergangsgedicht,
geschrieben 1816 unter den Eindrücken eines dunklen, stür-
mischen Sommers am Genfer See. In seinen Versen bleibt die
Welt ohne Sonne, alles Leben stirbt, die Natur erstarrt und
die Dunkelheit triumphiert. Auch im Salzburger Land war
der Sommer jenes Jahres eine einzige Katastrophe, doch der
junge Pfarrer Joseph Moor setzte seine Stimmung in ganz
andere Worte um: Er schrieb in diesen Tagen den Text zu
einem trostspendenden Weihnachtslied, das später ein Welthit
wurde: »Stille Nacht, Heilige Nacht«.

Der Vulkanausbruch und seine Klimaveränderungen brachten
außerdem noch die zwei bekanntesten Monster unserer Zeit
hervor. Lord Byron war nämlich nicht allein am Genfer See in
jenem Sommer. Um ihn versammelte sich eine Gruppe junger
Schriftsteller, unter ihnen Percy Shelley und Mary Godwin,
später verheiratete Shelley. Weil man einen Zeitvertreib für
die langen, dunklen Tage brauchte, beschloss man, Gespens-
tergeschichten zu schreiben. Und so wurde am von Gewittern
umtosten See, zu Füßen der gewaltigen Berge, Frankensteins
Monster geboren. In einer Schlüsselszene ließ Mary Shelley
den Wissenschaftler und seine Kreatur vor der dramatischen
Kulisse der Schweizer Berge aufeinandertreffen. Auch das
zweite Monster, der Fürst der Dunkelheit, der Vampir, fand
bei der Gespensterrunde in der Villa am See zum ersten Mal
seinen Weg in die europäische Literatur. Nach einer Idee von
Byron schrieb sein literarisch ambitionierter Leibarzt John
Polidori die erste Erzählung über den Untoten.

Eine ganz andere Seite der verdunkelten Sonne zeigten die farbenprächtigen orangeroten Sonnenuntergänge der Biedermeierzeit. Wir wissen von ihnen, weil wir sie noch heute auf den Gemälden von damals bewundern können. William Turner und Caspar David Friedrich verdankten die spektakulären Farbenspiele der durch den Vulkanausbruch veränderten Atmosphäre.

Doch selbst wenn die Sonnenuntergänge spektakulär waren, die meisten von uns möchten so ein Jahr ohne Sommer wohl lieber nicht selbst erleben. Aber wir wissen, dass es passieren kann: Klimarelevante Vulkaneruptionen in der Größenordnung des Tambora gibt es etwa alle 100 bis 500 Jahre. Und außerdem schlummern unter unserer Erdkruste ja noch die Supervulkane. Sie brechen zwar selten aus – der Yellowstone-Vulkan das letzte Mal vor 640 000 Jahren – aber wenn, dann wären die Folgen wohl noch verheerender und würden für viele Jahre ohne Sommer sorgen.

# UNSERE FÜNF SINNE

## Im Sommer: Fühlen

Wenn wir am heißen Strand in der Sonne liegen und die Augen schließen, uns vielleicht noch ein Handtuch über das Gesicht legen, dann können wir so richtig schön vor uns hindämmern. Die Brandung liefert ein einlullendes Hintergrundgeräusch, alle Körperfunktionen fahren langsam herunter. Nur ein Organ bleibt hellwach: unsere Haut. Sie erfühlt jeden Windhauch, sie merkt, wenn sich nur eine kleine Wolke vor die Sonne schiebt, sie registriert, wenn feine Sandkörner über den Körper rieseln, sie spürt die Vibrationen, wenn jemand in der Nähe vorbeiläuft. Und wenn plötzlich ein feuchter, kühler Klecks spürbar wird, dann sagt uns unsere Haut, dass uns soeben eine Möwe angekackt hat. Für mich ist das Fühlen der besondere Sinneseindruck des Sommers. Befreit von den schützenden Kleidungsstücken kann die Haut im Sommer ihre Fähigkeiten so gut ausspielen wie sonst nie im Jahr.

Auch im Wasser spüren wir feinste Unterschiede in der Wassertemperatur. Eine schnelle Reaktion ist dabei enorm wichtig, denn jedes negative Signal (kochendes Wasser, ein Wespenstich, ein Dorn in der Fußsohle) erfordert eine schnelle Reaktion, um größere Gefahren abzuwenden. Unsere Haut schafft das, unterstützt von fünf Millionen kleiner Härchen. Unsere Haut ist ein Wunderwerk. In ihr sitzen in verschiedenen Tiefen bis zu 2,5 Millimeter von der Oberfläche entfernt alle möglichen Sensoren mit ihren Spezialaufgaben. Insgesamt sind es fünf Typen von Sinneszellen. Da wären die sogenannten Meißner-Körperchen, die kurze, flüchtige Bewegungen erfassen, dann die Merkel-Zellen, die auf länger anhaltenden Druck spezialisiert sind. Beide sitzen nahe der Hautoberfläche. Etwas tiefer liegen Ruffini-Körperchen, die registrieren, wenn die Haut sich dehnt. Noch tiefer liegen die Pacini-Körperchen, die Vibrationen und tiefere Dellen melden, und ganz nah bei ihnen die für Schmerz, Kälte und Wärme zuständigen Sensoren. Die Haut vermittelt uns also ständig einen Eindruck der Beschaffenheit unserer unmittelbaren Umgebung. Sie ist mit sechs Kilogramm Gewicht das schwerste Sinnesorgan und mit einer Fläche von 1,7 Quadratmetern nach dem Darm das zweitgrößte Organ unseres Körpers. Wir spüren damit aber nicht nur unsere Umgebung, sondern auch uns selbst. Möglicherweise ist das die größte Besonderheit unserer Haut. Sie bildet die entscheidende Grenze zwischen dem Ich und der restlichen Welt.

Wie wichtig das Fühlen für uns Menschen ist, zeigen ein paar spannende Erkenntnisse. Der Tastsinn entwickelt sich als erster aller Sinne im Mutterleib. Wir müssen lernen, was wir fühlen. Mit unseren Fingern können wir feinste Strukturen spüren, schon einen millionstel Meter. Die Fingerkuppen weisen die größte Dichte von Tastsensoren auf (mit ihnen können wir sogar lesen). Über die Haut stehen wir in Kontakt mit unserer Umgebung – und zwar immer. Hände, Lippen und die Zunge sind die empfindlichsten Zonen unseres Körpers. Weitere Sinnesfühler sitzen in den Muskeln, Sehnen und Gelenken.

Wir sehnen uns danach, angefasst zu werden. Forscher sagen, dass regelmäßiger Hautkontakt und Streicheln zentral für die Entwicklung von Babys und Kleinkindern ist, dass sie letztlich das ganze Leben lang Einfluss auf unsere Psyche und die Gesundheit haben. Menschen, die gestreichelt werden, sind nachweislich gesünder. Kein anderes Organ braucht so viel Aufmerksamkeit. Evolutionsbiologen meinen, dass dies ein Zeichen dafür ist, dass wir soziale Wesen sind. Über die Haut bekommen wir die Bestätigung, nicht allein auf der Welt zu sein. Und nichts löst lustvollere Empfindungen aus als erotische Berührungen unserer Haut.

Das Tasten und Fühlen hilft uns dabei, die Welt zu begreifen. Ist der Gegenstand in meiner Hand glatt oder rau, ist er heiß oder kalt, ist er feucht oder trocken? Millionen Sinneszellen melden uns verschiedenste Informationen gleichzeitig. Und wir kombinieren die Signale der Sensoren zu unserer Umwelt: wir fühlen die feuchte, kalte Hundeschnauze, den warmen Sand und die Strahlen der Sonne. Und manche meinen sogar, Blicke spüren zu können.

# Ein Tag in den Bergen

**W**as suchen wir in den Bergen? Warum haben wir eine solche Sehnsucht danach, auf Gipfel zu klettern? – Bergsteigen heißt zunächst einmal, die Hektik des Tals hinter sich lassen. Mit jedem Schritt gehen wir weg vom alten Leben, wir machen eine Pause vom Alltag.

Im Herbst sind die Wiesen morgens oft noch feucht (ein echter Bergsteiger beginnt den Tag sehr früh) und in den Niederungen hängen Nebelschwaden. Doch dann kommt der unvergleichliche Moment, an dem man hinaustritt in die Sonne. Man hat seinen Rhythmus gefunden und geht seinen Weg, vorbei an Almen, an denen Kühe auf den Weiden stehen und in denen noch manch ein uriger Käser einen »echten« Bergkäse macht.

## BERGSTEIGEN: SCHÖNHEIT UND GEFAHR

Wir trauen uns an ausgesetzte Stellen, an denen es steil hinabgeht, und kämpfen mit unserer Höhenangst. Wir bewundern die Natur, die Farbenpracht des Herbstlaubs, wenn sich der Sommer verabschiedet. Oben auf der Alm essen wir frischen Kaiserschmarrn und fühlen uns dem Himmel näher.

Bergsteigen hat etwas Reinigendes. Weil es uns auch mit Erfahrungen konfrontiert, die wir in Städten nicht mehr machen können. Zum Beispiel der Erfahrung, dass Schönheit und Gefahr ganz nah beieinanderliegen. Ich war mit Freunden und meiner Familie kürzlich auf einer zweitägigen Tour im Karwendelgebiet in Österreich unterwegs. Für den Nachmittag war ein Wetterumschwung vorhergesagt. Der wildschöne Weg, den uns der Hüttenwirt empfohlen hatte, führte zunächst zwei Stunden einen steilen Geröllhang hoch bis zur Eppzirler Scharte auf mehr als 2100 Meter. Wir genossen einen grandiosen Blick in zwei Täler, während wir vom Wind herrlich umtost wurden. Doch wenn es zu regnen begonnen hätte, wenn die Erde zu rutschen begonnen hätte und das Gestein glatt wie Seife geworden wäre, dann wäre es sehr schnell vorbei gewesen mit der Schönheit.

Es ist einer der schönsten Momente einer herbstlichen Bergwanderung, wenn auf dem Weg zum Gipfel die Nebelwand aufreißt, durch deren feuchte Schwaden man eben noch lief und die sich auf einer Almwiese mit einem Mal in nichts auflöst. Es ist plötzlich viel wärmer und strahlender. Weiter oben vom Gipfel sehen die Nebelwolken dann wieder anders aus, eher flauschig und gemütlich, wie ein dahinströmender Wattefluss, der sanft an die Hänge der Berge schwappt.

## WARUM BILDET SICH IM HERBST MORGENS OFT NEBEL IN DEN TÄLERN?

Nebel ist nichts anderes als eine Wolke mit Bodenkontakt. Erst ab Sichtweiten unter einem Kilometer spricht man übrigens von Nebel, sonst handelt es sich nur um Dunst. Das Wort *nebula* gab es bereits in allen germanischen Sprachen, ebenso im Lateinischen und selbst das griechische *nephele* ist mit ihm verwandt. Nebel erscheint weißlich, weil das Licht an den feinen Tröpfchen gleichmäßig streut. Oft entsteht Nebel am Abend oder in der Nacht, wenn sich die bodennahe warme feuchte Luft abkühlt. Dann bilden sich Millionen feinster Wassertröpfchen, der Nebel.

Die Nächte im Herbst werden deutlich kälter, und der Boden kühlt immer mehr aus. Zwar schafft es die Sonne tagsüber noch, die Luft zu erwärmen, aber ihre Kraft reicht nicht mehr aus, um den Boden dauerhaft warm zu halten. Sobald die Sonne untergegangen ist, kühlt der Boden die niedrigen Luftschichten schnell ab, besonders stark passiert das in klaren Nächten. Wir wissen, dass kühle Luft weniger Feuchtigkeit speichern kann als wärmere, sie gibt also Wasser ab, das dann zu Wasserdampf kondensiert. Winzige, nur wenige Mikrometer große Wassertröpfchen schweben in der Luft. Forscher nennen diese Nebelart Strahlungsnebel.

Da kühle Luft nach unten sinkt, bleibt der Nebel in den Senken und Niederungen dicht über dem Boden liegen. Oft setzen sich die Wassertröpfchen auch an Gräsern, Ästen oder Spinnennetzen ab, das ist dann der berühmte Frühtau. Wird es nachts richtig kalt, gefrieren sie, und Raureif bildet sich.

Nebel lässt sich im Herbst auch oft in der Nähe von Flussauen und Seen beobachten. Die Gewässer sind vom Sommer noch warm, die Luft wird in den Herbstnächten auch dort kalt. Doch die Schicht direkt über dem Wasserspiegel kann sich wieder leicht erwärmen, nimmt Feuchtigkeit aus dem Wasser auf und steigt dann langsam hoch. Oben ist die Luft wieder kühler und ein Teil der Feuchtigkeit kondensiert zu Nebel. Die Seen und Flüsse dampfen an kühlen Herbstabenden regelrecht. Forscher nennen diesen malerischen Anblick »Verdunstungsnebel«.

Ob aus ein bisschen Nebel eine richtige Nebelbank wird, hängt vor allem vom Wind ab. Er kann Nebelschwaden schnell aufwirbeln und auflösen. Nebelfelder können durchaus einige Hundert Meter im Durchmesser sein, in Flusstälern noch deutlich länger. Hochdruckwetterlagen im Herbst begünstigen die Nebelbildung, denn dann wehen meist nur schwache Winde.

Nebel ist aber nicht nur ein Wetterphänomen. Er ist ein Symbol für unsere Unsicherheit und Ungewissheit. Er steht für das Gefühl der Orientierungslosigkeit, das einen inmitten des Nebels befällt, weil man seine Umgebung nur noch schemenhaft erkennen kann und dadurch an Halt verliert. Im englischen Dartmoor, dieser verwunschenen, mystischen Heidelandeschaft mit all ihren Granitfelsen, Steinkreisen und uralten Menhiren, habe ich einmal bei einer Wanderung im Nebel kurzfristig komplett die Orientierung verloren. Eine unheimliche Erfahrung. Keine meteorologische Erscheinung sonst schafft das, höchstens vielleicht ein starker Sturm auf einem Segelschiff mitten im Atlantik.

Meinen schönsten Nebel habe ich den Passatwinden zu verdanken, die auf der spanischen Kanareninsel La Gomera kräftig und beständig von Nordosten blasen. Es gibt dort Wälder, die einmalig sind auf der Welt. Sie tragen den wunderschön klingenden Namen *Laurisilva*, Lorbeerwald, mit immergrünen, glänzenden Blättern. Es sind die größten zusammenhängenden immergrünen Feuchtwälder weltweit. Schon wenn man vom Meer aus die Steilküste hochfährt, sieht man an den Hängen des Bergs Garajonay, wie der Wind mit einer irrsinnigen Geschwindigkeit Nebelfetzen aus der geschlossenen Decke zu Tale reißt. Sie stürzen sich die Hänge hinab, ihrer Auflösung entgegen. Das sieht wunderschön aus, düster und heiter zugleich. Kein Wunder, dass die Einheimischen einst glaubten, auf den Lichtungen der Lorbeerwälder träfen sich die Hexen und Geister zum Tanz, und wer es nicht vor Einbruch der Dunkelheit schaffte wegzukommen, müsste die Nacht durchtanzen. Und so ganz verkehrt ist dieser Eindruck nicht. Das zeigt sich, wenn man die Lorbeerbäume durchstreift. Es knarzt und ächzt in den Wäldern, seltsam hohe Töne sind darunter. Von den Ästen hängen Moose wie lange Bärte, die Stämme sind knorrig und schief wie bei Hänsel und Gretel. Es ist eine märchenhafte Welt, Nebelfetzen brechen durch Lichtungen, doch ehe man die Feuchtigkeit auf der Haut spürt, lösen sie sich auf. Es bleibt nur ein kühler Hauch.

Forscher sprechen in diesem Fall vom »orographischem« Nebel oder Bergnebel. Die von den Passatwinden herangetragene feuchte Luft steigt an den steilen Hängen in kühlere Regionen auf. Es ist also eine Art Abkühlungsnebel, der mit sinkendem Luftdruck zu tun hat. Ihre Feuchtigkeit kämmen die Bäume also regelrecht aus den Passatwinden, das Wasser kondensiert auf den Blättern.

Nebel kommt in fast allen Regionen der Erde vor. Am häufigsten ist er in Gebieten, in denen es sehr feucht ist und gleichzeitig große Temperaturunterschiede herrschen. Es gibt sogar Regionen, die praktisch immer Nebel haben. In der Wüste Namib an der Westküste Afrikas ist das der Fall. Das liegt an einer Meeresströmung: Der Benguelastrom im Atlantik zieht sich wie ein kaltes Band vom Kap der Guten Hoffnung nach Norden hin zum Äquator. Passatwinde schieben warmes Oberflächenwasser weg von der Küste hin zum kalten Strom. Dadurch kühlt die Luft an der Oberfläche ab und lässt die Nebelbänke entstehen. Sie ziehen dann langsam auf die Küstenwüste zu und schaffen es manchmal bis zu fünfzig Kilometer über die weiten Sandflächen ins Landesinnere, bis sie dann irgendwann den Kampf gegen die Sonne verlieren.

## MÜSSEN BERGE IMMER EINE SPITZE HABEN?

Für Kinder ist die Sache mit den Bergen einfach. Sie sind oben spitz und unten breit, ein Dreieck eben. Wenn sie Berge malen, zeichnen sie dreieckige Zacken. Wer durch die bayerischen oder österreichischen Alpen klettert, fühlt sich in dieser Sicht bestätigt. Die meisten Berge ähneln tatsächlich Pyramiden. Das Matterhorn in der Schweiz ist so ein Paradeberg.

Forscher wussten zwar irgendwie, dass das so vermutlich nicht ganz stimmen kann, doch in ihren Modellen etwa zu den Auswirkungen des Klimawandels rechneten sie mit dieser Idealform. Doch jüngst sahen sich zwei amerikanische Wissenschaftler Berge und ihre Formen weltweit an und waren erstaunt: Tatsächlich existieren vier verschiedene Grundformen – und nicht bei allen wird wie bei unseren heimischen Bergen der Lebensraum für Tiere und Pflanzen hin zum Gipfel enger. Nur 30 Prozent aller Berge habe die Pyramidenform, vorwiegend finden sie sich in den Alpen. Neben der Pyramide gibt es noch die Diamantform, sie dominiert etwa in Nordamerika in den Rocky Mountains. Diese Form hat die meisten Flächen in gemäßigten bis mittleren Höhen. Im Himalaja und in vielen Gebirgszügen der Anden ähnelt das Höhenprofil dagegen einer Sanduhr. Hier gibt es weite Flächen im Tal und in großen Höhen. Beim 3000 Kilometer langen chinesischen Kulun-Gebirge an der Grenze zu Tibet findet man wiederum vor allem die umgestürzte Pyramide. Hier ist das Platzangebot im Tal knapp, wächst dann kontinuierlich bis in hohe Lagen und nimmt erst nahe dem Gipfel ab wieder.

Solche Analysen sind angesichts steigender Temperaturen für die Forschung wichtig. Nicht auf jedem Berg wird es also oben für die Tiere enger, wenn sie sich aufgrund des Klimawandels in die kühleren Höhenlagen zurückziehen müssen.

## WARUM KÖNNEN BERGE AUF DER ERDE NICHT 30 KILOMETER HOCH WERDEN?

Der größte uns bekannte Berg im Sonnensystem ist der Mons Olympus auf dem Mars. Der gewaltige Schildvulkan ist etwa 26 Kilometer hoch und hat einen Durchmesser von 600 Kilometern, er würde ziemlich genau zwischen München und Hamburg passen. Auf der Erde haben wir als höchste Erhebungen den Mount Everest mit 8850 Meter und den Mauna Kea auf Hawaii, der vom Fuß auf dem Meeresgrund bis zum Gipfel 10 203 Meter misst. Zwar wächst der Mount Everest pro Jahr wenige Millimeter, da die indische Erdplatte mehrere Zentimeter pro Jahr Richtung Nordosten treibt und so die Eurasische Platte leicht anhebt. Doch den Hebekräften stehen Erosion und Erdanziehung entgegen.

Eine Grenze setzt vor allem die Erdanziehung. Wäre ein Berg auf der Erde höher als 30 Kilometer, wäre der Druck an seiner Basis aufgrund seines Gewichts so hoch, dass alles Material darunter flüssig werden würde. Der Berg würde einsinken. Auf dem Mars ist die Schwerkraft geringer, sie liegt nur bei 38 Prozent der Erdanziehungskraft, deshalb können die Berge dort höher werden. Dass solche Effekte tatsächlich eine Rolle spielen, sieht man am Mauna Kea. Geologen haben festgestellt, dass der Vulkan aufgrund seines Gewichts in den Meeresboden eingesackt ist, und zwar bereits 7000 Meter. Eigentlich würde er nämlich vom Fuß bis zum Gipfel 17 Kilometer messen.

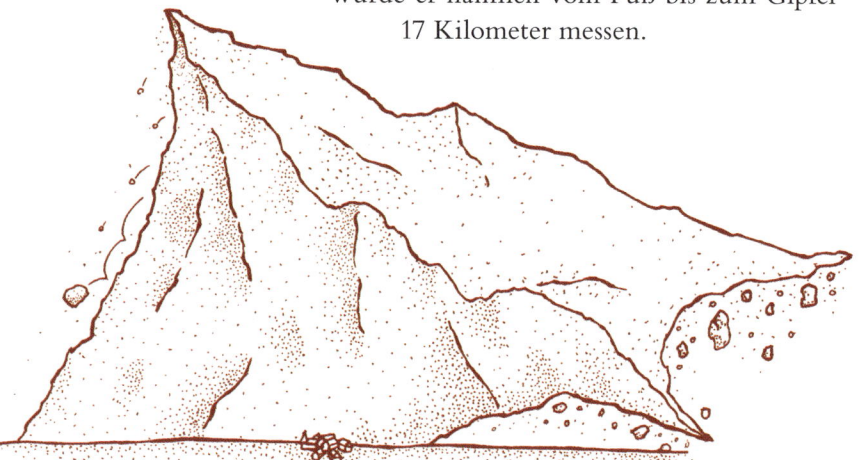

## VON WOLKEN UND MENSCHEN

Wer einfach so auf einer Bergwiese liegt (natürlich geht das auch im Sommer am Strand) und nach oben schaut, der kann wundersame und schöne Dinge beobachten. Wolken zum Beispiel, die am Himmel entlangziehen, die klassische Schönwetterwolke etwa. Schäfchenwolken nennt man sie auch umgangssprachlich, weil sie eine flauschige, wollige Form haben. Nach ganzen Schafen sehen sie in den seltensten Fällen aus, sie nehmen meist ganz eigenwillige Formen an.

Je nach Typ und Stimmungslage kommen einem da ganz verschiedene Gedanken in den Sinn. Der physikalisch orientierte Mensch fragt sich vielleicht, wie solche Wolken entstehen und ob sie wirklich so federleicht sind, wie sie aussehen. Der romantische Typ hängt seinen Gedanken nach, wenn die Wolken am Himmel entlangjagen und entdeckt in den wolligen Wolken immer neue Wesen, mal springende Tiere, mal Gegenstände, mal lustige Gesichter. Und wer an die Geschichte der Menschheit denkt, weiß um die elementare Bedeutung der Wolkentürme: Ohne Gewitterwolken und Blitze wären wir vielleicht nie auf die Idee des Feuers gekommen und Hunderttausende von Jahren später nicht auf Elektrizität oder elektrisches Licht. Es gibt also viele Gründe, die Augen zum Himmel zu wenden und sich Gedanken über Wolken zu machen.

### Warum meinen wir in Wolken Gegenständliches zu erkennen?

Unser Gehirn scheint darauf geeicht zu sein, überall Dinge oder ein Gegenüber zu erkennen. Wir sind erstaunlich sensibel in dieser Hinsicht, unser Gehirn ergänzt diffuse Sinnesinformationen oft zu einer Gestalt, zu einem Ganzen, das für uns einen Sinn ergibt. Wir messen dieser Beobachtung dann auch eine Bedeutung zu, machen aus Wolken vertraute Gegenstände, aus Hell-Dunkel-Unterschieden vermeintliche Gesichter oder Dinge mit klaren Konturen, erkennen in der völligen Unordnung ein Muster.

Die Wissenschaft hat für dieses schöne Phänomen einen Namen: Pareidolie (das kommt aus dem Griechischen und bedeutet so viel wie »Neben-Erscheinung«).

»Es gibt eine allgemeine Tendenz unter Menschen, alle Dinge als sich selbst ähnlich aufzufassen und diese Eigenschaften auf alle Objekte zu übertragen. Wir erkennen menschliche Gesichter im Mond und Armeen in den Wolken«, schrieb der schottische Philosoph David Hume einst. Diesen Prozess der Vermenschlichung hält Hume für den Ursprung von Religion und Aberglauben.

Nicht nur in Wolken erkennen wir Gesichter. Da taucht plötzlich die Jungfrau Maria auf einem Toastbrot auf, oder wir erkennen im rauchenden World-Trade-Center plötzlich eine teuflische Fratze oder auf einem unscharfen Sondenfoto der Marsoberfläche ein menschliches Antlitz. Punkt, Punkt, Komma, Strich, fertig ist das Marsgesicht. Egal ob tatsächlich auf dem Mars, Mond oder an irgendeiner Hauswand: Wir suchen selbst in den Steckdosen nach Augen, Nase, Mund. (Wer Lust an solchen Bildern hat, dem sei die Webseite www. dingemitgesicht.de empfohlen.)

Wissenschaftler vom Massachusetts Institute of Technology (MIT) in Boston haben dieses Phänomen jüngst mithilfe eines funktionellen Magnetresonanztomografen (fMRT) detailliert untersucht. Testpersonen bekamen in den Geräten Bilder von echten Gesichtern und Dingen mit Gesichtern vorgespielt, das fMRT zeichnete dabei die Gehirnaktivitäten auf. Unser Gehirn könne dabei sehr wohl unterscheiden, ob es sich um ein tatsächliches Gesicht handle oder um ein Objekt, sagen die Forscher. Offenbar sind an der Gesichtserkennung zwei Bereiche des Gehirnareals *Gyrus fusiformis* beteiligt, das im Schläfenlappen in der unteren Großhirnrinde liegt. Der linke Gyrus fusiformis bewertet dabei zunächst, wie ähnlich ein über die Augen hereinkommendes Bild einem Gesicht ist, dafür reichen oft schon wenige Gesichtspunkte und Abstände zueinander aus. Der rechte Gyrus fusiformis wiederum erhält diese Vorabinformation und entscheidet dann schnell, ob das

Objekt tatsächlich ein echtes Gesicht ist, er trifft also erst die kategorische Entscheidung. »Wir können sagen, dass ein Objekt wie ein Gesicht aussieht, werden aber gleichzeitig nicht wirklich davon in die Irre geführt«, sagt der Kognitionswissenschaftler Pawan Sinha vom MIT. Diese ausgeklügelte Arbeitsverteilung sei der erste Nachweis, dass linke und rechte Gehirnhälfte zusammen verschiedene Rollen übernehmen, wenn sie visuelle Eindrücke in hoher Auflösung verarbeiten.

Wenn wir also im Gras oder am Strand liegen und Wolken beobachten, trainieren wir auch unseren Gyrus fusiformis.

## WAS WIEGEN WOLKEN?

Vermutlich sind Sie schon mal mit dem Flugzeug durch Wolken geflogen. Würde man die Augen schließen, würde man das Eintauchen in den Wolkennebel gar nicht mitbekommen. Für ein Flugzeug ist es aerodynamisch betrachtet egal, ob es durch Luft oder Nebel fliegt. Es können höchstens aufgrund von aufsteigender Luft innerhalb von Wolken Böen oder Turbulenzen in der Luft auftreten, das wiederum spürt man im Flugzeug sofort. Doch vom möglichen Gewicht der Wolke spürt man nichts. Dabei sind die so flauschig wirkenden Wolken tatsächlich tonnenschwer. Meteorologen schätzen das Gewicht aufgrund von Größe und durchschnittlich enthaltener Wassermenge.

Schönwetterwolken (Cumulus) haben meist klare Grenzen, deshalb lässt sich ihr Gewicht gut bestimmen. Kleine Cumuluswolken sind etwa so groß wie ein Fußballfeld und bis zu einem Kilometer hoch, mittlere sind bereits rund einen Kubikkilometer groß. Solche Wolken enthalten etwa ein Gramm Wasser pro Kubikmeter, damit kommt man auf ein Gesamtgewicht von 1000 Tonnen, das ist so viel wie 200 ausgewachsene Elefantenbullen oder 750 VW Golf.

Tropische Wolken gleicher Größe und Art können etwa siebenmal so viel Wasser speichern, weil die Luft in ihnen wärmer ist. Ihr Gewicht liegt demzufolge bei 7000 Tonnen.

Der Gewichtsgigant am Himmel ist die Gewitterwolke, auch Cumulonimbus genannt. Monströs türmt sie sich bis in 11 Kilometer Höhe auf, in den Tropen sind sie sogar noch höher. Oft sind sie auch einige Kilometer breit. Was ihr Gewicht auf mehrere Millionen Tonnen steigen lässt.

Trotz ihres Gewichts fallen die Wolken natürlich nicht herunter, denn die Wassertröpfchen selbst sind meist winzig, nur millionstel Meter im Durchmesser. Sie würden zwar einerseits aufgrund ihres Gewichts langsam nach unten schweben, doch da Wolken andererseits dort entstehen, wo feuchtwarme Luft aufsteigt, wird der Schwerkrafteffekt durch den Aufwind in der Wolke locker aufgehoben. Erst wenn die Wolke immer mehr Wasser aufnimmt und die Tropfen weiter wachsen, siegt irgendwann doch noch die Schwerkraft, und es fängt an zu regnen. Viele Wolkenarten können Regen erzeugen, manche geben bis zu zwei Liter Regenwasser pro Quadratmeter ab. Der Karlsruher Meteorologe Bernhard Mühr hat in seinem Buch »Der Wolkenatlas« ausgerechnet, dass so eine Wolke während eines 30-minütigen Schauers rund 25 Kilometer zurücklegt und dabei rund 150 Millionen Liter Wasser abgibt. Bei einem Gewitter (Cumulonimbus-Wolken) ergießen sich innerhalb kurzer Zeit bis zu fünf Milliarden Liter Wasser auf die Erde. Und amerikanische Physiker um Michael Larsen vom College of Charleston haben mit Hochgeschwindigkeitskameras gemessen, dass die schnellsten Tropfen mit 20 km/h auftreffen und wider Erwarten dabei auch kleinere Tropfen zu den Rekordhaltern zählen.

## WARUM SIND WOLKEN WEISS?

Eine Wolke besteht aus feinsten Wassertröpfchen, die sich um winzige sogenannte Aerosolpartikel bilden. Dies können zum Beispiel Staubteilchen oder Salzkristalle sein, in größeren Höhen auch kleinste Eiskristalle. Sichtbar macht die durchsichtigen Teilchen ein physikalischer Effekt. Licht streut nämlich an mikroskopisch kleinen runden Teilchen, wenn die Wellenlänge des Lichts in etwa dem Durchmesser der Teilchen entspricht oder kleiner ist. Die Wellenlängen von sichtbarem Licht liegen zwischen 380 und 780 Nanometer, sie sind also etwas kleiner als die Durchmesser der Tröpfchen, diese liegen im Mikrometerbereich, bei größeren Tropfen sind es Millimeter. Da alle Wellenlängen des sichtbaren Lichts in etwa gleich gestreut werden, erscheinen die Wolken weiß – wir nehmen die Überlagerung aller Farben als Weiß wahr. Dickere Wolken sind dunkler, weil das Licht mehrfach auf dem Weg durch die Wolke gestreut wird und kaum noch Licht die Wolke durchdringen kann.

## WARUM GIBT ES WOLKEN IN SO VIELEN VARIATIONEN?

Warum es Wolken in dieser Vielfalt gibt ist eine dieser Fragen, die leicht erscheinen, im Detail aber unglaublich kompliziert sind. Die einfache Antwort kennen wir bereits. Aufsteigende Luft kondensiert an Sand, Staub- und Rußteilchen, Pollen oder anderen Aerosolen. Mit zunehmender Höhe nimmt der Luftdruck ab, die feuchte und relativ warme Luft (im Vergleich zu höheren Schichten) dehnt sich aus und kühlt deshalb ab. So kann sie weniger Wassermoleküle halten. An den Teilchen – Forscher nennen sie Kondensationskeime – bilden sich aus den unsichtbaren Gasmolekülen feinste, sichtbare Wassertröpfchen und damit im großen Maßstab Wolken. Der Name »Wolke« geht übrigens auf die indogermanische Wurzel uelg »feucht, nass« zurück.

Doch was genau im Inneren von Wolken passiert, ist in vielen Bereichen noch ein Mysterium. Es gibt flauschige, flockende Wolken und solche mit seidig glänzenden Rippen, hauchdünne Schleier, durch die die Sonne bricht, und dunkle, turmhohe Kuppeln, die kilometerhoch aufragen, es gibt turbulente und ruhig dahinschwebende, düstere und heiter strahlende. Wolken gehören zu den kompliziertesten Phänomenen, die die Natur zu bieten hat. Etwa 60 Prozent unseres Planeten sind durchschnittlich von Wolken bedeckt. Sie zu begreifen bedeutet auch, die großen fundamentalen Klimasysteme der Erde zu verstehen, den weltweiten Kreislauf des Wassers und die Verteilung der Wärme, also von gewaltigen Energiemengen. Forscher gehen davon aus, dass zwischen 13 und 15 Billiarden Liter Wasser in der Atmosphäre zirkulieren, etwa das 300-fache Volumen des Bodensees. Alle neun Tage erneuern sich die Wolken am Himmel komplett.

Wir wissen aber immer noch nicht, wie genau Wolken mit der Umgebung in Wechselwirkung stehen oder welche Dinge ihr Verhalten entscheidend prägen. Und wir wissen nicht, welche Rolle sie spielen, wenn es um die Erwärmung der Erde geht: Kühlen oder heizen sie die Atmosphäre? Nicht umsonst sind sie bis heute der größte Unsicherheitsfaktor in allen Klimamodellen weltweit. Das sagen praktisch alle Meteorologen und Klimaforscher. Das Wechselspiel von Wolken und Aerosolen in Klimamodellen zu berücksichtigen bleibe »eine Herausforderung«.

Wenn man den Wolkenhimmel betrachtet, bestätigt sich das Gefühl, es mit einem hochkomplexen, chaotischen System zu tun zu haben. In manchen Regionen wechseln die Wolken minütlich ihr Erscheinungsbild, der Wolkenhimmel kann plötzlich aufreißen und sattes Blau freigeben, ebenso schnell kann aus harmlosen Schäfchenwolken ein Regenschauer entstehen.

Manchmal sehen wir dünne, schier endlose Schleierwolken oder dichten Hochnebel, dann wieder kleine, klar umrissene Schäfchenwolken, dann düstere, sich in Minuten zu gewaltigen, dunklen Türmen aufschiebende Gewittertürme. Und selten ganz weit oben silbrig glänzende hauchfeine Zirren.

## Wie sich Wolken einteilen lassen

Die Forscher wurden in den vergangenen 200 Jahren nicht müde, die Wolken in Kategorien und Unterkategorien einzuteilen, nach Höhe, Form und Schichtung. Fast so wie Biologen Tiere in Arten und Unterarten fassen. Zehn Hauptgruppen gibt es, sie werden nach Form und Aussehen benannt und zudem in vier Typen je nach Höhe eingeteilt. Die meisten Wolken entstehen in der Troposphäre, der untersten Schicht der Atmosphäre, sie enthält 90 Prozent der Luft der Erde und praktisch den gesamten irdischen Wasserdampf. Wolken tauchen aber auch in höheren Regionen auf. Die Typisierung der Wolken nach der Höhe findet sich auch im Namen wieder. Niedrige Wolken beginnen immer mit »Strato«, mittelhohe Wolken zwischen 2 und 6 Kilometer Höhe mit »Alto« und hohe Wolken mit »Cirro«. Der zweite Teil des Namens bezieht sich auf die Form, also etwa Cumulus für eher runde Wolken. Bei stabilen Verhältnissen in der Atmosphäre, also geringen Luftdruckunterschieden und Winden, sind die Wolken meist ohne klare Konturen, bei labilen Schichten mit Aufwinden entstehen eher Quellwolken, die sich vertikal nach oben schieben. Diese vertikalen Wolken sind dann der vierte Typ, der sich anders als die ersten drei Typen nicht auf eine Höhenregion beschränkt.

Diese letztlich sehr alte Form der Wolkenbeschreibung verrät aber noch wenig über die Frage nach dem Inhalt und den Detailvorgängen in Wolken. Schon die Frage nach den winzigen Keimen, an die sich die Wassermoleküle binden und dann Tröpfchen bilden, führt in die Tiefen der aktuellen Forschung. Wissenschaftler vermuten, dass etwa die Hälfte der Kondensationskeime erst in der Atmosphäre entsteht, möglicherweise ausgelöst durch die kosmische Strahlung oder indem unterschiedliche Aerosolpartikel und Gase über chemische Prozesse miteinander reagieren. Und offenbar, so melden es neue Studien, ist es ein Unterschied, ob Sandkörner aus der Sahara, Salzkristalle aus dem Atlantik oder Aschepartikel aus einem isländischen Vulkan, einem Waldbrand oder einem europäischen Kraftwerk in den Wolkenbergen als Kondensationskeim dienen oder ob es Pollen, Pilzsporen oder sogar Bakterien sind. Zusammen mit Wasserdampfmolekülen können diese Schwebeteilchen weiter anwachsen. Wie und woran Wolken keimen, hat auch einen Einfluss darauf, wie dicht sie werden und ob sie später eher kühlen oder die Atmosphäre aufheizen. Kleine, eher saubere Tröpfchen reflektieren viel Licht in den Weltraum. Das kühlt. Eiskristalle in Wolken wiederum streuen sowohl das Licht der Sonne wie auch Wärmestrahlung anders als Wassertröpfchen.

Solche Dinge haben Forscher in Laborversuchen weltweit untersucht, etwa im Leipziger Wolkenturm des Leibniz-Instituts für Troposphärenforschung (TROPOS), am Atmospheric Aerosol Research Department (Aida) des Karlsruher Instituts für Technologie (KIT) oder in der hochreinen Wolkenkammer am Schweizer Forschungszentrum CERN. Die bisherige Erkenntnis daraus: Das Wolkenrätsel lässt sich nur ergründen, wenn man die Aerosolpartikel in den Wolken versteht.

Folgt man diesen Wissenschaftlern und ihrer Aerosolforschung, taucht man nicht nur tief ein in die Wolken, sondern auch in physikalische und chemische Details, die aber wichtig sind, um im großen Rahmen Klimamodelle und damit die Klimaveränderung berechnen zu können. Ohne Wolken bleibt das Puzzle ungelöst und das Bild unscharf. Und ohne die winzigen Aerosolteilchen werden wir wohl nie die Wolken verstehen. Sie hängen zumindest ganz stark mit einem der großen ungelösten Rätsel der Wolkenentstehung zusammen, nämlich dem Phänomen, dass hin und wieder schon bei höheren Temperaturen spontan Eiskristalle in Wolken entstehen; höher bedeutet für die Forscher Temperaturen zwischen minus zwanzig und null

Grad. Wasser gefriert »von selbst« erst bei minus 38 Grad, auch so eine physikalische Besonderheit von Wasser. Tatsächlich gibt es auch schon bei höheren Temperaturen als minus 38 Grad Kristalle, was Forscher sehr erstaunt. Daran sind eben die berühmten Aerosole beteiligt. Die Tröpfchen in den Wolken brauchen oberhalb von minus 38 Grad Celsius immer einen Gefrierkeim, um zu Eis zu werden. Es gibt eine unglaubliche Vielzahl an möglichen Keimen, woraus sie bestehen und wie genau sie Eis machen – also ob sie in die Tröpfchen eindringen oder sie nur von außen berühren – ist eine Wissenschaft für sich. Der Aufwand, um diesen Geheimnissen auf die Spur zu kommen, ist enorm. Nicht nur in Wolkenkammern studieren die Experten Detailsituationen, sie fliegen auch mit Flugzeugen weltweit in vereiste Wolken, sammeln Proben, tauen sie auf und analysieren die Bestandteile. In den Wolken ist der Staub der Welt.

Anfang 2015 sind deutsche Forscher beim »Minus-38-Grad-Rätsel« einen Schritt weitergekommen. Im Wolkenturm von Leipzig analysierten sie im sieben Meter hohen Messinstrument LACIS intensiv Wolkenprozesse. Sie taten dies für die in unseren Breiten häufigen mittelhohen Wolken, die zwischen 2000 und 6000 Meter Höhe vorkommen, und schauten, welche Aerosole dafür sorgen könnten, dass sich schon bei höheren Temperaturen Eiskristalle bilden. Im Wolkensimulator zeigte sich, dass vom Erdboden aufgewirbelte Mineralstäube die Gefriertemperatur auf minus 23 Grad Celsius senken, Pollen oder Bakterien sogar auf bis zu minus acht Grad.

Die Art der Aerosole und noch wichtiger, die Größe der Partikel haben einen entscheidenden Einfluss auf die Wolkenbildung, das bestätigen auch Forscher am Max-Planck-Institut für Chemie in Mainz. Alle neuen Informationen über Art, Menge, Größe der Aerosole und auch die wichtigen physikalischen und chemischen Prozesse werden künftig in die neuesten Computermodelle einfließen.

Man muss zugeben, dass das reichlich komplizierte Dinge sind. Spannend, und auch unglaublich vielschichtig. Für den Moment

legen wir uns doch wieder zurück auf die Wiese und schauen hoch und sehen die mächtigen Wolkenbilder und Gesichter und denken dabei vielleicht auch an Goethe, der vor 200 Jahren angesichts der neuesten Erkenntnisse in der Wolkenforschung dem damaligen Begründer der modernen Wolkenkunde Luke Howard und seiner Arbeit ein eigenes dreigeteiltes Wolkengedicht widmete, in dem er sowohl Howard ehrte wie auch den vier grundlegenden Typen *Stratus, Cumulus, Cirrus, Nimbus* jeweils eine Strophe widmete. Zum Beispiel der Cumuluswolke:

> *Und wenn darauf zu höhrer Atmosphäre*
> *der tüchtige Gehalt berufen wäre,*
> *steht Wolke hoch, zum herrlichsten geballt*
> *verkündet, festgebildet, Machtgewalt*
> *und was ihr fürchtet und auch wohl erlebt,*
> *Wie's oben drohet, so es unten bebt.*

Das löst zwar nicht unser Klimaproblem, ist aber schön. Und angesichts der mitunter hitzig geführten Klimadiskussionen soll hier ein weiterer Dichter zu Wort kommen: Hans Magnus Enzensberger. Auch er will sich an einem Spätsommertag auf eine Wiese legen, um die Wolken an sich vorbeiziehen zu lassen:

*Ihre hohen Wanderungen*
*sind ruhig und unaufhaltsam.*
*Es kümmert sie nichts.*
*Wahrscheinlich glauben sie*
*an die Auferstehung, gedankenlos*
*glücklich wie ich, der ihnen*
*auf dem Rücken liegend*
*eine Weile zusieht.*

Das schreibt er in seinem Gedichtband »Geschichte der Wolken«. Wie doch der Blick zum Himmel einen Gelassenheit und Bescheidenheit lehren kann.

## ALPENGLÜHEN

Die Farben des Himmels haben mit dem Licht der Sonne zu tun und damit, in welchem Winkel es auf die Erde trifft – das kann man sich vielleicht schon denken. Doch zu den Eigenschaften des Lichts in all seinen Farbfacetten von Blau bis Rot – das weiße Licht besteht ja aus vielen Farben von Violett über Blau, Grün, Gelb bis hin zu Orange und Rot – kommt noch eine für uns Menschen extrem wichtige Schicht hinzu. Von ihrer Zartheit schwärmen unsere Astronauten und Kosmonauten und betonen, wie verletzlich die Erde deshalb vom Weltall aussehe: die Atmosphäre, die unseren blauen Planeten mit einer hauchdünnen Schicht umgibt. Ohne sie könnten wir uns jede weitere Diskussion sparen. Wir wären schlicht nicht da.

Auf dem Weg von der Sonne zu uns durchdringt das Licht die Atmosphäre. Sie besteht aus vielen Molekülen, allen voran Sauerstoff und Stickstoff. Die Lichtwellen stoßen mit ihnen zusammen und regen die Moleküle an, sie fangen an zu schwingen und senden das Licht wieder nach allen Seiten aus. Diese Streuung des Lichts nennen Physiker Rayleigh-Streuung. Doch die Luftteilchen streuen nicht alle Farben des Lichts gleichermaßen, sondern bevorzugt das kurzwellige Blau. Seine Wellen reisen durch alle Luftschichten und werden dabei immer und immer wieder abgelenkt, deshalb kommt es auch aus allen Richtungen zu uns – und wir sehen überall das klare Blau. Ohne diese Streuung wäre der Himmel so nachtschwarz wie das Weltall.

Rot ist der Himmel am Abend, weil das blaue Licht dann einen sehr viel längeren Weg durch die Atmosphäre zurücklegen muss. Dabei streuen die Moleküle darin immer mehr blaue Anteile weg von der Erde und zurück bleiben die langwelligen, rötlichen Farben.

In den Bergen gibt es kurz vor dem Untergang der Sonne, wenn diese ganz flach am Himmel steht, noch einen besonders schönen Effekt. Dann leuchten Kalksteinfelsen und schneebedeckte Hänge rosafarben. Geradezu kitschig sieht dieses Alpenglühen aus. Es entsteht, weil die rötlichen Anteile des Abendlichts an den Bergen reflektiert werden. Das Licht wirkt auf uns besonders intensiv, weil die tiefer liegenden Regionen schon ganz dunkel sind und das warme Licht nur noch die Bergspitzen in Farbe taucht.

Auf dem Mond – er hat praktisch keine Atmosphäre – würden wir übrigens nur einen tiefschwarzen Himmel sehen, der Mars mit seiner dünnen Atmosphäre aus Kohlendioxid und Rostteilchen färbt seinen Himmel gelblich rot (und am Abend in Richtung der untergehenden Sonne blau), der Venushimmel mit seiner Schwefelsäureatmosphäre schimmert orange.

## WARUM WIRD MANCHEN MENSCHEN IN DER HÖHE SCHWINDELIG?

Fragt man den Münchner Neurologen Thomas Brandt nach Höhenschwindel, erzählt er zunächst eine Geschichte über den Kaiser von China. Dieser soll einst gesagt haben: »Oft, wenn ich die klare, kalte Plattform eines Beobachtungsturms hinaufklettere, umherschaue und langsam weitergehe, fühle ich mich schon auf halber Höhe verwirrt und unsicher.« Um ihn herum habe sich alles gedreht, er habe versucht, seine Atmung zu beruhigen, habe sein Haar gelöst und niederknien müssen. Die Worte des Gelben Kaisers Huang Di stellen einen der frühesten Berichte über das Phänomen des Höhenschwindels dar. Die Schilderung ist schon recht anschaulich. Viele von uns kennen das Gefühl am eigenen Leib. Fast jeder dritte Mensch fühlt sich unwohl, wenn er auf einem schmalen Grat in den Bergen geht oder generell in großer Höhe unterwegs ist. Ein Blick in die Tiefe reicht, und das Ziehen im Bauch beginnt. Es gibt die unterschiedlichsten Ausprägungen. Ein Freund, der kurz zuvor mühelos Klettersteige mit ausgesetzten Stellen bewältigt hatte, hielt sich beispielsweise krampfhaft an den Seilen einer Hängebrücke fest, die frei über ein weites Tal führte. Und das, obwohl die gesamte Konstruktion aus stabilsten Stahlseilen bestand. Mir machte die Brücke gar nichts aus, dafür wird mir eher an ausgesetzten Stellen mulmig. Von einem Höhenschwindel sind etwas mehr Frauen als Männer betroffen. Oft beginnt das Phänomen im Teenageralter, kann aber auch weit später erstmals auftreten und steigert sich bei mehr als jedem Zweiten im Lauf des Lebens.

Klar zu unterscheiden vom Höhenschwindel ist die Höhenangst, auch Akrophobie genannt. Sie tritt oft zusammen mit dem Höhenschwindel auf. Unter dieser psychischen Angststörung leiden etwa 4 Prozent der Bevölkerung. Regelrechte Panikreaktionen lassen einen zittern und machen die Knie weich, dadurch verschlechtert sich die Standsicherheit, und der Höhenschwindel verstärkt sich. Der Übergang vom Schwindel zur Angststörung verlaufe graduell, so Brandt. Die Begriffe werden auch oft durcheinandergeworfen.

Auslöser für einen Höhenschwindel kann eine Bergwanderung sein oder auch das Besteigen eines Turms. Wir reagieren verunsichert, wenn wir in den Abgrund schauen. Schauen wir etwa in ein tiefes Tal, ist der nächste Ort, der optisch Halt bietet, zu weit entfernt. Unser visuelles System verliert seinen Bezugspunkt. Der Körper reagiert darauf mit einer messbaren Verunsicherung, die Körperschwankungen werden größer. Das passiert auch bei Menschen, die mit Höhe gut klarkommen. Die Gefahr, hinzufallen oder gar abzustürzen, steigt.

Stehen wir am Abgrund, bleiben unsere Augen eher in der Ferne am Horizont haften oder fixieren weiter entfernte Punkte und führen weniger Blickbewegungen aus. Wir vermeiden es, weiter in die Tiefe zu schauen, und bewegen auch den Kopf deutlich weniger – und zwar unabhängig davon, ob wir stehen oder noch gehen. Da wir so kaum noch das Gelände beobachten und nicht mehr schauen, ob der Boden glatt und uneben ist, steigt das Risiko hinzufallen. Beim Gehen über einen Grat oder eine ausgesetzte Stelle werden wir langsamer, die Schritte werden kleiner und vorsichtiger. Gleichzeitig verspannen dabei unsere Muskeln am Körper, wir erstarren allmählich, unser Rücken versteift sich. Es fühlt sich an, als würde der ganze Körper so starr wie ein Besenstiel werden.

## Was wir bei Höhenschwindel tun können

Der Schwindel verbessert sich, wenn wir uns irgendwo anlehnen oder festhalten. Noch besser ist es, sich kurz hinzusetzen, hinzuknien oder gar hinzulegen, vor allem dann, wenn uns zusätzlich noch – wie oft in den Bergen – weitere Reize wie heftiger Wind irritieren. Wir sollten zudem unseren Kopf möglichst gerade halten, das erleichtert es unserem Gleichgewichtssinn, sich zu stabilisieren. Gut ist es auch, sich optisch einen nahen Bezugspunkt zu suchen. Es kann auch helfen, sich auf eine andere Sache zu konzentrieren und bewusst nicht mehr an den steilen Abhang zu denken.

Gefährlich wird es auch für Höhenunempfindliche, wenn sie an einer ausgesetzten Stelle durch das Fernglas blicken. Die visuelle Rückkopplung führt unweigerlich dazu, dass die Körperschwankungen zunehmen und der Mensch ins Schwanken gerät.

Bei Höhenangst hilft nur eine Verhaltenstherapie, spezifische Medikamente gegen Akrophobie gibt es nicht.

# So schmeckt der Herbst

**A**uf den höher gelegenen Almen und in den Küchen der Berggasthöfe regieren wahre Backkünstler. Würden sie einfach die Rezepte aus einem üblichen Kochbuch (oder dem Internet) nehmen, würden weder Kuchen noch Kaiserschmarren gelingen.

## WARUM MAN IN DEN BERGEN ANDERE BACKREZEPTE BRAUCHT

Das liegt am niedrigeren Luftdruck. Er sinkt mit steigender Höhe. Eine Auswirkung davon ist beispielsweise, dass Wasser bereits bei weniger als 100 Grad Celsius zu kochen beginnt. Auch für den Kuchen, der ja eine gewisse Menge Wasser enthält, hat das Folgen. Aus ihm verdampft bei derselben Backtemperatur mehr Wasser als im Flachland. Daher ist der erste Tipp für Bergbäcker: mehr Flüssigkeit verwenden.

Zudem lassen die während des Backens entstehenden Gase den Kuchen aufgrund des reduzierten Luftdrucks deutlich stärker aufgehen. Passt man hier nicht auf, platzen die Zellwände im Kuchen und er fällt zusammen. Tipp Nummer zwei könnte sein, den Zuckergehalt zu reduzieren, denn dadurch entsteht weniger Kohlendioxid im Teig. Allerdings ist der Kuchen dann weniger süß. Alternativ könnte man auch mehr Mehl verwenden, dadurch behält man das Bläschenproblem im Griff.

Der dritte große Unterschied entsteht durch die bereits erwähnte niedrigere Siedetemperatur von Wasser in höheren Regionen. Der Kuchen wird bei gleicher Backtemperatur nicht so braun. Und ihm fehlt auch der festere Rand. Man könnte nun die Backtemperatur erhöhen, doch das würde den Kuchen nur härter machen. – Gleiches würde passieren, wenn man noch mehr Mehl zugäbe. Also empfiehlt es sich, die Backtemperatur nur moderat zu erhöhen. Schauen Sie sich mal bei der nächsten Bergtour die Kuchen genauer an: Sie werden selten ein verbranntes Exemplar finden, eher ein zu trockenes.

## KÄSIGE ANGELEGENHEITEN

Käse essen wir schon seit der Steinzeit. Vor rund 7000 Jahren gab es im Balkanraum die ersten Menschen, die Milch vertrugen. Davor konnten die Menschen aufgrund ihrer Laktoseintoleranz weder frische Milch trinken noch Milchprodukte wie Käse essen. Käsen ist gleichzeitig die älteste Methode, Milch haltbar zu machen.

Ob in kleinen Almhütten in den Bergen oder in großen Fabriken mit Edelstahlbottichen: Das Prinzip des Käsemachens ist dasselbe. Aus roher oder gekochter Milch oder Molke, einem Bestandteil der Milch, entsteht mithilfe von Bakterien oder Enzymen Käse. Sie wandeln dabei das Milcheiweiß Kasein um, es bildet Klumpen. Chemiker nennen den Prozess Ausfällen.

### Wie macht man verschiedene Käsesorten?

Im Prinzip kann man aus jeder Milch Käse machen. Wir nehmen heute vor allem die von Kühen, Büffeln, Schafen und Ziegen. Je nachdem, von welchem Tier die Milch stammt, schmeckt der Käse unterschiedlich; aber auch aus der Milch derselben Tierart lassen sich unzählige verschiedene Käsesorten herstellen. Eine Rolle spielen: der Fettgehalt der Milch, ob sie pasteurisiert wurde oder noch roh ist, womit die Kühe gefüttert wurden (ob mit Heu, Gras oder Silage), ob Gewürze, Kräuter, Pilze oder sogar Alkohol dazugegeben werden, wie der Käse gelagert wird und wie lange er reift. 5000 verschiedene Käsearten gibt es weltweit – und nur drei verschiedene Methoden, sie zu herzustellen.

Methode 1: Der Labkäse, auch Süßmilchkäse genannt
Die wichtigste Zutat für den Käser ist das Lab. Es stammt aus dem Magen junger Kälber, sie machen damit die Muttermilch besser verdaubar. Mittlerweile kann es auch künstlich hergestellt werden. Der Käser gibt das Lab in die Milch, die Enzyme im Lab machen die Milch brockig. Die Enzyme Pepsin und Chymosin sind spezielle Verdauungsenzyme. Sie spalten das Kasein so, dass die Milch eindickt, dabei aber nicht sauer wird. Labkäse ist die häufigste Art, Käse zu machen. Das Wissen dafür war bereits in der Antike vorhanden.

Methode 2: Der Molkeneiweißkäse

Käse lässt sich auch aus Molke herstellen. Diese Flüssigkeit bleibt beim Labkäse nach dem Ausfällen des Kaseins übrig. Erhitzt man die Molke auf knapp 95 Grad Celsius und setzt ein Säuerungsmittel zu, werden die darin enthaltenen Eiweiße Albumin und Globulin fest und setzen sich an der Oberfläche ab. Die weiche Masse schöpft man ab, würzt und schlägt sie cremig. Ein typisches Produkt dieser Art ist der italienische Ricotta-Käse.

Methode 3: Der Sauermilchkäse

Hier lassen Milchsäurebakterien die Milch erst sauer werden, sie gerinnt dann und flockt aus. Dabei zerstören die Bakterien die Struktur des Kaseins. So entstehen Frischkäse, Hüttenkäse und Quark, die flüssige Molke lässt sich leicht von ihnen trennen. Wir können die Käseprodukte direkt genießen, aber in dieser Form ist es eigentlich noch kein Sauermilchkäse. Üblicherweise wird die Sauermilch-Quarkmasse ausgepresst, mit Bakterien- oder Schimmelkulturen versetzt, die den Käse erst zum Reifen bringen. Typische Sorten sind Harzer Handkäse oder Schimmelkäse.

So einen Käse könnten wir auch selbst zu Hause herstellen, indem wir etwa einem Liter warmer Milch einen 500-Gramm-Becher Joghurt beimischen. Der Joghurt ist dabei die schwache Säure, die ausreicht, um der Milch ausflocken zu lassen. Es bilden sich größere, weißliche Gebilde, die in einer gelblichen Molke schwimmen. Diesen Käsebruch müssen wir nur noch abschöpfen, schon haben wir einen lockeren Hüttenkäse. Man könnte ihn, wie Polymerforscher Thomas Vilgis sagt, auch pressen. Dann würde man schnittfesten Käse erhalten, den man sogar anbraten kann. Oder man gibt diese Käsewürfel in ein indisches Curry. Wer so etwas plant, sollte die Milch vorher mit Salz, Pfeffer oder Kumin würzen, entsprechend intensiver schmeckt später der Käse.

## Käserezept

Mithilfe von Lab lassen sich aus Milch Hartkäse, Schnittkäse, halbfester Schnittkäse und sogar Weichkäse herstellen. Eine Einführung in 12 Schritten

1. Milch auf 30 bis 32 Grad Celsius erwärmen und ständig umrühren.

2. Lab einrühren.

3. Milch gut eine halbe Stunde ruhen lassen. Die Enzyme aus dem Lab spalten das Milcheiweiß Kasein, die Milch dickt ein, wird dabei aber nicht sauer. Die Masse sieht nun aus wie fester Quark.

4. Mit der Käseharfe die eingedickte Masse (auch Dickete genannt) zu Käsebruch schneiden. Je kleiner der Schnitt ist, umso härter wird später der Käse. Das Käsekorn sollte etwa so groß wie eine Kaffeebohne oder ein Maiskorn sein.

5. Rühren und Vorkäsen.

6. Der Käsebruch setzt sich langsam im Bottich ab.

7. Der Käsebruch wird unter ständigem Rühren vorsichtig auf Temperaturen über 50 Grad Celsius erhitzt, hier muss der Käser schnell rühren, sonst gibt es Klumpen. Das Bruchkorn zieht sich weiter zusammen und verliert weiter Molke. Käser nennen diesen Schritt »Brennen«. In dieser Phase lässt sich der spätere Fettgehalt des Käses steuern.

8. Ausrühren. Das dauert etwa 5 bis 15 Minuten, hier entscheidet sich der Trocknungsgrad.

9. Der Käsebruch kommt in sortentypische runde, eckige, flache oder hohe Formen.

10. Der Käse wird gepresst, um die Molke herauszudrücken. Dann werden die Laibe mehrfach gewendet, die Masse muss dabei warm bleiben. Dies dauert einen ganzen Tag. Fehler dabei führen zu Löchern oder Rissen in den Laiben.

11. Ruhen lassen und in Salzbad tauchen. Das vermeidet Löcher und führt dazu, dass sich später die Rinde um die Laibe bildet. Der Käse bleibt oft einen Tag im Salzbad.

12. Käse reifen lassen und schmieren. Während der Reife lagern die Laibe oft monatelang kühl und bei hoher Luftfeuchtigkeit. Sie müssen etwa hundertmal gewendet, mit Salzwasser bestrichen, gebürstet oder in Kräutern gewälzt werden. Die Käse wandern dabei in den Regalen langsam aus den kühleren Zonen unten in die wärmeren Regionen oben — und trocknen so.

## Wie kommen die Löcher in den Käse?

Diese Frage ist fast schon ein Klassiker, auch die »Sendung mit der Maus« hat sich damit beschäftigt und allerlei lustig gemeinte Antwortversuche (Löcher werden gebohrt oder nachträglich von Robotern gestanzt) angeboten. Die ernst gemeinte Lösung war schließlich, dass Mikroben Kohlendioxid ausgasen, was zu den Löchern führte.

Das stimmt zwar, dennoch bestand das Rätsel um die Käselöcher in der Schweiz nach wie vor. In den letzten 10 bis 15 Jahren nahm die Zahl und Größe der Hohlräume in Käsesorten wie Emmentaler (der Klassiker aller Käse mit Löchern) oder Appenzeller deutlich ab. Man sprach schon vom »Löcherschwund« und war um die Qualität und Originalität des Produkts besorgt.

Jahrelang beschäftigten sich Schweizer Forscher um Dominik Guggisberg von der landwirtschaftlichen Forschungsanstalt Agroscope in Bern deshalb mit der Löcherfrage, scannten im Computertomografen verschiedene reifende Käselaibe zwischen Tag 30 und Tag 130 der Reifung, maßen Fett-, Wasser-, Säure- und Gasgehalt am Ende der Reifung und lüfteten nun das Geheimnis. Winzige, früher häufiger in der Milch vorhandene Heupartikelchen fehlen heutzutage. Sie sind hauptverantwortlich für die Hohlräume. Zudem ist die Milchgewinnung aufgrund technischer Prozesse immer steriler geworden, was lochproduzierende Mikroben schwinden lässt. Doch das Entscheidende ist: Je mehr Heu in der Milch, desto mehr Löcher im Käse.

Guggisberg erklärt den genauen Mechanismus: »Das Heu dient als Ansatzpunkt für das Kohlendioxid, das bei der Reifung des Käses von den Bakterien gebildet wird.« Dem auf die Spur zu kommen war gar nicht einfach. Denn entscheidend sind winzige röhrenförmige Hohlräume in den nur wenige Mikrometer kleinen Heupartikeln. In diese Kapillaren dringt das Gas der Mikroben ein und entfaltet genügend Kraft, um das Loch in den Käse zu drücken. Der Widerstand für Gas ist dort kleiner als im Rest des Käses. Ohne Heustaub verflüchtigt sich das Gas einfach – und dann gibt es eben keine Löcher.

Aufgrund dieser Erkenntnisse verstehen die Schweizer Käseproduzenten nun auch, warum früher ihr im Winter erzeugter Emmentaler fast zu viele Löcher aufwies. Die Kühe standen im Stall, der Futtertrog war voller Heu, die Bauern molken die Kühe direkt im Stall, sodass die Milch danach mit reichlich Heustaub beladen war. Moderne Melkmaschinen zapfen die Milch heute jedoch so sauber ab, dass keine Fremdstoffe aus der Luft eindringen. Abhilfe könnte nun in Hochzeiten der Hygiene sein, dass man nicht nur Lab und Bakterienkulturen der Milch hinzufügen muss, um Käse zu machen, sondern auch eine Prise Heustaub für die Löcher. So lassen sich je nach Dosis die Anzahl der Löcher in den Käsen steuern, sagt Herr Guggisberg.

## WENN AUS FRÜCHTEN MARMELADE WIRD

Quitte zum Beispiel ist gerade ziemlich in. Früher war die Quitte ein Exot, zumindest hat kaum einer aus der leicht säuerlichen Frucht Marmelade gemacht. Jetzt finden sich im Internet zuhauf Rezepte. Was letztlich nur allzu verdient ist, denn schließlich ist die Quitte quasi der Namensgeber für Marmeladen an sich, indirekt zumindest, denn auf Portugiesisch heißt Quitte *marmelo*, auf Griechisch *melimelon*, also Honigapfel.

In den meisten Rezepten wird empfohlen, rund ein Kilogramm Quitten zu schälen, zu entkernen (die Kerne enthalten giftige, blausäurehaltige Kerne), in Viertel zu schneiden und dann in einem flachen Topf vier bis fünf Minuten weich zu kochen. Zum Quittenmus kann man fein abgeschälte Orangen- oder Zitronenschale hinzugeben, eventuell auch Zitronensaft. Das Ganze kocht man langsam auf und fügt noch Gelierzucker nach Bedarf hinzu. Gewürze wie Zimt oder Geschmacksnuancen wie Pfirsichlikör sind ebenfalls möglich. Vor dem Abfüllen in vorgewärmte, ausgekochte (also sterile) Gläser schaut man bei der fertigen Marmelade, ob sie auch fest genug ist, dann lässt man sie abkühlen. Fertig.

Prinzipiell kann man so auch andere Fruchtmarmeladen machen. Schaut man sich die Rezepte an, variiert letztlich nur die Menge und die Art des Gelierzuckers oder des normalen

Zuckers. Warum ist das so? Und was passiert eigentlich beim Marmelademachen wirklich?

Ich möchte das mal anhand der Quitte erklären. Die in Mitteleuropa wachsenden Sorten sind in der Regel zu hart und schmecken zu bitter, als dass man sie roh verzehren könnte. Ernten sollte man die Früchte, wenn sie noch nicht voll gereift sind. Überreife Früchte verderben leicht.

Marmelademachen ist, chemisch betrachtet, eine trickreiche Sache. Im Wesentlichen sind drei Inhaltsstoffe entscheidend: Pektine, Zucker und Säuren. Sie müssen in optimalem Verhältnis zueinander stehen, das ist die Kunst. Sind die Zutaten nicht richtig dosiert, ist die fertige Marmelade entweder zu flüssig, zu süß oder zu fad oder verdirbt leicht.

## Pektine

Pektine sind entscheidend dafür, dass Marmeladen ihre Streichfestigkeit bekommen. Die langkettigen Zuckermoleküle sind natürliche Inhaltsstoffe von Früchten, sie kommen in Pflanzenzellwänden vor, vorwiegend in Schalen und in Kernen von Früchten. Sie festigen auch Blüten und Blätter von Pflanzen. Früchte wie Äpfel, Quitten und Orangen enthalten zwischen einem halben und gut 3 Prozent Pektin, Schalen von Zitrusfrüchten wie Zitrone oder Orange sogar 30 Prozent, weiche Früchte wie Erdbeeren oder Kirschen dagegen praktisch gar keines.

Beim mehrminütigen Kochen der Frucht, also etwa der geviertelten Quitten aus dem eingangs beschriebenen Rezept, lösen sich die langkettigen Pektine aus der Frucht und können sich über molekulare Reaktionen aneinander binden. Sie bilden eine dreidimensionale, gelartige Netzwerkstruktur. Die dafür notwendige Temperatur liegt bei etwa 104 Grad Celsius, daher ist das Kochen des Obstes wichtig. Die in den Früchten vorhandenen Wassermoleküle werden dabei von der Gelstruktur quasi eingefangen. Chemiker sprechen davon, dass Pektine eine hohe Gelierkraft haben, weshalb sie auch in der Medizin, Pharmazie und Kosmetikindustrie eingesetzt werden.

Früchte mit sehr niedrigem Pektingehalt wie Erdbeeren, Himbeeren oder Brombeeren brauchen Hilfe beim Gelieren. Hier muss man unbedingt kommerziell erhältliche Pektine zugeben, sie sind in sogenannten Gelierzuckern enthalten. Oder aber Früchte mit hohem Pektingehalt beimischen. Wenn man beispielsweise wie im Quittenrezept Orangen- oder Zitronenschalen wählt, erhöht man den Pektinanteil deutlich. Aus solchen Schalen oder anderen pflanzlichen Rohstoffen mit hohem Pektingehalt, etwa den Schalenrückständen beim Pressen von Apfelsaft, produzieren Firmen jährlich 40 000 Tonnen Pektin weltweit, das dann beispielsweise Gelierzucker beigegeben wird. Pektine sind, physikalisch betrachtet, die idealen Verdickungsmittel.

Prinzipiell sind Pektine auch in warmem Wasser sehr gut löslich, was ungewöhnlich ist für langkettige Moleküle. Bestimmte Bestandteile der Pektine, sogenannte Carbonsäure-Gruppen, sorgen dafür, dass sich die Pektinmoleküle gegenseitig abstoßen und keine engere Bindung untereinander eingehen können – was aber für die Verfestigung der Marmelade dringend notwendig wäre. Hier kommt nun eine weitere wichtige Komponente jeder Marmelade ins Spiel, der Zucker.

## Zucker und Säure

Marmeladen enthalten im Durchschnitt zwischen 65 und 69 Prozent Zucker! (Das bedeutet, dass in einem 450-Gramm-Glas industriell gefertigter Marmelade rund 100 Stück Würfelzucker stecken.) Einerseits ist der Zucker für den Geschmack sehr wichtig, andererseits beeinflusst er aber auch das Verhalten der Pektine während des Gelierens. Er zieht Wasser aus den Hydrathüllen der Pektine, die Moleküle können sich so annähern und über Wasserstoffbrücken ein dreidimensionales Netzwerk bilden.

Doch meist reicht dieser Effekt des Zuckers noch nicht aus. Die dritte wichtige Komponente beim Marmelademachen sind die Säuren. Ohne sie würde keine geleeartige Masse aus den gekochten Früchten entstehen. Da die Carbonsäuren im Pektin normalerweise negativ geladen sind, stoßen sie sich gegenseitig ab, so wie sich gleich geladene Teilchen immer abstoßen. So können sie sich nicht zu einer gelartigen Struktur verbinden. Über den sogenannten pH-Wert kann dies beeinflusst werden. Er ist ein Maß für den sauren oder basischen Charakter einer Flüssigkeit oder Lösung. Wasser hat beispielsweise einen neutralen pH-Wert von 7, Säuren haben niedrigere, Basen und Laugen höhere pH-Werte. Liegt der pH-Wert in der Fruchtpampe etwa bei 3, herrschen ideale Bedingungen für den Gelierprozess. Dafür können zum Beispiel Zitronensäure oder Apfelsäure sorgen, die in vielen Früchten enthalten sind. Sie sind zudem für den säuerlichen Geschmack verantwortlich.

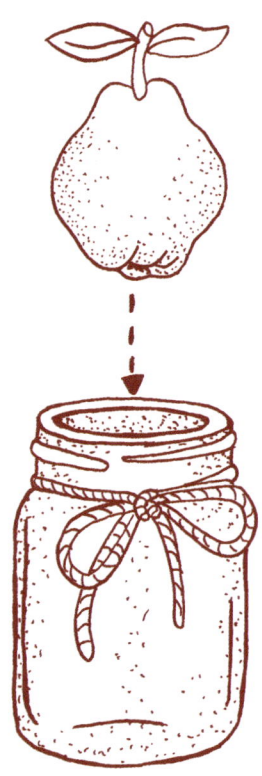

In vielen Obstsorten ist jedoch nicht ausreichend Säure enthalten. Die Quitte enthält beispielsweise keine Zitronensäure, sondern nur Apfelsäure. Daher tauchen in Quitterezepten (und auch in vielen anderen Marmeladeanleitungen) die Beigaben Orangensaft oder Zitronensaft auf. Sie sorgen chemisch dafür, dass sich die Pektinmoleküle nicht mehr abstoßen und die gewünschte gelartige, streichfeste Struktur der Marmelade liefern. Mit der Art des Zuckers kann man die Konsistenz und den Süßegrad der Marmelade steuern. Süßere Marmeladen verwenden Frucht zu Zucker im Verhältnis 1:1, weniger süße in Verhältnissen bis 3:1. Zu wenig Zucker verhindert aber das Gelieren, zudem hat der Zucker noch einen konservierenden Effekt. Weniger zuckerhaltige Marmelade verderben schneller. Da die Gelstruktur in der Marmelade dann nicht genügend Wasser binden kann, nutzen es Mikroben und Schimmelsporen für ihr Wachstum.

## WARUM WERDEN ÄPFEL BRAUN, WENN MAN SIE SCHNEIDET?

Ein frisch geschnittener Apfel sieht knackig aus, die Schnittkante glänzt. Wenn man aber bei einem Ausflug mundgerecht aufbereitete Apfelecken auspackt, hält sich die Begeisterung meist in Grenzen. Sie schauen nicht mehr appetitlich aus, die Oberfläche ist braun. Wenn wir einen Apfel schneiden oder schälen, verletzen wir mit dem Messer Zellen, ein leicht klebriger Saft benetzt die Klinge. Bereiche mit unterschiedlichen Funktionen, die zuvor getrennt waren, geben nun ihre Inhaltsstoffe frei. Polyphenole und Enzyme wie Polyphenoloxidase verbinden sich und reagieren mit dem Sauerstoff aus der Luft. Chemiker nennen das Oxidation. Entscheidend für die Bräunung sind die Enzyme, sie beschleunigen die Reaktion, deshalb dauert die Verfärbung auch höchstens eine halbe Stunde.

Prinzipiell ist der Vorgang aus Sicht des Apfels eine Art Wundheilung. Er will sich vor Bakterien, Pilzen und Schimmelsporen schützen. Er bleibt auch braun noch gesund.

Ein beliebtes Hausmittel gegen braune Äpfel ist, sie mit Zitronensaft zu beträufeln.

## Europäische Integration

An apple a day keeps the doctor away: Offenbar wirkt dieser Spruch im Alltag. Denn statistisch gesehen sind **Äpfel** das beliebteste Obst der Deutschen. Knapp 25 Kilogramm pro Jahr und Person essen wir durchschnittlich. Im Jahr 2014 wurden 1,16 Millionen Tonnen deutsche Äpfel gepflückt, das sind 80 Prozent allen geernteten Obstes. Dabei ist der Apfel eigentlich gar keine heimische Frucht. Die ersten Äpfel wuchsen vor knapp **12 000 Jahren** im heutigen Kasachstan. Die dortige Großstadt Almaty heißt »Stadt der Äpfel«. Über alte Handelswege kam der Apfel in der Antike in den Mittelmeerraum, wo ihn die Griechen und Römer kultivierten und so populär machten, dass später viele danach neu eingeführten und anfangs noch unbekannten Früchte wie Quitten, Melonen, Ananas oder Avocados anfangs ebenfalls Apfel genannt wurden.

Die am zweithäufigsten angebaute Frucht in Europa ist die **Erdbeere.** Die *Fragaria ananassa* mit ihrer großen Frucht ist eine Kreuzung der im 18. Jahrhundert vom amerikanischen Sankt-Lorenz-Strom importierten Scharlach-Erdbeere und der 1714 entdeckten **Chile-Erdbeere,** sie hat also rein amerikanische Wurzeln. Immerhin wuchs hier mit der sehr viel kleineren Waldbeere ein einheimischer Verwandter, den schon die Steinzeitmenschen kannten und aßen, wie archäologische Funde belegen. Wer auf zutiefst einheimische Obstsorten Wert legt, sollte auf Birne und Kirsche zurückgreifen, sie haben einen europäischen Ursprung.

Die Grundbirne, manchmal auch Erdapfel genannt, bekannter aber unter dem Namen **Kartoffel,** ist mit fast 400 Millionen Tonnen jährlicher Ernte eines der wichtigsten Nahrungsmittel der Welt. Auch in Deutschland belegt sie mit **11,6 Millionen Tonnen** den ersten Platz. Sie stammt aus dem Andenraum, wo es eine Vielzahl heimischer Arten gibt.

Allein in Peru sind rund 3000 Sorten bekannt. Fast **13 000 Jahre** alt sind die ältesten Nachweise wilder Kartoffeln im Süden Chiles. Nach Europa kamen sie über die spanischen Eroberer, wohl zunächst 1562 auf die Kanarischen Inseln. Die Deutschen mussten per kaiserlichem Dekret zum Anbau gezwungen werden. Friedrich II. erließ 1756 seine sogenannten **Kartoffelbefehle,** einen klaren Auftrag, den Anbau der Kartoffel durchzusetzen und »denen Herrschaften und Unterthanen den Nutzen von Anpflantzung dieses Erd Gewächses begreiflich zu machen«.

Ein weiteres populäres Nachtschattengewächs war ursprünglich auch eine Fremde: Die **Tomate** hat ihre Heimat in Mittelamerika. Die Maya kultivierten die *xitomatl* vor gut 2000 Jahren, Kolumbus brachte sie nach Europa. Bis heute existiert die Tomate ausschließlich als Kulturpflanze, es gibt nahezu keine wild wachsenden Exemplare.

Bei der **Zwiebel** ist es ähnlich, und das macht ihre Herkunftsbestimmung nicht leicht. Die ältesten Hinweise auf die Küchenzwiebel als Heil- und Gemüsepflanze stammen aus Ägypten und dem Zweistromland. Sogar im Grab von Pharao Tutanchamun tauchen Zwiebelreste auf. Arbeiter an den Pyramiden wurden mit Zwiebeln bezahlt. Der 3800 Jahre alte **Codex Hammurabi** (die Stele befindet sich im Louvre in Paris), einer der ältesten Gesetzestexte der Welt, legt Zwiebelrationen für Arme fest. Auch eine der ältesten Schriftquellen, eine 4000 Jahre alte sumerische Keilschrifttafel, enthält Beschreibungen zu Zwiebel- und Gurkenfeldern.

Damit deutet sich schon an, dass auch die **Gurke** nicht aus Europa stammt. Ihre Heimat liegt wohl in Indien, dort findet sich jedenfalls die Wildform. Über den Orient kam sie nach Europa und war schon bei den Römern sehr beliebt. Sie sei das Lieblingsgemüse von Kaiser Tiberius gewesen, schreibt der Dichter Plinius der Ältere. Bei schlechtem Wetter seien Gurken extra für ihn hinter Glaswänden vor Regen und Kälte geschützt worden.

Das Vitamin C im Zitronensaft nennen Chemiker Antioxidans, was bedeutet, dass es eine Oxidation verhindert. Die Zitronensäure schafft ein saures Milieu, die Enzymreaktion stoppt. Das Vitamin C reagiert mit dem Sauerstoff und oxidiert – und zwar so lange, bis es aufgebraucht ist. Danach werden auch mit Zitronensaft beträufelte Äpfel braun. Apfelsorten mit hohem Vitamin-C-Gehalt bräunen übrigens nicht so schnell, Boskop oder Jonagold etwa.

Alternativ können wir die Äpfel auch in Wasser tauchen oder schnell in Frischhaltefolie packen, das hält den Sauerstoff zumindest eine Weile weg von der Schnittfläche. Auch kühle Lagerung hilft ein bisschen, es verlangsamt die Reaktion der Enzyme. Es ist immer besser, geschnittenes Obst (auch Bananen, Birnen) im Kühlschrank zu lagern.

Beim Kochen stoppt man übrigens ebenfalls die Aktivität der Enzyme, deshalb dunkelt gekochtes Apfelmus nicht weiter nach.

# Der zweite Jahresbeginn

In mancherlei Hinsicht beginnt das Jahr erst im Herbst. Schule und Universität öffnen ihre Pforten nach der Sommerpause. Und auch in manch einem Wirtschaftszweig startet man im Herbst frisch und hoffnungsfroh mit einer riesigen neuen Produktpalette: in der Modebranche genauso wie im Buchgeschäft. In Frankreich wird jährlich zum Ende der Sommerferien die »Rentrée littéraire« ausgerufen, die Rückkehr der Bücher. In Deutschland findet jeden Oktober die weltgrößte Buchmesse statt: die Frankfurter Buchmesse. In Mailand, Paris und New York starten die großen Modenschauen für das kommende Jahr. Und auch die Politik setzt verstärkt auf den Herbst: die Bundestagswahlen finden in der Regel in dieser Jahreszeit statt.

Im Herbst, wenn sich das Wetter abkühlt und wir wieder mehr Zeit in Innenräumen verbringen, steht »geistige Arbeit« wieder hoch im Kurs. Der Herbst ist wie ein geistiger Neustart, ein Vorausschauen auf Kommendes. Schauen wir uns also zunächst den Ort an, der für manche ein echter Neustart ist: die Schule. Er ist ein erster wichtiger Ort des Wissens (zumindest sollte er das sein).

## SCHULANFANG

Es gibt ein Foto von mir mit meiner Schultüte. Ich stehe auf einem Stuhl, die Tüte in meinem Arm überragt mich und den kleinen Baum, der am Garteneingang zur Straße hin stand. Warum ich mit meiner Tüte auf einem Stuhl stand, weiß ich nicht mehr. Aber das machte die Komposition des Bildes perfekt. Vermutlich wollte ich an diesem Tag einfach möglichst groß sein. Es war ein gewaltiger Schritt ins Leben. Die Tüte war voller Süßigkeiten, ich erinnere mich noch an Eispralinen und die Zuckeruhr mit den bunten Perlen, die man abbeißen konnte. Die Uhr zeigte aus irgendeinem Grund 7.30 Uhr. War das die Zeit, zu der ich künftig das Elternhaus verlassen musste? So begann die Schule. Woher die Schultüte kam, war mir damals egal. Hauptsache, sie war randvoll.

### Woher kommt die Schultüte?

Der Brauch stammt aus Deutschland, wohl aus der Anfangszeit des 19. Jahrhunderts. Man wollte den Kindern den Weg in die Schule, also hin zum »Ernst des Lebens«, im wörtlichen Sinne versüßen. Die ersten Schüler, die in den Genuss dieses Brauchs kamen, stammten wahrscheinlich aus Thüringen und Sachsen. In Berichten aus Jena, Dresden und Leipzig ist von Zuckertüten voller Konfekt die Rede. Angeblich durften die Schüler die Tüten von einem Baum im Schulgarten pflücken. Dort waren sie – so die Geschichte – jahrelang gewachsen und nun bereit für die Ernte. Anderen Kindern erzählte man die Geschichte vom Brezelbaum, an dem die Schulbrezeln hängen. Er stünde auf dem Dachboden der Schule (manchmal auch im Keller). Die Schulanfänger bekamen vom Lehrer in den ersten Schultagen diese Brezeln überreicht. Mancherorts gab es auch gebackene Buchstaben.

Der lokale Brauch breitete sich nach Böhmen und Schlesien aus und erreichte schließlich auch Berlin. Der Schriftsteller Erich Kästner schrieb in seinen Erinnerungen »Als ich ein kleiner Junge war« über den ersten Schultag von den kleinen, mittelgroßen und riesigen Zuckertüten: »Meine Zuckertüte hättet ihr sehen müssen! Sie war bunt wie hundert Ansichtskarten, schwer wie ein Kohleneimer und reichte mir bis zur Nasenspitze! Ich saß vergnügt auf meinem Platz, zwinkerte meiner Mutter zu und kam mir vor wie ein Zuckertütenfürst.«

Die ersten kommerziell gefertigten Papierschultüten bot die Firma Nestler im Jahr 1910 an. Nach dem zweiten Weltkrieg gaben die Wohlstandsjahre im Westen der Republik der Schultüte den entscheidenden Schwung. In den vergangenen Jahren wurden die Schultüten oft mit neuen Inhalten gefüllt; es tauchen immer mehr »sinnvolle« Dinge auf wie Stifte, Trinkflaschen oder Wecker. In Zeiten, in denen es Süßes im Überfluss gibt, schenken gesundheitsbewusste Eltern natürlich keine Tüte voller Zucker mehr. Die Schultüte soll die Kinder für den neuen Lebensabschnitt begeistern. Volkskundler bestätigen, dass sie tatsächlich auch nie einen anderen Zweck hatte. Der große Tag, an dem ein neuer, streng reglementierter Lebensabschnitt beginnt, soll zum Fest werden – um die Schüler zu motivieren und den Übergang so angenehm wie möglich zu gestalten. Man könnte das Ritual als Versuch der positiven Prägung begreifen.

## Wie viel vergisst man in den Ferien?

Kinder in südlichen Ländern haben oft zwei, manchmal wie in Griechenland oder Italien sogar drei Monate Sommerferien. Auch die USA machen so lange Pause. Doch nicht Pädagogen plädierten dort jeweils für die XXL-Ferien, es hatte meist historische, auf die Landwirtschaft bezogene Gründe. Kinder mussten früher bei der Ernte auf den Feldern mithelfen.

Amerikanische Bildungsforscher untersuchten, ob solche langen Pausen stärker zum Vergessen des Schulstoffs führen als in der Summe gleich lange, aber auf kürzere Abschnitte verteilte Ferien. Das Fazit: Während längerer Ferien vergessen Kinder tatsächlich Inhalte, aber so richtig dramatisch ist das nicht. Schlimmstenfalls verlieren sie in drei Monaten Pause rund einen Monat Lerninhalt. Mathematik ist hier am ehesten gefährdet, weit mehr als Sprachen beispielsweise. Die Bildungsforscher erklären sich das so, dass Kinder möglicherweise im Durch-schnitt weniger Spaß daran haben, Matheaufgaben zu lösen, und deshalb das Erlernte weniger gut im Gedächtnis bleibt. Andererseits würden Kinder in den Ferien schon mal freiwillig zu einem Buch greifen und so den sprachlichen Sektor quasi in Schwung halten. Viel wichtiger als die Länge der Pause sei, wie man sich die Themen angeeignet hat. Die Art des Lernens, auch der emotionale Erlebnisanteil, hat einen Einfluss. Ideal wäre es also für manche Schüler, wenn sie nur so zum Spaß in den Ferien ein paar Matheaufgaben lösen würden. So könnten sie ihr Wissen mit relativ wenig Aufwand aktiv halten. Höre ich da eben Begeisterungsstürme aufbranden ob dieses Vorschlags?

### Wie wichtig sind Hausaufgaben?

Kinder auf weiterführenden Schulen stöhnen regelmäßig über die große Last der Hausaufgaben. Wissenschaftler der Universität Oviedo geben ihnen nun umfassend recht. Als sie das Lernverhalten von 14-jährigen Schülern untersuchten, war das Ergebnis eindeutig: Wer mehr als siebzig Minuten pro Tag Hausaufgaben macht, kann sich in Fächern wie Mathematik oder Naturwissenschaften nicht weiter verbessern. Im Gegenteil: Mehr als 90 Minuten täglich verschlechtern die Ergebnisse sogar langfristig. Ideal sei etwa ein Arbeitspensum von einer Stunde. Den Schülern gehen solche Nachrichten vermutlich runter wie Öl.

Wichtiger sei eine weitere Erkenntnis, so die Forscher. Für den Lernerfolg ist es essenziell, dass die Lehrer ihre Aufgaben regelmäßig stellen und systematisch gut aufeinander aufbauen. Ziel sei es nämlich, die Schüler dazu zu erziehen, selbstständig zu lernen und ihre Aufgaben unabhängig und ohne Hilfe von anderen zu lösen. Wem ständig die Eltern über die Schultern schauen, arbeitet letztlich weniger konzentriert und motiviert. Pausen zu machen, abzuschalten und sich geistig auch mit völlig anderen Dingen zu beschäftigen ist auch wichtig für einen langfristigen Erfolg.

### WARUM DIE SCHULE VIEL ZU FRÜH STARTET

Da ich kein Morgenmensch bin, bin ich von Natur aus solidarisch mit allen müden Kindern auf diesem Planeten, die viel zu früh in die Schule gehen müssen. Der typische Morgen sieht bei Kindern doch so aus: Sie drehen sich nach dem Wecken lieber noch mal im nachtwarmen Bett um, stehen möglichst spät auf, wirken leicht verlangsamt, reagieren auf Bitten zögerlich bis genervt, sitzen am Frühstückstisch und essen praktisch nichts. Ich beobachte Phasen, in denen sie minutenlang regungslos verharren.

In diesem Zustand schicken wir unsere Kinder in die Schule, um acht Uhr ist Beginn, an manchen Schulen sogar noch fünfzehn Minuten früher. In dieser Verfassung müssen sie dann quadratische Gleichungen lösen oder die Metamorphosen des Ovid übersetzen. Kann das gut gehen?

Chronobiologen sagen: Nein. Bei zu frühem Schulbeginn leiden Lernfähigkeit und Gesundheit. Vor allem Teenager zwischen 14 und 17 Jahren sind betroffen. Sie bräuchten mindestens neun Stunden Schlaf (ihr Gehirn baut sich gerade um, das dauert…). Laut einer aktuellen Studie der Universität Marburg schlafen sie aber nur etwas mehr als sechseinhalb Stunden.

Interessant ist auch der Vergleich Wochentag/Wochenende: Am Wochenende schnellte die Zeit im Bett sofort auf die gesunden neun Stunden hoch. 68 Prozent der Schüler gaben an, sie würde gern länger schlafen wollen. Da hört man schon den Kommentar mancher Lehrer (übrigens mehrheitlich dem Chronotyp Lerchen zugehörig), dass sie dann doch einfach abends früher zu Bett gehen sollten. Doch Schlafforscher sagen, dass gerade Jugendliche einen anderen biologischen Rhythmus hätten und um zwanzig Uhr noch nicht müde seien. Man könne nicht einfach den Biorhythmus verändern. Ein späterer Schulbeginn sei für Kinder schlichtweg besser. Mediziner mahnen zudem, das Thema Schlafdefizit bei Kindern ernst zu nehmen. Sonst seien Magen- oder Darmbeschwerden, Kopfschmerzen, Schwindel oder psychische Probleme die Folge.

Der britische Schlafforscher Russell Foster von der Universität Oxford kämpft seit Jahren für einen späteren Schulbeginn: »Alles ist besser als 8 Uhr. 8.30 Uhr ist ein Anfang, 10 Uhr wäre noch viel besser.« Vor allem die Teenager nimmt er in Schutz. »Teenager sind nicht faul. Die armen. Sie sind biologisch dazu veranlagt, spät zu Bett zu gehen und spät aufzustehen. Lassen wir sie doch in Ruhe!« Auch der Münchner Chronobiologe Till Roenneberg bestätigt dies: »Für Schüler, die um acht oder früher in der Schule sein müssen, startet der Unterricht biologisch gesehen mitten in der Nacht.« Die morgendliche Übermüdung ist übrigens kein westliches Phänomen, es taucht in allen Kulturen der Welt auf.

Dass Müdigkeit zu schlechteren Leistungen führt, ist naheliegend. Besonders betroffen sind Schüler, die von ihrem Chronotyp eher zu den Eulen, den Langschläfern, gehören. Sie können sich morgens schlechter konzentrieren und zudem neue Lerninhalte schlechter abspeichern. Die Schule nimmt auf Chronotypen keine Rücksicht. Sie ist prinzipiell eher auf Frühaufsteher ausgerichtet – wie überhaupt große Teile unserer Gesellschaft und unseres Arbeitslebens seit der Einführung der Schichtarbeit.

Forscher der Universität Groningen untersuchten jüngst genauer, ob bei Leistungstests an Schulen ein Chronotyp Vorteile habe oder alles gerecht zugehe. Das Ergebnis ist klar: Die Eulen unter den Schülern und die, die sich nicht ausgeschlafen fühlten, schnitten deutlich schlechter ab, vor allem dann, wenn die Prüfungen in den ersten Schulstunden bis 9.45 Uhr stattfanden. Die Lerchen, die Frühaufsteher also, hatten bessere Noten. Im Sport würde man von Wettbewerbsverzerrung sprechen. Der an der Studie beteiligte Forscher Thomas Kantermann fordert, die Klausuren grundsätzlich auf den frühen Nachmittag in die Zeit nach 12.45 Uhr zu verlegen. Zu dieser Zeit gab es keine Unterschiede.

Der britische Schlafforscher Russell Foster startete jüngst einen bis 2018 laufenden Versuch an hundert britischen Schulen, dort verlegte man den Schulbeginn auf 10 Uhr. Foster weist in Vorträgen auch immer wieder darauf hin, wie stark sich gesellschaftlich unsere Haltung zum Schlaf geändert habe. Seit der Erfindung der Glühbirne bekämpften wir den Schlaf, statt ihm seine Berechtigung zuzugestehen. Thomas Edison formulierte seine Haltung so:»Schlaf ist eine frevelhafte Zeitverschwendung und ein Überbleibsel aus unserer Höhlenzeit.« Wir benützten seit Edison das künstliche Licht, um weiter in die Nacht einzumarschieren und die Dunkelheit zu besetzen, meint Foster. Sollte damit nicht endlich mal Schluss sein? Die Studienlage zumindest ist eindeutig.

## NUTZEN WIR WIRKLICH NUR ZEHN PROZENT UNSERES GEHIRNS?

Irgendwann war der Mythos in der Welt, dass der Mensch nur zehn Prozent seines Gehirns nutze. Wer diese Idee als Erster verbreitet hat, lässt sich nicht mehr mit Sicherheit sagen. Doch vermutlich war es der amerikanische Psychologe und Autor William James, der diese Ansicht in seinem Aufsatz »The Energies of Men« im Fachjournal *Science* im Jahr 1907 kundtat: »Wir nutzen nur einen kleinen Teil unserer geistigen und körperlichen Möglichkeiten.« Die Äußerung wurde auch Albert Einstein zugeschrieben, der sie angeblich gebrauchte, um seinen überragenden kosmischen Verstand zu erklären. Doch auch das ist wohl ein Mythos.

Die Idee vom nicht ausgeschöpften Gehirn mit seiner brachliegenden grauen Masse fiel jedenfalls auf fruchtbaren Boden und hält sich bis heute. Vielleicht hat das auch etwas damit zu tun, dass wir uns selbst so beschränkt fühlen. Wir möchten mehr leisten können, mehrere Bereiche unseres Gehirns dauerhaft aktivieren können, wir möchten klüger, schneller und kreativer sein. Manche Hollywood-Filme spielen mit dieser Möglichkeit: Sie erzählen von chemischen Wunderdrogen, die uns zu Höchstleistungen animieren, indem sie Zugang zu sonst verschlossenen Hirnrealen schaffen und die Verarbeitungsgeschwindigkeit in unserem Gehirn drastisch erhöhen.

Doch das ist alles Unsinn. Bislang haben Forscher noch keine funktionslosen Regionen in unseren Gehirnen entdeckt. Wir nutzen jeden Bereich, unser Gehirn ist praktisch die gesamte Zeit über aktiv, sagt der amerikanische Neurologe Barry Gordon. Alles andere würde auch allen Prinzipien der Evolution widersprechen. Das menschliche Gehirn verbraucht rund 20 Prozent der verfügbaren Energie in unserem Körper und macht dabei aber nur rund 2 Prozent des Gewichts aus. Wir könnten es uns nicht leisten, ein Luxusorgan zu unterhalten – und wir hätten es sehr wahrscheinlich auch gar nicht in dieser Form entwickeln können. Selbst im Schlaf sind noch mehr als 10 Prozent aller Gehirnareale aktiv.

Unser Gehirn hat abgesehen davon auch einiges zu tun: Es steuert die Atmung, filtert Eindrücke von außen, verarbeitet alle Sinneswahrnehmungen. Es speichert und verwaltet Informationen, trifft Entscheidungen und bereitet sie vor. Es unterscheidet Wichtiges von Unwichtigem. Sogar nachts, wenn wir schlafen, bereitet es neu erlernte Inhalte auf, schichtet Informationen vom Kurz- ins Langzeitgedächtnis. Kurz: Es hält uns am Leben und verschafft uns parallel auch noch etwas, das wir als »Bewusstsein« bezeichnen.

Wir haben Hunderte Milliarden Nervenzellen, sie ermöglichen die Signalübertragung von den Sinnesorganen ins Gehirn und umgekehrt. Die Nervenzellen sind untereinander verbunden und kommunizieren über Botenstoffe und Aktionspotentiale. All diese Neuronen haben eine Funktion im Gehirn. Würden sie nämlich brachliegen und einige Zeit nicht mehr an aktiven Prozessen teilnehmen, würde unser Gehirn sie abzubauen beginnen – auch wenn sie an sich noch gesund sind. Genau das passiert etwa nach Unfällen oder Hirnschäden aufgrund von neurodegenerativen Erkrankungen. Diese Zellen sind unwiederbringlich verloren. Neue Nervenzellen werden nur an zwei Orten im Gehirn gebildet, im Hippocampus, einer Region, die hauptsächlich für räumliche Orientierung zuständig ist, und im Riechzentrum, dem sogenannten olfaktorischen Bulbus. Unsere Nervenzellen müssen also aktiv bleiben, um zu überleben. Es gibt auch Fälle, wo sie sozusagen umgeschult werden. Bei erblindeten Menschen übernehmen bisweilen ehemalige

Sehregionen Funktionen beim Hören, sie werden dabei einfach neu verdrahtet. Neurologen sprechen deshalb auch vom plastischen Gehirn, es ist ein überaus flexibles Netzwerksystem.

Es ist also klüger, unser Gehirn zu beschäftigen, es sollte sich nicht langweilen, sondern ständig neue Herausforderungen bekommen, damit es nicht brachliegt. Gehirntraining erweitert zwar nicht unsere Kapazitäten, aber es festigt bestehende Verbindungen und stärkt die Vernetzung. Wenn wir aktiv bleiben, schaffen wir es, dass aus den 100 Prozent nicht langsam nur noch 90 Prozent werden und das Gehirn degeneriert. Dann hätten wir es geschafft, 10 Prozent an verfügbarer Leistung zu erhalten. Und das ist eine ganze Menge.

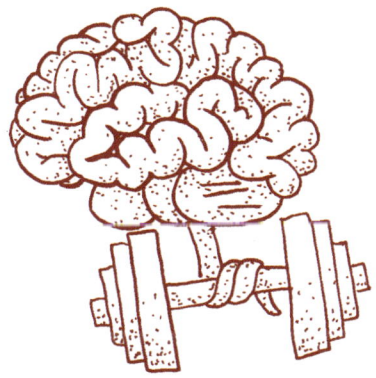

## WOZU BRAUCHEN WIR NOCH DIE HANDSCHRIFT?
Kürzlich habe ich mal wieder eine Postkarte geschrieben, als Urlaubsgruß. Meine Kinder schreiben mittlerweile auch Karten an ihre Freunde, sogar mehr als ich. Mir gefällt das, ich habe manchmal ein Faible für altmodische Dinge. Aber nicht nur aus nostalgischen Gründen ist eine Postkarte oder ein Brief eine gute Sache. Handschriftliche Notizen sind auch aus wissenschaftlicher Perspektive wichtig.

Wer sich Dinge notiert, merkt sie sich besser, sagen Forscher. Der Einkaufszettel ist ja einer der wenigen Orte, an denen sich die Handschrift immer noch gegen das Smartphone behauptet.

Hat es Sie nicht auch schon mal verblüfft, dass man die Liste oft im Laden gar nicht mehr braucht? Mit der Hand zu schreiben sei außerdem gut für unsere Motorik und beflügele die Kreativität, sagen Wissenschaftler.

Wir machen zudem weniger Rechtschreibfehler. Tippen wir neue Wörter etwa in unser Smartphone oder iPad, bietet uns das System nach kurzer Zeit schon komplette Wortvarianten an, die wir dann nur noch wählen müssen. Mit der Hand zu schreiben ist ein wesentlich komplexerer motorischer Vorgang, so speichern wir den (hoffentlich) richtig geschriebenen Begriff auch im Gedächtnis ab. Studien von Neurowissenschaftlern bestätigen, dass Kinder so schneller lernen, sehr ähnliche Buchstaben wie d und p oder b und q auseinanderzuhalten. Wir vollziehen offenbar bei der Erinnerung tatsächliche motorische Bewegungen im Geiste nach.

Amerikanische Psychologen zeigten, dass Studenten Inhalte einer Vorlesung besser behalten konnten, wenn sie sich handschriftliche Notizen machten, vor allem wenn es galt, komplexe Zusammenhänge zu erfassen. Der Grund: Wir müssen beim Notieren immer den Inhalt sinnvoll zusammenfassen, weil wir sonst zu langsam wären (es sei denn, wir stenografieren, aber das kann fast niemand mehr). Wir müssen also nachdenken und beschäftigen uns bereits beim Notieren intensiv mit den Inhalten.

## WARUM GANZE CD-REGALE IN EINEN MP3-PLAYER UND BÜCHERREGALE IN EIN E-BOOK PASSEN

Ein Bekannter wunderte sich kürzlich, dass auf seinem MP3-Player inzwischen ganze Opernzyklen Platz hätten. Er ist Opernfan und hört morgens auf dem Weg zur Arbeit immer Arien. Das Gerät selbst hat die Größe einer Streichholzschachtel. Man muss nicht in die Steinzeit der Unterhaltungsmedien (also in meine Jugendzeit) gehen und den guten alten Kassettenrekorder bemühen, um festzustellen, dass still und leise im Hintergrund eine Revolution stattgefunden hat, die entscheidend mit den Speichermedien zu tun hat. SD-Speicherkarten sind mittlerweile in allen Medien, die digitale Informationen – also Bilder, Musikdateien oder Texte – aufbewahren wollen. Sie sind in Smartphones, Tablets, MP3-Playern, E-Books, Fotoapparaten und Rechnern. Alle anderen Datenträger verschwinden zunehmend, inzwischen sogar die Festplatten aus den Computern. Das spart enorm Platz, denn die neuen Speicher sind oft weniger als 1 Quadratzentimeter groß. Zum Vergleich: Herkömmliche Festplatten messen zwischen 4,5 und 9 Zentimeter im Durchmesser. Die neuen kleinen Abspielgeräte und auch die leistungsfähigen Smartphones wären ohne die neuen Speicher nicht möglich.

Die Speichermedien der kommenden Jahre heißen also SD, Mini- oder Micro-SD oder SSD. Herzstück dieser kleinen Karten ist in allen Fällen der sogenannte Flash-Speicher, er kommt auch in USB-Sticks vor. Ich möchte mal anhand eines SSD-Speichers erklären, wie solche Flash-Speicher funktionieren.

Der Name SSD (Solid State Drive/Disk) ist irreführend, denn im Speichermedium gibt es, anders als bei einer Festplatte, weder ein Laufwerk noch eine Scheibe. Man benannte sie lediglich als Pendant zur normalen Festplatte, dem Hard Disk Drive, so.

SSDs haben mehrere Vorteile gegenüber bisherigen Festplattenspeichern. Sie enthalten keine beweglichen Teile und sind deshalb unempfindlich gegen Stöße. Sie können nicht brechen, erhitzen nicht bei Dauerbeanspruchung und verbrauchen sogar weniger Energie. Der größte Vorteil ist aber die Geschwindigkeit, mit der sie Daten speichern können. Normale Festplatten bestehen aus rotierenden Magnetschreiben, auf die ein Schreib- und Lesekopf Daten schreibt oder ausliest. Um ein bestimmtes Segment auf der Scheibe zu erreichen, muss diese an die richtige Stelle rotieren, das dauert im Durchschnitt eine halbe Scheibenumdrehung. Mithilfe der maximal möglichen Umdrehungsgeschwindigkeit (sie ist meist beim Kauf einer Festplatte angegeben und liegt bei 5400 bis 7200 Umdrehungen pro Minute) ergibt sich die Zugriffszeit.

Bei SSD-Speichern fehlen solche mechanischen Teile, deshalb sind sie dreimal so schnell wie Festplatten und haben erheblich kürzere Zugriffszeiten.

Ein SSD-Chip nutzt Flash-Speicher, das sind dauerhafte Speicher, die elektrisch gelöscht werden können. Im Fachjargon heißen sie Flash-EEPROM (electrically erasable programmable read only memory). Flash meint, dass man schlagartig (blitzschnell) einzelne Bereiche löschen kann. Über verschiedene angelegte Spannungen kann man auf Transistoren in den Speichern 0 und 1 schreiben und die Information auch wieder löschen.

Die SSDs haben dabei zwei verschiedene Typen von Speicherzellen, solche, die nur ein Bits (also die Information 0 oder 1) speichern und solche, die zwei, drei oder vier Bit speichern. Die Zellen werden auf einem SSD-Chip hintereinander zu einer Linie aus 1024 Transistoren zusammengeschaltet. Solche Einheiten lassen sich immer in einem Zug beschreiben oder löschen. Steuert man diese Speicher geschickt an, spart man enorm viel Platz, auf kleinstem Raum haben dann bis zu 256 GByte Daten Platz. Die einzelnen Speicherzellen sind zudem in den vergangenen Jahren nochmal deutlich kleiner geworden, nach 34 Nanometer (millionstel Meter) messen die kleinsten Zellen aktuell 25 Nanometer. All das zusammen erklärt die geringe Größe der SSDs.

Einen Nachteil aber haben die neuen Speicher. Sie nutzen sich schneller ab als Festplatten. Denn um Nullen und Einsen zu schreiben, muss jeweils eine hohe Spannung anliegen, dies nutzt die Isolationsschicht auf den Transistoren langsam ab. Ist die Schicht weg, kann dieser Speicherplatz keine Informationen mehr behalten, er fällt aus. Die Speicher nutzen sich nur beim Schreiben und Löschen von Daten ab, nicht aber beim Lesen. Da man im Durchschnitt deutlich häufiger gespeicherte Daten wie Texte oder Fotos anschaut (also ausliest) als neue Daten hinzufügt oder alte löscht, hält sich der Abnutzungseffekt in Grenzen. Bis zu 100 000-mal lässt sich eine einzelne Zelle löschen und neu beschreiben, dann ist sie kaputt. Jeder SD-Speicher hat etwa 10 Prozent an Zellen in Reserve, um ausgefallene Bereiche zu ersetzen, ohne dass wir es merken.

Das größte Know-how bei den SD-Speichern steckt in

einer klugen Verwaltung der Daten. Das ist eine eigene Kunst. Komplizierte Algorithmen auf einem eingebauten Chip steuern den Datenstrom möglichst so geschickt, dass die gespeicherten Informationen nicht zu oft umsortiert und umgeschrieben werden müssen. Letztlich entscheidet es über die Qualität eines Produkts, wie gut dieser Kontroll-Chip seinen Job erledigt. Für die Transistoren selbst gibt es weltweit nur eine Handvoll Hersteller, sie sind also in der Qualität vergleichbar.

Doch irgendwann ist Schluss mit dem Speichern. Nach rund zehn Jahren geben SSDs ihren Geist auf.

## WIE LANGE LASSEN SICH GESPEICHERTE INFORMATIONEN LESEN?

Das Problem der neuen Speicher (und auch ihrer Vorgänger auf Diskette oder rotierender Festplatte) ist ihre begrenzte Haltbarkeit. Die Daten müssen ständig umkopiert werden, um sie zu erhalten. Denn Töne oder Videos lassen sich praktisch gar nicht auf länger haltbaren Datenträgern wie Mikrofilm konservieren. Unser Hightech-Zeitalter wird künftige Historiker sicher vor einige Rätsel stellen. Sowohl die Datenträger selbst wie die Abspielgeräte sind oft schon nach einem Jahrzehnt unrettbar verloren. Es sieht so aus, als sei die Jetztzeit ein Zeitalter mit überaus kurzer Haltbarkeit.

### Haltbarkeit von Speichermedien

| | |
|---|---|
| Stein | über 5000 Jahre |
| Mikrofilm | über 1500 Jahre |
| Papier (säurefrei) | über 500 Jahre |
| Papier (säurehaltig) | über 50 Jahre |
| VHS-Kassette | 30 Jahre |
| DVD/CD-Rom | 10-30 Jahre |
| Magnetband | 10 Jahre |
| SSD | 10 Jahre |
| Festplatte | 5-10 Jahre |
| SD/USB-Stick | 3-10 Jahre |
| Goldene Platte an Bord der Sonden Voyager 1 und 2 | 1 Milliarde Jahre |

Die Goldene Platte an Bord der Raumsonde Voyager 1, die im September 2013 unser Sonnensystem verlassen hat, ist der haltbarste Datenträger. Auf der Schutzhülle sind die wichtigsten Erklärungen symbolisch dargestellt, unter anderem wie man die Datenplatte abspielt. Beigelegt ist eine Nadel zum Abspielen. Die Zeichnungen wollen die Position der Erde im Sonnensystem erklären, zudem die charakteristische Schwingungsfrequenz eines Wasserstoffatoms. Die vergoldete Kupferplatte selbst hat einen Durchmesser von 30 Zentimetern: »The sounds of earth« steht in großen Lettern darauf, der Klang der Erde. Sie enthält Wörter in 55 Sprachen, darunter der deutsche Satz »Herzliche Grüße an alle«, Geräusche wie ein lautes Donnern oder Musik von Beethoven, Mozart oder Louis Armstrong. Darüber hinaus finden sich darauf auch 115 analog auf der Datenspur abgespeicherte Bilder, etwa eine säugende Mutter oder die Skyline einer Großstadt, ein Eiskristall und die Forscherin Jane Goodall mit Schimpansen. Vermutlich wird all das sehr viel länger überdauern als alle anderen Hinterlassenschaften der Menschheit auf Erden. Fragt sich nur, ob diese Botschaft tatsächlich jemand finden und entziffern wird.

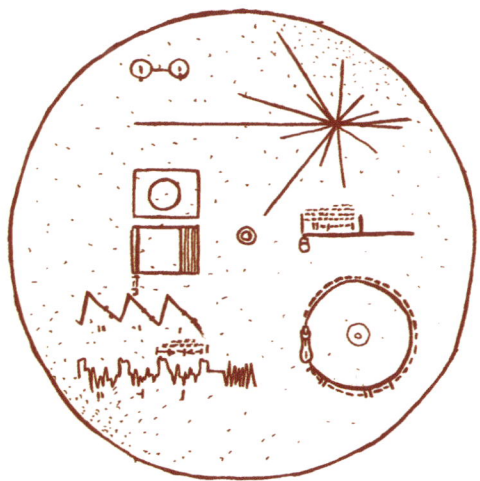

*Goldene Platte von Voyager 1*

# Oktoberfest – Königin aller Herbstfeste

Ich habe eine besondere Beziehung zum Oktoberfest. Ohne das Fest gäbe es mich nicht. Also nicht so direkt, wie Sie jetzt vielleicht denken. Das wäre auch nicht unbedingt die Art von Anfang, die man sich angesichts mancher Szenen hinter den Zelten wünschen würde. Nein, meine Eltern haben sich tatsächlich auf dem Oktoberfest kennengelernt, im Schottenhamel, dem Bierzelt also, in dem jährlich das Großereignis mit dem Anstich des Oberbürgermeisters »O'zapft is!« und der folgenden ersten Maß Bier beginnt.

## WARUM TRAGEN BEIM OKTOBERFEST ALLE TRACHT?

Das Oktoberfest auf der Münchner Theresienwiese – die Wiesn, wie sie Münchner nennen – ist das bekannteste Volksfest der Welt. Das Oktoberfest ist das größte Exportgut Bayerns, innerhalb Deutschland und der Welt. Von New York über Cincinnati oder Blumenau in Brasilien bis nach Qingdao in China feiert man das Oktoberfest – im preußischen Hannover findet alljährlich das größte innerdeutsche Oktoberfest außerhalb Münchens statt. Selbst in Australien wurde ich schon regelmäßig bei der Frage, wo ich denn herkomme, darauf angesprochen: Oh, Munich, Oktoberfest. Great! Das ist die nüchterne Wahrheit zum Deutschlandbild in weit entfernten Regionen der Welt. Deutschland = Oktoberfest. Und Tracht.

Nur wie kam diese eigenartige Symbiose zustande, wie ist das Oktoberfest so berühmt geworden und welche Rolle spielt dabei die Tracht? Auf den alten Fotografien meiner Eltern trägt praktisch niemand Dirndl oder Lederhose. Heute ist das anders.

Man kann den Selbstversuch machen und mal mit, mal ohne Tracht auf die Wiesn gehen. Ich kann nur sagen: Es ist ein Unterschied. Ohne Tracht fühlt man sich schnell als Außenseiter. Der Dresscode: Dirndl für die Frauen, das je nach Geschmack lang und traditionell oder knapp und knallbunt ausfallen kann, aber gern ein üppiges Dekolleté haben darf; für die Männer knielange Lederhose, ein blau- oder rot-weiß-kariertes Hemd, gestrickte Strümpfe, optional zusätzlich Wadenwärmer und leicht klobige Haferlschuhe.

Ein besonderer Auslöser lässt sich nicht feststellen, klar ist aber, dass seit Beginn der 2000-er Jahre ein Trend zur Be-Trachtung der Wiesn nicht zu übersehen ist. Noch nie war die Lederhosen- und Dirndldichte so hoch wie heute. Zurück zu den Wurzeln, könnte man denken, zur traditionellen Kleidung also. In ihrem Buch »Phänomen Wiesntracht« zeigt die Volkskundlerin Simone

Egger, dass dies nicht stimmt. Die heutige sogenannte Tracht, die uns in Dirndln und Lederhosen überall begegnet, war von Beginn an ein städtisches Konstrukt.

## Streifzug durch die Wiesn-Geschichte

Die Geschichte beginnt mit einer Hochzeit. Der künftige König Ludwig I. feierte im Oktober 1810 die Hochzeit mit Therese von Sachsen-Hildburghausen. Fast eine Woche dauerten die Feierlichkeiten, ganz München war dabei. Als krönenden Abschluss ließ Ludwig I. ein Pferderennen auf einer Wiese vor den Toren Münchens abhalten, die man zu Ehren seiner Gemahlin ab sofort »Theresienwiese« nannte.

Bei den Einheimischen kamen die Feierlichkeiten und vor allem das Pferderennen so gut an, dass man die Sache im Jahr darauf einfach wiederholte. Das Oktoberfest war geboren. In Tracht kam anfangs aber praktisch niemand, auch nicht die vielen Besucher aus dem Münchner Umland, die sich das Fest nicht entgehen lassen wollten. Für die Gäste gab es bald einen Bierausschank, überdachte Festzelte, Losbuden und erste Jahrmarktsattraktionen. Allerdings waren auch diese noch eine Nummer kleiner und weniger technisch als heute: Sackhüpfen, Kegeln und Auf-Baumstämme-Klettern waren die Renner.

Den ersten größeren Trachtenumzug gab es zur Silberhochzeit des Königspaars im Jahr 1835. Ludwig I. war seit zehn Jahren König von Bayern. In dieser Zeit waren Hirschlederhosen (als Pumphosenersatz) und zweiteilige Miedergewänder für seine Untertanen ein Zeichen, wie sehr man mit der Heimat verbunden war. Sie zu tragen war ein nationales, also eher politisches Symbol. So war auch die Tracht auf dem Oktoberfest angekommen.

Gegen Ende des 19. Jahrhunderts wurden immer mehr Schausteller auf der Wiesn heimisch, sie zeigten Absurditäten und Sensationen. Dazu gehörten die dicksten Menschen genauso wie »Giraffenhalsfrauen«, der noch heute berühmte Schichtl faszinierte die Massen mit seiner »Enthauptung einer lebendigen Person mittels Guillotine« sowie mit der »Frau ohne Unterleib«. Rund um sein 100-jähriges Jubiläum war das Oktoberfest bereits ein überregionales Großereignis. Trachten kamen damals in München in Mode – allerdings wählten die Münchner diese angeblich historische Kleidung eher, wenn sie zur Sommerfrische in die nahe gelegenen Berge fuhren. Auf dem Oktoberfest kamen Lederhose oder Dirndl, nun ein einteiliges, ärmelloses Kleid mit weißer Bluse und Schürze (also den heutigen Exemplaren sehr ähnlich), eher zum Einsatz, weil sich die Träger darin malen oder fotografieren lassen wollten. Es war eine Inszenierung, ein lustvolles Verkleiden.

Nach der Weltkriegspause kam das Volksfest erst in den 1950er Jahren langsam wieder in Schwung. Ende der 60er Jahre trugen die Bedienungen in den Bierzelten Dirndl als Arbeitskleidung. Der Tracht verpassten ausgerechnet die modern inszenierten Olympischen Spiele den entscheidenden Schub. Alle 1200 offiziellen Hostessen traten im kurzen, weiß-blauen Dirndl auf, darunter auch die künftige schwedische Königin Sylvia Sommerlath – so begeisterte sie auch ihren späteren Gemahl. Die »bavarian gemutlichkeit« wird zum Exportschlager. Touristen aus aller Welt kommen nach München zum Oktoberfest, die Wiesn wird als Prototyp eines Volksfests weltweit kopiert. Alle Welt sieht in der Tracht das typisch Bayerische, auch wenn diese mit Tradition rein gar nichts zu tun hat.

Zum Erfolg als Massenprodukt trug sicher bei, dass es mittlerweile Dirndl und Lederhosen in jeder Preiskategorie gibt. Viele Besucher nehmen sich die Kleidung als Souvenir mit. Eine Busladung japanischer Trachtenträger ist keine Seltenheit mehr. Fazit: Tracht und Oktoberfest entstanden zu einer ähnlichen Zeit, eine richtige Symbiose sind sie eigentlich erst in den vergangenen Jahrzehnten eingegangen. Beide sind letztlich große Gleichmacher, das war zu Zeiten Ludwigs I. so, das ist letztlich auch heute in den riesigen Bierzelten so. Vor dem Fass sind alle Brüder (und Schwestern).

Seit 1872 beginnt das Oktoberfest schon im September. Grund ist das kühle Wetter im Oktober. Eröffnet wird stets am Samstag nach dem 15. September, Ende des Festes ist traditionell der erste Sonntag im Oktober.

## Oktoberfest-Wissen

Der schlechteste Anzapfer unter Münchens Bürgermeistern war Thomas Wimmer im Jahr 1950, er brauchte unerreichte **19 Schläge.** Ihm gebührt allerdings auch das Verdienst, das Anzapfen eingeführt zu haben.

Münchens Oberbürgermeister Erich Kiesl rief im Jahr 1978 nach dem Anstich: **»Izapft is«.** Das gilt nach wie vor als größte Panne auf der Wiesn.

Den Weltrekord im Maßkrugtragen hält der Bayer Oliver Strümpfel, er stemmte im Oktober 2014 insgesamt 27 gefüllte Bierkrüge und brachte den 62,1 Kilogramm schweren Turm aus Bier und Glas 40 Meter weit ins Ziel.

Der Wiesnhit Nummer eins »Ein Prosit der Gemütlichkeit« mit dem obligatorischen **»Oans, zwoa — gsuffa!«** kommt gar nicht aus Bayern, sondern aus Chemnitz. Der sächsische Musiker Bernhard Dittrich komponierte das Lied, das erstmals 1912 auf dem Oktoberfest erklang.

Nie wurde mehr Bier ausgeschenkt als im Jahr 2011: 7,9 Millionen Maß. Mit 1,16 Litern pro Besucher war der Durchschnittswert 2009 und 2012 am höchsten.

Essensrekorde: 1999 wurden **681 242 Brathendl** verspeist, im Jahr 2011 118 Ochsen.

1985 war das Jahr mit der höchsten Besucherzahl: **7,1 Millionen Menschen** kamen aufs Oktoberfest. Rund 72 Prozent der Wiesn-Gäste stammen aus Bayern, 9 Prozent aus dem Rest der Republik — und 19 Prozent von noch weiter her. Von den ausländischen Gästen sind 17 Prozent der Besucher Italiener, sie halten den Rekord in »größte Gruppe der Besucher aus dem Ausland«.

Das größte Bierzelt aller Zeiten war das Pschorr-Bräu-Rosl-Zelt von 1913 mit gut **12 000 Sitzplätzen**, aktuell fasst das größte Zelt noch **10 000 Menschen**, es ist die Hofbräu-Festhalle. Herbert Rosendorfer schrieb dazu:»Das sind unvorstellbar riesige Zelte, in denen es vor Menschendampf wie in einem Stall riecht.«.

Das höchste Wiesn-bedingte Bußgeld musste eine volltrunkene Frau zahlen. Sie stürzte im Jahr 2006 beim Schunkeln, rammte dabei einen Mann hinter ihr, der schlug sich mit dem Krug einen Zahn aus. Die Strafe des Gerichts: 500 Euro.

Traditionell führt **das Münchner Kindl** den Einzug der Wiesnwirte auf einem Pferd an: Berühmtestes Kindl war die Pumuckl-Autorin Ellis Kaut 1938 (mit 18 Jahren).

**Albert Einstein,** Nobelpreisträger und Verfasser der Relativitätstheorie, arbeitete als Lehrling auf dem Oktoberfest. Für die Elektrofirma seines Vaters schraubte er Ende des 19. Jahrhunderts im Schottenhamel-Zelt Glühlampen in die Fassungen.

2,7 Millionen Kilowattstunden verbrauchen Fahrgeschäfte und Bierzelte auf dem Oktoberfest – so viel wie 1000 Haushalte in einem Jahr.

Sowohl das 25. Oktoberfest-Jubiläum 1835 als auch die Jubiläumsjahre 1910 (100 Jahre Wiesn) und 1985 (175 Jahre) fielen mit dem Auftauchen des Halleyschen Kometen zusammen.

Insgesamt wurde die Wiesn in ihrer über 200-jährigen Geschichte wegen Seuchen, Wirtschaftskrisen oder Kriegen insgesamt 24-mal abgesagt.

## WER HAT DAS BIER ERFUNDEN?

Auch wenn in Bayern die älteste Brauerei der Welt steht (in Weihenstephan bei München) und die Bayern gern auf das in Ingolstadt (meine Geburtsstadt) erlassene Reinheitsgebot hinweisen: Der Ursprung des Bieres ist in einer ganz anderen Region der Welt zu suchen. Es ist ein Gebiet, das wir erst einmal gar nicht mit Alkohol in Verbindung bringen. Das Bier entstand in Mesopotamien, zwischen den Flüssen Euphrat und Tigris, im heutigen Südosten der Türkei, in Syrien und im Irak.

Die frühesten Spuren finden sich in der ältesten Tempelanlage der Menschheitsgeschichte. Dort am Göbekli Tepe in der heutigen Südosttürkei feierten Menschen vor 12000 Jahren große Feste, sagen Archäologen, und tranken dazu Bier. Sie brauten es aus Einkorn, einem Vorläufer des Weizens, das in der Region um den nah gelegenen Vulkan Karacadağ domestiziert wurde. Es gibt Theorien, nach denen vor 10000 Jahren der Ackerbau nur erfunden wurde, um den Wunsch nach Berauschung zu erfüllen – bzw. den dafür nötigen Nachschub an Getreide sicherzustellen. Der Münchner Evolutionsbiologe Josef Reichholf hält das nahrhafte Getränk für den Grund, warum die Menschen sesshaft wurden: »Am Anfang war das Bier!« formulierte er griffig. Aus dem Festplatz sei ein fester Platz geworden, wo sich alle dem »wohldosierten Drogengenuss« hingaben.

Viele Hinweise deuten darauf hin, dass tatsächlich bereits vor 10000 bis 12000 Jahren die Idee entstand, aus Getreide ein alkoholisches Lebensmittel zu machen. Am Göbekli Tepe fanden Archäologen große Steinwannen, die zum Bierbrauen verwendet worden sein könnten. Die ersten Bierbrauer könnten eine Art Kaltmaischverfahren angewendet haben, meint Bierbrauer und Forscher Martin Zarnkow. Geschrotetes Malz und Wasser vergären dabei schon bei 45 Grad Celsius, Stärke entsteht. Aus dem unlöslichen Stärkemolekül im Getreide wird löslicher, fermentierbarer Zucker und daraus mit Hilfe natürlicher Hefen dann Alkohol.

Die frühesten bekannten Quellen zu einem Brauverfahren

sind einige rund 6000 Jahre alte Tontäfelchen aus Mesopotamien. Die Herstellung von Brot und Bier war eng miteinander verbunden, beide waren Grundnahrungsmittel und Bestandteil praktisch jeder Mahlzeit. Bier war nährstoffreich und damals auch weniger keimbelastet als Wasser. Es gab zu diesem Zeitpunkt in den Städten bereits die ersten Kneipen, die Bier ausschenkten. Die meisten von ihnen wurden übrigens von Frauen geleitet, wie zahlreiche Schriftquellen vermerken. Das Zeichen für Bier ist eines der ältesten Schriftzeichen überhaupt: Ein Krug mit trichterförmigem Hals, breiten, gerundeten Schultern und einem spitz zulaufenden Gefäßkörper, dessen Inhalt durch zahlreiche Striche angedeutet wird. Trinkhymnen entstanden, es gab vor mehr als 5000 Jahren sogar eine Göttin des Biers und des Alkohols. »Wer das Bier nicht kennt, weiß nicht, was gut ist. Das Bier macht ein Haus angenehm«, war ein altes sumerisches Sprichwort.

Die Braukultur breitete sich dann nach Ägypten aus. Dort erlebte die Braukunst eine erste Blüte, Biere in vielen Varianten entstanden, die meisten hatten geringen Alkoholgehalt. In Europa erfanden die Kelten später unabhängig vom Orient das Bierbrauen noch einmal. Sie galten als kräftige Biertrinker, wie römische Quellen vermerkten.

Die Fähigkeit, Alkohol zu konsumieren und zum Beispiel vergorenes Fallobst auch zu verwerten, haben Menschen und ihre frühen Vorfahren schon seit zehn Millionen Jahren, das stellten Genetiker erst kürzlich fest. Die Basis für Getränke wie Bier oder Wein war also früh gelegt worden. Erst seit wenigen Jahrtausenden nutzen wir sie so richtig.

## WER HAT DIE BREZEL ERFUNDEN?

Wer im Bierzelt zu seiner frischen Maß Bier genüsslich eine Riesenbrezel isst, kommt sicher nicht auf den Gedanken, dass dieses Gebäck einst Bestandteil kultischer Handlungen war.

Die damals noch runde Brezel wurde nämlich in frühchristlicher Zeit zum Abendmahl gereicht. Die ersten Christen hatten das schon in der römischen Antike bekannte Ringbrot übernommen. Erst im 9. Jahrhundert änderte sich die Gestalt, die runde Brezel wurde erst zu einer Art Doppelsechs (wobei eine sechs gespiegelt war) und dann zu der heute gebräuchlichen Form zweier ineinander verschlungener Brezelarme. Dergestalt war die Brezel als Fastenbrot im Einsatz, Klöster verteilten sie auch an Arme und Kinder.

Die Brezel hatte also durchaus schon früh eine sehr wichtige gesellschaftliche Rolle inne. Dies spiegelt sich auch in der Vielzahl ihrer Entstehungslegenden wider. Barbara Kosler und Irene Krauß haben in ihrem Buch »Die Brez'l«, einer Kulturgeschichte des Laugengebäcks, ein paar amüsante Anekdoten gesammelt. Eine erzählt davon, dass das Vorbild der verschlungenen Arme einst die gekreuzten Arme eines Mönchs gewesen seien. Eine andere schildert, dass sie das Ergebnis eines Spiels auf Leben und Tod gewesen sei. Ein gewisser Bäcker Frieder aus Urach war bei seinem Herrn, dem Grafen Eberhard, in Ungnade gefallen und zum Tode verurteilt worden. Eine letzte Chance gestand ihm der Graf zu: Er solle ein Gebäck herstellen, durch das »dreimal die Sonne scheint«. Drei Tage hatte er dafür Zeit. Frieder verbrachte fast die gesamten drei Tage mit panischen Versuchen, ein entsprechendes Gebäck herzustellen. Vergeblich. Am letzten Tag stand seine Frau schließlich mit verschränkten Armen im Türnahmen. Verschlungene Arme – das war die Idee, die ihm das Leben rettete.

Solche Geschichten beschreiben zwar nicht wirklich die historischen Anfänge der Brezel, aber sie zeigen, welche Bedeutung sie damals hatte. Die Brezel war prominent genug, dass man sich Legenden über sie erzählte. Ab dem Jahr 1300 fand sich die Brezel auch in vielen Zunftsiegeln wieder, als Teil des

Wappens. Die heutige übliche Laugenbrezel erfand dann einer weiteren Legende nach der Münchner Bäcker Anton Nepomuk Pfannenbrenner – per Zufall. Am 11. Februar 1839 soll er die Brezel statt in Zuckerwasser versehentlich in Natronlauge gehalten haben, das zum Putzen der Bleche bereitstand. Fertig war das erste Laugengebäck.

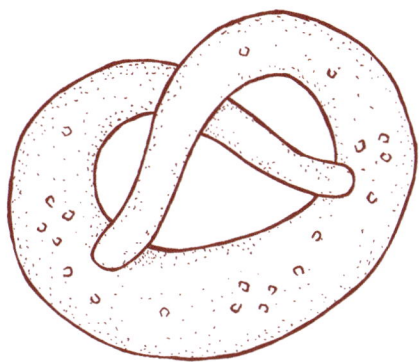

In Regensburg fanden Archäologen Anfang 2015 an einer Ausgrabungsstätte nahe der Donau eine gut 250 Jahre alte verkohlte Brezel. Es ist die älteste erhaltene Brezel der Welt. Dort nahe der Donau, wo gerade die Baugrube für ein Museum ausgehoben wird und gar nichts mehr nach Bäckerei aussieht, war – wie historische Protokolle belegen – einst im Jahr 1753 am ehemaligen Hunnenplatz Nr. 3 der Bäckermeister Johann Georg Held heimisch. Die gefundene Brezel war ihm wohl verkohlt, und er hatte sie in eine Kuhle im Hinterhof der Bäckerei entsorgt.

## POPP-POPP-POPCORN!

Man riecht die karamellig-würzige Note schon von Weitem. Popcorn gehört zum Oktoberfest so wie der Bratapfelzimtduft zur Adventszeit. Meist verkaufen die Mandelstände das Popcorn dann in langen, schlauchförmigen Tüten, was ich immer ein wenig enttäuschend finde, weil der Plastikschlauch den herrlichen Geruch einengt und eher zerstört. Popcorn enthält etwa zwanzig verschiedene Aromastoffe, darunter ist neben dem Geruch nach Kokosfett, Karamell und würzigen Komponenten auch ein Hauch Kaffeegeruch. Die meisten Menschen erkennen Popcorn sehr schnell am Geruch.

### Der Popcorngeruch

Amerikanischer Forscher haben jüngst versucht, die grundsätzlichen Geruchskategorien der Menschen neu einzuteilen. Sie definieren dabei ausgerechnet Popcorn als eine von zehn grundlegenden Geruchskategorien. Vor hundert Jahren formulierte der deutsche Riechforscher Hanns Henning die Idee eines Geruchsprismas, dessen vier Ecken der Grundfläche die Basisgeruchsqualitäten blumig, fruchtig, würzig und harzig bilden, dazu kommen noch die Kategorien faulig und brenzlig. Gerüche von Nelke, Thymian oder Vanille lassen sich zwischen würzig und blumig einordnen. Der mittlerweile verstorbene deutsche Aromaforscher Günther Ohloff nahm später noch grün, holzig, animalisch und erdig hinzu, ihn interessierten vor allem Geruchs-Struktur-Prinzipien. Die amerikanischen Forscher um Jason Castro definierten nun zehn neue grundlegende Geruchskategorien: wohlriechend, holzig-harzig, fruchtig (aber nicht zitronig), faulig-krank, chemisch, pfefferminzig, süß, ekelerregend, zitronig und eben popcornartig. Insgesamt 144 monomolekulare Riechstoffe ordnen die Forscher so statistisch in zehn Gruppen mit Haupt- und Untereigenschaften zu. Popcorn ist dabei rauchig-nussig, warm, erdig und eher schwer. »Europas Parfumeure werden über die neuen Kategorien bestimmt die Nase rümpfen. Popcorn! Ein Basisduft? Allerhöchstens in Disneyland«, schreibt die Wochenzeitung *Die Zeit* über die Studie.

Doch Popcorn ist kulturell vor allem in westlichen Ländern absolut positiv besetzt. Die aufgeplatzten, gepufften Maiskörner kannten bereits Indianer in Nord- und Südamerika. Man fand in der Coxcatlan-Höhle im heutigen Mexiko, der Bat Cave in New Mexico und in verschiedenen Höhlen in Peru immer wieder uralte Maiskörner. Die ältesten Körner sind fast 6000 Jahre alt, es waren Körner von Wildsorten. Die Einheimischen begannen wohl erst vor rund 3000 bis 3500 Jahren, Mais zu kultivieren und so höhere Erträge zu erzielen. Mais war dann eine sehr wichtige Pflanze für die Ureinwohner. Sie ließen ihn schon in der Hitze aufpoppen, um ihn zu essen. Es gibt Berichte, wonach die Mediziner der Azteken Puffmais ins Feuer warfen und anhand der Form und Flugrichtung der aufgepoppten Körner die Zukunft vorhersagten.

In einem Grab in Peru fanden Archäologen etwa 1000 Jahre alte Körner. Das bedeutet, dass es in der einstigen indianischen Welt eine wichtige Rolle gespielt haben muss, sonst hätte man die Körner nicht den Toten mit auf die Reise gegeben.

Nach Deutschland kam das Popcorn übrigens erst nach dem Zweiten Weltkrieg, als Snack auf Jahrmärkten und Volksfesten. Die Deutschen akzeptierten es erst so richtig, als es gesüßt wurde.

### Wie fanden Popcorn und Kino zueinander?

Um die Jahrhundertwende zum 20. Jahrhundert gab es die ersten Filmvorführräume, und weil man in den USA einen Nickel (fünf Cent) Eintritt zahlen musste, nannte man die oft in Einkaufsstraßen gelegenen Ladenkinos »nickel odeon«. Die Filme waren kurz und ohne Ton, in den Pausen sangen die Leute zusammen mit einem Mitglied der Betreiberfamilie – und es gab Snacks von fliegenden Händlern, darunter vereinzelt auch schon Popcorn. Aber das war noch eher die Ausnahme.

Schuld daran, dass wir heute in Massen Popcorn futtern, ist die Große Depression in den 1930-er Jahren, schreibt der amerikanische Ernährungswissenschaftler und Historiker Andrew F. Smith in seinem Buch »Popped Culture«. Kinobetreiber hatten es zuvor meist abgelehnt, Popcorn zu verkaufen. Das

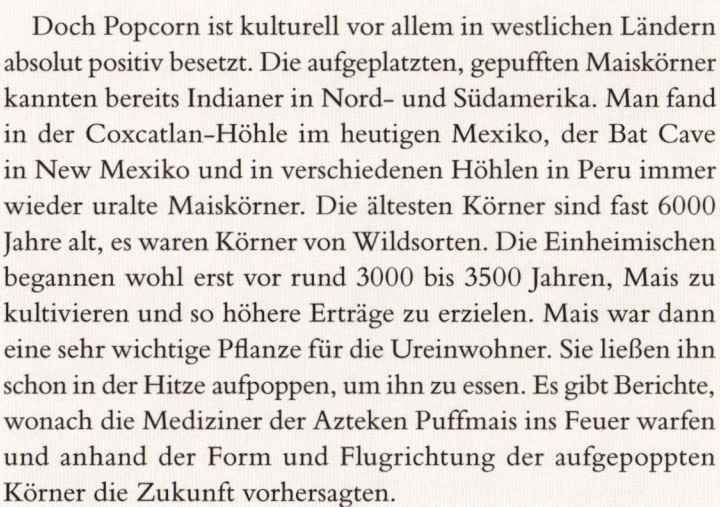

würde nicht zum eleganten Charakter der damals recht nobel gestalteten Lichtspieltheater passen. Doch dann gab es quasi aus der Not heraus eine »Zwangsheirat«, wie Smith sie nennt. Die Weltwirtschaftskrise ließ die Bevölkerung verarmen, da war ein günstiger Snack für die Besucher überaus willkommen. Da sich Popcorn sehr billig herstellen ließ, versprach es für die Betreiber satte Gewinne. Auf Popcorn sind so ganze Imperien gegründet worden. Es gibt da etwa die Geschichte von Kemmons Wilson aus Memphis, der als Junge so viel Geld mit Popcorn verdiente, dass er für sich und seine alleinerziehende Mutter ein Haus kaufen konnte – und noch ein bisschen später gründete er die Holiday-Inn-Kette und wurde Millionär.

Während des Zweiten Weltkriegs verstärkte sich die Akzeptanz. Zucker war rationiert, die Süßwarenproduktion kam fast zum Erliegen, bis auf das Popcorn. Aus der Zwangsheirat wurde langsam Zuneigung.

Die nüchternen Zahlen belegen das: Im Jahr 1945 aßen die Amerikaner dreimal so viel Popcorn wie noch zu Kriegsbeginn. Der Kinoboom der Nachkriegsjahre mit dem Erfolg von Hollywood verstärkte den Trend. Seit damals ist Popcorn aus Kinos nicht mehr wegzudenken.

### Warum poppt das Popcorn?

Am Anfang ist das kleine Maiskorn in einem heißen Topf, dann gibt es ein kerniges »Popp«, ähnlich wie beim Öffnen einer Champagnerflasche klingt das, und fertig ist die mehr als doppelt so große Popcornflocke. Jüngst haben französische Wissenschaftler um Emmanuel Virot von der École Polytechnique in Palaiseau geklärt, woher das charakteristische Geräusch kommt. Lange dachte man, dass das Aufreißen der Schale der Grund sei oder auch das Aufprallen nach dem Aufpoppen. Hochgeschwindigkeitskameras und hochsensible Mikrofone konnten nun das Rätsel lösen.

Verantwortlich ist der extrem schnell aus dem erhitzten Korn entweichende Wasserdampf. Bei anderen Körnerarten ist die Schale nicht hart genug, um den inneren Druck groß genug

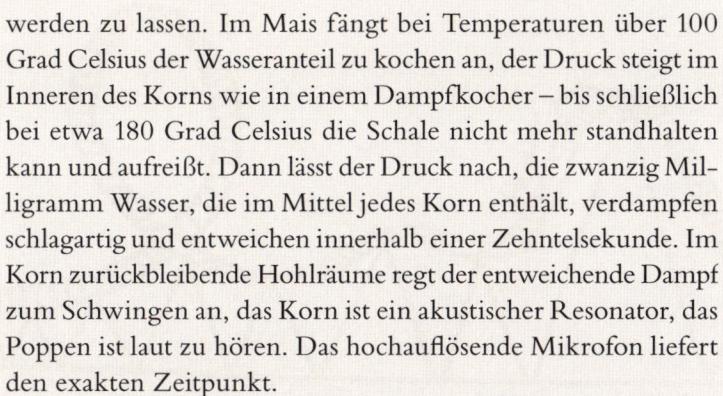

werden zu lassen. Im Mais fängt bei Temperaturen über 100 Grad Celsius der Wasseranteil zu kochen an, der Druck steigt im Inneren des Korns wie in einem Dampfkocher – bis schließlich bei etwa 180 Grad Celsius die Schale nicht mehr standhalten kann und aufreißt. Dann lässt der Druck nach, die zwanzig Milligramm Wasser, die im Mittel jedes Korn enthält, verdampfen schlagartig und entweichen innerhalb einer Zehntelsekunde. Im Korn zurückbleibende Hohlräume regt der entweichende Dampf zum Schwingen an, das Korn ist ein akustischer Resonator, das Poppen ist laut zu hören. Das hochauflösende Mikrofon liefert den exakten Zeitpunkt.

Fast gleichzeitig, exakt zehn Millisekunden später, quellen im Inneren die Stärkekörnchen. An der Unterseite des Korns bildet sich ein stärkehaltiges Bein, es quetscht sich quasi aus der Schale. Dann passiert etwas Schönes, das bislang unbekannt war und sich unserem Auge nur über die Hochgeschwindigkeitsaufnahmen mitteilt. Das Korn scheint kurz auf diesem Bein zu stehen, dann zerspringt es nach 20 Millisekunden, wird schlagartig zum Popcorn und dreht sich dabei eineinhalbmal um seine Achse, es macht einen 540-Grad-Vorwärtssalto um die eigene Achse. Das sei wie Breakdance, schreiben die Forscher.

Die Veröffentlichung im *Journal of the Royal Society Interface* wagt hier eine sehr originelle optische Parallele. Sie vergleichen den Salto des Popcorns mit dem eines nackten Turners aus dem 19. Jahrhundert und verwenden dabei historische Zeitlupen-Aufnahmen des britischen Fotopioniers Eadweard Muybridge, der einst begeistert war von den Details der Bewegung. Das Aufbrechen der Schale sei so wie bei anderen Pflanzen, die ihre Samen herausschleudern, der Salto aber wie der von Tieren oder eben Menschen.

Am Ende verströmt Popcorn seinen besonderen Duft. Das Gute ist, dass Popcorn relativ ballaststoffreich ist. Im Vergleich zu anderen Wiesn-Snacks ist es keine allzu große Kalorienbombe, es hat etwa 360 Kilokalorien pro 100 Gramm.

## WIE FUNKTIONIERT EINE ACHTERBAHN?

Die Achterbahn ist eigentlich auch immer das Erste, was man bei der Annäherung an die Münchner Wiesn wahrnimmt, vor allem das Rattern der Züge, die die bunten Ringe des Olympia Looping hochjagen und das Stahlgerippe doch leicht zum Zittern bringen. Ich weiß natürlich, dass so eine Fahrt absolut sicher ist. Doch normalerweise investiere ich eher viel Energie in Ausreden, warum ich mich gerade jetzt nicht dem Nervenkitzel ausliefern mag (»Hab gerade was gegessen« oder »Schau mal, die lange Warteschlange«). Ich liebe lange Schlangen vor Achterbahnen, das hat mir vor Jahren den »Silver Star« im Europapark Rust erspart, eine der schnellsten Achterbahnen Europas. Doch bei der letzten Wiesn nahm mich meine Frau dezent am Arm und offenbarte mir den Wunsch, sich gemeinsam mit mir in die Tiefe stürzen zu wollen. Und da konnte ich schlecht kneifen beziehungsmäßig hätte mich das leicht ins Hintertreffen gebracht.

Wer eine Achterbahn baut, muss viel über Physik wissen. Es geht nämlich darum, Menschen gezielt so durch die Luft zu schleudern, dass sie zwar einerseits Angst bekommen, andererseits aber in jeder Flugphase sicher sind. »Es geht um die »Illusion von Gefahr«, sagte einmal der Ingenieur Rob Decker der Zeitung *Washington Post*. So schadet es nicht, wenn man als Fahrgast auch ein bisschen Ahnung von Physik bekommt, um sich den stählernen und hölzernen Monstern mit etwas weniger Ehrfurcht und mehr Know-how anzunähern.

Psychologen sagen, bei einer Achterbahnfahrt gehe es einfach nur um eine Kontrolle der Angst. Man solle deshalb so wenig wie möglich darüber nachdenken. Nur kurz vor dem Einsteigen sollte man sich über den richtigen Sitzplatz Gedanken machen, denn nicht jeder ist gleich, wie wir später sehen werden.

## Start und Aufstieg

Es gibt zwei Methoden, die Fahrt zu starten. Entweder geht es beschaulich den ersten steilen Anstieg hoch, das ist ein bisschen so, als würde der eigene Wagen abgeschleppt, nur dass man diesmal direkt in Richtung Himmel fährt. Manche Achterbahnen starten nicht so sanft, sie beschleunigen auf bis zu 190 Kilometer pro Stunde in weniger als vier Sekunden. Den Rekord hält eine japanische Achterbahn, die ihre acht Fahrgäste in 1,8 Sekunden auf 172 km/h beschleunigt, hier wirken Beschleunigungskräfte von 2,7 g. Nicht viel langsamer macht dies die »Formula Rossa« in der Ferrari-World von Abu Dhabi, sie katapultiert ihre Insassen in 4,9 Sekunden auf 240 km/h, so schießen die Wagen dann eine 52 Meter hohe Rampe hoch, die Startbelastung liegt hier noch bei 1,4 g. Jeder trägt während der Fahrt eine Schutzbrille, herumfliegender Wüstensand wäre zu gefährlich. Die Beschleunigungskräfte drücken die Passagiere in die Sitze und schieben ihre Wangen in Richtung Ohren. Das Nebennierenmark produziert in diesem Moment vermehrt das Stresshormon Adrenalin. Über den Blutkreislauf verteilt es sich und führt dazu, dass unser Herz schneller und manchmal auch unregelmäßiger schlägt und der Blutdruck ansteigt.

Psychologen raten Menschen mit Höhenangst, solche Achterbahnen mit Katapulttechnik zu wählen. Wer mit hohem Tempo in die Höhe schießt, hat keine Zeit, sich mit der Höhe zu beschäftigen, bei einem langsamen Aufstieg ist genau das die kritische Phase.

## Die erste Abfahrt

Vom höchsten Punkt einer Achterbahn geht es meist die steilste Abfahrt der gesamten Strecke hinunter. Gefälle von 70 Grad sind keine Seltenheit. Physikalisch wird hier die Höhenenergie in Bewegungsenergie (also Geschwindigkeit) umgewandelt. Beim Olympia Looping geht es in einer leichten Rechtskurve hinunter, dies erleichtert den Fall. Hier bleibt das Gefühl aus, für einen Moment ins Bodenlose zu stürzen. Die steilste Achterbahn aus einem japanischen Vergnügungspark hat ein Gefälle von 121 Grad (!), das heißt, die Wagen fahren nach der Kuppe nach innen, die Mitfahrer stehen kurz fast auf dem Kopf und stürzen dann 43 Meter steil in die Tiefe.

Der Zug beschleunigt dabei, bis der mittlere Wagen den tiefsten Punkt der ersten Senke durchfährt. Hier spüren wir eine Kraft, die nach unten drückt. Physiker nennen sie Zentrifugalkraft, sie ist umso größer, je höher die Geschwindigkeit und je stärker die Kurvenkrümmung ist. Gewichtskraft und Zentrifugalkraft wirken in die gleiche Richtung und verstärken sich. An diesem Punkt ist der Zug am schnellsten. Hier fühlt man sich am schwersten. Der Grund sind die Beschleunigungskräfte, die auf den Körper wirken. Beschleunigung meint dabei nicht nur, dass die Geschwindigkeit tatsächlich zunimmt, sie wird auch hervorgerufen, wenn ein Körper langsamer wird oder die Richtung ändert, also etwa in der Kurve am Ende der Abfahrt oder wenig später auf einer Kuppe.

Wir fühlen uns, als würden wir das Vier- oder Fünffache wiegen. Die Beschleunigungskräfte drücken für Sekundenbruchteile das Blut aus dem Gehirn nach unten in Richtung Füße. Zum Vergleich: Beim Start eines Spaceshuttles wirken nur Kräfte bis zum Dreifachen der Erdanziehungskraft, allerdings deutlich länger. Genau das macht einen großen Unterschied.

## Was bewirken hohe g-Kräfte?

Hohe g-Kräfte kann unser Körper dann sehr gut aushalten, wenn sie nur sehr kurz auf uns wirken. Astronauten müssen dagegen beim Start eine minutenlange Belastung wegstecken.

Manche werden sich an die Bilder aus dem James-Bond-Film Moonraker erinnern, als der Agent in einer Zentrifuge immer mehr beschleunigt wird, bis er schließlich bewusstlos in der Kapsel zusammensackt. Genau das bewirkt eine dauerhaft erhöhte g-Belastung. Das Gehirn wird immer schlechter mit Sauerstoff versorgt, wir sehen schlechter, weil der Sehnerv nicht mehr gut durchblutet ist. Solche Effekte können bei bemannten Raumflügen beim Start auftreten.

Diesem Greyout folgt kurz darauf der Blackout, die Netzhaut ist dann nicht mehr mit Blut versorgt, die Bewusstseinsstörungen nehmen zu bis zur Bewusstlosigkeit und im Extremfall bis zum Tod. Werden Hirn und Augen wieder normal durchblutet, erwachen wir aber meist auch sehr schnell wieder.

## Der erste Hügel

Nach der rasanten Talfahrt geht es sofort wieder hoch zur nächsten Erhöhung, das ist ein Höhepunkt jeder Achterbahnfahrt. Hat der Zug hier noch ein ordentliches Tempo, werden wir an der höchsten Stelle aufgrund der Zentrifugalkraft nach oben beschleunigt. Ist die Kraft größer als die Erdanziehung, werden wir im Sitz leicht angehoben, und nur die Bügel verhindern, dass wir hinausgeschleudert werden. Die Beschleunigungskräfte wirken der Erdanziehung entgegen, daher haben wir hier das Gefühl, fast schwerelos zu sein. Das sind die Momente, in denen wir im Wagen wild die Arme hochreißen.

Die Achterbahndesigner meiden zu starke negative g-Kräfte, denn dann würden unsere inneren Organe im Körper für Momente tatsächlich in der Bauchhöhle herumschleudern; sie sind ja quasi nur lose im Bauchraum gestapelt und aufgehängt. Das führt zum einen zu Übelkeit und Unwohlsein, zum anderen würde diesmal Blut in Richtung Gehirn und Augen gedrückt werden. Im schlimmsten Fall kann es Gehirnblutungen geben, und die Augäpfel können unter dem hohen Druck Schaden nehmen.

### Die äußeren Kurven

Auch hier wirken die Zentrifugalkräfte. In den Kurven haben wir deshalb das Gefühl, dass entweder wir nach draußen fliegen oder der Zug gleich aus den Schienen springt. Das ist bei mir der Grund, wieso ich auf dem Oktoberfest nicht mehr mit der klein und harmlos aussehenden Bahn »Wilde Maus« fahre. Die engen Kurven vermitteln mir das Gefühl, als wäre ich eine Art menschlicher Frisbee.

Seitliche Beschleunigungskräfte gehören zu den heftigsten Belastungen des Körpers. Hier ist auch die Halswirbelsäule stark belastet, es besteht Schleudertraumagefahr. Seitliche Beschleunigungen empfinden wir schon bei deutlich niedrigeren g-Werten als unangenehm. Sie sind bei Achterbahnen auf 2 g beschränkt.

Größere Achterbahnen sind meist gnädiger zu ihren Gästen: Vielleicht ist dem einen oder anderen schon aufgefallen, dass die Schienen dort in den Kurven meist stark geneigt sind. Wir werden dann nicht zur Seite beschleunigt, sondern zum größeren Teil in Richtung Wagen.

### Der Looping

Er ist der Höhepunkt in vielen Bahnen. Wir durchfahren eine 360-Grad-Kurve, beim Olympia Looping sind es insgesamt fünf Ringe, die wir durchqueren. Die Zentrifugalkraft hält uns – solange die Bahn schnell genug fährt, sicher in den Sitzen, obwohl wir an der höchsten Stelle kopfüber durch die Gegend rauschen. Im Looping bräuchten wir gar keine Sicherheitsbügel. Organisch ist diese rasante Kurvenfahrt wenig belastend, nur der Mageninhalt wird ein wenig durchgeschüttelt.

Manche Achterbahnen arbeiten auch noch zusätzlich mit optischen Effekten, im Europapark Rust gibt es eine (eigentlich eher harmlose) Achterbahn im Dunkeln, dies bewirkt leichte Angstattacken. Jede zusätzliche Irritation verursacht Stressreaktionen.

## Wo muss man in der Achterbahn sitzen, um das beste Fahrgefühl zu haben?

Natürlich fahren alle Wagen einer Achterbahn zu jedem Zeitpunkt gleich schnell, sie sind ja miteinander verbunden. Doch das Tempo an einem bestimmten Punkt der Bahn, also etwa auf einem Hügel, kann von Wagen zu Wagen variieren, vor allem dann, wenn die Züge richtig lang sind; der Olympia Looping mit seinen sieben Wagen ist da ein gutes Beispiel. Während der Fahrt schieben oder ziehen sich die Wagen je nach Geometrie der Bahn unterschiedlich, das heißt, sie üben ganz verschiedene Kräfte aufeinander aus. Und das wirkt sich auf das Fahrgefühl aus. Es ist also nicht egal, wo wir uns in so einem Zug hinsetzen.

Ganz vorn: Bei bestimmten Achterbahnen gibt es eigene Warteschlangen für Plätze in der ersten Reihe. Dort hat man alles im Blick, die Schienen, den Abgrund, gleichzeitig spürt man den Fahrtwind viel stärker. Viele Leute empfinden so eine Fahrt im ersten Wagen rasanter. Das ist aber reine Gefühlssache, der Fahrtwind und der offene Blick stärken die emotionale Anteilnahme an der Fahrt.

Ganz hinten: Doch physikalisch betrachtet gibt es zwei Wägen, die jeweils klare Besonderheiten haben. Der letzte Wagen ist jeweils an der ersten Kuppe und bei allen weiteren Hügeln am schnellsten, da alle anderen Wagen hier schon wieder beschleunigen und ihn mitreißen. Wegen der auftretenden Kräfte haben die Insassen des letzten Wagens die schönste »Airtime«, wie Fachleute sie nennen, also dieses Gefühl, für Sekundenbruchteile in der Luft zu schweben. Nur Sicherheitsbügel am Bauch und an den Schultern verhindern, dass wir nach oben katapultiert werden. Wer diese »Airtime« liebt, sollte hinten im Zug sitzen.

In der Mitte: Wer dagegen die Schwerkraft so richtig spüren will, ist im mittleren Wagen am besten aufgehoben. Nehmen wir den Olympia Looping auf dem Münchner Oktoberfest mit sieben Wägen. Bei der Durchfahrt durchs Tal bremsen im tiefsten Punkt die ersten drei Wägen nämlich bereits, während die hinteren drei Wägen noch beschleunigen. Die Bahn ist zu diesem Zeitpunkt am schnellsten. Dementsprechend sind auch die nach unten drückenden Gewichtskräfte hier am größten, beim Olympia Looping 5,2 g. Auf den Hügeln ist der mittlere Wagen aber der langsamste.

Und noch ein letzter Tipp: Bei Bahnen mit vielen Überkopfelementen und Spiralen versprechen Plätze ganz außen den größten Spaß. Aufgrund der Drehbewegung legen die äußeren Sitze nämlich in der gleichen Zeit leicht längere Wege zurück als die Mittelplätze, deshalb ist die Beschleunigung hier auch höher.

### Warum schreien wir während der Fahrt?

Achterbahningenieure bauen ihre Bahnen immer so, dass sie gefährlicher aussehen und sich schlimmer anfühlen, als sie in Wahrheit sind. Unsere Vorstellungskraft soll schon während der Wartezeit und bei der Annäherung an die Bahn so beeinflusst werden, dass wir Unruhe und Angst entwickeln. Wenn wir schreien, sagen Psychologen, lenken wir gleichzeitig unsere Gedanken von der Fahrt und unseren eigenen schlimmen Vorstellungen ab. Die Fahrt wird wieder mehr zum Spiel. Lautes Schreien löst die Anspannung.

Es hilft auch, Bauch- und Armmuskeln anzuspannen, das verleiht einen in Phasen, in denen hohe g-Kräfte wirken, mehr Festigkeit und Sicherheit.

## Achterbahnrekorde

**Die älteste aktive Achterbahn** der Welt »Leap the Dips« in Lakemont Park in Pennsylvania (USA) fährt seit 1902, mit einer Unterbrechung für Renovierungsarbeiten zwischen 1985 und 1999.

**Zehn Leute** können in der Achterbahn Griffon aus Busch Gardens (USA) nebeneinander sitzen, das ist ideal für spiralförmige Loopings.

**14 Überschläge** pro Fahrt bietet die englische Bahn »Smiler«, so viel wie keine andere.

**Die längste Achterbahn** ist **mit 2479 Metern Schienen** der Steel Dragon in Japan, die Fahrt dauert vier Minuten.

**48,8 Meter** hoch ist der höchste Looping, zu fahren im »Full Throttle«; im Freizeitpark Six Flags Magic Mountain nahe Los Angelos ist es eine von 19 (!) Achterbahnen, so viele gibt es in keinem Freizeitpark der Welt.

**139 Meter hoch** ist die amerikanische Bahn Kingda Ka und damit die **höchste Achterbahn der Welt**, sie könnte damit die Türme des Stephansdoms in Wien überqueren.

**Der Olympia Looping** ist die größte transportable Achterbahn der Welt. Auf der 1250 Meter langen Bahn wirken kaum seitliche g-Kräfte in den Kurven, was die Fahrt recht angenehm macht.

Die zweite Oktoberfest-Bahn **Alpina** ist mit 1020 Metern etwas kürzer, aber auch Rekordhalter; es ist die größte und längste transportable Achterbahn der Welt ohne Überschlag. Sie hat hohe Querbeschleunigungskräfte mit 1,6 Gramm.

Die mittlerweile nicht mehr auf dem Oktoberfest gastierende **Eurostar** war der größte transportable Inverted Coaster der Welt, die Füße hingen während der Fahrt in der Luft. Er steht mittlerweile im Gorki Park in Moskau.

## WARUM WIR FOTOS IM DROGERIEMARKT AUSDRUCKEN KÖNNEN

Ist Ihnen schon mal aufgefallen, dass fast alle früheren Fotoge-schäfte verschwunden sind? Es ist eine Ironie der Geschichte, dass ausgerechnet der Kodak-Mitarbeiter Steve Sasson im Jahr 1975 die Digitalkamera erfand – also ein Angestellter jener Firma, die damals vor allem mit klassischer Fotoausrüstung Geld verdiente, mit Analogfilmen und den dazugehörigen Fotolaboren. Denn letztlich führte diese Erfindung dazu, dass wir heute fast ausschließlich digital fotografieren. Für die 1890 gegründete Firma bedeutete das fast das Ende, nach und nach stellte das Unternehmen die Produktion von Filmen und Kameras ein.

In Deutschland verkaufte Kodak schon 2004 alle Großlabore für Fotografien, also jene Orte, die früher unsere Urlaubsbil-der entwickelten. Bald darauf gingen diese Labore praktisch flächendeckend in Konkurs. Die Firma spezialisierte sich nun auf Drucktechnik. Interessanterweise kam sie auf diesem Weg wieder zurück ins Fotogeschäft, und zwar für viele Menschen sichtbar in Form eines Automaten, der in zahlreichen Droge-rien deutschland- und europaweit herumsteht.

Der sogenannte Kodak Picture Kiosk ist (neben Konkurren-ten etwa von Cewe) unser Fotodrucker. Doch wie funktioniert so ein Gerät eigentlich? Was muss es können im Vergleich zu einem früheren Fotolabor?

Zeit also, sich so ein Gerät mal genauer anzuschauen. Wir bringen unsere digital aufgenommenen Bilder auf einer SD-Karte, einem USB-Stick oder auf dem Smartphone gespeichert zum Fotoautomaten. Dort übertragen wir die Datei über Wlan (im Gigahertzbereich verschicken wir über ein Funknetz Datenpakete), Bluetooth (funktioniert ähnlich wie WLAN über ein Funknetz, nur über kürzere Distanzen) oder mit Hilfe des USB-Sticks in den Automaten. Prinzipiell können die Automaten über eine Internetverbindung auch auf online bei Facebook, Instagram oder Dropbox gespeicherte Bilder zugreifen.

Wir wählen dann das gewünschte Format aus, können Details wie Farbe oder bestimmte Effekte einstellen, also Dinge, die auch klassische Bildbearbeitungsprogramme leisten.

Dann beginnt der Druck. Früher dauerte es etwa eine Woche, dann konnte man sich die Bilder in einem Umschlag inklusive der Negative aus dem Fotoladen abholen. Im Schnelllabor war das (natürlich gegen Aufpreis) noch am selben Tag möglich. Dort roch es nach Chemikalien, im Hintergrund ratterten die Maschinen, sie spuckten im Sekundentakt Bilder aus, Urlaubserinnerungen, Tiere, Landschaften, nicht immer in optimaler Qualität. Die Maschine entwickelte die Filme noch in einem chemischen Prozess (daher der Geruch), und die fertigen Negative belichtete das Gerät in der Dunkelheit des Maschineninneren auf die lichtempfindliche Emulsion eines Fotopapiers. Die richtige Temperatur, die richtigen Chemikalien und die optimale Belichtungszeit brachten dann die prächtigen Farben auf dem Papier hervor. Fertig geschnitten und gestapelt, konnte man sie gleich mitnehmen.

Bei einem digitalen Fotodrucker landen die Bildinformationen im Inneren des Geräts bei dem sogenannten Thermotransferdrucker. Wenn man den Namen übersetzt, bekommt man schon eine Ahnung davon, was in dem Gerät passiert. Hitze spielt eine Rolle und ein Farbtransfer auf ein Spezialpapier. Aber anders als in Druckern zu Hause gibt es in diesen Geräten keine Tinte, sondern eine Art Band oder Folie, die über dem Papier liegt und mit einer wärmeempfindlichen Farbe beschichtet ist.

Der Drucker zieht also, sobald wir den Auftrag zum Druck über den Bildschirm erteilen, zunächst ein Spezialpapier von einer Rolle. Direkt über dem Papier läuft die farbbeschichtete Folie. Ein Thermodruckkopf mit Hunderten computergesteuerten Heizelementen fährt nun über die Folie und erhitzt sie punktgenau. In der Folie schmilzt dann die Farbschicht und verdampft. Das Spezialpapier nimmt diesen Farbdampf auf, bzw. er setzt sich darauf nieder (bei kunststoffbeschichteten Papieren). Jede der vier Standardfarben Cyan, Magenta, Gelb und Schwarz wird nacheinander einzeln in der notwendigen Intensität aufgedruckt. Jeder Farbton lässt sich so an jedem Druckpunkt exakt mischen, 64 Abstufungen pro Ton erlaubt dieses Verfahren. Am Ende entsteht aus den Millionen digitalen Pixeln so in Sekunden unser gedrucktes Bild.

Abschließend überzieht der Automat das fertige Foto noch mit einer hauchdünnen Klarlackschicht, deshalb glänzen die Bilder aus den Automaten auch immer so schön. Der Lack schützt die Farben vor dem Ausbleichen. Die Fotos lassen sich matt und glänzend beschichten, so wie wir es früher von unseren Fotolaborbildern gewohnt waren.

Am Schluss schneidet der Automat die Fotos noch passend ab, dann klackert es unten im Ausgabekasten. Fertig ist das Foto.

# Werden
# und Vergehen

Es ist wie ein letztes helles Aufflackern, bevor die Flamme erlischt. Wer im Herbst durch Laubwälder wandert, erlebt eine Sinfonie der Farben, vom leuchtenden Gelb über ein tiefes Rot bis zu einem kräftigen Violett schimmern die Blätter. So, als wolle sich das Jahr noch mit einem letzten kräftigen Schlussakkord verabschieden, ehe es in die Winterpause geht.

## WARUM SICH BLÄTTER IM HERBST VERFÄRBEN

Die Bäume müssen im Herbst sparen. Sie müssen mit ihren Kräften (also Rohstoffen) und dem weniger werdenden Wasser haushalten. Also werfen sie ihre Blätter ab. Doch diese enthalten noch wertvolle Nährstoffe, allen voran das Chlorophyll, das während des Jahres so gute Dienste geleistet hat. Den darin enthaltenen Stickstoff müssen die Pflanzen retten, denn er ist für sie nicht so leicht verfügbar. Also bauen die Bäume das Chlorophyll ab und verlagern den begehrten Stickstoff in die Stämme und ins Wurzelwerk, wo er sicher überwintern kann. Die Blätter verabschieden sich damit auch von ihrem satten Grün. Sichtbar werden die orange-gelben Karotinoide, die sich bis dahin farblich nicht gegen das Grün durchsetzen konnten. Sie bestehen aus Kohlenstoff und Wasserstoff. An diese Rohstoffe kommt der Baum leichter ran, über das Wasser und das Kohlendioxid in der Luft. Also macht er sich nicht die Mühe, die Karotinoide im Herbst ebenfalls abzubauen. Sie dürfen im Blatt leuchten und für einige Tage oder Wochen die Farbregie übernehmen. Schon gibt es – sonnige Tage vorausgesetzt – einen wahrlich goldenen Oktober.

Eine Farbe in der Herbstpalette lässt sich so noch nicht erklären: Immer wieder tauchen nämlich Bäume mit kräftig roten Blättern auf. Dafür verantwortlich sind sogenannte

Anthocyane, die während des Sommers die Blätter vor zu viel Sonnenlicht schützen, indem sie das einfallende Licht streuen. Ohne diesen Schutz würden sich viele freie Radikale bilden, die wieder die Pflanzenzellen angreifen können. Sie werden verstärkt gebildet, wenn sich das Chlorophyll abbaut – und bewirken das rote Leuchten. Doch das ist nur ein Teil der Erklärung. Lange wussten die Forscher nicht, dass die Anthocyane noch eine weitere Funktion haben. Sie sind wasserlöslich und bewirken, dass der Gefrierpunkt des Wassers sinkt. Im Herbst ist das durchaus sinnvoll, denn Nachtfrost könnte die Blätter schädigen, eher sie den im Chlorophyll gebundenen Stickstoff vollständig im Stamm eingelagert haben. Für Bäume ist der Herbst eine kritische Zeit. Amerikanische Forscher um William Hoch hatten beobachtet, dass Bäume am meisten rotes Laub in Gegenden bilden, in denen der Herbst sehr frostig ist.

Auch in wärmeren Regionen gibt es das Phänomen, die Indische Mandel mit ihren roten Blättern ist hier ein Beispiel. Die mögliche Erklärung hier: Gelöste Anthocyane machen den Pflanzensaft in den Blättern dickflüssiger, sie binden Wasser, das dann weniger stark verdunsten kann. Das schützt gegen das Austrocknen.

Am Ende des Blattlebens verschwinden schließlich die knalligen Farben, das Blatt hat seine Schuldigkeit getan, alles gerettet, was zu retten war, und fällt zu Boden. Dort oxidiert es und wird, ehe es gänzlich vermodert, noch bräunlich.

## WAS WÄRE, WENN WIR AUCH EINEN WINTERSCHLAF HALTEN WÜRDEN?

Die Aussicht klingt verlockend. Wir würden uns im Herbst ordentlich Speck anfuttern, dürften auf jegliche Art von Diät pfeifen, würden uns hübsch mit unseren Lieben auf ein großes, gemütliches Lager betten, die Heizung auf 18 Grad einstellen und dann für Monate dösen. Endlich nichts tun. Kein trübes Novemberwetter, keine stressige Vorweihnachtszeit, keine schlechte Stimmung, weil es schon wieder viel zu lange viel zu dunkel und eisig kalt ist.

Davor würden wir noch die Zeitung abbestellen, ein paar

Daueraufträge für laufende Kosten einrichten und schließlich ein großes »Bitte nicht stören!«-Schild an die Wohnungstür hängen – für alle, die nicht mitmachen wollen.

Ehe es nun in der eigenen Vorstellung allzu kuschelig wird, sollten wir kurz überlegen, was bei Tieren der Sinn des Winterschlafs ist. Sie müssen Energie sparen und sie tun das aus einer gewissen Not heraus: In der Natur würden sie keine Nahrung finden. Sie senken dafür ihre Körpertemperatur und verfallen in eine Art Starre.

Könnten wir das überhaupt? Wir hören immer wieder – wie zuletzt bei Rennfahrer Michael Schumacher – dass man Menschen in einen künstlichen Tiefschlaf versetzen kann. Dabei regeln die Ärzte bestimmte Körperfunktionen mithilfe von Narkosemitteln künstlich herunter, dies schützt lebenswichtige Organe wie unser Gehirn, hat aber auch Nebenwirkungen.

Ein echter Winterschlaf ist das nicht. Aber wären wir theoretisch überhaupt dazu fähig? Marburger Wissenschaftler, die vor einigen Jahren den ersten winterschlafenden Affen entdeckten, halten es für möglich. Auf Madagaskar gibt es eine Lemurenart, die fast sieben Monate in einer Baumhöhle überwintert. Der Tierphysiologe Gerhard Heldmaier meint, es spreche nichts dagegen, dass auch Menschen einen Winterschlaf halten könnten. »Menschen unterscheiden sich nicht so grundlegend von anderen Säugetieren«, sagt Heldmaier. Der Forscher, ehemaliger Vorsitzender der Internationalen Winterschlafgesellschaft, entdeckte Enzyme, die bei der Inaktivierung des Stoffwechsels im Winterschlaf eine wichtige Rolle spielen. Sie stellen den Stoffwechsel von Kohlenhydrat- auf Fettverbrennung um und umgekehrt. Diese Enzyme kommen bei allen Säugetieren vor, auch beim Menschen. Noch haben die Forscher aber das Gesamtbild nicht verstanden, der Stoffwechsel ist offenbar ein überaus komplexes Netzwerk, an dem Dutzende Stoffwechsel-Schalter beteiligt sind, die sich wechselseitig beeinflussen können.

Dennoch ist der Gedanke an einen menschlichen Winterschlaf gar nicht so abwegig, wie auch neuere Erkenntnisse amerikanischer Biologen von der University of Alaska in Fairbanks nahelegen. Die Forscher hatten Amerikanische Schwarzbären bei ihrer Winterruhe beobachtet. Die Forschungsbären waren zuvor allesamt menschlichen Behausungen in Alaska zu nahe gekommen, wurden daraufhin eingefangen, mit Sensoren versehen und dann in eine eigens angelegte Winterforschungshöhle gebracht. Dort verbrachten die fünf Testbären die eisigen Wintermonate. Die Forscher überwachten die Körpertemperatur. Bären haben wie wir Menschen eine durchschnittliche Körpertemperatur von 37 Grad Celsius. Während des Winterschlafs fiel sie auf maximal dreißig Grad. Ihren Stoffwechsel reduzierten sie auf ein Viertel des normalen Niveaus. »Allmählich verstehen wir den Winterschlaf nicht mehr nur als Absenken der Körpertemperatur, sondern mehr als Einsparen von Energie«, sagt der an der Studie beteiligte Biologe Øivind Tøien bei der Präsentation der Ergebnisse.

Vielleicht ist diese Strategie sogar klüger. Tiere, die ihre Köpertemperatur drastisch senken, gehen nämlich ein gewisses Risiko ein, wenn man den Studien über Ziesel und Erdhörnchen glaubt. Bei ihnen hatte der mehrmonatige Winterschlaf negative Auswirkungen auf die kognitiven Leistungen. Sie konnten sich nach dem Aufwachen schlechter orientieren, fanden etwa Wege in einem Labyrinth nicht mehr. Die Tiere mussten nach dem Winter neu lernen, sich zu orientieren. Allerdings sind die vorliegenden Befunde zum Gedächtnis widersprüchlich, sagt Gerhard Heldmaier. »Andere Studien widerlegen den Befund und finden eine eindrucksvolle Festigung von Gedächtnisinhalten im Winterschlaf.« Offenbar sind während des Winterschlafs große Teile des Gehirns weitgehend inaktiv, auch synaptische Kontakte und damit Funktionen werden abgebaut. In den Nervenzellen einiger Winterschläfer fand man Veränderungen des sogenannten Tau-Proteins, die auch beim Menschen beim Beginn neurodegenerativer Erkrankungen wie Alzheimer beobachtet werden.

Diese Veränderungen können Winterschläfer innerhalb weniger Stunden nach dem Erwachen aus dem Winterschlaf wieder korrigieren. »Das Gedächtnis ist unmittelbar nach dem Erwachen aus dem Winterschlaf wieder abrufbar«, sagt Heldmaier. »Das ist eine erstaunliche Leistung, obwohl das Gehirn solch drastische Stoffwechseländerungen durchmachen musste.«

Beruhigende Nachrichten, denn Gedächtniseinbußen wären dann doch nicht so gut. Der Winterschlaf bleibt also für uns attraktiv – auch die Weltraumorganisationen ESA und NASA interessieren sich im Hinblick auf lange Reisen im All zu fernen Welten für die Winterschlafforschung.

Vielleicht versuchen wir es auf der Erde erst einmal testweise mit einer ausgedehnten Ruhephase. Es gibt eine Geschichte über einen sibirischen Volksstamm, der die Winterruhe vor mehr als hundert Jahren in der Gegend von Pskov praktiziert haben soll – wegen Essensknappheit. Die Familien legten sich beim ersten Schnee gemeinsam schlafen, wärmten sich gegenseitig in ihrer kühlen Behausung. Einmal am Tag stand jeder kurz auf, trank einen Schluck Wasser, aß trockenes Brot oder andere Trockennahrung, legte etwas Holz nach und ging wieder schlafen. Angeblich hielten die Menschen das sechs Monate so, bis der Frühling kam. Ob diese Geschichte, die 1900 im *British Medical Journal* stand, wirklich stimmt, ist nicht sicher.

Doch der Autor machte sich schon damals Gedanken darüber, wie erholsam und entlastend so eine lange Ruhephase für uns Menschen sein könnte. Im »Nirvana« wären wir für ein halbes Jahr »befreit vom Stress des Lebens, vom Zwang zu arbeiten, von den unzähligen Lasten, Sorgen und Mühen des Daseins«, schrieb er im Fachjournal.

Vielleicht sollten wir das zum Anlass nehmen und tatsächlich im Winter weniger arbeiten und mehr schlafen. Schließlich sagen auch Schlafforscher seit Langem, dass wir in der kalten und dunklen Jahreszeit mehr Schlaf benötigen als in anderen Jahreszeiten. Die Schule könnte später beginnen, wir könnten uns auf eine 20-Stunden-Winterarbeitswoche einigen und endlich lange dösen. Das wäre doch mal ein Anfang.

## Zugvögel

Wenn der Winter naht und die Temperaturen sinken, brechen viele Vögel von ihren Brutgebieten in die Winterquartiere auf, um im Frühjahr – wenn alles gut geht – wieder zurückzukehren. Fünfzig Milliarden Zugvögel sind weltweit unterwegs, fünf Milliarden allein zwischen Europa und Afrika. Die Vögel leisten dabei erstaunliche Dinge.

Vögel haben eine Art **Kompass im Schnabel** (oder, wie Rotkehlchen und Grasmücke, im Auge). Mithilfe von mikroskopisch kleinen, eisenhaltigen Strukturen in der Haut um den Schnabel können sie die Stärke des Erdmagnetfelds erspüren und sich am Verlauf der Feldlinien orientieren. Vögel haben solche Sensoren für jede der drei Raumrichtungen und können sich über die Kombination der drei Magnetsignale perfekt orientieren. Für sie ist der Magnetsinn ein Sinneseindruck wie Sehen, Hören und Riechen für uns Menschen.

Im September 2007 flog eine weibliche Pfuhlschnepfe in 200 Stunden **11 500 Kilometer nonstop** von Alaska über den Pazifik in ihr Winterquartier nach Neuseeland. Es ist der längste bislang gemessene Langstreckendirektflug eines Vogels.

Langstreckenweltmeister ist die Küstenseeschwalbe. Sie schafft bis zu **90 000 Kilometer pro Jahr.** Die arktischen Brutplätze liegen **30 000 Kilometer** von den polaren antarktischen Überwinterungsgebieten entfernt. Die beiden weit entfernten Lebensräume ermöglichen dem Vogel, an acht Monaten im Jahr jeweils 24 Stunden am Tag nach Beute zu jagen. Denn in den Polarsommern geht die Sonne nicht unter. In einer 24-Stunden-Schicht legen sie bis zu 520 Kilometer zurück.

Vögel sind **Energiesparweltmeister.** Größere und damit schwerere Vögel fliegen meist tagsüber und in einer festen Formation, oft in V-Form. Der inzwischen in Deutschland wieder heimische Waldrapp macht sich im Herbst auf den Weg in die Toskana. Die anstrengende Reise schaffen die Vögel nur im Team. Jeder Vogel leistet in etwa gleich lang kraftzehrende Führungsarbeit. Dahinter fliegende Vögel sparen Energie, nicht etwa, weil sie im Windschatten fliegen, sondern weil der vorausfliegende Artgenosse mit seinem Flügelschlag einen Aufwind erzeugt, der die Vögel dahinter trägt.

Auch der **Kuckuck** ist so ein Langstreckenzieher. Bekannt ist er vor allem für die freche Art, seine Eier in fremde Vogelnester zu legen. Er tut dies aus zweierlei Gründen. Erstens: Für Brutpflege bleibt ihm keine Zeit, denn der Kuckuck bleibt meist nur von Anfang April bis Ende Mai in Deutschland, dann geht's weiter Richtung Süden. Als echter Kosmopolit ist er das ganze Jahr unterwegs. Nach jeweils etwa einmonatigen Pausen in Polen, im Balkanraum und in Griechenland fliegt er weiter nach Ägypten und über die Sahara in die Waldgebiete Zentralafrikas. Hier bleibt er etwas länger, ab spätestens Ende Februar geht's über Westafrika wieder zurück. Der Kuckuck legt zweitens **aufgrund seiner Ernährung** seine Eier in fremde Nester. Giftige Raupen und Falter, die andere Singvögel verschmähen, stehen auf seinem Speiseplan. Dafür hat er einen speziell ausgekleideten Magen, ein Jungkuckuck hingegen würde die ungenießbaren Futter-häppchen nicht verkraften.

Vogelzug ist gefährlich. Mindestens **500 Millionen Vögel überleben die Reise nicht**. Netze, Leimruten oder Steinschlagfallen setzen ihrem Leben ein Ende. Allein auf der Mittelmeerinsel Zypern erlegten illegale Jäger im Herbst 2014 zwei Millionen Zugvögel. Zwar sinkt die Zahl der erlegten Tiere langsam, doch immer noch warten Tausende Jäger in Ägypten, Frankreich, Italien, auf Malta und neuerdings verstärkt auch in den Balkanstaaten.

## WER JETZT KEIN HAUS HAT

Der Igel ist so etwas wie ein Vorbote des Winters, eine Art Botschafter mit der Nachricht an alle: Der Herbst endet bald, der Winter naht. Auf den Igel könnte man auch die berühmte Zeile aus dem Gedicht von Rainer Maria Rilke anwenden:»Wer jetzt kein Haus hat, baut sich keines mehr!« Es kann nämlich passieren, dass sich ein Igel zu Beginn des Winters noch kein richtiges Haus gebaut hat, weil er zu sehr mit dem Anfuttern von Körperfett beschäftigt war. Immerhin muss er von seinem Durchschnittsgewicht von vielleicht 700 Gramm auf gut das Doppelte zulegen, um für den Winter fit zu sein.

### Bauen für den Winter

Igel gehören zu den ältesten heute noch lebenden Säugetieren, sie sind ein Erfolgsmodell der Evolution. Es gibt sie seit etwa sechzig Millionen Jahren, und sie haben sich durch die Zeiten kaum verändert, das zeigen fünfzig Millionen alte versteinerte Knochenreste. 25 Arten gibt es weltweit, fast ausschließlich in Europa, Asien und Afrika. Sie durchstreifen Gebiete von bis zu hundert Hektar, das sind 140 Fußballfelder.

Der Braunbrustigel *(Erinaceus europaeus)* ist der häufigste europäische Igel, der auch in allerlei Märchen und Geschichten als archetypischer Igel auftaucht. Er braucht unter seinem Haarkleid (bestehend aus 8000 Stacheln, die sich jeweils einzeln mit einem Muskel aufrichten lassen) ausreichend Fettreserven für die kalten Monate. Obwohl er in seinem halbjährigen Schlaf den Stoffwechsel komplett herunterfährt, die Körpertemperatur von 36 auf bis zu 1 Grad senkt, den Herzrhythmus auf fünf Schläge pro Minute reduziert und nur ein- bis zweimal pro Minute atmet, kann er nur mit seinem Fettpolster überleben – und in einem trockenen, halbwegs warmen Igelbau. Nach dem Winter sind die rund 25 Zentimeter großen Säugetiere auf 500 Gramm abgemagert.

Ein gesunder Igel schafft diese winterliche Herausforderung, für ihn gehören auch alle Vorbereitungen zum Winterschlaf zum Standardprogramm. Doch wenn irgendetwas schiefgeht, brauchen die Tiere unsere Unterstützung. Wir können dem Igel bei der Winterquartiersuche helfen und ihm einen Unterschlupf selbst bauen. Idealerweise steht so ein Igelhaus dann in einem Garten mit vielen Hecken und Sträuchern, an einem ruhigen Standort nahe bei einem Laubhaufen (Laub den Winter über ruhig im Garten lassen, das ist für viele Tiere gut!). Die Behausung sollte auch nicht in einer Mulde stehen, sonst sammelt sich dort Wasser und die Tiere werden nass. Wichtig ist sonst nur noch der Schutz vor Katzen oder anderen Igelgegnern, doch dazu mehr in der Anleitung.

Bis Mitte November sollte man den Igeln die Chance geben, sich selbst einen geeigneten Platz für den Winterschlaf zu suchen. Entdeckt man dann noch ein dünnes Tier, kann man schon mal mit dem Bauen beginnen. Nur wirklich komplett erschöpfte Tiere sollte man ins Haus aufnehmen. Igel sind Wildtiere.

## Bauanleitung Igelbau

Wir beginnen damit, die Einzelteile auf dem Holzbrett auf-
zuzeichnen und dann zuzusägen. Das ist relativ einfach. Nur
für die etwa 10 Zentimeter hohe, oben leicht abgerundete
Zugangsöffnung braucht man etwas Übung.

Sind die Teile fertig, feilen wir die Kanten glatt und können
sie dann schon zusammenschrauben. Wenn man an den
Stellen, an denen später die Schrauben die Bretter verbinden,
schon mal Löcher vorbohrt, geht das Zusammenbauen sehr
viel leichter. Die Trennwand neben dem Eingang schützt den
Igel vor lästigen Attacken z. B. durch Katzen.

Als Letztes kommt das Dach drauf, das verstärken wir innen
nur mit zwei passend zugesägten Dachlatten (zum Befestigen brauchen wir die kurzen Holzschrauben) und legen es
oben auf den Igelbau.

Um es besser gegen Witterungseinflüsse zu schützen, kann
man das fertige Haus mit Leinöl oder einer Biolasur aus dem
Baumarkt einstreichen.

**Wir brauchen:**
Holzbretter ca. 2 Zentimeter dick für: Rückwand
(40 x 26 cm), 2 Seitenteile (30 x 24 cm), 1 Trennwand
(17 x 25 cm), Vorderseite (14 x 24 cm, Aussparung
für Eingang 10 x 10 cm), Dachlatten (49 x 36 cm)
Leinöl oder Ökolasur
Bio-Heu

Schreinerwinkel, Maßband, Lineal

Bleistift

Stichsäge mit Sägeblättern

Akkuschrauber

Holzbohrer

Holzfeile

Holzschrauben

(14 Schrauben 3,5 x 40 mm und 4 Schrauben 3,5 x 30 mm)

Pinsel

Quelle: Bund Naturschutz. www.nabu.de,
»Bauanleitung für ein Igelhaus«

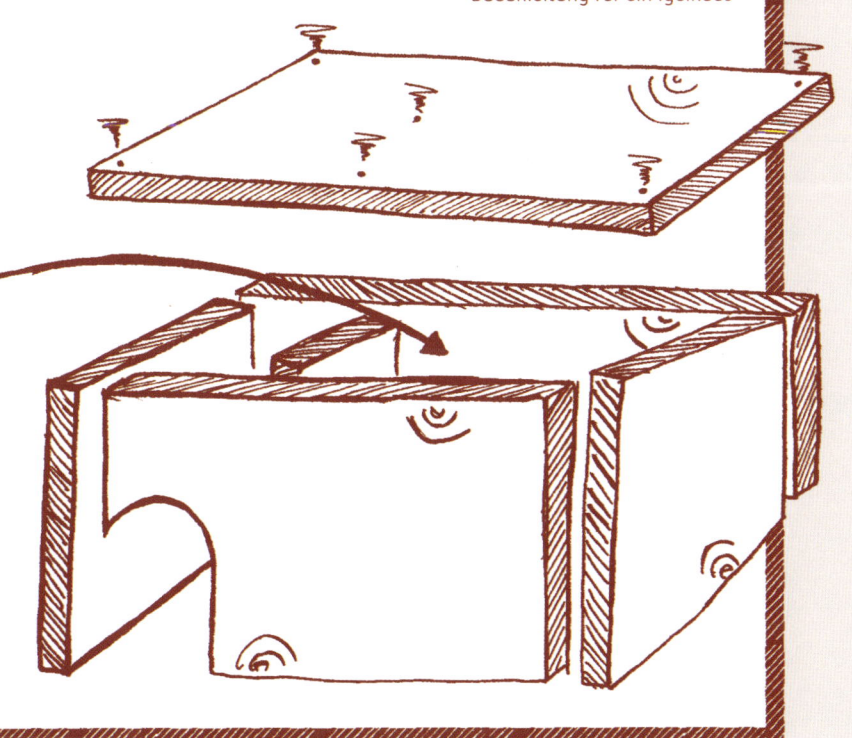

### Die Töne der Igel

Igel sind auch akustisch überaus interessante Tiere, vor allem nachts, der berühmte Verhaltensforscher und Tierfilmer Bernhard Grzimek hätte sie sicher als »possierliche« Tierchen bezeichnet. Grizmek selbst nannten seine Schulkameraden übrigens Igel, weil er als Junge Tiere anschleppte, darunter auch einige Igel – und den Namen Grzimek konnten die anderen Jungs nicht aussprechen. Aber das nur am Rande, zurück zu den typischen Igeltönen:

- Leises Schnaufen und Niesen: Typischer Laut, wenn ein Igel die Umgebung erkundet, begleitet von einem Rascheln im Unterholz.
- Herzhafte Knack- und Schmatzgeräusche: Der Igel hat etwas zum Fressen gefunden.
- Lautes Keckern: Der Igel (meist als Einzelgänger unterwegs) begegnet auf der Futtersuche einem Artgenossen.
- Energisches Fauchen, manchmal auch Kreischen und Schreien: Der Igel fühlt sich bedroht, Schreie gibt er aber nur in größter Not von sich.
- Intensives, lustvolles Schnarchen und Sägen: Der Igel ist beim Paarungsspiel.

## WARUM NIESEN WIR?

Ich kann genau sagen, wann meine Frau ohne Sonnenbrille aus dem Schatten in die Sonne tritt, ich muss nicht einmal hinschauen. Ich brauche dafür nur mein Gehör. Sie hat nämlich eine Genvariante, die zu so genannten »autosomal dominant compelling helio-ophthalmic outbursts of sneezing« führt, auch ACHOO-Syndrom genannt. Kurz gesagt: Sie muss nießen, wenn ihre Augen plötzlich hellem Sonnenlicht ausgesetzt sind und sie ins grelle Licht schaut. Bei meiner Tochter ist es auch so. Der Licht-Nies-Reflex ACHOO ist vererbbar. Ein Viertel der Menschheit ist betroffen.

Alle anderen Niesattacken sind entweder Vorboten einer Erkältung oder einer Allergie – selten auch ein Anzeichen sexueller Erregung (was in diesem Fall eine Art fehlgeleitete Nervenübertragung darstellt, wie der britische Arzt Mahmood Bhutta im Fachmagazin Journal of the *Royal Society of Medicine* schreibt) und noch seltener ein Zeichen dafür, dass unser Magen übervoll ist (der sogenannte Sättigungs-Nies-Reflex, auch hier ist der Grund eine fälschliche Aktivierung des Nieszentrums).

In den allermeisten Fällen löst ein Reiz in der Nasenschleimhaut das Niesen aus. Man vermutet, dass es durch ein eigenes Nieszentrum im sogenannten Nachhirn gesteuert wird, einer Region an der Grenze zum Rückenmark. Wir niesen in der Regel, um Nasensekret, Staub oder Krankheitserreger aus der Nase zu entfernen, also alles, was die Nasenschleimhaut reizt oder irritiert. So reinigen wir die oberen Atemwege, etwa bei Erkältungen oder Allergien.

Übertragen wird der Niesreflex über den Trigeminusnerv, was unter anderem auch dazu führt, dass sich die Pupillen schlagartig verengen und wir die Augen schließen. Und dann schleudern wir die Viren und Bakterien in die Welt hinaus – und können uns kurz darauf nur schnell entschuldigen, falls wir es nicht wenigstens geschafft haben, doch noch wie empfohlen in die Armbeuge zu niesen.

In vielen Sprachen gibt es zweisilbige Ausdrücke fürs Niesen. Das deutsche »Ha-tschi« entspricht dem englischen *ah-choo!*, dem französischen *atchoum!* und dem italienischen *etcì!*

Damit greifen alle Sprachen auch den zweistufigen Prozess beim Niesen auf. Das scharfe, schnelle Einsaugen der Luft, mit dem wir Druck aufbauen (ha-, ah-, et-) und dann die explosionsartige Entladung (-tschiiii, -choooo, -ciiii). Die Endsilbe lässt sich endlos dehnen.

## Wie weit können wir niesen?

Gerade in den ersten Herbsttagen mit ihren kühlen Abenden stecken sich viele Menschen mit einem Schnupfen an. Das Immunsystem ist noch auf Sommer programmiert, das Virus hat oft ein leichtes Spiel. Würde man spontan eine Umfrage in der Bevölkerung machen, welcher Übeltäter meist dahintersteckt, wären die Antworten möglicherweise nicht immer richtig. Rhinovirus nennen es die Forscher, was übersetzt nichts anderes heißt als: Nasenvirus. Es ist ein relativ kleines Virus mit nur 20 Nanometer Durchmesser, das eher kühlere Temperaturen liebt. Bei nasskaltem Wetter läuft es zu Hochform auf und vermehrt sich weiter massenhaft. Selbst bewegen können sich Rhinoviren nicht, sie bestehen nur aus einer Hülle mit Erbinformationen. Langfristig überleben können sie nur in einem Menschen, sie brauchen uns als Wirt.

Neben den Rhinoviren können auch noch ein knappes Dutzend anderer Viren und manchmal auch begleitende Bakterien die Schnupfensymptome bewirken, am häufigsten sind Corona- und Adenoviren. Wir können also gleichzeitig mehrere Erkältungen haben. Eine geschwollene, laufende Nase gehört bei jeder Erkältung dazu, manchmal kommen ein leichter Husten und ein Kratzen im Hals hinzu. Nichts Schlimmes also. Betroffen sind in der Regel nur die oberen Atemwege. Zwei- bis dreimal im Jahr erkranken Erwachsene im Durchschnitt daran.

Oft ist zu lesen, dass sich das Rhinovirus durch Tröpfchen-infektion verbreitet, dass wir es also beim Husten, Niesen oder Sprechen auf die Reise zu unseren Mitmenschen schicken. In trockener Luft überleben die Viren aber nur wenige Minuten, das ist auch ein Grund, warum wir uns im Sommer (oder in der trockenen Winterluft) kaum anstecken. Länger aktiv bleiben sie nur in feuchter, etwa 15–20 Grad Celsius kalter Luft.

Tückisch ist das Virus aber auch deshalb, weil wir andere Menschen bereits anstecken können, ehe wir selbst die ersten Symptome haben. Wir sollten also die Verbreitung der Rhino-viren verhindern. Deshalb ist die Frage wichtig, wie weit die Viren wirklich beim Niesen fliegen können.

Bei einer Niesexplosion schießen winzige Tröpfchen mit hohem Tempo in den Raum. Immer wieder ist da von Maxi-malgeschwindigkeiten von 100 bis 160 Kilometer pro Stunde zu lesen und erreichbaren Weiten von zwei bis drei Metern. Eine Gruppe von Forschern aus Singapur wollte das genauer wissen und bat zehn Männer und zehn Frauen zum Niesen ins Labor. Mit Hochgeschwindigkeitskameras und einer speziellen Lichttechnik (man nennt die Aufnahmen Schlieren-Bilder) analysierten die Forscher den ausgestoßenen Luftstrom und maßen, wie schnell, wohin und wieweit die Tröpfchen aus der Nase flogen. Die Probanden waren dabei nicht erkältet, sie niesten mithilfe von Pfefferspray.

Das Ergebnis reduziert die bislang gemeldeten Rekordwerte deutlich: Die leichteren Tröpfchen schafften gut 60 Zentimeter, das Tempo lag beim 50 Kilometer pro Stunde, die schweren Tröpfchen fielen relativ schnell zu Boden, der Niesnebel bedeckte eine Fläche von 0,15 Quadratmeter, also einen Bereich von 30 mal 50 Zentimetern. Zugegeben: Diese Information würde nur etwas nutzen, wenn man die Kontaminationswolke auch sehen könnte. Generell niesen wir leicht schräg nach unten, das zeigen die Luftstrombilder, und nach 0,3 Sekunden ist die Wolke durch, am meisten stoßen wir in den ersten zehn Millisekunden nach dem Niesen aus. Die Virenkonzentration in der Luft nimmt kurz nach dem Niesen schnell wieder ab.

Die Unterschiede in den maximalen Geschwindigkeiten der Nies-Explosionen können daher kommen, dass wir unseren Mund nicht immer gleich öffnen. Je kleiner die Mundöffnung ist, umso mehr führt ein Trichtereffekt zu höheren Geschwindigkeiten. Zudem haben Studien ergeben, dass sich die Beteiligten in zwei Gruppen unterscheiden lassen, in solche, die beim Niesen generell viele Viren in die Umwelt hinauspusten, und solche, die praktisch keine Erreger weitergeben. Warum das so ist, ist noch unklar.

Es empfiehlt sich in jedem Fall, zu niesenden Mitmenschen mindestens einen Meter Abstand zu halten, das Robert Koch-Institut empfiehlt sogar zwei Meter. Auch der Tipp, in die Armbeuge zu niesen, hat seine Berechtigung. Wie die Forscher aus Singapur zeigten, hindert der Arm die Nieswolke an der Ausbreitung, sie teilt sich in zwei Ströme ober- und unterhalb des Arms, dadurch bleiben sowohl Radius wie Menge der Viren begrenzt. In die eigenen Hände zu niesen, ist dagegen ziemlich schlecht. Dort halten sich die Viren lange, und wir verteilen sie auf Türklinken, Computertastaturen und beim Händeschütteln auf die Hand des Gegenübers. Da hilft nur, sich regelmäßig und gründlich die Hände zu waschen!

Küssen bleibt übrigens erlaubt bei Erkältungen, schreiben englische Forscher von der Universität Cardiff. Der Grund: Nach einem Kuss gelangen Viren über den Mund direkt in Magen und in den Darmtrakt und werden dort unschädlich gemacht.

Dies klingt zunächst überraschend. Die Erklärung könnte sein, dass sich Rhinoviren nur in Zellen im Bereich des oberen Rachenraums einnisten können – und dorthin können sie praktisch nur über die Nasenschleimhaut gelangen, nicht aber über die Mundschleimhaut. Verblüffenderweise ist der genaue Ansteckungsweg für die bereits 1956 entdeckten Rhinoviren bis heute nicht genau verstanden. Vielleicht hängt das damit zusammen, dass der unscheinbare Virus als zu harmlos gilt, als dass man sich mit ihm näher befassen müsste.

## WAS SIND VIREN?

Viren unterscheiden sich von Bakterien, sie haben keine Zellstruktur und sind deutlich kleiner. Viren nutzen oft sogar Bakterien als Wirt, um zu überleben. In den Wirtszellen vermehren sie sich, das funktioniert praktisch wie eine fast endlos arbeitende Kopiermaschine – am Ende steht der Tod der Zelle, dann überschwemmen die kopierten Viren in Massen den Organismus.

Manche Wissenschaftler sagen, Viren seien keine Lebewesen, weil sie sich nur in anderen Zellen vermehren können. Äußerlich haben Viren die unterschiedlichsten Gestalten, aber ihr Grundaufbau ist sehr ähnlich: Sie sind zwischen 10 und 420 Nanometer groß und meist kugel- oder würfelförmig. Vereinzelt gibt es auch langgezogene Viren in Stäbchen- oder Fadenform. Ein Rhinovirus etwa hat die Form eines Ikosaeders, das heißt, es besteht aus zwanzig gleichseitigen Dreiecken. Der Kern der Viren ist von einer schützenden Kapsel umgeben, meist besteht sie aus Eiweißen, manchmal zusätzlich auch aus Fetten und Kohlenhydraten.

Jedes Virus ist auf bestimmte Zellen spezialisiert, an die es andocken kann. Entsprechend sehen die Rezeptoren an der Außenhülle aus, diese Andockstelle für andere Moleküle oder Zellen funktionieren nach dem Schlüssel-Schloss-Prinzip. Das bedeutet, sie brauchen ein entsprechendes Gegenüber an einer Zelle, in die sie dann eindringen können.

Im Inneren der Hülle tragen Viren ihren genetischen Code meist als RNA, das ist anders als die DNA, auf der etwa wir Menschen unsere Erbinformationen speichern, meist nur ein Einzelstrang aus Aminosäuren. Früher unterschätzte man diese Ribonukleinsäuren und betrachtete sie als Müll, heute weiß man, dass sie wichtige Funktionen ausführen können, etwa genetische Informationen übertragen, Gene regulieren und Informationen in Eiweiße umsetzen. Auch Viren sind zu komplexen Dingen fähig.

»Viren sind die Weltmeister im Herumreichen genetischer Information«, sagt die Virusforscherin Karin Mölling, Universität Zürich, Autorin des Buchs »Supermacht des Lebens – Reisen in die erstaunliche Welt der Viren«. Seit mehr als 3,5 Milliarden Jahren existieren sie auf der Erde, damals gab es noch keine Zellen. Viren begleiteten also das Leben auf der Erde von Anfang an. Es gibt kein Lebewesen ohne Viren. Sie sind überall: In Pflanzen, im Erdboden, in jeder Zelle. Auf der Erde gibt es etwa 10 hoch 33 Viren, schätzt Mölling. Ein großer Teil unseres Erbguts besteht aus fossilen Viren oder Virusbestandteilen.

Viren sind etwa hundertfach kleiner als Bakterien. Und extrem anpassungsfähig. 30 000 Jahre konnten Viren im Permafrostboden in ewiger Kälte überdauern, ehe sie Forscher jüngst wieder zum Leben erweckten. Davon träumt so mancher Mensch, der seinen Körper in Kryokammern für die Ewigkeit in flüssigem Stickstoff einfrieren lässt.

Forscher denken, dass sich unsere Immunabwehr im Lauf der Evolution mithilfe der Viren entwickelt hat. So bringen nämlich Viren, wenn sie in Körperzellen eindringen, auch eine sogenannte Genschere mit, eine Art Handwerkszeug. Damit können sie das Erbgut anderer eindringender Viren oder Bakterien in Teile schneiden und so unschädlich machen. Karin Mölling betont, wie wichtig Viren für unsere Entwicklung und eben auch für unsere Gesundheit sind.

Nach Meinung vieler Experten dienen sie sogar dazu, das Immunsystem langfristig zu schulen. Es lernt, mit Infekten umzugehen und später schnell und richtig zu reagieren. Bis zu 40 Prozent aller Attacken mit dem Rhinovirus spüren wir gar nicht. Das brachte Forscher auf die Idee, dass gerade die harmloseren Viren in jungen Jahren unser Immunsystem trainieren. Kinder haben relativ häufig Erkältungen während ihrer Kindergartenzeit. Das hat schon so manchen Erwachsenen (auch mich) gezwungen, seine familiäre Wochenplanung kurzfristig über den Haufen zu werden. Dabei denkt natürlich kaum jemand daran, dass hier gerade extrem wichtige Trainingsprogramme im Kinderkörper ablaufen und die Immunabwehr stärken.

Natürlich darf man dabei nicht das verheerende Potenzial von Killerviren wie dem Hi-Virus, Sars- oder Pockenvirus vergessen, auch nicht die Polio- oder Grippeviren, die schon Tausenden das Leben gekostet haben; man denke nur an die Spanische Grippe aus dem Jahr 1918. Doch manche ihrer Waffen lassen sich auch nutzen, um etwa Bakterien zu kontrollieren und auszuschalten.

## WARUM FÜRCHTEN WIR UNS SO GERN?

Bisweilen setzen wir uns gern einem Thrill aus, einem kontrollierten Nervenkitzel. Manche klettern eine steile Bergwand hoch, andere stürzen sich mit einem Fallschirm von einem Hochhausdach, fahren mit der höchsten Achterbahn der Welt oder gucken Gruselfilme. Es ist eine Mischung aus Lust und Angst, die uns dabei begleitet.

Ich kann mich an eine Szene aus meiner Kindheit erinnern: Ich zeltete mit Schulfreunden an einem See, es war kurz vor Vollmond und wir waren ganz allein. Kein Erwachsener war mit dabei. Um den See führte ein breiter Weg. Um Mitternacht beschlossen wir, den See zu umrunden und fingen dabei an, uns Gruselgeschichten zu erzählen. Wir lachten ziemlich laut währenddessen. Irgendwann fiel mir auf, dass die ganze Gruppe eng beieinanderblieb und wir alle in der Mitte des Wegs liefen – und immer lauter lachten.

Neurobiologen erklären die Lust am Thrill damit, dass dabei vermehrt der Botenstoff Dopamin freigesetzt wird. Möglicherweise ist das ein evolutionär alter Mechanismus, und unsere Vorfahren wurden bei einer riskanten Jagd auf ein Mammut mit dem Glückshormon quasi belohnt. Dopamin hat eine euphorisierende Wirkung. In unserer Gesellschaft erleben wir solche riskanten Momente im Alltag eher selten, vielleicht suchen wir auch deshalb verstärkt den Nervenkitzel. Angst und Lust scheinen eng zusammenzugehören. Wir lachten damals als Kinder am See auch deshalb so laut über die Gruselgeschichten, weil wir die Angst kontrollieren wollten.

Der ungarische Psychoanalytiker Michael Balint beschäftigte sich schon vor gut sechzig Jahren mit dem Angstlust-Begriff. Er beschrieb das Auf und Ab der Gefühle unter anderem anhand von Jahrmarktserlebnissen, als eine Art positives Wechselbad der Gefühle. Balint führt diese Lust am Thrill auf ein altes Trauma zurück, nämlich das, dass wir uns von unserer Mutter loslösen mussten und dies Angst auslöste. Danach waren wir aber umso erleichterter, in ihren Schutz zurückkehren zu können. Angst und Spannung fielen wieder von uns ab.

Das erinnert mich an den Schauer von Halloween, den in der Großstadt viele noch relativ junge Kinder suchen. Jahr für Jahr klingeln bei mir Horden wild kostümierter Kinder, schreien kurz »Süßes oder Saures« und bedanken sich dann ganz artig und lammfromm für die Süßigkeiten. Die Mutprobe, allein ohne Erwachsene durch die Straßen der Stadt zu ziehen und bei wildfremden Menschen zu klingeln, ist in diesem Moment überstanden.

## Halloween oder der Sound der Angst

Eine junge Frau steigt in die Dusche. Ein kräftiger Strahl ergießt sich aus dem Duschkopf. Fast eine Minute lang ist nur das Rauschen des Wassers zu hören. Dann sieht man, wie sich ihr langsam hinter dem milchigen Duschvorhang eine Gestalt nähert. Mit einem kräftigen »Ratsch« reißt sie den Vorhang beiseite. Ein Arm mit einem Messer hebt sich, und gleichzeitig mit den Schreien der Frau ertönt das schrille Kreischen der Geigen. Die Musik des Schreckens. Sie wandelt sich zu dramatischen Akkorden und ebbt dann langsam ab. Am Ende bleibt wieder nur das Rauschen der Dusche, während das blutgefärbte Wasser gurgelnd im Abfluss verschwindet.

Man kann zu Horrorfilmen so oder so stehen. Ich war bei den wenigen, die ich gesehen habe, meist froh, als sie vorbei waren. Doch eines beschäftigte mich immer wieder: Kurz bevor die nächste Bluttat geschieht, setzt oft eine ganz bestimmte Musik ein. Sie ist meist ruhig und langsam, sodass man Hintergrundgeräusche wie das Quietschen einer Tür, das Knarzen einer Diele oder ebendas Rauschen der Dusche deutlich hören kann. Der ruhige Ton steigert die innere Anspannung. Im Schreckmoment wird die Musik plötzlich lauter, schneller und schriller. Die Frequenz ändert sich, manche Töne sind auch verzerrt. Zum Einsatz kommen Geigen oder Streichinstrumente mit hohen Tönen, manchmal kombiniert mit Kinderstimmen, die hoch singen, oft nur unverständliche Worte. Manchmal nutzen die Komponisten auch das Klavier oder die Hörner. Der Sound des Grauens lässt uns erschauern. Wie in der Duschszene von Hitchcocks »Psycho« beunruhigt und erschreckt uns allein schon der Klang.

Forscher um Daniel Blumstein von der Universität von Kalifornien konnten nun klären, warum bestimmte Klänge uns beunruhigen. Folgen aus dissonanten und abrupten Tönen ähnelten den Warnlauten oder Angstschreien von Tieren, die sich in Not befinden. Diese stoßen dann oft stoßartig verzerrte Laute aus. Testpersonen beschrieben kurze Sequenzen, die verzerrte oder abrupte Töne enthielten, als angsteinflößend. Die Forscher denken, dass solche Warnsignale in der Geschichte der Menschheit eine wichtige Rolle gespielt und sie daher ihre Wirkung beibehalten haben.

## IST FREITAG, DER 13. EIN BESONDERER TAG?

Abergläubische Menschen scheinen an diesem Tag zu hängen und ihn partout als Unglückstag begreifen zu wollen, an dem alles schiefgeht. Vielleicht hängt das damit zusammen, dass Jesus an einem Freitag am Kreuz starb und ihn davor Judas, der 13. seiner Jünger, verraten hatte. Obwohl es sicher keine exklusiv christlichen Wurzeln für den Aberglauben gibt, schon die Babylonier empfanden 13 als Unglückszahl.

Mathematisch betrachtet, fallen Freitage durchschnittlich 1,7-mal pro Jahr auf einen 13., genauer gesagt alle 30 Wochen, oder 688-mal in 400 Jahren, das ist der exakte Wert, der sich aus dem gregorianischen Kalender ergibt. Es gibt Jahre mit drei solchen Freitagen, der kürzeste Abstand zwischen zwei dieser vermeintlichen Unglückstage ist vier Wochen (zwischen Februar und März), der längste 61 Wochen.

In jedem Jahr gibt es mindestens einen Freitag den 13. So gesehen ist der Tag also nichts Besonderes.

Er ist auch kein ausgewiesener Unglückstag. So belegte zum Beispiel der deutsche Sozialwissenschaftler Edgar Wunder, dass es keine Häufung von Verkehrsunfällen am Freitag, den 13. gebe. Er wertete fast 200 000 Unfälle aus fünfzehn Jahren aus. Es liege auch kein Effekt im Sinne einer »selbsterfüllenden Prophezeiung« vor.

Der Aberglaube wird sich bei manchen Menschen trotzdem halten, vielleicht auch wegen Geschichten wie dieser: Arnold Schönberg, der Begründer der Zwölftonmusik, hatte eine krankhafte Angst vor der Zahl 13. Der österreichische Komponist war an einem 13. geboren worden und starb – man ahnt es – an einem Freitag, dem 13. Juli 1951.

## UNSERE FÜNF SINNE

### Im Herbst: Schmecken und Riechen

Herbstzeit ist Erntezeit. Sie beginnt meist mit der Hopfenernte. Mich führt das zurück in meine Jugend, auf den Bauernhof meiner Großmutter in der Hallertau, einem der größten Hopfenanbaugebiete der Welt. Ich erinnere mich besonders gut an ein Erlebnis: Ich durfte hoch unter das Dach einer Scheune, in der die eben geernteten, noch feuchtfrischen Hopfendolden getrocknet wurden. Es war sehr warm unter dem Dach, auf dem Boden lagen dick die hellgrünen Dolden. Ihr Geruch war unglaublich intensiv und vielschichtig, ein wahres Geruchsfeuerwerk, es roch schwül und schwer, ein bisschen bitter dazu und sogar ein wenig süß. Es war ein voller Geruch, der mir fast den Atem nahm, mich aber auch angenehm warm umhüllte. Ich knabberte an einer Frucht, sie war bitter und furchtbar eklig.

Für mich sind Schmecken und Riechen die stärksten Sinneseindrücke des Herbstes. Sie haben viel mit unserer Nahrung zu tun, und reifes Obst und Gemüse schmecken und riechen am intensivsten. Nur über Schmecken und Riechen, unsere beiden chemischen Sinne, haben wir Zugang zu dieser Welt. Die Zunge mit ihren Geschmacksknospen ist der erste große Gehilfe in der Welt des Geschmacks. Fünf Geschmacksrichtungen kann sie erkennen: süß, sauer, bitter, salzig und umami. Forscher schlugen kürzlich noch einen sechsten Typ vor: fettig.

Die Zunge ist ein lebenswichtiger Wächter am oberen Eingang unseres Körpers. Sie prüft, ob Nahrung verdorben, ungenießbar oder vielleicht sogar giftig sein könnte. Ein saurer Geschmack signalisiert beispielsweise, dass eine Frucht noch nicht reif genug ist zum Essen. Solche Geschmacksinformationen aktivieren auch den Würgereiz, wir übergeben uns und werden die schädlichen Stoffe wieder los. Heutzutage brauchen wir diesen Schutzmechanismus glücklicherweise selten, das meiste schmeckt ja ziemlich lecker.

Damit sich das volle Spektrum der Geschmacksnuancen und -erfahrungen entfalten kann, braucht es die Hilfe der anderen Sinne. Aussehen, Farbe und Haptik spielen eine wichtige Rolle. Aber allen voran hilft hier unsere Nase. Knapp 15-mal pro Minute atmen wir ein und bieten damit den rund dreißig Millionen Riechzellen unserer Riechschleimhaut vielfältigste Duftkomponenten zur Analyse an. Die Nase ist gut gewappnet: Kein anderes Sinnesorgan kann so differenziert detektieren. 350 verschiedene Typen von Rezeptoren sind Spezialisten für die unterschiedlichsten Duftmoleküle. Miteinander kombiniert, ergeben sich Millionen olfaktorischer Eindrücke. Allerdings warnen Duftforscher wie Hanns Hatt davor, das Organ verkümmern zu lassen. Wir sollten unseren Geruchssinn täglich trainieren, dann können wir mehrere Tausend Düfte unterscheiden. Frisch geerntetes Obst und Gemüse sowie Wein bieten ein perfektes Übungsfeld. Und wir sollten nicht vergessen: Unsere Nase entscheidet auch bei der Partnerwahl, jeder Mensch hat einen ganz individuellen Geruchsabdruck. Riechen ist unser intimster Sinn.

Ich durfte einmal an einem ganz besonderen Ort das Riechen und Schmecken üben: Beim Winzer Rowald Hepp auf Schloss Vollrad. Ich war damals als Journalist unterwegs, ich recherchierte über Wein und wollte mit dem Winzer zur Abrundung noch ein bisschen über den Anbau plaudern. Was dann folgte, war für mich wie ein Erweckungserlebnis. Hepp hatte einige Rieslingweine diverser Jahrgänge und aus unterschiedlichen Lagen vorbereitet. Bis drei Uhr nachts probierten wir in kleinen Schlucken die Weine, von denen jeder so ganz anders schmeckte: mal voller, mal feiner, mal wuchtiger, mal ungestüm wie ein wilder Junge, mal elegant und zurückhaltend wie eine kluge Dame. Ich verpasste meinen Zug zurück nach München, und ich sehe – und schmecke und rieche – seit dieser Zeit Wein anders. Danke an dieser Stelle, lieber Rowald Hepp.

Sti-hii-lee Naacht, hei-liii-ge Naacht ...

# Ein ganz gewöhnlicher Weihnachtstag

**D**er Tannenbaum – traditionell kaufe ich ihn mit meinen Kindern erst an Heiligabend auf der Münchner Theresienwiese – steht im Wohnzimmer, die Kerzen brennen, auf dem Tisch stehen Plätzchen, die Ente ist im Ofen, unter dem Baum steht die Weihnachtskrippe mit einem symbolischen Stern von Bethlehem seitlich über dem Stalldach. Später werden wir »Stille Nacht, heilige Nacht« singen. Irgendwann klingelt wie magisch eine Glocke, das Fenster ist einen Spaltbreit geöffnet, »damit das Christkind hereinfliegen kann«. Und dann ist Bescherung, und alle reißen ihre Geschenke auf.

Das alles klingt für viele Menschen im christlichen Europa relativ normal, mit individuellen Abweichungen natürlich. Doch für andere Kulturen mutet das Weihnachtsfest in vielen Details reichlich seltsam an. Zeit also, ein paar Fragen zum schönsten Fest des Jahres zu beantworten.

## SEIT WANN STEHT EIN BAUM IM WOHNZIMMER?

29 Millionen Bäume schmücken Jahr für Jahr die deutschen Wohnzimmer, davon sind 71 Prozent Nordmanntannen, 15 Prozent Blaufichten und 7 Prozent sonstige Fichten (Zahlen 2013, Schutzgemeinschaft Deutscher Wald). Nordmanntannen haben den Fichten längst den Rang abgelaufen. Sie haben eine kräftige, sattgrüne Farbe und einen geraden, pyramidenförmigen Wuchs. Ihre Äste sind fast waagerecht und in Etagen angeordnet, was das Schmücken erleichtert. Zudem piksen die Nadeln nicht, und die Tannen nadeln kaum. Anders ist es da mit den Fichten. Das kennt man vermutlich noch von früher, wenn man an ein paar Tage nach Weihnachten zufällig mal den Baum streifte. Sofort rieselten leise die Nadeln, zurück blieb ein kümmerliches Gerippe. Doch immerhin duften die Fichten, Nordmanntannen dagegen kaum.

Den Brauch, einen Baum in die Häuser zu stellen, gibt es wohl bereits seit dem Jahr 1419, damals stellt die Freiburger Bäckerschaft im Heilig-Geist-Spital einen mit Lebkuchen, Äpfeln, gefärbten Nüssen, Goldstreifen und Papier geschmückten Baum auf, den die kranken Kinder an Neujahr plündern durften. Sicher belegt ist diese Geschichte allerdings nicht. Unter Kunsthistorikern als widerlegt gilt aber die immer wieder zitierte Geschichte, dass der erste Christbaum im Straßburger Münster, also in einem kirchlichen Rahmen, zu finden war. »Die frühesten Belege für einen geschmückten Tannenbaum im Inneren des Hauses stammen aus der Lebenswelt des städtischen Handwerks«, schrieb die mittlerweile verstorbene Volkskundlerin Ingeborg Weber-Kellermann in ihrem kulturgeschichtlichen Standardwerk »Das Weihnachtsfest«. Die Faktenlage ist angesichts der lückenhaften Chroniken nicht ganz einfach. Klar scheint jedoch, dass der Brauch langsam von den Zünften auf die Familien übergegangen ist.

Inhaltlich entwickelte sich der heutige Christbaumbrauch aus ganz unterschiedlichen Bräuchen verschiedener, auch heidnischer Kulturen. Der gemeinsame Gedanke dabei ist: In den immergrünen Pflanzen steckt die ewige Kraft des Lebens, also holt man sich davon ein Stück ins Haus. Anfangs war vor allem die symbolische Kraft des Baums wichtig: Das Grün sollte in der kalten, düsteren Winterzeit Leben und Gesundheit ins Haus holen und böse Geister vertreiben. Die Römer verwendeten dafür Lorbeerkränze, in nördlichen Regionen Europas hängten die Menschen eher Tannenzweige in ihre Behausungen, damit es böse Geister schwerer hatten, einzudringen und sich dauerhaft einzunisten. Im mittelalterlichen Deutschland brachte man Eibe, Stechpalme, Wacholder, Mistel oder Buchsbaum ins Haus. Im späten Mittelalter gab es auch schon blühende Obstbaumzweige, sogenannte Gabenbäume. Anfangs hingen die Zweige und kleinen Bäume oft noch von der Decke.

Ebenfalls im Spätmittelalter entwickelte sich ein Ritual namens »Paradiesspiele«. Am 24. Dezember stellte man in Kirchen einen Weihnachtsbaum als »Baum der Erkenntnis« auf, unter dem der Sündenfall Adams und Evas nachgespielt wurde, sagt der Bonner Volkskundler Alois Döring. Der 24. Dezember war einst der liturgische Gedenktag von Adam und Eva. »Auf einer Seite, die die Erlösung symbolisieren sollte, war der Baum mit Äpfeln und anderen Leckereien geschmückt, auf der anderen, sündigen Seite nicht«, so Döring. Der Apfel erinnerte dabei an die Geschichte vom Sündenfall im Paradies. Christus befreite die Menschen von der Erbsünde. Nach dem Gottesdienst durften die Menschen den Baum plündern.

## Der Tannenbaum – ein deutscher Exportschlager

Der Tannenbaum etablierte sich endgültig Ende des 18. Jahrhunderts. Bis dahin waren Tannenbäume in Mitteleuropa eher selten, da sich nur reiche Menschen einen Tannenbaum leisten konnten. In der zweiten Hälfte des 19. Jahrhunderts wurden vermehrt Tannen- und Fichtenwälder angelegt, um den zunehmenden Bedarf der Bürger zu decken. Der Brauch des Weihnachtsbaums, den man sich in die Wohnung stellt und üppig schmückt, verbreitete sich zunächst innerhalb Deutschlands von Stadt zu Stadt (und eher noch nicht auf dem Lande), vor allem höhere Beamte und wohlhabende Bürger übernahmen die neue Mode. Deutsche Adelsfamilien brachten sie in die europäischen Fürstenhäuser, über deutsche Emigranten gelangte sie nach Amerika. Erst im 20. Jahrhundert trat der Weihnachtsbaum seinen Siegeszug im Rest der Welt an.

## SEIT WANN DEKORIEREN WIR BÄUME?

Die Frage nach dem Baumschmuck ist traditionellerweise in vielen Familien umstritten. Schmückt man mit oder ohne Lametta, mit echten oder künstlichen Kerzen, mit gekauftem oder gebasteltem Schmuck, soll der Baum eher schlicht in einer Farbe gehalten sein oder möglichst bunt? Der Schmuck gerät zum Ausdruck der Persönlichkeit – weshalb es in manchen Familien beim Schmücken hin und wieder heftige Streitigkeiten bezüglich der Gestaltung gibt. Wer sich durchsetzt, steht sinnbildlich im Wohnzimmer. In Teilen Bayerns und Baden-

Württembergs kann das so weit gehen, dass Nachbarn zum »Christbaumloben« vorbeischauen: Zwischen Weihnachten und dem 6. Januar begutachten sie unangemeldet die Christbäume (und die Häuser) von Freunden und Nachbarn und kommentieren diese in all ihren Facetten, auch scheinbar negative Details wie ein krumm gewachsener Stamm werden positiv erwähnt. Besucher bekommen dann traditionell einen Schnaps als Dank für das Lob.

Johann Wolfgang von Goethe war einer der ersten deutschen Dichter, die den geschmückten Weihnachtsbaum literarisch würdigten. In »Die Leiden des jungen Werther« (veröffentlicht im Jahr 1774) besucht Werther am Sonntag vor Weihnachten seine verehrte Lotte und erzählt davon, wie sich unerwartet die Tür zum Weihnachtszimmer öffnet und ihn ein »aufgeputzter Baum« mit Wachslichtern, Zuckerwerk und Äpfeln in paradiesisches Entzücken versetzt.

Zu Beginn der Weihnachtsbaumtradition wurde der Baum vor allem mit Essbarem geschmückt. Erst im späten 18. und dann im Laufe des 19. Jahrhunderts schaffte die spezielle Weihnachtsdekoration den Durchbruch. Das hing auch damit zusammen, dass die katholische Kirche im 19. Jahrhundert langsam ihren Widerstand gegen das »heidnische Symbol« aufgab. So ist der geschmückte Weihnachtsbaum eng mit dem Biedermeier und der neu aufkommenden Klasse, dem Bürgertum, verbunden.

Offenbar brachen in der Folge einige Dämme, was den Baumschmuck betraf, zumindest wenn man der Schilderung des Dichters Theodor Storm aus dem Jahr 1851 traut. Er beschreibt, womit er die schönste Tanne seines Gartens – »mit der Spitze fast an die Decke reichend« – schmückte: »Zuckerzeug von Meier aus Altona, Schleswig Holsteinische Dragoner, Trommelschläger, Frösche in natürlicher Größe, Eisele und Beisele, Affen und gelbe Wurzeln, usw. usw., kleine nackte Wachskinder, die jedes Menschenherz entzücken müssen, schweben auf den Tannenspitzen, unzählige Glaskugeln, goldene Eier, goldene Walnüsse und Pflaumen, denen ich die Arbeit dreier

Feierabende widmete, Rosinengirlanden, Rauschgoldstreifen, buntgefüllte weiße Netze.«

Das erinnert an Bäume, die wir aus amerikanischen Filmen kennen: überbordend behängt, sodass niemand mehr erkennen kann, ob sich darunter eine echte (in den USA selten) oder eine Kunststoff- oder Fiberglastanne (meistens) verbirgt.

Apropos künstliche Bäume: Die ersten gab es schon im 19. Jahrhundert! Sie waren aus Gänsefedern und Leim gemacht.

Anfangs konnten es sich nur wohlhabende Leute leisten, den Baum aufwendig zu schmücken. Die teuren Wachskerzen am Baum setzten sich im 19. Jahrhundert in gutbürgerlichen Familien durch. Das Patent für den ersten Kerzenhalter stammt aus dem Jahr 1867. Aus den letzten Jahrzehnten des 19. Jahrhunderts existieren viele Fotografien, die reiche Bürger- oder Adelsfamilien neben dem aufwendig dekorierten Prachtbaum zeigen. Ein Wettstreit um den originellsten Baum mit den ungewöhnlichsten Objekten begann. »Seit 1891 hängte man Weihnachtskugeln in Hasen- oder Krokodilform an den Baum«, sagt Felicitas Höptner vom Deutschen Weihnachtsmuseum in Rothenburg ob der Tauber. Das ist insofern interessant, als dass Krokodile wie auch Tiger, Elefanten, Zebras und Pinguine damals um einiges exotischer waren und für die meisten Menschen aus eigener Anschauung nicht bekannt. Die weniger wohlhabenden Bürger bastelten Figuren aus Papiermaché, Pappe, harzgetränktem Salzteig oder Watte. Baumschmuck entstand zunächst vorwiegend in Heimarbeit, auch im Erzgebirge, der Hochburg des Christbaumschmucks. Erst im 20. Jahrhundert entwickelte sich daraus ein eigener Industriezweig.

## Weihnachten XXL

Welche Ausmaße die Weihnachtsschmuckindustrie annehmen kann, zeigt ein Gang durch das ganzjährig geöffnete Weihnachtsdorf in Rothenburg ob der Tauber.

Denjenigen, die die Superlative schätzen, sei ein Besuch in Bronner's Christmas Wonderland in Frankenmuth im US-Bundesstaat Michigan, rund 90 Kilometer nördlich von Detroit empfohlen. Diesen weltgrößten Weihnachtsladen mit mehr als 50000 Artikeln besuchen jährlich zwei Millionen Menschen. Auf einer Fläche von fünf Fußballfeldern stehen riesige Hallen, die äußerlich an gigantische Alpenchalets erinnern – die bauernhausartigen Fassaden sollen festliche Alpenstimmung verbreiten. Drinnen werden die Besucher in 60 Sprachen begrüßt, dazu tanzen Weihnachtsmänner zwischen 350 geschmückten Weihnachtsbäumen mit funkelnden Lichterketten. Auf dem Gelände steht auch (mit offizieller österreichischer Genehmigung) eine Kopie der Stille-Nacht-Kapelle aus Oberndorf, dem Ort also, an dem das Lied zum ersten Mal erklang.

### Weihnachtsbaum-Wissen

Eine 2,50 Meter hohe Tanne hat rund **700000 Nadeln**.

Jeder dritte deutsche Weihnachtsbaum stammt aus dem Sauerland. Damit ist die Region Südwestfalen mit 18000 Hektar das wichtigste Anbaugebiet in Europa.
Die gesamte Anbaufläche in Deutschland entspricht etwa **100000 Fußballfeldern**.

Geschnitten werden die Bäume im Alter von 8 bis 12 Jahren, die langsamer wachsenden Nordmanntannen brauchen **bis zu 15 Jahre**, um Zimmerhöhe zu erreichen.

**Auf dem Petersplatz in Rom** steht erst seit 1982 ein Weihnachtsbaum, Papst Johannes Paul II. hatte die Tradition eingeführt.

Die Weihnachtsbaumproduktion sichert rund **100 000 Dauer- und Saisonarbeitsplätze**. In der Verkaufssaison kommen **50 000 Arbeitsplätze** dazu.

**500 Millionen Kilowattstunden** verbrauchen die Deutschen, um Wohnungen und Häuser in der Weihnachtszeit festlich zu beleuchten, berechnete das Institut für Energiedienstleistungen (IfE) in Heidelberg im Jahr 2014. Schuld daran sind vor allem Lichterketten, Christbaumkerzen und leuchtende Weihnachtssterne. Der Stromverbrauch für Weihnachtsbeleuchtung nehme seit Jahren zu, sagt IfE-Chef Rüdiger Winkler. Der verbrauchte Strom reiche aus, um **141 000 Haushalte** ein Jahr lang mit Strom zu versorgen.

Der mit 110 Metern **höchste Weihnachtsbaum** der Welt steht im Bankenviertel der mexikanischen Hauptstadt Mexiko City, ein mit roten, weißen und blauen Planen verkleideter Riesenkegel, den mehr als eine Million Lämpchen an 72 Kilometer Kabeln erleuchten. Feliz Navidad!

Den angeblich **größten, natürlichen Weihnachtsbaum** präsentiert Dortmund auf seinem Weihnachtsmarkt. 1700 Rotfichten binden die Veranstalter dort zu einem gut 45 Meter hohen Baum zusammen, er wiegt 30 Tonnen. Sollte er in Brand geraten, steht eine Sprinkleranlage bereit, die pro Minute **3200 Liter Wasser** auf die Flammen spritzen könnte.

Unter **40 Prozent der Weihnachtsbäume** liegt übrigens ein Buch als Geschenk, das jedenfalls gaben die Deutschen bei einer Umfrage der Gesellschaft für Konsumforschung an.

### Der erste geschmückte Tannenbaum

Als erstes Bild eines geschmückten Christbaums gilt ein Kupferstich mit dem Titel »Die Buße des heiligen Chrysostomos«. Und wirklich, wenn man sich die Szene von Lucas Cranach dem Älteren aus dem Jahr 1509 genauer ansieht, meint man, auf einem Felsen einen mit Lichtern und Sternen geschmückten Tannenbaum zu erkennen. Der Lichterbaum steht skurrilerweise draußen in der Landschaft, davor sitzt zwischen einem Hirsch und einem Ziegenbock die Jungfrau mit ihrem Kind. Im Hintergrund hüpft ein nackter Mann (Joseph?) herum, er kniet gerade vor einem Bach. Wenn man will, könnte man das Bild als Krippensituation deuten.

Die Legende, von der das Bild erzählt, habe mit der Geburt Jesu aber nichts zu tun, sagen Kunsthistoriker. Vielmehr gehe es um einen Einsiedler, der zufällig eine Liebesnacht mit einer entlaufenen Kaiserstochter verbringt und daraufhin als Buße ein Leben lang wie ein Tier auf allen vieren herumlaufen muss. Wahrscheinlich sei es ebenfalls eine Legende, dass auf diesem Bild das erste Mal ein Weihnachtsbaum verewigt wurde. Die vermeintlichen Sterne und Kerzen wären demnach eher kuriose Triebe oder Zapfen.

## WARUM FEIERN WIR WEIHNACHTEN ENDE DEZEMBER?

Nachdem der heilige Chrysostomos von seiner Sünde freigesprochen wurde und sein Leben als Einsiedler hinter sich ließ, wurde er zum Erzbischof von Konstantinopel.

Im 4. Jahrhundert nach Christus soll er eine Weihnachtspredigt gehalten und darin seiner Gemeinde in Antiochia vorgeschlagen haben, das Fest von Christi Geburt von nun an immer am 25. Dezember zu feiern. Er begründete seinen Vorschlag unter anderem damit, dass sich die Geburt Christi tatsächlich für diesen Dezembertag berechnen ließe. Seine Annahmen dazu waren zwar falsch, aber offenbar überzeugte er seine Anhänger.

Für das 4. Jahrhundert als Zeit der ersten Weihnachtsfeiern spricht eine weitere Tatsache. Die Geburtskirche in Bethlehem ist im Jahr 335 eingeweiht worden. Der heilige Hieronymus bezeugt dies nach seinem im Jahr 386 erfolgten Besuch in Bethlehem. Er schreibt in seinem Werk immer wieder von der »kleinen Erdspalte«, in der der Schöpfer des Himmels geboren sei. Es gab also die Geburtskirche, den Geburtsort Christi, der Pilgerströme nach Bethlehem brachte. Also sollte es passend zum Geburts-Ort auch ein Geburts-Fest geben. Möglicherweise war die Wahl des Festes ebenfalls von der Wintersonnenwende (symbolisch: Jesus als Licht der Welt) beeinflusst.

So lässt sich die Geschichte des heiligen Chrysostomos mit unserem Weihnachtsfest verknüpfen. Möglicherweise kannte Lucas Cranach dessen Weihnachtspredigt und malte deshalb in seinen seltsam schönen Kupferstich den ersten Lichterbaum und die Krippensituation. Belege dafür gibt es allerdings nicht.

## WAS WAR DER STERN VON BETHLEHEM?

Wir leben in einer Zeit, in der wir mit den Weltraumteleskopen Hubble oder Planck und bald mit dem neuen James-Webb-Teleskop bis an die Grenzen des Universums schauen können, 13,82 Milliarden Jahre zurück in die Vergangenheit bis kurz vor den Urknall. Doch mit dem Rückblick auf die paar Tage vor Christi Geburt haben wir so manche Schwierigkeit. Zum Beispiel bei der Frage: Was war der Stern von Bethlehem?

In der Bibel lesen wir: »Als Jesus zur Zeit des Herodes in Bethlehem in Judäa geboren worden war, kamen Sterndeuter aus dem Osten nach Jerusalem und fragten: Wo ist der neugeborene König der Juden? Wir haben seinen Stern aufgehen sehen und sind gekommen, ihm zu huldigen.« (Matthäus 2, 1-2) Der Evangelist Matthäus ist der einzige der vier Evangelisten, der einen Stern von Bethlehem erwähnt. Doch genau mit dieser Schilderung hat er ihn zu einem der bekanntesten Sterne des Universums gemacht.

Nur was hat er damals genau beschrieben? Vier mögliche Theorien gibt es dazu. Doch bevor wir die Theorien durchgehen, noch eine wichtige Überlegung vorab. Mit Erzählungen ist das immer so eine Sache. Und auch bei der Bibel stellt sich die Frage, wie zuverlässig diese Beschreibung in der Weihnachtsgeschichte ist, sie stammt ja nicht etwa von einem Astronomen oder einem Geschichtsschreiber. Matthäus war eigentlich ein Schriftsteller mit einer brisanten politischen Botschaft, er hat das Evangelium um 80 n. Chr. aufgeschrieben. Er erzählte von einem radikalen gesellschaftlichen Wandel mit einer neuer Leitfigur. Warum also sollte er seiner Geschichte von der Geburt Jesu nicht mit einem dramatischen kosmischen Ereignis mehr Gewicht verschafft haben?

Der Bonner Astrophysiker Wilhelm Seggewiß glaubt, dass sich Matthäus Beschreibungen aus dem Alten Testament zum Vorbild nahm. Im vierten Buch Mose taucht beispielsweise ein Seher »aus dem Osten« auf, der weissagt: »Ein Stern geht in Jakob auf, ein Zepter erhebt sich in Israel.« Seggewiß sieht deshalb in der Stern-Geschichte kein historisches Ereignis, sondern eine religiös motivierte Aussage.

Doch selbst wenn das stimmen sollte, könnte der Schriftsteller Matthäus trotzdem echte astronomische Beobachtungen zum Anlass genommen haben, um die Geschichte zu dramatisieren. Er könnte sich auf ein bekanntes ungewöhnliches Himmelsereignis aus der Zeit um Christi Geburt bezogen haben. Oder etwas, was seine Zeitgenossen als markante nächtliche Lichterscheinung kannten.

Jesus wurde nach der Ansicht von Historikern sehr wahrscheinlich zwischen den Jahren 7 und 4 v. Chr. geboren (das irritierende Datum hängt mit der Umstellung vom julianischen auf den heute gültigen gregorianischen Kalender zusammen). Das Todesjahr des Königs Herodes, der damals die Volkszählung in Galiläa befahl, ist hier ein wichtiges Datum, der grausame Herrscher starb im Jahr 4 v. Chr.

## Theorie 1: Supernova

Dieses helle Leuchten am Himmel wäre ein überaus markantes Ereignis gewesen. Allerdings verzeichnet kein einziger der sonst so zuverlässigen chinesischen Astronomen eine helle Sternenexplosion. Mit heutigen, modernsten Teleskopen würden sich Supernova-Überreste noch finden lassen, die in das Zeitfenster von Christi Geburt fallen. Bislang gibt es solche Hinweise jedoch nicht.

## Theorie 2: Zusammentreffen von Saturn und Jupiter

Zwischen April und Dezember des Jahres 7 v. Chr. kam es im Sternbild Fische insgesamt dreimal zu einer Begegnung der beiden Planeten Jupiter und Saturn. Sie zogen eng aneinander vorbei, so eng, dass sie am Himmel fast zu einem hellen Punkt verschmolzen. Dabei überholte jeweils der schnellere Jupiter den langsamen Saturn. Solche Ereignisse sind extrem selten, zuletzt gab es das in den Jahren 1980/81.

Auf diese Theorie kam übrigens erstmals der berühmte Astronom Johannes Kepler, als er im Jahr 1604 die Planetenbahnen studierte. Er hatte damals in Prag im Sternbild Widder einen Stern aufleuchten sehen, der als Supernova explodiert war. Kepler dachte, das Zusammentreffen von Saturn und Jupiter sei daran schuld.

Der österreichische Astronom und Buchautor Konradin Ferrari d'Occhieppo verfolgte diese Idee des Zusammentreffens und bezog gleichzeitig ihre astrologische Deutung mit ein. Die ersten westlichen Astrologen, die Weisen aus Babylonien, hätten mithilfe ihres mathematischen und astronomischen Wissens ein Zusammentreffen der beiden Planeten durchaus vorhersagen können.

Für die Magier waren die Planeten nicht nur Himmelskörper, sie waren auch Gottheiten. Jupiter stand für die oberste babylonische Gottheit Marduk, Saturn entsprach dem Gott Kajmanu und gilt in der Astrologie als Stern des jüdischen Volks. Das Sternbild Fische, in dem die Begegnung stattfand, steht symbolisch für das Land Palästina. Astrologisch betrachtet, ergab sich damit die Deutung, dass in Palästina ein neuer König geboren worden sein muss.

Ein archäologischer Fund aus dem British Museum scheint diese Theorie zu stützen. Dort entdeckte d'Ochieppo die drei Keilschrifttafeln BM 34659, 34614 und 35429, gefertigt von Marduk-Priestern, auf denen die drei Konjunktionen aus dem Jahr 7 v. Chr. genau beschrieben sind, sogar mit exaktem Datum: Sie fanden am 15. März, 20. Juli und 12. November statt, und zwar jeweils im Sternbild Fische. Die Marduk-Priester, die diese Ereignisse kommen sahen, gingen in jenem Jahr nach Jerusalem und sahen die eigenartige Himmelserscheinung und – so d'Ochieppo – sogar einen Lichtkegel. Tatsächlich kann Streulicht an kosmischem Staub so eine Lichtkegelwirkung hervorrufen.

## Theorie 3: Komet

Viele Menschen bringen den charakteristischen Halleyschen Kometen mit dem Stern von Bethlehem in Verbindung. Doch der Halleysche Komet scheidet als Kandidat aus, er war bei Christi Geburt nicht in Erdnähe zu sehen. Kometenbahnen durchs Weltall lassen sich nämlich sehr genau berechnen.

Doch möglicherweise gibt es einen anderen Kandidaten, den der britische Astronom Colin Humphreys in historischen Quellen entdeckte: Eine chinesische Chronik der Han-Dynastie belegt für das Jahr 5 v. Chr. einen Kometen, der wohl auch im Vorderen Orient sichtbar über den Himmel zog.

Gegen diese Theorie spricht allerdings, dass Kometen damals vor allem als Unheilsbringer verstanden wurden, keine ideale Begleitung also für die Geburt eines Königssohns.

## Theorie 4: Perlenschnur aus Planeten, Sonne und Mond

Astronomen waren einst die Superstars Babylons, sie konnten
Sonnen- und Mondfinsternisse vorhersagen und Planetenpositi-
onen exakt berechnen. So berechneten sie, wie der amerikanische
Astronom Michael Molnar von der Rutgers-Universität in
New Jersey glaubt, eine höchst ungewöhnliche, ja unglaubliche
Konstellation: Am Morgen des 17. April im Jahr 6 v. Chr. um
8.26 Uhr standen Merkur, Venus, Mars, Jupiter und Saturn
zusammen mit der Sonne und der Mondsichel aufgereiht nebeneinander wie leuchtende Perlen auf einer unsichtbaren Schnur.
Sichtbar war diese Planetenstellung nicht am Taghimmel, sie
ergab sich allein aus mathematischen Berechnungen. Doch
möglicherweise deuteten die Magier aus dem Morgenland sie
als Hinweise auf die Geburt eines mächtigen Königs.

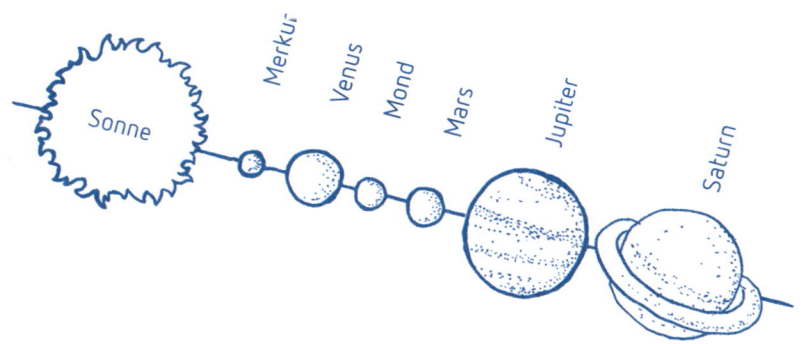

# WIE BRENNT EINE KERZE?

Kerzen haben etwas Beruhigendes. Eine Flamme wirkt immer sanft in ihre Umgebung eingebettet, so als würde sie ein warmes Licht umhüllen. Die seidig schimmernde Kerzenflamme strahlt Geborgenheit aus. Es gibt vermutlich niemanden, bei dem der Schein einer Kerze negative Gefühle auslöst. Im Gegenteil: Sie haben eine große symbolische Wirkung auf uns Menschen. Nicht umsonst brennt in Kirchen das Ewige Licht als Zeichen, dass da jemand auf die Menschen aufpasst.

Treibstoff jeder Kerze ist das Wachs, meist ist es Paraffin, seltener Stearin oder Bienenwachs. Pro Stunde verbrennt eine Kerze knapp zehn Gramm Wachs. Pro Jahr verbraucht jeder Deutsche 2,6 Kilogramm des Materials: Eine vierköpfige Familie lässt also gut tausend Stunden jährlich zu Hause eine Kerze brennen.

## Wie entsteht die verschiedenfarbig leuchtende Flamme?

Schauen wir uns mal eine Kerzenflamme genauer an. Sie lässt sich schematisch in vier Verbrennungszonen aufteilen. Direkt über dem Docht aus Baumwolle liegt die dunkle Zone 1. Hier verdampft das Wachs. Zündet man die Kerze an, schmelzt die Flamme zunächst das Wachs. Im Docht saugen dann Kapillarkräfte das flüssige Wachs von unten regelrecht an. An der glühenden Spitze des Dochts spaltet die Hitze von 600 bis 800 Grad Celsius das verdampfte Wachs auf und macht daraus neue chemische Verbindungen. Bei Paraffinkerzen etwa werden die langen Kohlenwasserstoffketten, sogenannte Alkane, zerlegt, etwa in molekularen Kohlenstoff ($C_2$) oder in Kohlenstoff-Wasserstoff (C-H)-Moleküle. Da Sauerstoff von außen nicht schnell genug in Richtung Dochtspitze diffundieren kann, kann das Wachs nicht komplett verbrennen. Winzige Kohlenstoffpartikel bilden sich – aus ihnen entsteht der Ruß.

Die Temperatur steigt in Richtung Zone 2 an, hier wirkt die Flamme bläulich, einer Gasherdflamme ähnlich. Verantwortlich dafür ist ein Effekt namens Chemilumineszenz. Die erwähnten Moleküle ($C_2$ und C-H) befinden sich aufgrund der chemischen Reaktion bei der Aufspaltung in einem angeregten

Zustand. Diesen verlassen sie meist schnell wieder und geben dabei Energie in Form von Licht ab. Der molekulare Kohlenstoff liefert dabei mehrere Blau- und Grüntöne, das C–H-Molekül einen kräftigen Blauton.

Darüber liegt die Zone 3, sie würde ebenfalls blau leuchten, weil dort ähnliche Prozesse ablaufen wie in der Zone darunter – allerdings sieht man die Farbe nicht, weil die darüber liegende Zone IV alles überstrahlt mit ihrer hellgelben Farbe. In Zone III, auch Glühzone genannt, verbrennen die kohlenstoffreichen Graphitpartikel, sie fangen bei 1200 Grad Celsius an zu leuchten, das gibt der Flamme ihre warme, rötlich gelbe Farbe.

In Zone 4 darüber verbrennen bei nun 1400 Grad Celsius aufgrund des an der Kerzenspitze reichlich vorhandenen Sauerstoffs alle noch vorhandenen Rußteilchen und Restbestandteile der einstigen Wachsmoleküle.

## Kerzen-Rekorde

Einen Rekord im Kerzenverbrauch verzeichnen historische Quellen für das 18. Jahrhundert. **14 000 Kerzen** habe man am Hof des Dresdner Kurfürsten bei einem einzigen Fest erstrahlen lassen.

Der britische Kultregisseur Stanley Kubrick ließ, von solchen Schilderungen inspiriert, für eine Ballszene in seinem Film über den irischen Abenteurer Barry Lyndon, der im 18. Jahrhundert spielt, einen Saal mit **tausend Kerzen erleuchten**. Andere Lichtquellen gab es bei dieser Aufnahme nicht. Für die Filmbranche war es ein Novum, **ohne künstliches Licht zu arbeiten** – und für die Kameratechnik von Zeiss ein Triumph. Kubrik benutzte für sein Kerzenlicht, das extrem lichtstarke Objektiv Planar, das eigentlich für die amerikanische Weltraumagentur NASA entwickelt worden war, um die dunkle Rückseite des Monds zu fotografieren.

## KÖNNTE MAN MIT KERZEN HEIZEN?

Dass die Kerzen am Weihnachtsbaum den Wohnraum etwas erwärmen, ist klar. Schließlich geben sie über die Flammen Wärme an die Umgebung ab. Meist brennt ein gutes Dutzend Wachskerzen an einem Tannenbaum, und die reichen natürlich nicht aus, um eine Heizung zu ersetzen. Doch wie viele Kerzen wären dafür nötig?

Die Heizleistung einer dicken Kerze liegt bei guter Qualität bei maximal 100 Watt, Teelichter liefern rund 30 Watt. Um beispielsweise eine wärmegedämmte Wohnung von 100 Quadratmetern zu beheizen, bräuchte man eine Leistung von 10 000 Watt, also 100 Watt pro Quadratmeter Wohnraum. Das wären also rund 100 dicke Wachskerzen oder gut 330 Teelichter. Für ein Wohnzimmer mit 25 Quadratmetern sind nur noch 25 Kerzen notwendig. Zündet man also zu den Tannenbaumkerzen noch ein gutes Dutzend Kerzen zusätzlich an, kann man an Weihnachten gut mit Kerzen heizen.

Findige Physiker denken solche Dinge gern weiter: Könnte man bei Stromausfall mit einer Kerze nicht noch andere hilfreiche Dinge tun, z.B. Kaffee kochen?

Der Physiklehrer Reichert hat seine Erfahrungen zu dieser Frage für seine Schüler veröffentlicht. Und er sagt, das sei schwerer, als man denkt. Ohne weitere Vorkehrungen dauert es rund 25 Minuten, um ein mit 100 Milliliter Wasser gefülltes Glas auf 75 Grad Celsius zu bringen. Von Kochen keine Spur. Nach den Berechnungen müsste die Energie, die ein handelsübliches Teelicht liefert, durchaus ausreichen, um sogar mehr als einen Liter zimmerwarmes Wasser zum Kochen zu bringen, also wären sechs bis sieben Tassen Kaffee sehr wohl möglich. In der Praxis ist das nicht ganz so leicht zu erreichen. Man müsste Wärmeverluste vermeiden, das Glas also isolieren (Deckel drauf) und eher einen dünnen Kolben verwenden. Letztlich ist das alles ein Problem der Leistung, eine einzelne Kerze hat nicht genügend Power. Dafür bräuchte man, sagt Lehrer Reichert, 66 Teelichter.

Reicherts Fazit: »Die Energie eines Teelichtes reicht grundsätzlich aus, um eine Kanne Kaffee zu kochen. Allerdings müsste man das Kaffeewasser in einem isolierten und geschlossenen Gefäß erwärmen.« Würde man das Wasser in einem normalen Gefäß erhitzen, wären ab einer bestimmten Temperatur die Energieverluste an die Umgebung zu groß. »Teelichter sind also zum Warmhalten des Kaffees geeignet, nicht jedoch zum Kaffeekochen.«

Vielen Dank, Herr Reichert!

## WIE LAUT IST WEIHNACHTEN?

Fragt man einen Akustiker, wie laut Weihnachten ist, hört man zunächst ein wohlwollendes Auflachen. »Beim Weihnachtsoratorium von Bach würde sich an manchen Stellen eine Lautstärke von deutlich mehr als 100 Dezibel ergeben«, sagt Brigitte Schulte-Fortkamp. Und alle finden das schön. Lärm ist eben trotz aller objektiv messbaren Größen auch eine subjektive Empfindung. Unsere akustische Umgebung prägt uns, wir gewöhnen uns an die Laute unserer »Soundscape«. Zwei Individuen können dieselbe Umgebung ganz unterschiedlich wahrnehmen. So können Menschen, die an einer Steilküste mit lauter Meeresbrandung wohnen, das Tosen und Rauschen trotzdem als friedvoll empfinden. Andere, die das nicht gewohnt sind, erleben die Wucht der aufschlagenden Wellen als bedrohlich.

Jeder Raum lässt sich über bestimmte akustische Muster wiedererkennen. Blinde Menschen können sich anhand dieser akustischen Signale sogar sehr gut orientieren. Die eigene Wohnung hat ein spezifisches Klangbild, man erkennt daran sogar, ob sie auf dem Land oder in der Stadt liegt. So ließe sich auch ein Weihnachtszimmer am Klang erkennen. Es klänge nach zart knisternden Kerzen (das tun sie tatsächlich), nach Papierrascheln und dem Klirren von Kugeln am Weihnachtsbaum, wenn ein Luftzug durchs Zimmer geht.

Wir bringen Weihnachten auch mit Stille in Verbindung, obwohl diese in der Natur eigentlich gar nicht existiert – zumindest nicht in physikalischen Messungen. Null Dezibel gibt es nicht, allein die ständigen Wärmebewegungen der Moleküle verhindern das.

Von extrem leisen Geräuschen bis zu nahezu unerträglichem Lärm kann unser Gehör einen enormen Bereich erfassen. Physiker beschreiben ihn mit einer logarithmischen Einheit: Dezibel, einem Maß für die physikalische Belastung. Der Schalldruckpegel kann mithilfe von Mikrofonen gemessen werden. Die Messung der Dezibel hat allerdings nur in erster Näherung etwas mit unserer Lautstärkeempfindung zu tun. Selbst in reflexionsarmen Räumen würde man noch Werte von mindestens 15 bis 20 dB messen.

In Räumen, deren Wände keine Schallwellen reflektieren, hat man nicht nur ein taubes Gefühl in den Ohren: Viele Menschen berichten auch über ein mulmiges Gefühl in der Magengegend. Schalten wir zusätzlich das Licht aus und entziehen so einen weiteren Reiz, verstärkt sich das Gefühl. Absolute Stille, wäre Folter, sagen Psychoakustiker.

Wie nah aber ein unangenehmes mit einem angenehmen Gefühl auf der Dezibelskala zusammenliegen, zeigt ein anderer Wert: Würde man unter dem Weihnachtsbaum messen, wie laut die Kinder vor der Bescherung atmen, ergäben sich Werte von etwa 20 Dezibel.

Für das menschliche Gehirn ist nicht allein die Lautstärke eines Geräuschs ausschlaggebend, viel wichtiger ist es, wie lästig uns ein Geräusch vorkommt. Plötzliche und unerwartete Geräusche kann unser Gehirn nicht ausblenden. Wenn ein Hahn morgens kräht oder die Kirchturmglocken sonntags läuten, kann uns das ebenso irritieren wie quietschende Reifen.

Stille und Lärm sind auch kulturell geprägt. Blätterrauschen beispielsweise wird von einem Großteil der Menschen unseres Kulturkreises als entspannend und still empfunden.

Man kann sich einen Spaß machen und ein paar Elemente von Weihnachten akustisch vermessen, etwa die Stille Nacht und den Stall von Bethlehem (die Geburtsphase Jesu wollen wir mal außer Acht lassen). Physiker liefern uns hier die Schallpegel. In einer stillen Nacht zeigen die Messgeräte 31 Dezibel an. Den Stall von Bethlehem hat niemand vermessen, also muss ein Vergleichsstall im Allgäu herhalten, in dem zufriedene Kühe kauen: 56 Dezibel. Das ist sozusagen der Soundscape von Jesus, in diese Klanglandschaft wurde er hineingeboren.

## Warum ist das Aufreißen von Geschenkpapier so laut?

An Weihnachten können Kinder beim Auspacken oft nicht mehr warten und fangen an, das Papier aufzureißen – und das macht Lärm. Jedes Papier klingt anders, je nach Faserstruktur. Auch beim Zerreißen macht es einen Unterschied, ob man es

längs oder quer reißt. Finnische Forscher von der Universität Helsinki haben aufgezeichnet, welche Töne Papier beim Zerreißen von sich gibt. Ihre Studie über »akustische Emissionen von Papierrissen« vermeldet, dass die Töne bei ihrer Häufigkeitsverteilung einer mathematischen Funktion folgen: Es gibt wenige sehr laute Geräusche, ein paar laute und viele leise Töne. Mathematiker nennen das Potenzgesetz. Eine typische Lautstärke für Papierknistern gibt es nicht, sie hängt auch von der Dicke und der Art des Papiers ab.

Knüllt man das aufgerissene Geschenkpapier zusammen, knistert es, zieht man es wieder auseinander, ebenso. Der Grund: Wird das Papier bewegt, wechseln kleine Falten darin zwischen verschiedenen Zuständen hin und her. Elastische Energie wandelt sich dabei in Bewegungsenergie um. Das verursacht den Lärm. Forscher der amerikanischen Cornell-Universität beschrieben die Papiergeräusche so: »Ein Bleistift oder ein Stück Kreide knackt einmal und ist kaputt, Popcorn kracht in vielen gleichlauten Mini-Explosionen. Zwischen diesen beiden Extremen liegen Papierknäuel: Sie knistern in einer zufälligen Serie unterschiedlicher Töne.«

Dass man Papier nicht beliebig stark zusammendrücken kann, liegt ebenfalls an den physikalischen Eigenschaften von Papier. Die kleinen Falten im Papier können einem hohen Druck widerstehen. Das funktioniert nicht nur mit Geschenkpapier, sondern auch mit Zeitungspapier oder diesen Buchseiten. In einem durchschnittlichen Knäuel sind immer noch 75 Prozent Luft.

## DER STILLSTE ORT DER WELT

Der Schallmessraum der Orfield-Labore in Minneapolis (Minnesota) ist der stillste Ort der Welt. Dort testen Ingenieure Mikrofone und Lautsprecher. Ein Meter lange Fieberglaskeile, die Schall absorbieren, sind waagerecht und senkrecht in Dreiergruppen an doppelten Wänden aus Stahl und einer dreißig Zentimeter dicken Betonbarriere dazwischen angebracht. Die Kammer schluckt 99,99 Prozent aller Geräusche. Gemessen haben die Akustiker im Inneren für das Hintergrundgeräusch einen Rekordwert von minus 9,4 dB Dieser negative Dezibelwert bedeutet, dass es außerhalb des Raums noch dreimal so laut sein dürfte, ehe man innen die menschliche Hörschwelle von 0 dB erreichen würde. »Länger als 45 Minuten hat es in diesem Labor noch keiner ausgehalten«, sagt Firmengründer Steven J. Orfield. Die amerikanische Weltraumagentur NASA nutzt die Einrichtung, um zu testen, wie Astronauten mit der endlosen Stille im All klarkommen würden.

Der deutsche Psychoakustiker und Klangforscher Friedrich Blutner will den Rekord brechen und in einem sächsischen Bergwerk im Erzgebirge einen schalldichten Raum mit einem Wert von minus 40 dB bauen.

## DER LAUTESTE ORT DER WELT

Der lauteste Ort der Welt liegt unter Wasser. 200 dB kann der Knall- oder Pistolenkrebs mit seinen Greifarmen erzeugen. Das Wasser dämpft den Schall zwar, aber sogar Sonare von U-Booten in der Nähe können die Pistolenkrebse hören. Man könnte sagen, dass die Tiere mit einer Art Platzpatrone schießen, nur dass dieses Knallen für ihre Beute – kleine Fische, Krabben, Würmer – quasi tödlich ist.

Die Pistolenkrebse verwenden für ihre Schallattacke eine spezielle Technik. Das Phänomen, das sie damit erzeugen, heißt Sonolumineszenz. Mit einer ihrer Scheren stoßen sie einen Wasserstrahl aus. Dafür laden sie mithilfe eines beweglichen Zahns die Schere sozusagen wie eine Pistole, dieser schnappt in eine gegenüberliegende Grube in der Schere, schiebt das Wasser schlagartig zusammen. Eine Blase bildet sich, die wiederum implodiert und so den Knall erzeugt.

Physikalisch ist das Phänomen höchst interessant – und im Detail auch noch nicht vollständig verstanden. Für das Leuchten zum Beispiel gibt es bislang nur die Theorie, dass die gasförmigen Wasserdampfmoleküle in der Blase bei ihrem Zusammenfallen so stark zusammengepresst werden, dass das Gas extrem heiß wird und kurz vor dem Verschwinden der Blase Lichtblitze aussendet, daher der Name Sonolumineszenz. Auch Quanteneffekte werden diskutiert. Das hätte sich der Pistolenkrebs vermutlich auch nicht gedacht, dass sich die Physiker eines Tages an seiner Schere die Zähne ausbeißen.

Die Knallschere trägt er an einem seiner Vorderbeine. Begleitet wird das Ereignis von Temperaturen von etwa 5000 Grad Celsius, das ist fast so heiß wie an der Oberfläche der Sonne. Mit dieser geballten Energie kann er Beutetiere quasi niederknallen, der Pistolenkrebs muss die ohnmächtigen Tiere nur noch einsammeln und in Ruhe verspeisen.

## Typische Dezibelwerte – eine Übersicht

Eine Erhöhung des Schalldruckpegels um +10 dB wird subjektiv als Verdoppelung der vorhergehenden Lautstärke wahrgenommen.

| | |
|---|---|
| 0 dB | Hörschwelle |
| 10 dB | Blätterrauschen |
| 20 dB | Kinderatmen unter dem Weihnachtsbaum |
| 30 dB | Brummen von Computerventilatoren oder Kühlschränken |
| 40 dB | Hintergrundgeräusche im Haus |
| 50 dB | normale Gesprächslautstärke, leises Radio |
| 60 dB | laute Unterhaltung, Fernseher auf Zimmerlautstärke. Ab dieser Schwelle fühlen sich viele Menschen in ihrer Konzentration gestört. |
| 70 dB | vorbeifahrendes Auto |
| 80 dB | Rasenmäher, starker Straßenlärm, Staubsauger, Schreien, Kindergeschrei |
| 90 dB | Autohupen, vorbeifahrender Lkw, Schnarchen. |

**Ab 90 dB sind gesundheitliche Langzeitschäden möglich.**

| | |
|---|---|
| 100 dB | Motorsäge, Motorrad, Presslufthammer, Clubmusik |
| 110 dB | Rockkonzert, ICE in geringer Entfernung, Musik aus dem Walkman |
| 120–130 dB | startende Düsenflugzeuge, Explosionen und manches Rockkonzert. |

Bei 130 dB ist die **Schmerzgrenze** erreicht.

| | |
|---|---|
| 140 dB | Gewehrschuss |
| 150 dB | Knall bei Airbagentfaltung |
| 160 dB | Geschützknall |
| 170 dB | Ohrfeige direkt aufs Ohr |
| 180 dB | Raketenstarts in Cape Canaveral oder Baikonur, Ausbruch des Vulkans Krakatau im Jahr 1883 |
| 188 dB | Pfiffe eines Blauwals |
| 190 dB | führen zu Verbrennungen der Haut, inneren Verletzungen und zum Tod. |
| 194,1 dB | höchstmöglicher Schalldruck in Luft |

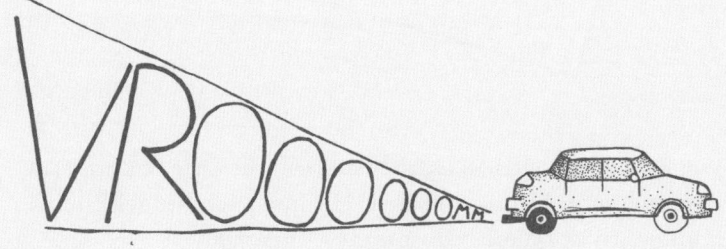

## WIE VIEL POST BEKOMMT DER WEIHNACHTSMANN?

Kurz vor Weihnachten öffnen sich die Pforten zu speziellen Postämtern. Die Weihnachtspost von Kindern und Erwachsenen findet hier Eingang und wird beantwortet.

In ihren Briefen bitten Kinder oft um spezielles Spielzeug oder Süßigkeiten. Aber es ist nicht nur der Konsum, der sie antreibt. Sie schreiben auch über ihre Sorgen, zeichnen Weihnachtsbilder und wünschen sich Frieden, Geborgenheit, Gesundheit, gute Schulnoten oder in Zeiten des Klimawandels: weiße Weihnachten.

Das größte deutsche Weihnachtspostamt liegt im brandenburgischen Himmelpfort, idyllisch gelegen zwischen den vier Seen Stolpsee, Haussee, Sidowsee und Moderfitzsee. 292 000 Briefe kamen dort im Jahr 2014 an. Die Brieffflut setzte bereits zu DDR-Zeiten ein, damals antwortete die Briefträgerin Conny Matzke noch persönlich. Seit 1993 betreibt die Deutsche Post eine eigene Filiale mit extra Stempel. Wer dorthin schreiben will, hier ist die Adresse:

Weitere Anlaufstellen in Deutschland sind die Orte Himmelstadt, Himmelsberg, Himmelpforten, Himmelreich, Engelskirchen, Himmelsthür, Nikolausdorf und St. Nikolaus.

Bei Letzteren ist auch der Nikolaus als Ansprechpartner verfügbar. Antworten erfolgen entweder kostenlos oder gegen beigelegtes Rückporto, meist verwendet die Deutsche Post Vordrucke als Antwort. Im Übrigen sind einige Filialen den Rationalisierungsmaßnahmen der Deutsche Post AG zum Opfer gefallen. Die Briefe und Karten werden in diesen Fällen zentral beantwortet.

Diese Tradition pflegen auch gut zwanzig weitere Länder weltweit von Grönland, Schweiz (Ort: Bethlehem), Österreich (Ort: Christkindl), Irland (Ort: North Pole), USA (Ort: Santa Claus) bis Australien und Neuseeland (Orte: ebenfalls North Pole). Grönland musste zwischenzeitlich den Betrieb aus Kostengründen einstellen. »Der Weihnachtsmann ist in Konkurs gegangen«, titelte 2010 die dänische Zeitung Ekstrabladet. Nichts ist offenbar von Dauer.

## WIE »STILLE NACHT, HEILIGE NACHT« EIN WELTHIT WURDE

Niemand konnte ahnen, dass »Stille Nacht, heilige Nacht« ein Welthit würde. Heute ist das 1818 uraufgeführte Lied in 300 Sprachen übersetzt und somit das berühmteste Weihnachtslied der Welt. Es gibt ein eigenes Stille-Nacht-Museum, einen Stille-Nacht-Platz, eine Stille-Nacht-Kapelle, ja sogar ein Stille-Nacht-Postamt. Das Lied ist fester Bestandteil der Christmette am Heiligen Abend. Im Jahr 2011 nahm die österreichische UNESCO-Kommission das Lied in die nationale Liste des Immateriellen Kulturerbes auf und schlug es als UNESCO-Kulturerbe vor.

### Ein Lied zieht um die Welt

Wir müssen uns auf Spurensuche ins Salzburger Land begeben. Fährt man in der Vorweihnachtszeit auf den Spuren von Joseph Mohr, dem Texter, und Franz Xaver Gruber, dem Komponisten des Liedes, durch die Region, begegnen einem überall Menschen, die ihre eigene Version jenes Heiligen Abends im Jahr 1818 erzählen, als der Pfarrer Joseph Mohr und der Grundschullehrer Franz

Xaver Gruber in der feucht-kalten, mit fast tausend Menschen gefüllten Nikolauskirche in Oberndorf an der Salzach erstmals »Stille Nacht, heilige Nacht« öffentlich vortrugen. Mohr sang mit Tenorstimme und spielte auf seiner mit Perlmutt verzierten Gitarre, Gruber war die Bassstimme. Den armen Schifferleuten von Oberndorf soll das Stück gefallen haben.

Dass das Lied überhaupt bekannt wurde, ist einigen Zufällen zu verdanken. So reparierte der Orgelbaumeister Karl Mauracher 1819 die kaputte Orgel in St. Nikola, hörte dabei von dem Lied und brachte es mit in seinen Heimatort Fügen. Dort gab es die Ur-Rainer-Sänger, einen ambitionierten Chor, der »Stille Nacht, heilige Nacht« wiederum drei Jahre später im Kaiserzimmer von Schloss Fügen einer illustren Runde vortrug, allen voran dem österreichischen Kaiser Franz I. und dem russischen Zar Alexander I. Das sorgte schon früh für prominente Unterstützung.

Generell waren Tiroler Sängergruppen für die Verbreitung des Liedes überaus entscheidend. Hervorzuheben sind zwei Gruppen mit jeweils unterschiedlichen Verdiensten. Zum einen die Geschwister Strasser, die mit ihren »ächten Tyroler Liedern« (darunter »Stille Nacht«) in Dresden und Leipzig auftraten, was wiederum dazu führte, dass auch König Friedrich Wilhelm IV. von Preußen ein Fan wurde.

Zum anderen brachte die Sängergesellschaft Ludwig Rainer das Lied nach Übersee und schob die internationale Erfolgsgeschichte richtig an. Dass viele Amerikaner bis heute denken, »Silent Night« sei ein amerikanisches Volkslied, liegt an der Version von Bing Crosby von 1942, seine Platte verkaufte sich 30 Millionen Mal.

## Spurensuche

In Salzburg zum Beispiel, dem Geburtsort von Joseph Mohr, finden sich die ersten Spuren. Dort wurde der Textdichter Mohr am 11. Dezember 1792 in der Steingasse 31 geboren, einem fünfstöckigen, mittlerweile mit Efeu bewachsenen Haus, das zurückgezogen von der Straße an einem halboffenen Hof liegt, und eben nicht in der Nummer 9, wo noch heute eine Gedenktafel hängt.

Die direkt an die Felsen des Kapuzinerbergs gebauten Häuser waren feucht und kalt. Zu Beginn des 19. Jahrhunderts war dies eine arme Gegend. Mohr war das dritte von vier unehelichen Kindern, der Vater ein desertierter Soldat, und der Taufpate des kleinen Joseph war der Henker der Stadt. Immerhin wurde der Junge im Dom getauft, im gleichen Taufbecken wie Mozart.

Mohr wurde Pfarrer und trat bald nach seiner Priesterweihe in Salzburg und einer kurzen Zwischenstation in Ramsau bei Berchtesgaden im Jahr 1815 eine Stelle als Aushilfspfarrer in Mariapfarr an, einer ländlichen Gemeinde im österreichischen Lungau. Hier kommen wir dem Welthit schon näher. Denn am mächtigen Pfarrhof der Gemeinde mit seinen großen Stallungen und insgesamt fünfzehn angestellten Mägden und Knechten schrieb Mohr im Jahr 1816 in seiner kleinen Pfarrhofkammer den Text für das berühmteste Weihnachtslied der Welt.

1816 war das Jahr ohne Sommer, wie deprimierend muss die Stimmung in Europa gewesen sein. Genau in dieser Zeit der Ernteausfälle, des düsteren, verhangenen Himmels notierte Mohr in der Kammer des Pfarrhofs von Maria Pfarr seine hoffnungsfrohen Zeilen: »Da schlägt uns die rettende Stund'. Jesus in deiner Geburt!« Es kann also gut sein, dass ihn der dunkle Sommer zu seinem Liedgedicht inspiriert hat, weil er den Menschen etwas Hoffnungsfrohes mitgeben wollte.

Im Pfarrhof hing damals ein Gemälde, das heute in der Pfarrkirche am Joseph-Mohr-Platz 1 zu finden ist. Darauf zu sehen sind die Heiligen Drei Könige, die den neugeborenen Jesus anbeten, einen kleinen Jungen mit lockigem, goldblondem Haar. Holder Knabe im lockigen Haar: Das könnte die Vorlage für Joseph Mohr gewesen sein.

Überhaupt lohnt eine historische Spurensuche. 1815/16 waren auch jenseits des Wetters und der Ernteausfälle wahrhafte Katastrophenjahre. Die Felder waren zerstört, die Männer kamen verletzt aus den napoleonischen Kriegen zurück. Auch Oberndorf erlebte damals turbulente Zeiten. Auf dem Wiener Kongress hatte man sich auf eine neue Grenze zwischen Bayern und Österreich geeinigt. Der Fluss Salzach markierte die neue Grenze, Oberndorf war österreichisch, das gegenüberliegende Laufen ging an Bayern. Dort drüben stand auch die große Pfarrkirche, den Oberndorfern blieb nur die durch Hochwasser ramponierte Nikolauskirche ohne Pfarrhof, dafür aber mit kaputter Orgel.

Das hatte auch Auswirkungen auf Joseph Mohr, der seit August 1817 in Oberndorf als Aushilfspfarrer arbeitete. Mohr musste ein Zimmer im Mesnerhaus bei der Kirche nehmen und für die Mahlzeiten die umliegenden Gasthäuser aufsuchen. Dort saß er oft, »scherzte mit Personen des anderen Geschlechts« und sang »oft nicht erbauliche Lieder«, wie ihm der Hauptpfarrer bisweilen vorwarf. Kurz: Er sei ein »unbesonnener« und »purschenmäßiger« Geselle. In Oberndorf begegneten sich Mohr und Gruber.

Die Archäologin Anna Holzner vom Stille-Nacht-Museum in Hallein erzählt, dass Franz Gruber dreimal verheiratet gewesen sei. Die erste Frau, die Witwe des Schullehrers, habe er quasi mitsamt den Kindern übernehmen müssen, um die Stelle als Grundschullehrer in Arnsdorf zu bekommen. Die zweite Frau sei eine ehemalige Schülerin gewesen, sie habe ihm zwölf Kinder geboren, die dritte Frau habe er dann für den Haushalt gebraucht. In Arnsdorf unweit von Oberndorf war Gruber fast zwanzig Jahre lang Lehrer.

In der Dorfschule neben der Kirche wird immer noch unterrichtet, zwei Jahrgangsstufen teilen sich einen Raum. Es ist die älteste noch genutzte Schule Österreichs. Dort im ersten Stock komponierte Gruber im Dezember 1818 die Stille-Nacht-Melodie. Joseph Mohr war vom nahen Oberndorf den Hügel hoch und durch das Waldstück gelaufen und hatte ihm den Text vorbeigebracht. Da die Orgel in der Nikolauskirche wegen eines Hochwassers seit Jahren kaputt war, hatten sich die beiden etwas für die Christmette am Weihnachtsabend überlegen müssen.

In Oberndorf steht seit 1937 an der Stelle der Nikolaus-Kirche auf einem Hügel eine achteckige Gedächtniskapelle. Darunter, am Stille-Nacht-Platz unterhalb des Salzachdamms, wärmen sich in der Vorweihnachtszeit ein paar hundert Besucher mit Glühwein und Punsch, im Stille-Nacht-Postamt werden Sondermarken angeboten. Den Blick auf die Salzach versperrt der Hochwasserdamm. An Heiligabend drängen sich auf dem Stille-Nacht-Platz manchmal 8000 Besucher, weit mehr als der Ort Einwohner hat. Die Feier wird live via Webcam übertragen, und alle Gäste singen das gleiche Lied in ihrer jeweiligen Sprache – ein vielstimmiger Chor aus Deutsch, Englisch, Italienisch, Japanisch und vielen anderen Sprachen.

# Festschmaus

**W**eihnachten markiert das Ende einer Fastenzeit, das vergessen wir angesichts der Völlerei an den Festtagen oft.
Zeit für ein paar kulinarische Fragen zum Fest.

## GANS ODER ENTE?

Eigentlich war die Adventszeit eine Fastenzeit, sagt der Regensburger Kulturhistoriker Gunther Hirschfelder. »Papst Gregor legte das im 7. Jahrhundert fest. Deswegen ist am Heiligabend auch noch ein Fastenmahl als traditionelles Essen geblieben – Kartoffelsalat mit Würstchen. Für viele ist der Heilige Abend aber ein Festmahl geworden.«

Dass sich die Gans als klassisches Weihnachtsessen eingebürgert hat, liegt ebenfalls an der Fastenzeit und dem katholischen Brauch der Martinsgans, die man noch vor Beginn dieser adventlichen Fastenperiode am 11. November traditionell in ländlichen Gebieten isst. Da diese Zeit Heiligabend endet, kommt als festlicher Abschluss wieder eine Gans auf den Tisch – oder mittlerweile oft eine Ente, weil sie etwas fettärmer ist.

## DAS GRÖSSTE LEBKUCHENHAUS DER WELT

Das größte Lebkuchenhaus steht seit dem 30. November 2013 in Texas, USA, gebaut vom Traditions Club in Bryan auf dem Gelände eines Golfclubs. Verbacken wurden 820 Kilogramm Butter, 1327 Kilogramm brauner Zucker, 7200 Eier, 3266 Kilogramm Mehl, 31 Kilogramm Ingwer, 21 Kilogramm Zimt und noch ein paar leichtere Zutaten.

Die flachen rechteckigen Lebkuchenelemente klebten die Erbauer über Wochen auf ein Holzgerüst. Das längliche Haus hat ein Fundament von der Größe eines Tennisplatzes, es ist knapp 6,5 Meter hoch und umschließt ein Innenvolumen von 1110,1 Kubikmeter. Weltrekord! Das Haus steht auf dem Gelände eines von Jack Nicklaus und Jack Nicklaus II (!) geplanten

Golfareals. Die Erbauer geben den Kaloriengehalt der essbaren Lebkuchenziegeln inklusive Zuckerkitt (aus 1890 Kilogramm Zucker und Eiweiß aus 417 Eiern) zum Verkleben mit 35,82 Millionen Kilokalorien an. Doch niemand durfte – anders als Hänsel und Gretel im Märchen – am Häuschen naschen. Nach Fertigstellung litt das Kuchenhaus mit den zwei Kaminen doch ein wenig unter Regen, Sturm und Hitze, bei einem Wintersturm mussten Helfer das zuckersüße Dach mit einer dicken Plane abdecken, um es vor Eisregen zu schützen.

Ein anderes Problem beschäftigte die Golfplatzmanager im Sommer gar noch mehr: »Wir hatten gar nicht mit den Horden von Bienen gerechnet, die an warmen Tagen kommen«, sagt Bill Horton. »Sie fressen so viel Zucker, dass sie wie betrunken herumtorkeln.« Gestochen hätten sie aber noch niemanden.

## WARUM HALTEN ZIMTSTERNE
## OHNE MEHL ZUSAMMEN?

Zimtsternrezepte gibt es in Dutzenden Varianten, doch der eigentliche Klassiker ist recht einfach: gemahlene Mandeln, Puderzucker, Eiweiß und Zimt. Man kann noch zusätzlich Vanillezucker, geriebene Zitronenschalen, Marzipanrohmasse oder gemahlene Nelken verwenden, aber ich plädiere für den Klassiker in seiner reinen Form:

- *Eiweiß von 3 Eiern*
- *250 Gramm Puderzucker*
- *250 Gramm gemahlene Mandeln*
- *1-2 Teelöffel Zimt*

Die Schnellanalyse zeigt: Es ist weder Fett noch Mehl im Teig. Trotzdem halten die Zimtsterne zusammen. Nur warum?

»Die nussigen Sterne gehören in die Klasse der verbackenen granularen Materialien«, schreibt der theoretische Physiker und Polymerforscher Thomas Vilgis vom Max-Planck-Institut für Polymerforschung in Mainz. »Physikalische Prozesse sorgen für ein anderes Zusammenhalten und für das optimale Geschmackserlebnis auf der Zunge.«

Physik also. Von Thomas Vilgis kann man lernen, dass diese granularen Materialien, also gemahlene Mandeln, sich zusammen mit einem Verbindungsstoff, einer Art Kleber, zu einem festen Gebilde verbinden, er nennt es »verklebte Granulate«. Da Vilgis auch Autor zahlreicher Bücher ist und man ihn als Hobby-Molekulargastronom bezeichnen kann, kann er wunderbar zwischen den Welten wechseln, der Küchenwelt des Teigs und derjenigen der Physik. »Wasser, Mehl und Fett, das Verhältnis dieser drei bestimmt die Art des Teigs«, sagt Thomas Vilgis. »Alles andere ist Geschmackskosmetik.«

Mehl und Fett liefern die Mandeln, Wasser steckt im Eiweiß der Eier, sie bestehen zu 90 Prozent aus Wasser. Damit wäre sicher, dass das Rezept auch wirklich alle wichtigen Teigzutaten beinhaltet.

*Zunächst schlage man das Eiweiß zu Schnee und rühre dann den Puderzucker kräftig unter den Eischnee.*

Fest schlagen bedeutet, dass das Eiweiß so fest ist, dass man mit dem Messer glatt durchschneiden kann. Das ist wichtig, denn nur das geschlagene Eiweiß ist als Kleber geeignet. Hier kommt der Mixer ins Spiel, oder anders gesagt: rohe Gewalt. Die harten Stahlkanten schlagen auf die Eiklarmoleküle ein, diese langen, kettenförmigen Proteine sind im Eiklar noch wollknäuelartig zusammengefaltet, im Inneren der gefalteten Moleküle sitzen die hydrophoben (wassermeidenden) Anteile. Durch das Schlagen entfalten sich die Knäuel. Die hydrophoben Abschnitte recken sie quasi in die Luft. Der Mixer wühlt auch noch große Mengen Luft ins Eiklar. Beim Schlagen entsteht also aus der klaren Flüssigkeit eine feste Masse aus weißen Schaumbläschen, umhüllt mit dünnen Wasserwänden.

*Dann rühre man den Puderzucker kräftig unter den Eischnee.*

Normaler Kristallzucker würde hier sofort klumpen, die Kristalle sind zu groß. Puderzucker mit seinen feinen Kristallen dagegen kann sich schnell in den dünnen Wasserwänden auflösen. So entsteht ein ziemlich stabiler, süßer Schaum.

*Jetzt rühre man die Mandeln unter.*

Dabei muss man auf die richtige Dosierung achten. Der Teig sollte gut zu kneten und zu formen sein, darf aber nicht mehr kleben. Physikalisch verkleben in diesem Moment die Granulate miteinander, der Schaumkleber füllte die Zwischenräume zwischen den Körnern perfekt aus. Der Leim aus Zucker und Eiweiß ist dabei ein ideales Schmiermittel, er hält den Teig geschmeidig, sodass ich ihn gut formen kann. Unregelmäßigkeiten in den geriebenen Mandelstückchen gleicht der Kleber aus. Der Zimt, den man mit den Mandeln ins geschlagene Eiweiß gibt, spielt nur geschmacklich eine Rolle.»Zumindest aus physikalischer Sicht ist Zimt die unbedeutendste Komponente«, schreibt Vilgis. »Das Gewürz dient lediglich der Geschmackskosmetik.«

*Danach rolle man den Teig etwa einen Zentimeter dick aus, steche die Sterne aus, lege sie aufs Backblech und bestreiche sie noch mit eine bisschen Eischnee. Bei 160 Grad Celsius backen die Sterne zwanzig Minuten im Ofen.*

Eigentlich backen die Zimtsterne nicht, sie trocknen nur, das unterscheidet sie von vielen anderen Plätzchen. Das noch vorhandene Wasser verdampft während der 20 Minuten im Ofen, das Schaumgerüst verklebt die Mandelstückchen. Der Teig ist dehydriert, was die Sterne nach dem Backen erst einmal steinhart werden lässt. In dieser Phase ist der Zucker wieder kristallin, also hart. Deshalb muss man die Plätzchen noch wochenlang lagern, dann nehmen die Eiweißketten wieder Wassermoleküle aus der Luft auf und werden weicher und lockerer. Das Klebstoffnetzwerk erhält seine Geschmeidigkeit zurück. Genau das lieben wir dann an den weichen, nach Zimt schmeckenden, samtig-bröseligen Sternen.

Backen ist physikalisch kein trivialer Prozess. Deshalb empfiehlt Vilgis, hier keine Experimente zu machen. Wenn die Mischung nicht stimmt, wird es nichts mit den Plätzchen.

### SCHOKOLADEN-WISSEN

Es ist ein süßer Rekord, fünf Meter hoch, fast zwei Meter im Durchmesser, gegossen aus 1704 Kilogramm feinster Schokolade mit einem Kakaoanteil von 53 Prozent: der Babbo Natale, ein Gigant unter den Weihnachtsmännern. Erbauer sind die Schokoladenmeister aus Casalbuttano in der italienischen Provinz Cremona. Am 6. Dezember 2011 stand der Schokogigant rot-weiß bemalt mit Zipfelmütze, Mantel und Sack im Einkaufszentrum Mirabello der norditalienischen Stadt Cantù hinter einem braunen Holzzaun. Kleine Kinder reichten ihm höchstens bis zum weißen Mantelsaum aus Zuckerguss. Bis zum 18. Dezember konnten ihn die Besucher bestaunen, so lange mussten auch die Kinder warten. Dann wurde der Weihnachtsmann zertrümmert und verteilt. Vermutlich war das eine oder andere Kind etwas irritiert ob des profanen Umgangs, doch in jedem Fall ist diese Art der Verwertung sinnvoller als beim vor sich hin rottenden Lebkuchenhaus aus Texas. Zudem zeigte sich, dass der Rekordnikolaus – anders als seine kleinen Artgenossen –innen nicht hohl war. »Das ist ein massiver Block, aus dem der Nikolaus herausgearbeitet wurde«, erklärt Thomas Pape vom Infozentrum Schokolade. Man kann keine ein Meter lange, hohle Schokoladenfigur bauen, da sie instabil wäre. »Meines Wissens ist eine 80 Zentimeter große Rotkäppchen-Figur die größte Hohlfigur«, so Pape. »Mehr als 1,5 bis 2 Kilogramm Schokolade kann man im Guss nicht verarbeiten. Außerdem werden die Gussformen zu teuer.«

### Schokonikoläuse werden nie Osterhasen

Prinzipiell hätte man den Riesenweihnachtsmann auch wieder einschmelzen können, schließlich ging es den Cremonesern vor allem um den Guinness-Rekord. Doch das machen Schokoladenhersteller generell nicht. Firmen wie Lindt oder Mondelèz (Milka) bestätigen auf Nachfrage, dass sie niemals Weihnachtsmänner in Osterhasen umschmelzen würden, das sei weder aus hygienischen noch aus logistischen Gründen denkbar und sinnvoll.

### Wie entsteht ein Schokoweihnachtsmann?

Da Schokoweihnachtsmänner in der Regel Hohl-figuren sind, braucht man für ihre Herstellung zwei Halbschalen, die sich zu einer kompletten Figur ergänzen. In eine Schale füllt man die gesamte flüssige Schokolade, verschließt die Form mit dem Gegenstück und fängt an, die Form gleichmäßig zu drehen. So verteilt sich die Schokomasse entlang den Innenwände. Dabei kühlt die Schokolade langsam aus und erstarrt. Form und Inhalt werden gekühlt, bis der gesamte Weihnachtsmann erstarrt ist. Danach lässt sich die Schokofigur leicht aus der Form nehmen. Das Ganze funktioniert auch im industriellen Maßstab, die Halbschalen sind aus Kunststoff, im sogenannten Schleudergussverfahren verteilt sich auch hier die Schokolade an den Innenseiten, nur etwas schneller als per Hand. Nach dem Abkühlen werden die Hohlfiguren direkt in Stanniol verpackt.

## Warum wird Schokolade an manchen Stellen weiß?

Schokoliebhaber haben das Problem vermutlich nicht, denn bei ihnen überlebt die Schokolade nicht lange genug, um weiße Stellen zu bekommen. Doch viele Konsumenten stören die hellen Flecken, auch wenn Hersteller immer wieder betonen, dass diese harmlos seien. Es handelt sich dabei um flüssiges Fett, das aus dem Inneren der Schokolade an die Oberfläche wandert und dort zu einem unansehnlichen, milchigen Reif kristallisiert. Warum das so ist, wissen Forscher immer noch nicht genau. Klar ist nur, dass das Fett umso mehr Zeit hat, durch die Schokolade nach außen zu wandern, je länger sie liegt.

Wissenschaftler vom Hamburger Forschungszentrum DESY beobachteten diesen Vorgang jüngst erstmals unter einem Röntgengerät. Dabei zeigte sich, dass, sobald an einer Stelle flüssiges Fett in der Schokolade vorhanden war, dies innerhalb weniger Stunden weitere Fettkristalle aus der Kakaobutter auflöste und die Kristallstruktur verloren ging. Das machte die Schokolade insgesamt auch weicher – und beschleunigte die Fettwanderung weiter, sagt Svenja Reinke, Autorin der Studie. Es helfe, die Schokolade keinen großen Temperaturunterschieden auszusetzen und auch generell kühl zu lagern, so lasse sich der Flüssigkeitsanteil niedrig halten. »18 Grad Celsius sind ideal«, sagt Reinke. »Bei Zimmertemperatur ist ein Viertel der Schokoladenfette bereits flüssig.« Wenige Grad Differenz machten bereits einen großen Unterschied. Bei fünf Grad Celsius ist die komplette Kakaobutter fest, ab 36 Grad ist alles flüssig. Das deckt sich mit den eigenen Erfahrungen: Wenn man Schokolade in der Sonne liegen lässt, verflüssigt sich die Kakaobutter. Problematisch sind auch Füllungen in Schokoladentafeln oder Anteile wie beispielsweise Nougat, sie beschleunigen die Entstehung von Fettreif.

Eventuell wäre es auch möglich, im Herstellungsprozess etwas zu verändern, um die weißen Flecken zu verhindern. Die Kristalle der Kakaobutter, die ihre Ordnung verlieren und flüssig werden, können nämlich in sechs verschiedenen Kristallarten fest werden. Möglicherweise ist nicht jede Struktur gleich empfindlich. Jetzt müssen die Chocolatiers erst mal tüfteln, ob sie diesen physikalischen Rat auch beim Anrühren der Schokoladenmasse umsetzen können.

## NEHMEN WIR AN WEIHNACHTEN ZU, UND WENN JA, WIE VIEL?

Bei einer Umfrage bezüglich einer möglichen Gewichtszunahme an den Weihnachtsfeiertagen würden wohl die meisten Menschen schätzen, dass sie einige Kilogramm schwerer geworden sind. Die amerikanischen National Institutes of Health haben sich des Themas angenommen und ihre Ergebnisse in der Fachzeitschrift *New England Journal of Medicine* veröffentlicht: Wir nehmen tatsächlich über die Weihnachtstage zu, aber durchschnittlich nur 370 Gramm. Nicht viel, aber immerhin. Würden wir mit Bewegung und Sport nicht gegensteuern, würden wir in zehn Jahren fast vier Kilogramm zunehmen und einen stattlichen Adventskranz um die Hüfte tragen.

Selbst Ernährungsberater raten übrigens nicht dazu, auf das etwas üppigere Weihnachtsessen zu verzichten. Denn es gebe da noch einen anderen Aspekt: Wir würden endlich mal bewusst zusammen kochen, kein schnelles Essen aus der Tiefkühltruhe oder Dose, sondern ein aufwendiges Mahl, für das man gezielt einkauft, das man gemeinsam zubereitet und gemütlich an einem festlich gedeckten Tisch zu sich nimmt. Dieser soziale Slow-Food-Aspekt sei sehr wichtig.

# Ein Wintertag im Vilsalptal

**W**eiter unten im Lechtal liegt an diesem Dezembermorgen kurz vor dem Jahreswechsel gar kein Schnee. Erst als wir die Serpentinen hochfahren, ist die Landschaft plötzlich weiß überzuckert. Bei knapp unter 1000 Metern über dem Meer liegt die Schneegrenze, wir passieren sie auf dem Weg ins Vilsalptal, ein Hochtal der Allgäuer Alpen.

Im Vilsalptal liegt bereits viel Schnee, der Weg zum Vilsalpsee ist dick zugeschneit. An den Tannen, den kahlen Laubbäumen und den Büschen hängen dicke Eiskristalle, so kalt ist es. Jeder Schritt im Schnee knirscht. In der Nacht zuvor hatte es frisch geschneit, und eine große Ruhe liegt über dem Tal – jedenfalls so lange, bis meine Kinder beschließen, eine Schneeballschlacht zu machen. Der auf 1165 Meter Meereshöhe gelegene See selbst ist zugefroren, von den Dächern einer direkt am Seeufer gelegenen Gaststätte hängen Eiszapfen. Nahe einem Bootssteg kauern ein paar dick aufgeplusterte Enten auf dem Eis. Von der Tierwelt des Tals sieht man sonst nichts. Die Fische sind unter dem Eis, der Dachs hält Winterruhe. Es ist, als hätte der Schnee mit seiner weichen Allgegenwärtigkeit das Leben im Tal tiefgefroren.

## WAS IST SCHNEE?

Obwohl Schnee und Eis seit Jahrmillionen den Menschen begleiten, sind sie bis ins 20. Jahrhundert hinein nicht genauer untersucht worden. Die sechseckige Struktur der Schneeflocken – sie bestehen aus Schnee- und Eiskristallen – war zwar bereits im 2. Jahrtausend v. Chr. in China bekannt, auch Johannes Kepler und René Descartes notierten erste Gedanken über ihren Formenreichtum. Doch mit dem seltsamen Material, das temperatur- und druckabhängig seine Eigenschaften ändert, beschäftigt sich die Forschung erst seit ein paar Jahrzehnten intensiver – was sicher auch mit neuen Beobachtungsmöglichkeiten der modernen Naturwissenschaften zu tun hat.

Der Anfang der Schneeflocken liegt in einer Wolke. Sie entstehen in den eisigen Höhen der Atmosphäre. Die schönsten Flocken, sechsarmige Schneesterne (Forscher nennen sie Dendriten), entstehen meist zwischen minus 10 und minus 22 Grad Celsius – und die Luft muss genügend Feuchtigkeit und etwas Staub enthalten. Manchmal bilden sich Dendriten auch zwischen minus 3 und 0 Grad. Warum sich wann genau welche Formen bilden, ist noch immer nicht genau verstanden – obwohl eigentlich nur wenige Naturgesetze darauf Einfluss haben. »Doch die Physik dahinter ist komplex«, meint Kenneth G. Libbrecht, Physiker am California Institute of Technology in Pasadena. Es können, je nach Temperatur und Sättigungsgrad der Luft, zarte Nadeln, hohle Säulen, hauchzarte Prismen oder auch dickere Plättchen mit Strukturen entstehen.

Aber immer braucht es Staubkörnchen oder Aerosole in der Luft. Diese Keime sind die Initialzündung dafür, dass sich die schönsten Flocken formen können. Ohne sie könnten sich auch bei Temperaturen von minus 40 Grad aus den Wassermolekülen keine Eiskristalle bilden. An die Staubteilchen lagern sich die Wassermoleküle an und bauen dann langsam etwa einen Urkristall mit einer sechseckigen Grundfläche, der in die Breite wächst. Die sechseckige Geometrie erklärt sich daher, dass sich jeweils sechs Wassermoleküle über Wasserstoffbrücken zu einem Ring zusammenschließen, die Winkel zwischen den Molekülen liegen bei genau 60 Grad. Jedes Wasserstoffatom gehört dabei zu zwei angrenzenden Sechsecken, die Sauerstoffatome wiederum sind im Kristall in Tetraederform von vier anderen Sauerstoffatomen umgeben. Das ist die innere Grundordnung des Schnees. Auch äußerlich zeigt sich diese Geometrie in den sechseckigen Plättchen oder den sechseckigen Sternen.

Ab einem bestimmten Durchmesser können sich bei ausreichender Luftfeuchtigkeit an den sechs Kanten des Kristalls Wasserteilchen anlagern. Dem Schneekristall wachsen sechs Arme. Er wird dabei schwerer und schwebt in andere Luftschichten, mit anderen Luftverhältnissen. An den Ärmchen können so wieder sechseckige Plättchen wachsen, daran wieder

feine Eisarme. Je nach der Außenbedingung (Temperatur, Luftfeuchtigkeit) formt sich ein anderes Muster. Je feuchter die Luft, umso feinere Ärmchen sprießen. Noch komplizierter wird die Sache, weil die Kristalle in der Atmosphäre ständig nach oben und wieder nach unten gewirbelt werden. Dabei schmelzen und gefrieren sie immer wieder, verhaken sich untereinander, kleben zusammen und schweben irgendwann als flauschige Flocken zu uns herab.

## WIE VIELE ARTEN VON SCHNEEFLOCKEN GIBT ES?

1935 war eine Art Schlüsseljahr der Schneeforschung. Der japanische Physiker Ukichiro Nakaya untersuchte an der Physikabteilung der Hokkaido-Universität in Sapporo erstmals systematisch Schneekristalle. Er baute das erste Tieftemperaturlabor und stellte darin erstmals weltweit künstliche Schneeflocken her. So konnte er die weiße Pracht das ganze Jahr über studieren. Aus insgesamt 3000 mikroskopischen Aufnahmen entwickelte er sein »Nakaya Diagramm«, die erste Typologisierung von Schneeflocken in insgesamt 41 Unterformen.

Europäische Forscher starteten fast zeitgleich ähnliche Versuche, die verschiedenen meteorologischen Grundbedingungen der Atmosphäre zu untersuchen, unter denen Kristalle sich formen. Im schweizerischen Davos begannen die ersten Studien im Winter 1935, zunächst ausschließlich auf die Lawinenforschung ausgerichtet. Die Schneeforscher in Davos bauten eine Hütte von drei mal vier Meter Fläche und einer Höhe von etwas mehr als zwei Metern komplett aus Schnee auf. Das erste Schneelabor der Welt sah aus wie ein weißer Schuhkarton mit rechteckiger Türöffnung. Seit 1942 gibt es dort sogar ein eigenes Institut, das sich mit Schnee- und Lawinenforschung beschäftigt, das SLF.

### Wahre Kunstwerke

Kenneth G. Libbrecht vom California Institute of Technology fasste den Stand der Forschung in einem Schneeflocken-Formendiagramm zusammen. Doch offenbar gibt es Mechanismen, die

weder Libbrecht noch der japanische Physiker Ukichiro Nakaya in all ihren Details ausreichend dokumentieren konnten. So haben die japanischen Meteorologen Choji Magono und C.W. Lee Nakayas Einteilung erweitert und konnten anstelle der 41 nun 80 Schneekristallformen unterscheiden, von Nadeln über Plättchen, Hohlsäulen, Sternen bis hin zu bizarren Gebilden und Verklumpungen.

Damit schien lange Zeit die Welt der Schneekristalle ausreichend genau beschrieben. Bis zum Sommer 2013, als wiederum japanische Physiker um Katsuhiro Kikuchi die Anzahl der entdeckten Schneekristallformen auf 121 erweiterten. Bislang habe man, so schreiben die Autoren, die Kristalle der Arktis und der Antarktis nicht berücksichtigt. Material von insgesamt 16 Stationen aus den nördlichen und südlichen Polarregionen sammelten die Wissenschaftler, von Kanada über Grönland bis ins norwegische Spitzbergen und sowohl von der McMurdo-Station in der Antarktis als auch von der Scott-Amundson-Station direkt am Südpol.

Die Forscher bieten nun ein System aus acht Haupt- und 39 Unterkategorien an, mit neuen Formen, die an Pfeile mit Spitzen, an Gewehrkugeln, Tannenbäume und sogar an fliegende Möwen erinnern.

Wenn es schneit, fallen also wahrlich Kunstwerke vom Himmel.

## SCHNEEFLOCKEN UNTERM COMPUTERTOMOGRAFEN

Heute arbeitet dort in Davos Dorf in der Flüelastraße 11 der Schneeforscher Martin Schneebeli (so heißt er wirklich!). Er ist 56 Jahre alt und einer von vielleicht fünfzig hauptberuflichen Schneeforschern weltweit. Über dem Eingang des Instituts prangt ein stilisierter Eiskristall als Logo, drinnen in den fünf Kältelabors arbeiten die Wissenschaftler in dicken Daunenjacken und Winterstiefeln. Dort werden Schneeflocken mittlerweile sogar im Computertomografen untersucht. Das Schweizer Institut widmet sich ausschließlich der Erforschung von Schneeflocken. Die Wissenschaftler wollen wissen, wie die Flocken vom Himmel fallen, wie sie sich auf dem Boden schichten und verändern und wann sie als Lawine gefährlich werden können. Weltweit gibt es keine zweite vergleichbare wissenschaftliche Einrichtung dieser Art. Sogar eine eigene Schneemaschine besitzt das Institut. Der Snowmaker, ein mannshoher Apparat aus Plexiglas und Aluminiumprofilen, macht naturidentischen Schnee; der Schnee entsteht also auf ähnlichem Wege wie draußen in der Natur. Im Labor streicht leicht erwärmte Luft über ein Wasserbad, sättigt sich so richtig mit Wasserdampf und strömt dann in eine zweite Kammer, in der etwa vierhundert Nylonfäden in dichten Reihen hängen. Sie sehen aus wie Wäscheleinen, nur hängen an den Fäden keine Socken oder T-Shirts, sondern zauberhafte sechseckige Schneekristalle, in einer Größe von 0,2 bis 5 Millimeter. Die Fäden dienen als Kristallisationskeime. Wenn die Forscher gegen die Schnüre klopfen, rieselt leise der Schnee. Frau Holle lässt auch im Labor grüßen. Der Vorteil der Anlage ist, dass die Schneeforscher die Luft- und Wassertemperatur und damit den Sättigungsgrad der Luft ändern können. Dann bilden sich auch unterschiedliche Schneekristalle.

Im Sommer müssen die Forscher in ihren Kältekammern bei Temperaturen bis zu minus 35 Grad Celsius dicke Ganzkörper-Daunenanzüge tragen. Dafür können sie das ganze Jahr über an Schnee forschen – und nicht nur, wenn er draußen fällt. Im Labor können sie jedes Szenario nachbilden.

Die Forscher wollen verstehen, wie sich bei veränderten Temperaturen die inneren Strukturen im Schnee umbilden – und arbeiten dafür sowohl in den Hängen rund um Davos als auch am Computertomografen im Labor. Dies ist wichtig, um etwa Vorhersagen zur Lawinengefahr zu machen. Denn Schnee lebt und altert, und er erneuert und verändert sich dabei ständig. Aus den feinen Kristallen, Nadeln und Plättchen werden Flocken, die zur Erde fallen. Dort angekommen, wiegt Neuschnee etwa 40 Kilogramm pro Kubikmeter. Zum Vergleich: Kompaktes Eis wiegt etwa 900 Kilogramm pro Kubikmeter – übrigens weniger als das gleiche Volumen an Wasser, obwohl

Nadeln          Dendriten          strukturierte
                                   Plättchen

Hohlsäulen    Prismen    geteilte Plättchen    Plättchen

doch beide aus den gleichen Molekülen bestehen. Dies ist der
Grund, warum Eis auf Wasser schwimmt.

Schnee verwandelt sich ständig, das wird oft stark unterschätzt. Nicht nur der Druck von weiterem Neuschnee verändert
seine Struktur, sondern auch seine physikalischen Eigenschaften.
Sie sind abhängig von der Temperatur und vom Dampfdruck.
Eiskristalle gehen in Wasserdampf über – Experten nennen
das Sublimieren. Parallel lagern sich die Wassermoleküle
wieder an kalten Eiskristallen an. Diese ständige Umformung
führt bei Temperaturen nahe dem Schmelzpunkt zu runderen
und klumpigeren Kristallen. In der Natur herrscht hier ein
regelrechtes Chaos, alte Flocken wechseln die Form, tauen
an, frieren wieder und verbinden sich mit neuen Flocken.
Dabei verändern sich Druck, Temperatur und Luftfeuchtigkeit
ständig, und auch der Wind spielt eine Rolle. So bilden sich
im Schnee unterschiedlichste Schichten, und er »reift« Schicht
für Schicht ganz anders.

Mithilfe des Tomografen erhalten Martin Schneebeli und
seine Kollegen genaue räumliche Informationen darüber, wo
sich jeweils im Inneren des Schnees Eis und Luft befinden. Sie
wollen auch besser verstehen, wie sich bei Temperaturschwan-

kungen die inneren Strukturen verändern. Kein Schneekristall bleibt, wie er vom Himmel fällt, sie bauen sich ständig ab und wieder neu auf. Aus luftigen Flocken wurden eher klumpige Gebilde. Mit solchen dreidimensionalen Daten können die Forscher Computersimulationen davon machen, wie sich der Schnee etwa bei Belastungen verhält und ob er Schwachstellen enthält. Das ist wichtig für die Lawinenvorhersage. Es sei ein bisschen so, als würde man menschliche Knochen röntgen und auf mögliche Brüche hin untersuchen, sagen die Forscher.

## GIBT ES IN ESKIMOSPRACHEN HUNDERT BEGRIFFE FÜR SCHNEE?

Wer nun denkt, aufgrund der Vielfalt von Schneeflockenformen gebe es auch eine Wörtervielfalt für Schnee, der irrt. Dieses Schneemärchen entstand, weil westlich denkende Menschen nicht verstanden, wie die Eskimosprachen funktionieren (und weil die Mär doch scheinbar so schön von einer tieferen Verbindung der Ureinwohner der nördlichen Polargebiete mit ihrer Umgebung erzählt). Zunächst sprach der deutsch-amerikanische Ethnologe Franz Boas davon, dass die Eskimos vier Wortbausteine für Schnee hätten, und zwar »Schnee am Boden«, »fallender Schnee«, »driftender Schnee« und »Schnee-wehe«. Er wollte damit zeigen, wie komplex scheinbar primitive Sprachen sein können. Der amerikanische Sprachwissenschaftler Benjamin Lee Whorf erweiterte und verbreitete die These, er kam schon auf sieben Wortstämme. Im Lauf der Jahrzehnte verselbständigte sich die Idee, irgendwann waren es hunderte Schneewörter, und die These von der Schneewörtervielfalt schaffte es sogar in Lehrbücher.

Tatsächlich sind es nur wenige Wörter. Sprachwissenschaftler gehen heute von zwei, drei oder maximal vier Grundwörtern für Schnee in den eskimo-aleutischen Sprachen aus. Für einen Laien sind die Begriffe gar nicht leicht zu zählen, denn man muss wissen, dass alle Eskimo-Aleut-Sprachen eine sogenannte agglutinierende Grammatik verwenden, was bedeutet, dass sie sozusagen verschiedene Begriffe zu einem zusammenkleben.

Linguisten nennen das polysynthetische Sprache, die Wortbildung funktioniert anders als bei einer indogermanischen Sprache. Was wir beispielsweise in Deutsch in einem Relativsatz ausdrücken würden, wirkt in einer Eskimosprache bei grober Betrachtung wie ein einziges Wort. »Schnee, der auf dem Hausdach liegt« könnte man ebenso wie ein (neues) Wort deuten. Das ist ein bisschen so, als würde man verschiedene Schneeflocken zu einem Schneeball zusammenkleben. Es sind also keine neue Wörter für Schnee, sondern inhaltlich gesehen eher Sätze.

Auch im Deutschen gibt es je nach seiner Konsistenz zahlreiche Wörter und neue Zusammensetzungen für Schnee. »Firn« etwa ist wiederholt aufgetauter und wieder vereister Schnee. Es gibt schweren und nassen »Sulzschnee«, feuchten »Pappschnee«, trockenen und lockeren, weil bei Minustemperaturen gefallenen »Pulverschnee«, in überfrorener Form heißt er »Harsch« (angetauter und wieder vereister Schnee mit harter Kruste), in extrem trockener Form »Champagnerschnee«. Es gibt »Griesel« oder »Graupel« mit feinsten, millimetergroßen Körnern, »Schwimmschnee« (sehr dichter Schnee) oder »Schneematsch« (nass, grau und eben matschig), und nicht zu vergessen: »Neuschnee« und »Altschnee«. Ach, ein endlos weißes Band an Begriffen legt sich da übers Land.

## WARUM IST SCHNEE WEISS?

Schnee ist nicht etwa weiß, weil seine Bestandteile weiß sind. Schnee besteht aus Eiskristallen, die in der Regel klar und durchsichtig sind, wenn man sie unter dem Mikroskop betrachtet. Der Grund muss also ein anderer sein. Es ist ein ähnlicher Effekt, wie wir ihn von Glas kennen. Ein Haufen gesplitterten Glases sieht ebenfalls weißlich aus, obwohl das Glas durchsichtig ist. Der Grund liegt in den Reflexionseigenschaften der Kristalloberflächen. Einfallendes Licht wird daran teilweise reflektiert. In einem Schneehaufen hat man aufgrund der wild durcheinanderliegenden Schneeflocken verschiedene Reflexionsebenen. Da alle Wellenlängen, also alle sichtbaren Farben, einigermaßen gleich gestreut werden, erscheint eine Schneefläche weiß.

Tatsächlich stimmt das nicht ganz: Das Eis absorbiert ein wenig Licht, und zwar etwas mehr rötliches als bläuliches. Das ist auch der Grund, warum Schnee- und Eisflächen manchmal sanft bläulich schimmern.

## Das Knirschen unterm Schuh

Wenn wir auf den frisch gefallenen Schnee treten, drücken wir ihn zusammen. Mikroskopisch betrachtet, sind Schneeflocken reine Eiskristalle, je nach Außentemperatur und Luftfeuchtigkeit haben sie eine spezielle Form. Das Knirschen entsteht dadurch, dass die Eiskristalle aneinanderreiben. Ist der Untergrund sehr kalt, also jenseits von minus zehn Grad, bestehen die Kristalle meist aus sechsstrahligen, symmetrischen Sternen, von denen weitere kleinere Verästelungen abzweigen. Bei locker gefallenem Schnee sind sie meist ineinander verhakt. Treten wir darauf, brechen die Kristallästchen ab. Weil also millionenfach Kristalle zerspringen und die Bruchstücke aneinanderreiben, hören wir ein feines, gedämpftes Knirschen.

## WIE WAHRSCHEINLICH SIND WEISSE WEIHNACHTEN?

Am Heiligen Abend im Jahr 2012 zeigte das Thermometer in Bayern 18,9 Grad Celsius, bisheriger Rekord für die Weihnachtsfeiertage. Da kann man sich fragen: War's das mit weißen Weihnachten? Wo man doch auch ständig Meldungen hört, die durchschnittlichen Jahrestemperaturen würden stetig steigen?

Meteorologen geben hier Entwarnung: An der Häufigkeit und Wahrscheinlichkeit von weißen Weihnachten habe sich in den vergangenen 50 Jahren nichts geändert. Zwei- bis dreimal pro Jahrzehnt fallen in tieferen Lagen Mitteleuropas weiße Flocken und bleiben auch über Weihnachten liegen. Dass gerade an Weihnachten Schnee vom Himmel rieselt, ist noch unwahrscheinlicher als eine bereits bestehende weiße Schneedecke. Der schneesicherste Ort in Deutschland ist laut Statistik Oberstdorf, die schneesicherste Großstadt München, mit weißen Weihnachten in jedem dritten Jahr. Der Süden und die Alpennähe haben also schneetechnisch klare Vorteile.

Tatsächlich seltener werden in ganz Europa Schneedecken mit mehr als zehn Zentimeter Höhe, das passiert nur etwa alle fünfzehn Jahre. Zumal die Voraussetzungen denkbar schlecht waren, der Winter 2014/15 war der wärmste in der Geschichte der Wetteraufzeichnungen. 2009/10 war der kälteste Winter der vergangenen zehn Jahre, ein Winter mit richtig viel Schnee in ganz Deutschland. Die Wahrscheinlichkeit für einen milden Winter ist laut Deutschem Wetterdienst doppelt so hoch wie für einen kalten.

Prägend für die Wetterlage um Weihnachten ist eine meteorologische Besonderheit, die durch Islandtief und Azorenhoch, zwei Hauptakteure in der europäischen Großwetterlage, gesteuert wird: das sogenannte Weihnachtstauwetter. Demnach brechen, erwärmt vom warmen Golfstrom, milde atlantische Luftmassen aus west-südwestlicher Richtung nach Europa ein, vertreiben den oft kalten Vorwinter Anfang Dezember und damit das stabile Russlandhoch und führen wegen ihrer ungewöhnlichen Wärme zu Tauwetter. Das von Meteorologen erst in der ersten Hälfte des 20. Jahrhunderts entdeckte Phänomen gab es in Deutschland noch im 19. Jahrhundert kaum. Richtig kalte Weihnachtstage sind seitdem eine extreme Seltenheit, Tendenz weiter fallend. Immerhin kann man eines sagen: Die globale Erwärmung ist nicht schuld, wenn es keine weißen Weihnachten gibt.

## WIE BILDEN SICH EISZAPFEN?

Ein Eiszapfen an einer Dachrinne sieht eigentlich recht simpel aus. Wir meinen, so einen kalten, silbrig in der Sonne schillernden Zapfen leicht durchschauen zu können. Wasser tropft von einer Oberfläche und wird bei Minusgraden zu Eis. Laufen weitere kleine Tropfen am Eis hinunter, gefrieren sie ebenfalls. An der Spitze eines Eiszapfens hängt oft noch ein gerade erstarrender Wassertropfen. Von ihm wird übrigens auch die Form der Spitze bestimmt. Sie ist abgerundet, da der Radius direkt an der Spitze meist exakt der eines Wassertropfens ist. Die Form ändert sich nur, wenn während des Gefrierens ein stärkerer Wind weht, dann können die Zapfen auch spitzer werden. In manchen Zapfen lassen sich im Inneren auch noch kleine, mit Wasser gefüllte Kanäle erkennen. Das kommt daher, dass die Tropfen von außen nach innen frieren und die beim Frieren frei werdende Wärme nicht mehr schnell genug durch das Eis nach außen fließen kann – vor allem dann, wenn die Zapfen schnell wachsen.

Eiszapfen entstehen meist an kleinen Dachvorsprüngen, auf denen Schnee in der Sonne schmilzt. Tropfen laufen die Dachschräge hinab und treffen auf die Dachkante oder die Dachrinne. Eisiger Wind und ein bisschen Schatten können schon ausreichen, dass der Taupunkt des Eises wieder unterschritten wird und die Tropfen gefrieren.

So weit scheint die Sache nicht sehr kompliziert. Doch Physiker verstehen immer noch nicht genau, warum sich die Eiszapfen so ungleichmäßig formen. Sie nehmen in der Länge zehnmal schneller zu als in der Breite. Außerdem wachsen sie nicht gerade, sondern bilden Ringe in einem regelmäßigen Abstand von etwa einem Zentimeter. Das machen zumindest die meisten Eiszapfen so, aber auch längst nicht alle. Manche bilden eine Spitze, andere mehrere. Wenn sich Eiszapfen bilden, geschehen geheimnisvolle Dinge.

## Wie entstehen Rillen in Eiszapfen?

Als Kind würde man einfach einen Zapfen pflücken, die Kälte auf der Hand und die wellenförmigen Rillen im Mund spüren. Für einen Wissenschaftler ist so ein gerillter Eiszapfen eine ganz andere Herausforderung.

Japanische und kanadische Physiker haben sich in den vergangenen Jahren intensiv mit der Wellenform an der Oberfläche von Eiszapfen beschäftigt. Sie haben theoretische Modelle entwickelt, die alle möglichen Phänomene berücksichtigen – sogenannte Laplace-Instabilitäten, die vermutlich den Laien eher erschauern lassen würden, würde ich sie genauer zu erklären versuchen. Sie haben die hauchzarten, nur einen Zehntel Millimeter dünnen und superkalten Wasserfilme studiert, die ständig an der Oberfläche der Eiszapfen herabrinnen. Sie haben Hunderte Zapfen unter Laborbedingungen in Eismaschinen wachsen lassen, sie haben dafür verschiedene Wasserarten vom destillierten, also reinen Wasser über leicht salzhaltiges Wasser bis hin zum normalen Leitungswasser für ihre Versuche verwendet. Seit mehr als 15 Jahren nähern sie sich so langsam der Lösung des Wellenrätsels.

### Die Stille nach dem Schneefall

Ist es nach einem Schneefall so still, weil einfach weniger Menschen – und weniger Autos unterwegs sind? Das macht sicher etwas aus, aber der entscheidende Effekt kommt anders zustande. Frisch gefallene Schneeflocken liegen meistens relativ locker übereinander und zwischen den Schneekristallen befinden sich zahlreiche kleine Zwischenräume, die Schallwellen absorbieren können. Ist der Schnee hingegen feucht oder liegt er dichter gepackt, kann er weniger Schall schlucken.

Und das ist der aktuelle Stand: Am Anfang sind die jungen Eiszapfen in der Regel kegelförmig, im Inneren lassen sich noch Blasen ausmachen. Herabrinnende Tropfen frieren fest und geben dabei immer ein bisschen latente Wärme frei. Diese steigt bei Windstille oder wenig Wind nach oben und verhindert dadurch, dass nachströmende Tropfen sofort vereisen. Deshalb wächst ein Zapfen zehnmal schneller nach unten als in die Breite.

Doch wenn der Zapfen langsam dicker wird, kommt ein weiteres Phänomen hinzu. Praktisch jeder Eiszapfen bildet dann eine Wellenstruktur, was bedeutet, dass er in regelmäßigen Abständen von etwa einem Zentimeter Verdickungen und Rillen aufweist. Wie neueste Arbeiten zeigen, macht er das praktisch unabhängig davon, welche Temperatur draußen herrscht (es muss natürlich kalt genug sein) und wie dick er schon ist. Die Wellenform selbst ist nicht immer gleich stark ausgebildet. Sie hängt, wie der kanadische Eisspezialist Antony Szu-Han Chen zeigte, sehr stark von der Quelle ab, also vom Wasser. Reines, destilliertes Wasser führt nicht zu den Wellen. Wer völlig glatte Eiszapfen hängen sieht, hat bestes Wasser zum Lutschen. Sobald das Wasser kleinste Spuren von Salzen enthält, bilden sich die dickeren und dünneren Bereiche in einem regelmäßigen Muster. Leitungswasser beispielsweise enthält genügend Salze und ist prima für Eiszapfen.

Die Konzentration der im Wasser enthaltenen Salze bestimmt auch, wie schnell die Rillen wachsen und in welche Richtung sie wandern. Die Forscher sehen hier Ähnlichkeiten mit den Stalaktiten in Tropfsteinhöhlen, auch wenn die beteiligten Salze ganz andere sind. Der genaue Mechanismus der Wellenbildung ist in beiden Fällen noch nicht verstanden, klar ist nur, dass beim Eiszapfen die Salzionen die entscheidende Rolle spielen. Die Vermutung der Wissenschaftler: Die Verunreinigungen verändern die Oberflächenspannung und senken zudem den Gefrierpunkt von Wasser.

Bleibt noch die Frage, warum die Rillen so regelmäßig sind. Hier kommt die Laplace-Instabilität ins Spiel, wie japanische Forscher um Naohia Ogawa sagen. Es geht, vereinfacht gesagt, um die Physik an den Grenzflächen zwischen dem Eis, dem superkalten, dünnen Wasserfilm und der Umgebungsluft: um die Oberflächenspannung und die Wärmeleitung. Ist eine Struktur nach außen gewölbt, kann dort besser Wärme abgeleitet werden als in einer Vertiefung oder Mulde. Deshalb gefriert der dünne, superkalte Wasserfilm dort leichter, die noch vorhandene Wärme im Wasser muss ja beim Gefrieren irgendwo abtransportiert werden. Je kälter es ist, umso ausgeprägter sind die Wellen. Aber insgesamt ist die Sache mit dem, was genau am Rand der Eiszapfen passiert, so kompliziert, dass es bis heute kein gutes theoretisches Modell dafür gibt.

Eiszapfen sind also nicht nur wunderschön, sondern auch physikalisch faszinierend. Bei all dem Staunen sollte man allerdings eines nicht vergessen: Zum Beobachten empfiehlt es sich, eher seitlich von den Zapfen stehen. Die größten Eiszapfen können mehrere Meter lang werden – allerdings brechen die meisten aufgrund ihres eigenen Gewichts vorher ab.

## Der Eisfinger tief unten im Meer

Jetzt könnte ich das Thema Eiszapfen ruhen lassen. Doch ich bin bei den Recherchen auf ein faszinierendes Video des englischen Fernsehsenders BBC gestoßen. Es zeigt einen Eisstalaktiten, der sich im eisigen Südpolarmeer bildet. Die Dokumentarfilmer Hugh Miller und Doug Anderson tauchten jüngst für ihren Film »Frozen Planet« im McMurdo-Sund der Antarktis vor der Little-Raztorback-Insel, als plötzlich vor ihren Augen ein Stalaktit von der Unterseite einer schwimmenden Eisscholle aus in Richtung Meeresboden wuchs, mit dem erstaunlichen Tempo von etwa 30 Zentimeter pro Stunde. Der Seeboden war nicht zu tief an dieser Stelle, und so traf er nach einigen Stunden unten auf und fror das Leben am Boden ein.

Das Wasser erstarrte für einige Meeresbewohner zu schnell. Seesterne und Seeigel am Boden konnten nicht mehr fliehen

und wurden durch den tödlichen Eisfinger am Meeresgrund tiefgekühlt. Miller und Anderson filmten damit ein Phänomen, das erstmals 1971 die amerikanischen Meeresforscher Paul Dayton und Seely Martin beschrieben hatten.

Das Meerwasser muss dafür mit zwei Grad unter null relativ warm sein, die Luft aber eisig, mindestens 18 Grad unter null. Dann kann es passieren, dass das wärmere, salzige Meerwasser in Spalten von Eisschollen aufsteigt, sich dort eine Weile lang sammelt und an der Luft auf die Umgebungstemperatur von minus 18 Grad abkühlt. Da die Salzlake zu salzig ist, kann sie nicht zu Eis gefrieren. Sie wird aber langsam dichter und schwerer und sinkt aufgrund ihres Gewichts irgendwann wieder in die Tiefe. Da aber die Temperatur der Salzlakenblase deutlich niedriger ist als die des umgebenden Meerwassers, erstarrt das Wasser um sie herum. Gleichzeitig gibt die Blase Salz an die Umgebung ab und senkt den Gefrierpunkt des umgebenden Wasser herab, dadurch friert die Salzlake nicht schlagartig, sondern formt einen eisigen Tunnel aus sehr kaltem Wasser, der in die Tiefe führt und immer weiter Wasser gefrieren lässt und schließlich komplett erstarrt. Es ist wie ein eisiger Finger, der zum Meeresboden zeigt.

Miller und Anderson erzählen, wie aufwendig die Dreharbeiten weitab von ihrem Einstiegsloch im Eis waren. Stundenlang mussten sie mit fixierten Zeitrafferkameras ausharren, nur gestört von Robben, die immer wieder mal die Kamera umstießen. Gelohnt hat sich die Mühe. »Wir konnten buchstäblich zusehen, wie der Eisstalaktit vor unseren Augen wuchs.«

## WIE ENTSTEHEN GLETSCHER?

Wenn mehr Schnee fällt als wegschmilzt, bleibt eine Schneedecke übrig. Ist das über Jahrzehnte oder gar Jahrhunderte so, wird die Schneedecke langsam mächtiger. Der Schnee wird durch das eigene Gewicht vor allem in den unteren Schichten immer weiter zusammengedrückt, es ist kaum noch Luft zwischen den Schneekristallen. Frischer Schnee enthält noch rund 90 Prozent Luft, Firnschnee (also sehr alter Schnee) nur noch 25 Prozent, er wiegt mit bis zu 800 Kilogramm pro Kubikmeter fast schon so viel wie Eis.

Die Schneekristalle verändern unter dem Druck ihre Struktur, es gibt praktisch keine sechseckigen Formen mehr, keine Verästelungen oder Zacken. Gleichzeitig können bei Temperaturen rund um den Gefrierpunkt Teile des Schnees schmelzen und nachts wieder frieren. Das Wasser dringt in die Luftporen ein, füllt es auf. So wird der Schnee immer dichter und irgendwann zu fast durchsichtigem, bläulich schimmernden Gletschereis, das die eingeschlossene Luft nicht mehr freigibt und aus unterschiedlich großen Eiskörnern besteht. Wenn sich genügend dickes Eis gebildet hat, braucht es nur noch eine Voraussetzung, damit ein Gletscher entsteht: ein Gefälle. Dann beginnt das Eis zu fließen.

Aus ungefähr 80 Zentimeter Neuschnee entsteht ein Zentimeter Gletschereis. Wie schnell das passiert, hängt sehr stark von der Temperatur ab. In den Polargebieten etwa von Grönland oder Regionen nahe den Polen dauert es bis zu hundert Jahre, bis aus Schnee Gletschereis wird, in den Alpen oder im südlichen Alaska bei einem der derzeit größten Gletscherfelder der Welt, dem Malaspina-Gletscher, nur etwa fünf Jahre.

Mehrere hundert Meter sind die Gletscher in den Alpen hoch, in der Antarktis oder Grönland ist die Eisdecke sogar bis zu vier Kilometer dick. An der Unterseite solcher Gletscher kann der Druck unter dem Eigengewicht so hoch werden, dass das Eis wieder flüssig wird. Ist es nicht zu kalt, fließt dieses Wasser an der Gletscherfront aus dem Gletscher heraus. Aus den Alpengletschern, wo vor allem in den Sommermonaten gemäßigte Temperaturen herrschen, strömt deshalb ständig Schmelzwasser heraus, das zu Bächen und Flüssen wird oder sich in Senken zu größeren und kleineren Seen sammelt. In polaren Gletschern gibt es dagegen kaum Schmelzwasser.

Der dünne Schmelzwasserfilm ist auch so etwas wie eine Rutschbahn für den Gletscher. Von der Schwerkraft angetrieben, fließt er langsam ins Tal. Physiker vergleichen Eis gern mit glühendem Metall. Bei Eis liege lediglich der Schmelzpunkt einige Hundert Grad Celsius niedriger. Das Gletschereis verformt sich unter dem Druck und erstarrt dann in einem neuen Zustand, sobald der Druck wieder abnimmt. Man spricht dabei von plastischer Verformung.

Durch diese Verformung und dadurch, dass das eigene Gewicht die Gletschereismassen talwärts schiebt, bewegt sich der Gletscher ständig weiter. Manche tun das sehr schnell, sie kommen einige Meter pro Tag vorwärts, andere kriechen im Millimetertempo voran. Den felsigen Untergrund unter sich nehmen sie dabei mit. Gletscher formten die Täler der Alpen in der letzten Eiszeit. Sie graben und schaben den Fels ab, wenn sie ins Tal gleiten, und türmen das Gestein am Ende ihrer Gletscherzunge zu Hügeln auf.

München

Welche Kraft Gletscher haben, sieht man manchmal erst, wenn sie – wie derzeit immer mehr – zurückweichen. Zurück bleiben steinerne Geröllhalden und gewaltige Hügel. In ihren zungenförmigen Becken bilden sich riesige Seen. Die großen oberbayerischen Seen im Alpenvorland sind der letzten Eiszeit zu verdanken. Der Isar-Loisach-Gletscher etwa reichte am Höhepunkt der letzten Eiszeit von den Alpen bis auf die Höhe der heutigen Stadt Landsberg am Lech, er grub die Becken von Starnberger See und Ammersee, das Isartal und formte die sogenannte Münchner Schotterebene.

## WAS WÄRE, WENN EINE NEUE EISZEIT KÄME?

In Zeiten, in denen unsere Ängste um die globale Erderwärmung und die immer schneller schmelzenden Gletscher kreisen, können wir uns ein Szenario wie die Eiszeit nicht mehr wirklich vorstellen. Doch eine neue Eiszeit könnte möglicherweise sogar von den schmelzenden Gletschern ausgelöst werden. Forscher diskutieren immer wieder, ob das Schmelzwasser nicht den Salzgehalt des Meeres so stark verringern könnte, dass der Golfstrom zum Erliegen käme. Ob das wirklich passieren könnte, ist umstritten. Doch sollte es sich bewahrheiten, würde die bisherige Wärmepumpe Golfstrom ausfallen, in Europa würden die Winter um mehrere Grad Celsius kälter, im Norden und Westen hätten wir sogar sibirische Werte zu erwarten. Die nächste Eiszeit würde auch Deutschland wieder mit Gletschern überziehen, den Voralpenraum und den äußersten Norden.

Wie wir wissen, speichern Gletscher unglaubliche Wassermengen. Während der letzten Eiszeiten bedeckten sie bis zu einem Drittel der Landmasse der Erde, vor allem in Europa, Nordamerika und Asien. Wenn wir annehmen, dass wieder solche Ausmaße erreicht würden, würden die Meeresspiegel um mehr als 100 Meter sinken. Während der letzten Eiszeit lagen die Meeresspiegel um 130 Meter tiefer als heute. Ein riesiger Bereich in der heutigen Nordsee würde wie damals trocken fallen. Über dieses sogenannte Doggerland gäbe es wieder eine Landverbindung von Europa nach Großbritannien. In Doggerland würde man die Spuren der uralten Besiedlung finden, die jahrtausendelang von den Fluten der Nordsee bedeckt waren, sogar Hinweise auf die damals ersten Ackerbauern, die vor 8000 Jahren auf diesem Weg den Weizen nach England brachten. Aus der Erde würden auch gewaltige Mammutstoßzähne auftauchen, Schädel mit riesigen Hörnern und Stoßzähnen, baumstammdicke Knochen und andere Überreste von Wollnashörnern, riesigen Hirschen, Mammuts und Steppenwisenten.

Auch Russland und die USA hätten wieder eine direkte Landgrenze, wie schon vor gut 15000 Jahren, als es zuletzt eine Landbrücke über die heutige Beringstraße von Asien ins heutige Alaska gab. Wer weiß, vielleicht würde die Landbrücke zu einer neuen Annäherung zwischen Russland und den USA oder gar einer weiteren Einwanderungswelle aus Asien führen.

Die genauen Mechanismen hinter der Entstehung von Eiszeiten sind noch immer nicht genau verstanden. Verschiebungen der großen Erdplatten können auch in Zukunft große Gebirgszüge auffalten, die dann wiederum Luftströmungen und Niederschläge verändern, auch die Aktivität der Sonne hat einen Einfluss. Klar ist, dass es im Lauf der Erdgeschichte zahlreiche Eiszeiten gab, die phasenweise Millionen von Jahren dauerten. Manche Forscher glauben sogar, dass vor 750 Millionen Jahren die Erde für fast 150 Millionen Jahre völlig verschneit und vereist gewesen sein könnte, eine Schneeballerde sozusagen. Klare Belege dafür gibt es nicht. Dies hätte auch bedeutet, dass es während der Schneeballphase keine Lebensformen gegeben haben dürfte, die Sauerstoff produzieren. Lebewesen, die Fotosynthese betreiben, sind aber seit 2,4 Milliarden Jahren belegt.

Die genaue Vereisungsgeschichte der Erde ist also nicht wissenschaftlich gesichert. Klar ist: Gletscher werden auch künftig die Menschheitsgeschichte prägen, so wie sie es schon während

150 Meter →

der letzten Eiszeit taten. Und Spuren von Zivilisationen aus der Eiszeit werden wir immer dann finden, wenn die Gletscher wieder zurückweichen.

## WAS WIR VON GLETSCHERN LERNEN KÖNNEN

Gletscher sind die Gefrierschränke der Vergangenheit. Derzeit kommen überall in den eisigen Gefilden Skandinaviens, Kanadas, der Alpen und der Anden in den schmelzenden Eismassen organische Materialien zum Vorschein: Kleidung, Leder, Holz, Tierschädel, Pflanzenreste – und Eismumien. Ohne das schützende Eis wären sie längst vermodert und verrottet. Mittlerweile suchen Forscher sogar von Helikoptern aus die immer schneller schmelzenden Eisflächen systematisch nach Hinterlassenschaften ab, etwa in der kanadischen Provinz Yukon oder in der Region Oppland im Südwesten Norwegens. Für die Gletscherarchäologen ist neben den Alpen aktuell Norwegen ein Hotspot.

Ein einzelner Fund im Jahr 1991 löste einen regelrechten Boom der jungen Disziplin der Eisarchäologie aus. 5300 Jahre hatte das ewige Eis Ötzi bewahrt, er lag geschützt in seiner Klimakammer im Ötztal auf 3200 Meter Höhe knapp hundert Meter südlich der Grenze zwischen Österreich und Italien. Wäre nicht im März 1991 ockerfarbener Sand von der Sahara in die Alpen geweht und wären nicht, nach einem warmen Sommer, in dem der erwärmte Sand das Eis in Rekordgeschwindigkeit wegschmolz, im September 1991 zufällig zwei Wanderer am Tisenjoch vorbeigekommen, wäre Ötzi nicht gefunden worden.

Der Sensationsfund war so etwas wie die Initialzündung für eine neue Forschungsdisziplin. Der Jäger aus der Bronzezeit ist mittlerweile die am besten untersuchte Leiche der Welt. Es gelang den Wissenschaftlern, aus faszinierenden Details eine komplette, längst verschwundene Lebenswelt wieder fassbar zu machen.

Jeder derartige Fund birgt Informationen über die Kultur, die Tierwelt, die Jagdgewohnheiten und Techniken der Vergangenheit. Es sind Fenster in die Welt unserer Vorfahren – voller spannender Hinweise und Details.

Die richtig langen, kalten Winter werden in Mitteleuropa zwar seltener, und wir können deshalb auch nicht mehr so häufig auf zugefrorenen Seen Schlittschuh laufen. Aber manchmal zieht doch noch eine arktische Kaltfront über uns hinweg und lässt innerhalb von zwei Wochen zumindest kleinere Seen oder Tümpel zufrieren. Über höher gelegene Seen wie den erwähnten Vilsalpsee kann man im Winter dick eingepackt sogar mit Langlaufskiern gleiten. Doch was machen die überwinternden Wasservögel?

Enten und andere Wasservögel, die im Winter in Europa bleiben, halten sich am liebsten an den wenigen offenen Wasserläufen auf: am Zu- oder Ablauf eines Sees oder unter Bootsstegen, wo der durchpfeifende Wind die Eisbildung erschwert. An diesen Stellen können sie noch im Wasser nach Nahrung suchen. Durch ihre Schwimmbewegungen halten sie die Wasserflächen länger offen. Wie aber halten die Wasservögel es draußen bei den eisigen Temperaturen aus, und warum können die aufgeplusterten Tiere scheinbar stundenlang auf dem Schnee oder auf den Eisflächen eines zugefrorenen Sees ausharren?

## WARUM ENTENFÜSSE NIE FRIEREN

Der Schutz gegen die kalte Luft ist noch eine vergleichsweise einfache Angelegenheit. Die Vögel haben im Winter ein dichteres Federkleid und können dieses zudem ordentlich aufplustern. Man kann das bei vielen Vögeln beobachten, sie wirken an kalten Tagen voluminöser als sonst. Dieses Luftpolster isoliert den Körper sehr gut, so können sie die Körpertemperatur auf über 40 Grad Celsius halten. Polarvögel können auf diese Weise und mit zusätzlicher Hilfe ihrer eingefetteten Deckfedern bis zu 80 Grad Temperaturdifferenz ausgleichen.

Bleibt die Frage, wie sie ihre nackten Füße gegen Kälte schützen. Viele Säugetiere mit Pfoten haben im Winter eine stärker ausgeprägte Behaarung zwischen den Zehen, die die Pfoten besser isoliert. Enten haben an den Füßen aber in der Regel keine Federn oder eine andere schützende Behaarung. Hier muss also ein anderes Prinzip helfen, denn von festgefrorenen Enten liest man praktisch nie etwas. »Wasservögel frieren auf Eisenflächen nicht fest und schmelzen sich auch nicht dort hinein, weil sie in den Beinen eine Art Wärmetauscher der Blutgefäße haben«, sagt Julian Heiermann vom Bund Naturschutz. »Damit verhindern sie auch, dass der Vogelkörper auskühlt.«

Der Trick dabei ist, dass die Enten ihre Füße konstant kühl halten, die Temperatur der Schwimmhäute liegt bei etwa null Grad Celsius. Die kalten Füße sind für sie elementar. Warme Füße würden ständig Körperwärme ans Eis ableiten. Enten haben also ein ausgeklügeltes System in Beinen und Füßen eingebaut. Es funktioniert, wie Julian Heiermann erklärt, nach dem Prinzip eines Wärmetauschers. In den Venen strömt von den Füßen aus das kältere, kohlendioxidreiche Blut in Richtung Herz, parallel fließt in der Gegenrichtung das warme und sauerstoffreiche Blut in den Arterien vom Herzen weg in Richtung Füße. In den Entenbeinen laufen Venen und Arterien sehr nah beieinander, praktisch parallel. Gleichzeitig sind Venen und Arterien in einem feinen Flechtwerk eng miteinander verbunden, Zoo- logen nennen das *Rete mirabile,* Wundernetz. Das kalte Venenblut kühlt beim Vorbeiströmen im Gegenstromprinzip das wärmere Arterienblut. So bleiben die Füße und Schwimmhäute immer kühl. Gleichzeitig kommt so viel Wärme in den Füßen an, dass sie nie frieren, egal auf welchem Untergrund sie stehen.

Das Prinzip des Wärmetauschers sorgt auch in Häusern dafür, dass wir Energie sparen. Hier strömen anstelle von Blut Wasser und Luft aneinander vorbei. Verbrauchte und erwärmte Abluft aus dem Hausinneren kann frisches Wasser oder kalte Außenluft vorwärmen, so geht deutlich weniger Energie verloren.

## WIE ÜBERLEBEN FISCHE IN ZUGEFRORENEN SEEN?

Ein See friert von oben zu. Das ist eine simple Beobachtung. An der Oberfläche schwimmt eine Eisschicht, die bei entsprechenden Minusgraden immer dicker wird. Was uns so selbstverständlich erscheint, hat einen Grund, der mit einem sehr speziellen Verhalten von Wasser zu tun hat, der sogenannten Anomalie des Wassers. Es hat seine größte Dichte bei plus 4 Grad Celsius. Wärmeres Wasser ist leichter und schwimmt oberhalb dieser 4-Grad-Schicht. Bei einem sommerlich warmen See herrschen im oberen Bereich je nach Wetter und Seegröße Temperaturen von 20 Grad und mehr, in Richtung Boden ist es aber genau 4 Grad Celsius kalt. Das Wasser an der Oberfläche ist im Sommer immer wärmer als in der Tiefe. Im Herbst vollzieht sich eine wichtige Umschichtung. Je mehr der See insgesamt abkühlt, umso mehr vermischen sich warme und kalte Schichten, bis der See schließlich insgesamt 4 Grad erreicht. In diesem Zustand kann das Wasser ungehindert im ganzen See zirkulieren, Nährstoffe und Sauerstoff tauschen sich während dieser Herbstzirkulation aus. Für das Ökosystem See ist diese Umwälzung wichtig.

Kühlt das Wasser im Winter weiter ab, lagert sich das kältere Wasser eher an der Oberfläche des Sees ab, weil es weniger dicht und leichter ist als die 4-Grad-Schicht. Die tiefsten Schichten in einem zufrierenden See sind also in der Regel etwa 4 Grad Celsius warm. Die darüber liegenden Wasserschichten werden bei entsprechenden Außentemperaturen immer kälter und frieren schließlich zu Eis.

Je dicker nun die Eisschicht auf einem See wird, umso mehr isoliert sie. Teiche mit Tiefen über 90 Zentimeter frieren deshalb in der Regel nicht komplett zu. Fische suchen in diesen zuge-

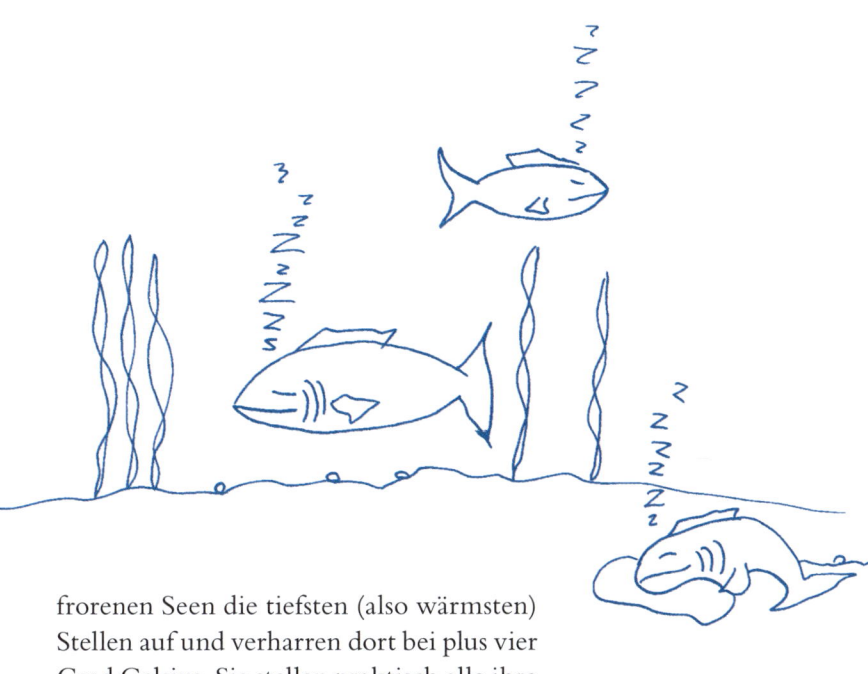

frorenen Seen die tiefsten (also wärmsten)
Stellen auf und verharren dort bei plus vier
Grad Celsius. Sie stellen praktisch alle ihre
Aktivitäten ein, bleiben ruhig im Wasser, fahren ihren Stoff-
wechsel herunter und senken die Körpertemperatur ab. Forellen
beispielsweise sind gut an die kalten Temperaturen angepasst.
Schleien machen eine Art Winterschlaf und graben sich in den
Seeboden ein. Problematisch kann nur der Sauerstoffvorrat im
See werden. In kleineren Tümpeln oder in flachen Gartenteichen
herrscht dann schon mal Sauerstoffmangel. Hier sollte man bei
langen Frostphasen durchaus ein Loch in die Eisdecke schlagen,
um etwas Sauerstoff zuzuführen.

Fische in arktischen Gewässern haben übrigens noch einen
zusätzlichen Schutz gegen die Kälte. Um zu verhindern, dass
sich in ihrem Blutkreislauf für sie tödliche Eiskristalle bilden,
bilden sie ein körpereigenes Frostschutzmittel, es besteht aus
Eiweiß und Zucker.

Noch effektiver können sich die Larven eines Feuerkäfers
gegen Kälte schützen. Mit körpereigenen Eiweißen können sie
Außentemperaturen von minus 30 Grad Celsius überleben. Es
ist der effektivste molekulare Kälteschutz bei Tieren.

# Wintersport

Jeder Winter ist anders. Manchmal gibt es den ersten Schnee in den Bergen schon im November und die Auflage ist dick genug, damit Anfang Dezember das »Ski-Opening« stattfinden kann, wie es griffig in der Einheimischensprache heißt. Doch immer mehr Skigebiete müssen den Beginn des Liftbetriebs verschieben, es herrscht Schneemangel vor allem in tiefer liegenden Gebieten.

Die Prognosen sind eindeutig. In Gebieten unterhalb von 1500 Metern wird aufgrund des Klimawandels kaum noch ausreichend Schnee fallen, um Pisten wirtschaftlich zu betreiben, sagen Forscher des Schweizer Schnee- und Lawinenforschungsinstituts SLF. In diesen Lagen werden auch die mittleren Schneehöhen um bis zu 85 Prozent (!) abnehmen. Etwa zwei Drittel aller Skigebiete in Europa liegen unterhalb dieser Grenze. Doch die laut der Alpenschutzkommission Cipra aktuell schon 12 000 Lifte für 18 000 Pisten allein im Alpenraum sollen weiter laufen, zwanzig Millionen Wintersportler kommen pro Jahr.

Immer häufiger sieht man deshalb in den Bergregionen Bauaktivitäten im Sommer, in höher gelegenen Senken werden kleine Seen angelegt, die sich mit Regen- und Schmelzwasser füllen sollen. Und im Winter stehen entlang der Pisten in regelmäßigen Abständen große Geräte, die an überdimensionale Föne oder Ventilatoren erinnern. In Tirol werden zwei von drei Pisten von solchen Schneekanonen künstlich beschneit, im italienischen Skigebiet Dolomiti Superski sind es 90 Prozent.

## WARUM SCHNEEKANONEN EISKUGELN HUSTEN

In kalten Winternächten treten die Schneekanonen in Aktion und blasen beständig Kunstschnee auf die Skipisten der Gebirge. Man braucht nur Strom, kaltes Wasser aus dem angelegten Staubecken und Temperaturen unter null Grad Celsius, dann können die Schneekanonen mit hohem Druck Schnee produzieren. Doch es ist kein Schnee, wie er vom Himmel fällt. Es sind eigentlich kleine Eiskugeln, die die Kanonen husten. Sie sind sehr viel dichter und klumpiger als die feinen, verästelten Eiskristalle. Warum das so ist, zeigt ein Blick auf die Anlage.

Schneekanonen sind in der Regel an dicke Wasserschläuche und Stromkabel angeschlossen. Die Schläuche sind fest am Berg verankert, denn das Wasser schießt mit derart hohem Druck durch die Leitungen, dass man sie gar nicht festhalten könnte. Der ringförmige Rand einer Schneekanone ist rundherum besetzt mit unterschiedlichen Metalldüsen. Ein Teil von ihnen versprüht das eiskalte Wasser als feinste Wassertropfen. Nur wenn es kalt genug ist, können sie in Sekundenbruchteilen zu kleinen Eiskörnchen gefrieren. Sie sind die Keimzellen der künstlichen Schneeflocken. Die restlichen Düsen zerstäuben das Wasser gleichzeitig weitaus feiner, es wird zu hauchzartem Nebel. Dieser Nebeldunst lagert sich an die Eiskörnchen an. So wachsen die Eiskristalle. Ein Propeller bläst das Nebel-Eiskristall-Gemisch meterweit in die Landschaft. Je länger es durch die kalte Luft fliegt, umso kristalliner wird der Schnee. Die Beschneiungs-anlagen laufen in der Regel, wenn es weniger als minus drei Grad kalt ist. Bei höheren Temperaturen können sich keine Eiskristalle und schon gar keine Flocken bilden.

Schweizer Forscher haben jüngst eine neue Beschneiungsanlage entwickelt, eine Schnei-Lanze, die sie liebevoll »Nessy« nennen wegen ihres zwölf Meter langen Halses. Mit Hoch-druck wird am nach oben gereckten Ende der Lanze Wasser über zahlreiche in einem Bogen angeordnete Düsen sehr fein zerstäubt. In den Nebel sprüht die Anlage kalte Wassertröpfchen, die kon-densieren und mit dem Wassernebel der Düsen dann zu kleinen Schnee-Eis-

Kügelchen werden. Die Anlagen verbrauchen deutlich weniger Energie als die großen Ventilatoren. Es gibt sogar eine Anlage für den Hausgebrauch im eigenen Garten. Homesnow könne, so die Entwickler, im Winter den eigenen Garten beschneien – und ließe sich sogar im Sommer als Hochdruckreiniger verwenden. Das Lanzensystem arbeitet im Winter aber auch nur bei Minusgraden.

Deshalb tüfteln Forscher an neuen Techniken, wie man auch bei Plusgraden Schnee machen könnte. Mit dem »Snow Maker« ist im Pitztal schon der Prototyp einer israelischen Erfindung im Einsatz. Die zwölf Meter hohe, in einer Halle auf 2840 Meter Höhe stehende Anlage kann laut Betreiber, der Pitztaler Gletscherbahn, Schnee bei Temperaturen von bis zu dreißig Grad Celsius herstellen. Der Snow Maker arbeitet mit einem Vakuum, in dem dann feinste Wassertröpfchen zu Schneekristallen von weniger als einem Millimeter Durchmesser gefrieren. Das Vakuum zwingt einen kleinen Teil der Wassermoleküle dazu, schlagartig zu verdampfen, das kühlt die Kammer im Snow Maker und lässt das verbleibende Wasser zu einer körnigen Wasser-Eis-Mischung werden. 950 Kubikmeter Schnee produziert die Anlage pro Tag. Das reiche für eine 90 Meter lange und 20 Meter breite Piste, sagen die Betreiber. Allerdings muss der Schnee aus der Halle erst noch auf die nahen Pisten verteilt werden, eine mühsame Angelegenheit.

Ein Problem können aber auch alle neuen Technologien nicht lösen: den enormen Wasserbedarf. Französische Forscher sagen, dass in Bächen und Flüssen in den französischen Alpen bis zu 70 Prozent weniger Wasser fließe, seit die ersten Schneekanonen installiert wurden. Für Kunstschnee wird jährlich so viel Wasser verbraucht wie in einer Millionenstadt der Größe von Hamburg.

Doch offenbar treibt der Klimawandel die technische Entwicklung bei der Kunstschneeproduktion weiter voran. Ein Blick auf die Patentanmeldungen zeigt das. 770 Einträge verzeichnet die Datenbank des Patentamts für die Internationale Patentklasse (IPC). Patente zum Kunstschnee sind hier unter der Sparte F25C3/04 geführt.

## WIE UNTERSCHEIDEN SICH ECHTER UND TECHNISCHER SCHNEE?

Echte Schneekristalle haben typischerweise eine sechseckige Kristallstruktur, sie bestehen hauptsächlich aus Plättchenkristallen und Dendriten, wenn sie locker vom Himmel fallen. Technischer Schnee ist eher kugelförmig. Seine Dichte liegt mit fast einer halben Tonne pro Kubikmeter deutlich höher als die von frisch gefallenem Naturschnee mit Werten von 50 bis 250 Kilogramm pro Kubikmeter. Schnee aus Kanonen liegt deshalb meist auch kompakter. Für die Pistenpräparation hat das Vorteile. Die runden Eiskörner werden nicht so leicht von den Skikanten verschoben, der Schnee wirkt griffiger. Er muss auch weniger durch Pistenraupen verdichtet werden. »Ohne Kunstschnee könnte heute keine Piste mehr dieser Masse an Skifahrern und ihren neuen, aggressiveren Carving-Skiern mit messerscharfen Kanten standhalten«, zitiert die Zeitschrift *Technology Review* den Kitzbüheler Schneetechnikexperten Christian Steinbach.

Diese Härte des Kunstschnees ist aber gleichzeitig ein Nachteil. Denn bei den Schwüngen auf den beschneiten Berghängen wirken höhere Kräfte auf die Muskulatur, die Sehnen und vor allem die Gelenke. Mediziner berichten vor allem von Schäden im Knie.

## Ski-Wissen

Die **Schneeoberfläche** ist nicht glatt, sondern wild strukturiert und zerklüftet. Die oberste Schicht sieht ein wenig wie ein Südseeinselparadies aus, mit lauter kleinen, flachen Erhebungen. Die tiefer liegenden Schneekristalle berührt ein Ski gar nicht. Skier gleiten nur auf dieser zerklüfteten Oberfläche. Dort in der unmittelbaren Grenzschicht entsteht durch die Reibung zwischen Ski und Schnee ein dünner Wasserfilm.

Wie gut wir über die Pisten gleiten, hängt zum einen von der **Außentemperatur** ab. Kalter Schnee erhöht die Reibung, wir gleiten langsamer. Bei Temperaturen deutlich unter dem Gefrierpunkt entsteht keine Wasserschicht mehr, hier müssen wir die Skier wachsen, um die Reibung zu verringern. Steigen die Temperaturen an, sinkt die Reibung, denn der Schnee schmilzt bei Druck leichter, der Wasserfilm ist dicker. Allerdings hält dieser Effekt nicht endlos an. Denn einerseits lässt uns der Film zwar gut gleiten, andererseits steigt bei noch wärmeren Temperaturen auch die Kontaktfläche an. Wir gleiten nicht mehr über kleine Wasserinseln, sondern schwimmen irgendwann quasi auf einer Wasserfläche. Und da gilt: Je größer die Kontaktfläche wird, umso stärker werden wir gebremst und verlieren an Tempo. Mit kürzeren Skiern fahren wir deshalb schneller.

Ebenfalls wichtig: die Struktur des **Skibelags**. Bei trockenem Schnee sollte er eher feiner strukturiert sein, so verringert sich die Kontaktfläche. Bei altem oder nassem Schnee (und auch bei Kunstschnee) ist ein gröberer Belag besser.

**Die Geschwindigkeit** der Fahrt hat einen Einfluss, wie Studien am Technologie-Zentrum Ski- und Alpinsport Innsbruck belegen. Dort können Forscher komplette Skier auf einem Aluschlitten auf bis zu 100 Kilometer pro Stunde beschleunigen und während der Fahrt alle wichtigen Reibungsdaten bei verschiedenen Schneebedingungen und unterschiedlichen Skibelägen messen. Jüngst testeten sie einen 1,80 Meter langen Langlaufski bei Geschwindigkeiten bis zu 40 km/h. Das Ergebnis: Die Reibung steigt mit der Geschwindigkeit an, der gesamte Ski heizt sich während der Tempo-Fahrt an der Unterseite um bis zu 4 Grad auf. Etwa 40 Zentimeter vom Ski-Ende und 30 Zentimeter von der Skispitze lastet der größte Druck auf dem Ski – und nicht etwa in der Mitte über der Bindung, wo unser Gewicht drückt. In den beiden Bereichen hinten und vorne treten die größten Reibungskräfte auf. Interessant ist auch ein weiteres Detail: Obwohl auf den Skispitzen praktisch kein Druck lastet, erwärmen auch sie sich. Der Grund liegt in einer anderen Art von Reibung: Dort bildet sich nämlich kein Wasserfilm, die Schneekristalle reiben »trocken« an den Spitzen und bremsen so zusätzlich.

## WARUM RUTSCHEN WIR AUF EIS?

Wie beim Schnee bildet sich auch beim Eis ein hauchdünner Wasserfilm, wenn wir mit dem Schlittschuh (oder mit einem Schlitten auf Eis oder Schnee) darüber gleiten. Unser Gewicht (plus das des Schlittschuhs oder Schlittens) übt einen Druck auf das Eis aus, der Schmelzpunkt des Eises sinkt, ein Wasserfilm entsteht. Das Eis darf dabei höchstens ein paar Grad unter null haben. Denn ein durchschnittlich schwerer Eisläufer kann den Schmelzpunkt um etwa 0,2 Grad verändern.

Hier kommt ein zweiter Faktor ins Spiel, die Reibung der Kufen. Sie erzeugt Wärme, das Eis schmilzt beim Gleiten, wir gleiten auf einem hauchdünnen Wasserfilm. Wie dick er ist, hängt von der Geschwindigkeit, der Kufenbreite und dem eigenen Gewicht ab, aber er liegt etwa im Mikrometerbereich. Er ist nach aktuellem Forschungsstand der größte Beitrag zum Gleiten.

Noch ein dritter Faktor spielt eine Rolle. Physiker nennen ihn Oberflächenschmelzen. Dieser Effekt hängt mit den Bindungsverhältnissen von Eis an der Oberfläche zusammen, die Atome haben hier weniger Bindungspartner als im Inneren des Eises. An der Oberfläche bleibt so immer ein millionstel Millimeter dünner Wasserfilm. Wegen dieser kaum wahrnehmbaren Flüssigkeitsschicht ist eine Eisfläche immer rutschig.

## WIE BAUT MAN EIN IGLU?

Es ist unserem Nachbarn zu verdanken, dass ich an Silvester 2014 zum ersten Mal in meinem Leben an einem Iglu mitgebaut habe. Sechs Kinder hatten darin Platz, der Eingang war für ein professionelles Iglu eher zu groß geraten, und man hätte auch nicht darin übernachten können. Doch immerhin stand das einfache Schneehaus einige Tage im Innenhof, ehe es dem Tauwetter der ersten Januartage zum Opfer fiel.

Als Wohnhäuser nutzten die Inuit ihre Iglus bis in die 1950er-Jahre. In ihrer Sprache bedeutet *illu* schlicht »Wohnung«. Die Ureinwohner wussten schon lange vor aufwendigen wissenschaftlichen Untersuchungen, dass Schnee wunderbar isoliert. Festgepresster, dichter Schnee kann Temperaturunterschiede von 50 Grad ausgleichen. Wenn also draußen in den eisigen nördlichen Weiten Nordamerikas oder der Arktis die Schneestürme toben und Temperaturen von 45 Grad Celsius unter null herrschen, bietet ein Iglu-Innenraum immerhin leichte Plusgrade an, und das ohne zusätzliche Heizvorrichtungen. Bis zu 5 Grad warm kann es werden, dann fangen die Innenwände an zu schmelzen und im Iglu sammelt sich langsam das Wasser. Will man in einem Iglu schlafen, muss man zwischen Liegefläche und Schlafsack eine dicke Isomatte legen, sonst würde die Körperwärme den Schnee schmelzen, und so den Schlafsack durchfeuchten. Zudem empfiehlt es sich auch, die Innenflächen zu glätten. An jeder Unregelmäßigkeit könnte sonst mögliches Schmelzwasser nach unten tropfen. Bei glatten Flächen rinnt es eher an der Wand entlang und sammelt sich in angelegten Rinnen oder versickert.

Iglus sind heutzutage in der Regel eher Schutzbauten (oder zum Spaß der Kinder da). Wer in nordischen Breiten oder hochalpinen Regionen unterwegs ist, kann das Bauwissen ganz gut gebrauchen. Schließlich gibt es vor allem im alpinen Raum oft einen schnellen Wetterumsturz. Plötzlicher heftiger Schneefall oder eine Lawine, die den Abstieg versperrt, können eine Übernachtung draußen unumgänglich machen. Und da kann das Wissen um die Grundfertigkeiten eines Iglu-Baus überaus nützlich sein.

### 1. Schritt: Wahl des richtigen Geländes
Am besten baut man ein Iglu an einem flachen Hang. Talmulden sind eher nicht geeignet, weil es dort in der Regel nachts deutlich kälter wird. Eine Hanglage hat zwei weitere wichtige Vorteile. Erstens lässt sich der Schnee von oberhalb der Baustelle leichter herantransportieren (man unterschätzt die Menge an gepresstem Schnee, die man für ein Iglu braucht!), zweitens kann man den Eingang in Richtung Hangneigung anlegen und so im Inneren leichter eine erhöhte Liegefläche schaffen, auf der man schlafen kann. Dieses höhere Niveau ist wichtig, um einen Wärmeabfluss aus dem Igluinneren über den Ausgang zu verhindern.

### 2. Schritt: Präparation des Materials
Wichtig für ein stabiles Iglu ist richtig fester Schnee. Trockener Pulverschnee beispielsweise ist völlig ungeeignet. Den Schnee sägt oder presst man in Blöcke. Profis haben dafür Schneesägen und schneiden Iglubausteine aus der Schneedecke. Solche Blöcke sind idealerweise zwischen 20 Zentimeter und 0,5 Meter dick, das isoliert optimal. Ansonsten sollten sie wie Ziegelsteine länglich und rechteckig sein. Die Schneesteine können je nach Größe und Schneedichte durchaus 15 bis 40 Kilogramm wiegen. Auch deshalb sollte der Schneesteinbruch nicht allzu weit vom Iglu entfernt liegen. Für ein kleines Iglu mit 2 Meter Durchmesser sind etwa 50 Blöcke notwendig, insgesamt muss der Erbauer also fast eine Tonne Schnee schleppen.

Ist der Schnee nicht fest genug, muss man ihn pressen. Dafür lassen sich zum Beispiel Stapelboxen von Ikea verwenden oder auch rechteckige Putzeimer. Die konische Form ist perfekt, da die Schneeziegel dann schon leicht abgeschrägt aus dem Plastikbehälter kommen.

### 3. Schritt: der Bauplan

Igluprofis bauen in Spiralbauweise. Das bedeutet, dass jeder Block in der untersten Reihe leicht abgeschrägt sein muss. Die Schneeziegel drückt man mit den glatten Seiten gut aneinander. Die Ziegel sollten an ihren Nachbarziegeln gut anliegen. Etwaige Zwischenräume kann man später auch noch mit Schnee auskleiden. Der Spiraldurchmesser verjüngt sich nach oben immer mehr. Prinzipiell kann man die eingepassten Steinziegel an der Innenseite auch noch leicht abschaben, damit sich eine schöne Kugelform ergibt. Der letzte Ziegel an der höchsten Stelle des Dachs muss eigens geschnitten werden, damit er auch gut passt. Generell gilt, dass die Kuppel der statisch schwierigste Teil ist. Hier rächen sich Fehler im Wandaufbau.

### 4. Schritt: der Innenausbau

In den Bau kann man Fenster aus Eisplatten einbauen (dafür muss natürlich ein zugefrorener See in der Nähe liegen), um etwas Licht ins Innere des Baus zu bringen.

Ist der Hauptbau fertig, gräbt man noch einen vertieften Zugang quasi von unten ins Innere und schützt diesen ebenfalls mit Schneeblöcken. Das hält Wind und Kälte von außen ab.

Auch die Liegeflächen lassen sich dann noch begradigen, die Innenwände glätten und Rinnen seitlich an der Wand graben. Wer kochen möchte, sollte unbedingt eine kleine Öffnung oben an der Decke machen oder zwei kleinere seitlich auf halber Höhe. Sonst schmilzt der Schneepalast allzu schnell ab.

Wir haben unser Hausiglu im Innenhof mit Ikea-Stapelboxen gebaut, unser Schneeziegel-Steinbruch war das Dach der Nachbarsgarage. Boxen kann man auch im Internet bestellen, etwa unter: www.q-iglu.net in der Schweiz, das liefert komfortable Blöcke. Hier findet sich auch eine weitere Bauanleitung für Kinderiglus.

Noch ein Tipp zum Schluss: Wer keinerlei Möglichkeit hat, Schnee zu Blöcken zu formen und so langsam die Wände aufzubauen, kann auch einen großen Schneehaufen aufschütten, ihn dann kräftig verdichten, dann seitlich einen Gang hineingraben und anschließend von innen aushöhlen.

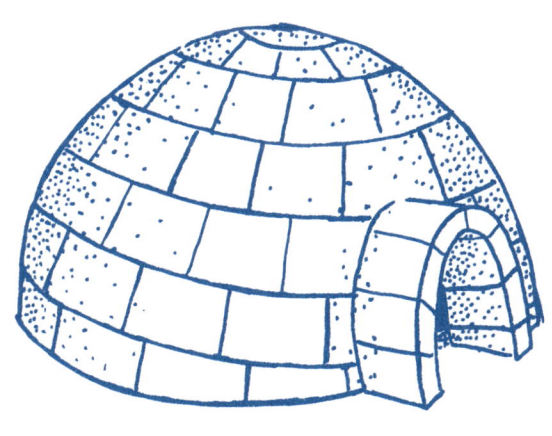

## WARUM DAMPFT UNSER ATEM, WENN ES KALT IST?

Das hängt mit der Luftfeuchtigkeit zusammen. Luft ist eine Mischung aus verschiedenen Gasen, vor allem aus Stickstoff und Sauerstoff. Darunter ist auch Wasser, in molekularer Form. Wie viel Wasser die Luft aufnehmen und quasi unsichtbar in sich verbergen kann, hängt von der Temperatur der Luft ab. Warme Luft kann mehr Wassermoleküle speichern als kalte. Wenn die Luft wärmer ist, bewegen sich die Moleküle darin schneller, dann kann die Luft auch mehr Wassermoleküle unsichtbar herumwirbeln. Die maximale Speicherkapazität, also die maximale Luftfeuchtigkeit, hängt von der Lufttemperatur ab. Bei 0 Grad Celsius kann ein Kubikmeter Luft zusammengenommen nur wenige Tropfen Wasser aufnehmen, etwa 5 Gramm. Bei minus 20 Grad sind es weniger als 1 Gramm Wasser pro Kubikmeter, deshalb ist es in der Antarktis extrem trocken. Dort schneit es auch praktisch nie. Bei einer Temperatur von 20 Grad Celsius, so wie sie in den meisten Innenräumen herrschen, sind es bereits 17 Gramm Wasser pro Kubikmeter, die die Luft maximal, also bei 100 Prozent relativer Luftfeuchtigkeit, in sich tragen kann. Bei 30 Grad Celsius sind es maximal 30 Gramm, bei 40 Grad Celsius 50 Gramm Wasser, also ein großes Bierglas voll.

Atemluft ist beim Ausatmen knapp 37 Grad warm und nahezu komplett mit Wasserdampf gesättigt. Wenn sie auf kalte Umgebungsluft trifft, kann das Wasser nicht mehr in der Luft bleiben, es kondensiert an Staubteilchen und bildet kleine Tröpfchen. Diese nehmen wir dann als dampfförmigen Atem wahr. Würden diese Staubteilchen (oder auch andere Kondensationskeime wie Pollen oder Eisteilchen) fehlen, würde die Luft immer mehr Wassermoleküle aufnehmen, sie wäre dann übersättigt mit Wasser. Theoretisch ist in vollkommen reiner Luft ohne irgendwelche Begrenzungsflächen in der Nähe eine bis zu 800-fache Übersättigung möglich, erst dann können Wassertröpfchen sozusagen spontan entstehen. Physikalisch fügen sich dann langsame Wassermoleküle zu größeren Strukturen, also winzigen Tröpfchen zusammen. In der Natur kommt das praktisch nicht vor, aber wissenschaftlich ist das Phänomen sehr spannend. Der

Atem kann natürlich auch an anderen Festkörpern kondensieren. Hauchen wir eine kalte Fläche an, eine Fensterscheibe etwa, setzt sich die Feuchtigkeit dort sichtbar ab. Wer Figuren auf die Scheibe zeichnet, spürt sofort das Wasser auf dem Finger. Beim Anhauchen von Fensterscheiben sehen wir auch, dass man den Atem nicht erst bei frostigen Temperaturen wahrnehmen kann, sondern schon bei 15 Grad Celsius. Bedingung dafür ist nur eine hohe Luftfeuchtigkeit. Die Feuchtigkeit aus der Luft kondensiert an der Fensteroberfläche. Das Gleiche passiert im Sommer, wenn kalte Getränke in der Hitze im Freien stehen. Schnell bildet sich ein Feuchtigkeitsfilm an der Flasche, es ist kondensierte Feuchtigkeit aus der warmen Luft. Allerdings verschwinden sowohl die Bilder am Fenster als auch der feuchte Film auf der Flasche meist schnell wieder. In der Außenluft bleibt unser Atem nur dann etwas länger sichtbar, wenn der Temperaturunterschied groß ist, also wenn es eisig kalt ist. Die Atemluft verteilt sich nämlich schnell und der Dampfeffekt ist dann auch wieder weg.

# Ein Jahr endet

**D**er 31. Dezember fällt in die dunkelste Zeit des Jahres. Heute erhellen viele Menschen weltweit diese besondere Nacht mit Raketen und Feuerwerkskörpern, feiern eine wilde Party und begrüßen freudig das neue Jahr. Doch diese Zeit »zwischen den Jahren« war nicht immer fröhlich.

## WARUM GIBT ES AN SILVESTER FEUERWERK?

Früher war der Winter eine kalte, dunkle, unheimliche Zeit. und besonders beunruhigend waren die »Raunächte«. Das sind die zwölf Nächte nach der Wintersonnenwende, die zwischen dem 25. Dezember und dem 6. Januar liegen. In dieser Zeit wären, so glaubten die Menschen des Mittelalters, die Tore zur Welt der Toten und der Geister nicht ganz geschlossen. Und so mancher meinte unheimliche Begegnungen mit den Verstorbenen zu haben.

### Raunächte und Geistervertreibung

Im 11. Jahrhundert berichtete der englische Chronist Orderic Vitalis von einem jungen Priester, der in einer solchen »Raunacht« Anfang Januar von einem Krankenbesuch nach Hause ging und plötzlich einen ohrenbetäubenden Lärm hinter sich hörte. Ein von einem Riesen mit einer gewaltigen Keule angeführter Zug von Menschen, manche zu Fuß, manche auf monströsen schwarzen Pferden, folgte ihm. Darunter waren ehemalige Nachbarn, berühmte Kriegsherrn und adelige Fürstinnen. Die meisten der Gestalten erlitten fürchterliche Qualen (für ihre Sünden) und schrien und stöhnten. »Auf einen riesigen Baumstamm war ein armseliger Wicht gebunden ... neben ihm saß ein schrecklicher Dämon, der auf seinen Rücken mit rot glühenden Sporen einstach, bis das Blut herunterlief.«

Solche Geister wollten die Menschen vertreiben, und gleichzeitig sollte auch der Winter verjagt werden. Dafür gab es verschiedene

Rituale: Man verbrannte eine Strohpuppe, räucherte die Häuser aus oder zog als Teufel oder Dämon verkleidet lärmend durch die Straßen. Jede Gegend hatte ihre eigenen Bräuche; durfte man an einem Ort keine Wäsche aufhängen, damit sich die bösen Geister darin nicht verfingen, liefen andernorts die jungen Männer mit knallenden Peitschen durch die Straßen.

Ob diese mittelalterlichen Traditionen sogar auf die alten Germanen zurück-gehen, wird nach wie vor diskutiert. Als Anführer des Totenzugs oder »der wilden Jagd« wird oft der Göttervater Odin (südgermanisch Wodan) gesehen und auch von den Germanen sind Geisterver-treibungen durch laute Geräusche und Ausräuchern bekannt. Angeblich ließen sie brennende Holzräder von Hängen hinab ins Tal rollen. Die Herkunft der Bezeichnung »Raunächte« ist auch nicht endgültig geklärt. Wahrscheinlich ist eine Ver-bindung zum mittelhochdeutschen Wort »ruch«, das »haarig, pelzig« bedeutete und auf die dämonischen Wesen hinweist, die die dunklen Nächte bevölkerten.

Die Raunächte sind nicht die einzigen »wilden Nächte« in unserem Kalender. Man denke beispielsweise an die Walpurgis-nacht vom 30. April auf den 1. Mai. Wahrscheinlich geht dieser Brauch auf die Zeit der Kelten und der Germanen zurück, wo der Frühlingsanfang als Beginn des Jahres gefeiert wurde: durch den Tanz um das Feuer und die Befragung von weisen Frauen auf der Schwelle zur Geisterwelt.

## Schwarzpulver und Freudenfeuerwerk

Auch in China glaubte man im 1. Jahrtausend nach Christus an Dämonen und Geister. Die Legende erzählt, dass ein weiser Mann namens Li Tian eine besondere Waffe gegen sie erfand: Er schoss ein mit Salpeter, Holzkohle und Schwefel gefülltes Bambusrohr in den Himmel, die erste Rakete der Menschheit.

Li Tian wird heute noch in China verehrt, besonders von der Feuerwerksbranche. Nach Europa gelangte das Schwarzpulver mit seinen vielfältigen Einsatzmöglichkeiten durch holländische Handelsschiffe im 13. Jahrhundert. Vor allem wegen des durchschlagenden Erfolgs der neu entwickelten Schusswaffen verbreitete sich die neue Technik rasch. Das explosive Pulver wurde aber nicht nur zu kriegerischen Zwecken eingesetzt, schon bald gab es auch Freudenfeuerwerke, und es entstand der Beruf des Büchsenmeisters. Eines der ältesten deutschsprachigen Technikbücher ist »Das Feuerwerkbuchaus« dem Jahr 1420. »So bedarf ein jeglicher Fürst, Graf, Herr, Ritter oder Kriegsknecht guter Büchsenmeister, die alle die Öle und Pulver wohl bereiten ... zu den Büchsen, zu Feuerpfeilen und Feuerkugeln und zu anderen wilden und zahmen Feuerwerken«, heißt es dort. Die zahmen, also nicht kriegerischen Feuerwerke wurden gegen Ende des Mittelalters und vor allem in der frühen Neuzeit die prunkvollen Höhepunkte der Feierlichkeiten der Herrschenden. Anlässe für Festlichkeiten gab es viele: Hochzeiten, Krönungen, Siegesfeiern. Übrigens waren die Lichteffekte über viele Jahrhunderte ausschließlich golden und orangegelb. Erst im 19. Jahrhundert gelang es, farbige Explosionen zu erzeugen.

Das Volk feierte seine eigenen Feste lange Zeit ohne solche aufwendigen Leucht- und Knalleffekte. So auch den Beginn des neuen Jahres: Dieser war in jener Zeit zwar noch nicht einheitlich geregelt (es gab bis zur Kalenderreform 1582 sechs verschiedene Termine für Neujahr in Europa), aber vor allem für den 1. Januar wird von ausschweifenden Festen berichtet, verbunden mit aufwendigen Reinigungsritualen wie Ausräuchern des Hauses und wilden Geisteraustreibungen. Die Kirche empfand diese Bräuche als sehr »heidnisch« und versuchte eine Weile, den 1. Januar zum Tag des Fastens und des Gebets zu erklären.

Ohne Erfolg, wie wir heute wissen. Die Neujahrsfeiern wurden im Gegenteil in vielen europäischen Ländern immer lauter, ausgelassener und funkensprühender. Seit dem Ende des

19. Jahrhunderts sind Feuerwerke endgültig kein Privileg der Reichen und Mächtigen mehr. Erste Feuerwerksfabriken entstanden. Die verbesserte Technik ermöglichte auch Ungelernten den Umgang mit den Sprüh- und Knalleffekten. Übrigens hat dieses ziemlich unchristliche Silvester interessanterweise einen christlichen Namen: Weil am 31. Dezember 335 Papst Silvester I. starb, wird der Heilige an diesem Tag verehrt, und die Silvesternacht wurde nach ihm benannt.

Jedes Jahr gibt der Verband der pyrotechnischen Industrie (VPI) seine Schätzung heraus, wie sehr es die Deutschen an Silvester krachen lassen wollen. In den vergangenen drei Jahren waren die Werte stabil: 124 Millionen Euro jagten wir in den Himmel. Am beliebtesten sind mittlerweile Batteriefeuerwerke und immer noch Raketen.

## WIE FUNKTIONIERT EINE SILVESTERRAKETE?

Raketen beschreibe ich im Moment lieber aus der Distanz: Bei einem großen Silvesterfest von Freunden ist mir nämlich ein Malheur mit einem der neuerdings so beliebten Batteriefeuerwerke passiert. Ich hatte zusammen mit dem Gastgeber die Ehre (und Verantwortung), einen Großteil des Feuerwerks anzuzünden. Die Batterie stand am Rand des Dachgartens auf einer Balkonbrüstung – nicht stabil genug, wie sich wenige Sekunden nach dem Anzünden herausstellte. Der Rückstoß aus der Treibladung in einer der ersten Batteriekammern hatte ausgereicht, um die gesamte Batterie zum Kippen zu bringen, sie neigte sich langsam bedrohlich nach innen, während sie alle paar Sekunden eine neue Leuchtkugel abfeuerte. Letztlich war es reines Glück, dass keine dieser Kugeln irgendjemanden ernsthaft verletzte. Aber mein Ruf war natürlich dahin. Zu Recht.

Deshalb will ich hier noch mal in aller Ruhe und mit besonderem Hinweis auf mögliche Gefahren erklären, wie eine Rakete aufgebaut ist und wo die Tücken dieses nicht ganz ungefährlichen Vergnügens liegen.

Im Prinzip besteht eine Rakete aus vier Stufen, von der Zündschnur unten über den Treibsatz, der die Rakete in den

Himmel steigen lässt, die Zerlegerladung, die die eigentlichen Licht-, Knall- und Zischeffekte oben im Himmel verteilt bis zur Effektfüllung, die für die Show bei der Rakete zuständig ist. Maximal zwanzig Gramm Sprengpulver dürfen laut Gesetz insgesamt in einer Rakete sein, die Hälfte braucht man allein für den Antrieb.

Die Zündschnur unten an der Rakete nennen Pyrotechniker auch Seele. Es ist ein Faden, auf den eine schwarzpulverartige Mixtur aufgetragen ist. Die präparierte Seele ist von einem schützenden, Feuchtigkeit abweisenden Faden umgeben. Bei billigen Raketen ist die Seele oft nicht gut geschützt und die Zündschnur brennt nicht gleichmäßig ab. Das ist eine große Gefahrenquelle. Oft werden erloschene und dann viel zu kurze Schnüre nochmal entzündet. Die Rakete kann dann nach oben schießen, während man noch die Hand mit dem Feuerzeug darunter hält. Tausende Menschen verletzen sich jedes Jahr allein aufgrund defekter Zündschnüre.

Die Zündschnur zündet dann die Treibladung, das ist der Motor der Rakete. Er ist im unteren Teil der Pappröhre unterhalb der eigentlichen, etwas dickeren Raketenhauptstufe verborgen. Die Treibladung besteht aus Schwarzpulver und einem Schwarzpulver-Titan-Gemisch. Schwarzpulver selbst enthält Kaliumnitrat, Schwefel und Holzkohle. Das Pulver wird bei der Herstellung der Rakete stark zusammengepresst und brennt so langsam und gleichmäßig ab. Über das Mischungsverhältnis lässt sich die Brenngeschwindigkeit regulieren.

Beim Verbrennen erzeugt das Schwarzpulver einen hohen Gasdruck. Das Gas entweicht durch eine aus Tonerde gepresste Düse am unteren Ende der Rakete und treibt diese im Rückstoßprinzip nach oben. Titan (oder auch Aluminium) in der zweiten Brennstufe der Treibladung erzeugt im Flug einen sichtbaren, silbrigen Schweif, das schnell herausschießende Gas zusätzlich einen hohen Ton. Der

Holzstab ist wichtig für eine einigermaßen stabile Flugbahn. Meist ist diese leicht geneigt, da das Gewicht der Rakete seitlich am Holzstab zu einer Krümmung der Bahn führt.

Im Kopf der Rakete befinden sich die eigentlichen Effekte, also farbige Sterne, glitzernde Kugeln und dergleichen. Doch bevor sie zünden, müssen sie noch in der gewünschten Formation über den Himmel verteilt werden, sonst hätte man den Showeffekt nur an einem Punkt. Deshalb zündet, sobald der Treibsatz abgebrannt ist und die Rakete auf die richtige Höhe gebracht hat (in Deutschland sind Höhen bis 100 Meter erlaubt), der Treibsatz in einem letzten Akt die Zerlegerladung. Diese sprengt die Plastikkappe der Rakete ab und verteilt die Effekte als Regen oder sternförmig in der Luft.

Für die Effekte werden Reisspelzen, Rapskörner oder Baumwollsamen in mehreren Schritten in einer Trommel mit verschiedenen Pulvern beschichtet, sodass sie später leuchten und glitzern. Die Körner, Spelzen oder Samen werden mit Alkohol besprüht, sodass das Pulver auf ihnen kleben bleibt. Durch die Rotation werden sie zu Kügelchen. Rotes Leuchten erreicht man mit einer Strontiumschicht, orangefarbenes mit Calcium, grünes mit Barium. Alkalimetallsalzen erzeugen Blitze oder Knall oder ein funkelndes Glitzern. Als letzte Schicht wird dann feinstes Schwarzpulver aufgebracht, es sorgt dafür, dass eine ausreichend hohe Zündtemperatur der Effekte erreicht wird.

## WENN NONNEN PUPSEN – CHAMPAGNERWISSEN

Mein Augenarzt bekommt mich immer zu höchst ungewöhnlichen Anlässen zu Gesicht. Einmal war mir ein widerspenstiger Zweig beim Apfelpflücken ins rechte Auge geschnalzt und hatte meine Hornhaut verletzt. Beim zweiten Mal war es – stilecht – ein Champagnerkorken. Er war mir beim Öffnen der Flasche durch die Finger geglitten und ins linke Auge geschossen. Ich hörte noch das trockene »Pftt«, als schon der harte Korken schmerzhaft auf dem Augapfel aufschlug. Den Knall nahm ich gar nicht mehr wahr. 40 bis 100 Kilometer pro Stunde ist so ein Korken schnell, im Inneren einer Champagnerflasche herrscht ein Druck von bis zu fünf bar. Ich sah zwei Tage verschwommen, es bestand die Gefahr, dass sich die Netzhaut ablöste. Ich hatte Glück. Normalerweise ist das Plopp des Korkens ein schönes Geräusch. Champagner trinken wir in der Regel zu freudigen Anlässen, stoßen damit etwa aufs Neue Jahr an. Die Korken knallen lassen ist umgangssprachlich ein Ausdruck für ausgelassenes Feiern. Aus wissenschaftlicher Sicht ist ein lautes Korkenknallen wiederum nicht optimal, denn dabei entweichen schlagartig große Mengen Kohlendioxid aus der Flasche. Genau dieses Kohlendioxid ist aber in zweierlei Hinsicht wertvoll. Zum einen optisch: Ohne die fein perlenden Bläschen würde das edle Getränk einen Großteil seiner Wirkung verlieren. Und geschmacklich: Die gelöste Kohlensäure ist Trägersubstanz für den Geschmack des Champagners.

Besser ist also ein dezentes »Pfft«, »an angel's fart« oder »a nun's fart«, wie die Engländer es nennen, ein »Nonnenpups« also. Profis halten dabei den Korken mit einer Hand fest und drehen die Flasche langsam dagegen, bis er sich löst.

### Warum steht die Flasche unter hohem Druck?

Schuld ist die Kohlensäure, die im Lauf der zweiten Gärung in der Flasche entsteht. In der ersten Gärung entsteht aus dem Traubenmost Wein. Beim Champagner verwenden die Winzer der Champagne, einem ausgewiesenen Anbaugebiet im Norden Frankreichs, in der Regel eine Mischung aus drei Rebsorten. Zwei davon haben übrigens dunkelrote Trauben, den Spätburgunder (Pinot Noir) und den Schwarzriesling (Pinot Meunier), die dritte ist der weiße Chardonnay. Diesen Rohwein füllen sie in Flaschen und geben etwas Zucken und Hefe dazu. Damit beginnt die zweite Gärung. Champagner ist also eigentlich ein Wein, der in der Flasche zum zweiten Mal gärt. In den folgenden etwa 18 Monaten, in denen das Weincuvée zum Champagner reift, wird der Zucker von der Hefe zu Alkohol und Kohlensäure umgewandelt. Aus 18 Gramm Zucker pro 0,75

Liter werden rund neun Gramm Kohlendioxid. Diese Moleküle sind für den steigenden Innendruck verantwortlich. Sie finden sich sowohl als Kohlensäure gelöst im Champagner wie auch in gasförmig im Flaschenhals. Auf bis zu sechs bar kann der Druck so steigen, das ist etwa dreimal so viel wie in einem Autoreifen. Noch im 18. Jahrhundert explodierten 90 Prozent aller abgefüllten Flaschen, ehe sie ausgeliefert wurden. Damals mussten die Kellermeister auch noch Eisenmasken tragen, um sich zu schützen. Bezahlen mussten die Kunden trotzdem für das begehrte Gut. Heute sind Champagnerflaschen deshalb dicker und schwerer als Weinflaschen, ihr Boden hat zudem eine konische Vertiefung, das erhöht die Druckbeständigkeit.

Noch ist nach der zweiten Gärung ein Rest überschüssiger Hefe in der Flasche, sie muss vor dem Verkauf aus der Flasche geholt werden – keine einfache Sache. Eine raffinierte Methode hilft. Sechs Wochen lang werden die Champagnerflaschen täglich leicht gerüttelt und dabei aus der Waagrechten langsam geneigt, bis sie auf dem Kopf stehen und sich der Heferest im Hals sammelt. Um den Pfropfen herauszuholen, tauchen die Kellermeister (oder in heutigen Großbetrieben computergesteuerte Anlagen) die Flaschenhälse in eine Gefrierflüssigkeit: Die Resthefe gefriert. Wird jetzt der Korken entfernt, schießt der eisige Hefepfropfen heraus. Fachleute nennen das »degorgieren«.

Das Gefrierverfahren führt dazu, dass nur noch wenig des wertvollen Getränks verloren geht. Die fehlende Flüssigkeit füllen die Kellermeister dann nach – und geben dem Champagner mit einer je nach Winzer anderen, aber immer streng geheimen Mischung mit unterschiedlichem Zuckeranteil seine besondere Note, von extrem trocken (ultra brut) bis lieblich (doux). Dann erst wird der Champagner endgültig für den Verkauf verschlossen. Ohne Hefe kann in dieser Phase der Zucker nicht mehr zu Alkohol werden. Damit aus dem dann fertigen Champagner keine wertvolle (weil den Geschmack tragende) Kohlensäure entweicht, wird die Flasche mit einem festen Korken verschlossen und dieser dann noch mithilfe eines Drahtgeflechts, der sogenannten Agraffe, gesichert. Fertig ist das perlende Getränk! Jährlich werden so 330 Millionen Flaschen hergestellt. In den Kliniken werden übrigens an Silvester mehr Menschen aufgrund von Verletzungen durch Sekt- und Champagnerkorken behandelt als wegen Feuerwerksverletzungen. Die zahlreichen Warnhinweise auf den Feuerwerkspackungen haben zu rückläufigen Verletztenzahlen geführt, wie eine dänische Studie ergab. Bei Champagner gibt es solche Aufklärungskampagnen nicht.

## WARUM IST ES WICHTIG, DIE FLASCHEN ZU KÜHLEN?

Die Kohlendioxidmoleküle sind dafür verantwortlich, dass der Champagner später im Glas fein perlt. Auch das Schäumen des Edelgetränks bewirken sie. Dabei gilt: Je kälter der Champagner, umso mehr Kohlendioxid bleibt in ihm gelöst. Je wärmer er wird, umso mehr Gas sammelt sich im Hohlraum unter dem Korken. Kräftiges Schütteln löst noch mehr Gasmoleküle aus der Flüssigkeit. Die Kohlendioxidwolke wird so immer explosiver. Die Temperatur des Getränks ist also in vielerlei Hinsicht entscheidend. Je höher sie ist, umso schneller schießt auch der Korken aus der Flasche, wie französische Physiker von der Universität von Reims Champagne-Ardenne in einer Versuchsreihe mit Infrarotkamera gezeigt haben. Denn beim Öffnen gibt es einen schlagartigen Druckausgleich zwischen innen (5 bar) und außen (1 bar). Die Physiker beobachteten den herausschießenden Korken bei vier, acht und 18 Grad Celsius.

Zur Überraschung der Forscher ergab sich eine weitere spannende Erkenntnis. Nur 5 Prozent der frei werdenden Energie geht in den Flug des Korkens über, 95 Prozent sorgten dagegen für den lauten Knall. »Der Großteil der Gesamtenergie scheint in Form der Schallwelle abzufließen, als sehr charakteristisches ›Peng‹, schreiben die Forscher im Magazin *Journal of Food Engineering*. Bei 18 Grad Celsius flog der Korken am schnellsten und weitesten, er kann dabei Werte bis zu hundert Kilometer pro Stunde erreichen. Dabei war auch die im Infrarotbereich schön sichtbare Kohlendioxidwolke am größten, sie umgab quasi den

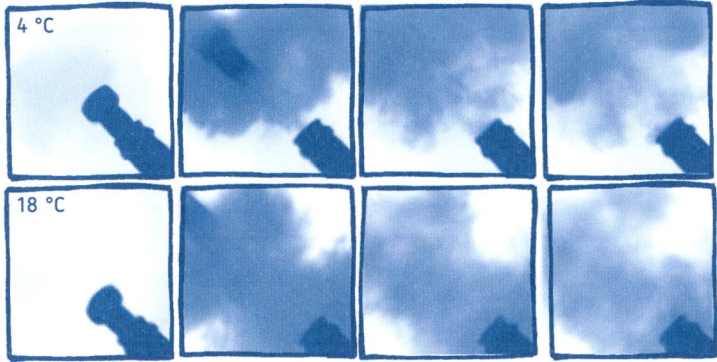

gesamten Flaschenhals. Bei kühleren vier Grad Celsius war sie deutlich kleiner und löste sich schnell von der Öffnung ab.

Indirekt ließ sich das ausströmende, an sich farblose Gas doch erkennen. Es kühlte die Umgebungsluft, als es schlagartig entwich, zurück blieb ein wabernder Nebel aus kleinen Eiskristallen an der Öffnung der Champagnerflasche. Genau diesen dezenten Rauch kennen wir von Silvester. Doch nun wissen wir: Je weniger wir davon sehen, umso besser ist es für den späteren Trinkgenuss. Denn dann ist noch die maximale Kohlensäuremenge im kalten Getränk, bereit, unsere Geschmacksknospen mit den feinen Nuancen zu beglücken. Sie sorgen auch für das charakteristische Prickeln des Champagners. Mediziner erwähnen an dieser Stelle ganz gern, dass die Kohlensäure im Mund zu kleinsten Verätzungen auf der Zunge führt, was wir aber interessanterweise als angenehmes Kitzeln wahrnehmen.

Die Kohlendioxidbläschen sind übrigens auch der Grund, warum Perlweine wie Champagner oder Sekt uns rasch anheitern. Das $CO_2$ bewirkt, dass die Magenwände besser durchblutet werden. Was zur Folge hat, dass der Alkohol aus dem kühlen Getränk schneller ins Blut gelangt.

### Warum Bläschen nicht nur beim Champagner wichtig sind

Forscher interessieren sich neuerdings sehr für Bläschen und ihr überschäumendes Temperament. Sie wirken so flüchtig, bilden sich, steigen auf, platzen und scheinen in Sekundenbruchteilen verschwunden zu sein. Doch das stimmt gar nicht, wie der amerikanische Physiker James Bird vom MIT in Boston mithilfe einer Hochgeschwindigkeitskamera entdeckte. Eine zerberstende Blase hinterlässt einen Ring kleinerer Bläschen, die ihrerseits zerplatzen und noch kleinere Bläschen erzeugen. Die zerplatzte Hülle zieht sich nämlich zusammen, schließt dabei Luft ein, formt so zahlreiche Babybläschen, die ebenfalls platzen und wieder die nächste Generation formen. Der Druck im Inneren steigt dabei immer weiter an, je größer die Bläschen werden. Deshalb halten sie auch nicht lange. Wir nehmen dieses kaskadenartige Platzen in der Regel kaum wahr. Aber die neuen Erkenntnisse der Physiker erklären, warum sich etwa Viren und Bakterien beim Niesen so weit verbreiten. Das Niesen schleudert schon alles heraus, aber damit ist noch nicht das Ende der Verteilung erreicht. Die kleinen Bläschen platzen nämlich irgendwann, machen noch kleinere, die unter hohem Druck ihre winzigen Erregergäste weiter verteilen.

Auch beim Champagner sind sie wichtig, hier ist das verteilte Gut das angenehme, frische Aroma der Trauben, das uns beim Zerplatzen der Champagnerperlen umso schneller entgegenschießt. Den Bläschen ist es egal, was sie uns bringen.

## WARUM DIE FORM DES GLASES EINE BEDEUTUNG HAT

Im Urlaub schmeckt der Wein auch aus dem Plastikbecher. Zu Hause aber ist die Sache anders. Da temperieren viele Weinkenner das Getränk im Klimaschrank, dekantieren die Flaschen Stunden vor dem ersten Schluck und würden nur im äußersten Notfall ein Wasserglas oder gar einen Plastikbecher verwenden. Auch mein Küchenschrank ist voll mit Gläsern unterschiedlichster Machart und Größe. Kenner schwören eben auf das richtige Glas. Jeder Wein, so das Credo, brauche seine spezielle Glasform, die schweren, kräftigen Rotweine wie Bordeaux verlangen nach den großen, bauchigen Gläsern, der frische Riesling oder ein knackiger Chardonnay kommen mit einem kleineren Glas aus. Unseren Champagner wiederum trinken wir entweder aus weiten, offenen Schalen und aus hohen, tulpenartigen Flöten.

In einem großen Glas werden Champagner, Prosecco und Sekt, also alle perlenden Weine, schneller schal als in einer Flöte. Das kann jeder im Selbstversuch beobachten. Binnen kurzer Zeit löst sich die Kohlensäure aus dem kühlen Getränk, was sehr schade ist, denn sie ist der Träger für den Geschmack. Einzige Abhilfe wäre, sich den Champagner schnell einzuverleiben, eine mögliche, aber diskussionsfähige Strategie.

In einem Glas, das sich nach oben verjüngt, bleiben die Aromen länger erhalten, wir nehmen sie intensiver wahr. Das ergab etwa eine Studie von Thomas Hummel von der TU Dresden, der 181 Probanden Rot- und Weißwein aus drei unterschiedlich geformten Gläsern mit »elegantem« Stil und vergleichbarer Höhe und Öffnung trinken ließ. Das Ergebnis: Das kolbenförmige Glas lieferte die intensivsten Geruchserlebnisse, das becherähnliche und das kelchförmige deutlich flachere. »Die Glasform scheint die Sinneswahrnehmung zu beeinflussen«, schreibt Hummel. Besonders ausgeprägt war dieser Effekt nicht, erkennen konnten ihn nur Probanden, die über einen sehr guten Geruchs- und Geschmackssinn verfügen. Die Studie zeigte zudem, dass es beim Geschmack kaum Unterschiede gab. Richtig aussagekräftige Studien zum Geschmack gibt es darüber hinaus kaum.

In jüngster Zeit untersuchen vor allem experimentelle Psychologen, ob es nicht doch Effekte gibt, die unsere Wahrnehmung verändern können. Allen voran gerät unsere Farbwahrnehmung in den Fokus. In der Regel trinken wir Champagner oder Wein aus durchsichtigen Gläsern. Spötter sagen ja, dass getönte Weingläser vor allem dazu da seien, billigen, fahlen Wein zu kaschieren. Doch die Farbe scheint tatsächlich einen Effekt zu haben. So sieht Charles Spence, experimenteller Psychologe von der Universität Oxford, einen Zusammenhang zwischen der Farbe eines Gefäßes und unserem sensorischen Empfinden. Getestet hat er nicht mit Wein, sondern mit Kaffee. Eine weiße Tasse etwa lässt einen Kaffee darin dunkler erscheinen, was eher dazu führt, dass wir ihn auch als stärker und bitterer empfinden. Wir scheinen Farbe emotional mit eigenen Erfahrungen zu verknüpfen. Auch das haptische Empfinden des Materials selbst ist offenbar wichtig. Ein kaltes Glas erzeugt etwa im Zusammenhang mit Champagner, Weißwein oder Bier ein gewisses Frischegefühl. Ein Papp- oder Plastikbecher kann die Temperatur nicht so gut vermitteln. Dicke Gläser wiederum können einem Getränk schnell Wärme zuführen. Gekühlten Champagner in ein dickes, zimmerwarmes Glas zu schütten empfiehlt sich nicht.

Dass die Form, insbesondere der Schwung des Glases zu einer unterschiedlichen Fließgeschwindigkeit führe und daher das Getränk zu unterschiedlichen Zonen auf dem Mund gelange, die wiederum für verschiedene Geschmacksrichtungen zuständig seien, ist Unsinn. Jede der bis zu 5000 auf Zunge, Gaumen und Kehldeckel liegenden Geschmacksknospen bei uns Menschen kann alle Nuancen erkennen, sie enthalten jeweils etwa hundert Geschmackssinneszellen für alle fünf Geschmacksrichtungen süß, sauer, salzig, bitter und umami, letzteres ist ein vollmundiger, herzhaft-fleischiger Geschmack. Jede löst einen anderen spezifischen elektrischen Impuls aus, entweder über schwache Spannungen im Zellinneren oder biochemische Prozesse. Vom Glas hängt das in keiner Weise ab, nur vom Inhalt.

Insgesamt scheint sich die Geschmackswahrnehmung also eher von psychologischen Faktoren und Erwartungen beeinflussen zu lassen und weniger von Äußerlichkeiten wie der Glasform. So lassen wir uns auch von angeblichen Informationen täuschen. Wer vor dem Testen positive oder negative Informationen über einen Wein (gilt auch für Champagner) erhält, bewertet ihn entsprechend positiver oder negativer. Erhält die Testperson die Information aber erst, nachdem sie bereits einen Schluck getrunken hat, ändert sich nichts mehr an der Bewertung.

## VOM ENGELPUPS ZUM ENGELRAUSCH

Die Engel sind – in Großbritannien zumindest – auch bei weiteren alkoholischen Getränken im Spiel. Diesmal sind die Auswirkungen mehr sichtbar als hörbar. »Angels' share« nennen die Briten den Anteil eines Whiskys, der während der jahrelangen Lagerung aus dem Fass verschwindet, es ist sozusagen der Engelsanteil am köstlichen Getränk. Bei einem 250-Liter-Fass können im ersten Jahr bis zu 15 Liter verloren gehen. Jahr für Jahr verschwinden so quasi 160 000 000 Flaschen Whisky beim Reifeprozess aus den geschlossenen Fässern. Früher hielt man das für Hexenwerk, daran glaubt in unserer technischen Welt natürlich keiner mehr. Doch wie kann der Whisky aus dem geschlossenen Fass entweichen?

Schauen wir uns mal so ein Whiskyfass an, vor allem die Feinstruktur des Holzes. Whiskydestillerien verwenden Eichenfässer (vorwiegend amerikanische Eiche). Das hat vor allem geschmackliche Gründe. Die Amerikanische Eiche ist feinporiger als die Europäische Eiche. Sie enthält deutlich weniger Bitterstoffe (Tannine), die dann im Lauf des Reifeprozesses vom Holz an den Whisky (oder Wein) abgegeben werden. Das verwendete Holzfass ist für den feinen Geschmack entscheidend, mehr als etwa das verwendete Malz. Aus geschmacklichen Gründen kommen für Whisky- oder Weinfässer nur Eichen- und Kastanienhölzer in Betracht. Kastanienholz macht aber oft Probleme aufgrund von Holzwürmern, deren Existenz dann zu Lecks führen kann. Nadelhölzer sind generell zu harzig.

Prinzipiell ist kein Holz homogen aufgebaut. Laubhölzer wie das der Eiche haben röhrenförmige Poren in Wuchsrichtung und senkrecht dazu radial von der Stammmitte nach außen gehende Versorgungsbahnen, die sogenannten Holzstrahlen. Über sie versorgt der Baum den gesamten Stamm mit Wasser und Nährstoffen. Beim Fassmachen muss man aufpassen, welche Hölzer welche Struktur haben und wie man sie am besten zuschneidet. Amerikanische Eiche ist beim Fassbau sehr viel leichter zu verarbeiten, die dichtere Struktur verhindert jegliche

Art von Flüssigkeitsleck, egal wie man sie zuschneidet. Bei der Europäischen Eiche müssen die Fassmacher speziell aus dem Stamm geschnittene Hölzer verwenden, sogenannte Dauben, bei denen die Holzstrahlen eher parallel zur späteren Fasswand verlaufen. Würde man hier nicht aufpassen, könnten Lecks in den Fässern entstehen. Die Dauben werden noch mit Hitze behandelt, aber hier geht es nur um den späteren Geschmack. Zellulose wird dabei zu Holzzucker aufgespalten und karamellisiert dann im Feuer, Lignin im Holz wandelt sich zu Vanillin um. Auch das Ausbrennen der fertigen Fässer ist nur für den Geschmack wichtig, die entstehende Aktivkohleschicht baut intensive Schwefelverbindungen aus dem Destillat ab.

In allen Fällen werden die Fässer aber so gebaut, dass sie flüssigkeitsdicht sind. Dies kann also nicht der Grund sein, dass Whisky aus dem Fass entweicht. Das Holz saugt sich lediglich mit dem Whisky voll und gibt diesen Anteil nicht mehr ab.

Dennoch ist die Feinstruktur der Poren zentral für die Frage, wie doch Whisky aus dem Fass entweichen kann. Poren vergrößern die innere Oberfläche des Holzes, so kann der Alkohol mehr Aromastoffe aus dem Holz ziehen. Über die Poren und Röhren des Holzes ist der Whisky im Fass auch im Kontakt mit der Außenwelt. »Holz dichtet nicht hundertprozentig ab«, sagt Hans Kemenater, Destillateurmeister der renommierten Destillerie Slyrs am oberbayerischen Schliersee. Sauerstoff aus der Luft kann in die Fässer eindringen. »Das ist sehr wichtig, damit der Whisky gut altern und reifen kann«, sagt Kemenater. Das bedeute aber auch, dass von innen durch das Holz gasförmige, flüchtige Moleküle aus dem Whisky langsam verdunsten können, das ist dann der »angel's share«, eine Mischung aus Wasser und Alkohol.

## WARUM VERSCHWINDET IN DEN USA EHER DAS WASSER AUS DEM WHISKY UND IN SCHOTTLAND EHER DER ALKOHOL?

Wie groß der »angel's share« ist und woraus er besteht, hängt von der jeweiligen Umgebung und dem lokalen Klima ab. Entscheidende Faktoren sind die Umgebungstemperatur, die Luftfeuchtigkeit, der Luftdruck und das Alter des Fasses. Je höher die Luftfeuchtigkeit der Umgebung ist, umso mehr Alkohol verdunstet, der Whisky verliert also im Lauf seiner mindestens achtjährigen Reifung Jahr für Jahr an Alkohol. Da in den meisten schottischen Lagerhäusern eine hohe Luftfeuchte herrscht, ist die Luft schon stark mit Wasser gesättigt. Sie kann kaum weiteres Wasser aufnehmen, dafür aber Alkohol. Darum verdunstet in Schottland (und allen Gegenden mit hoher Luftfeuchtigkeit) relativ gesehen mehr Alkohol als Wasser aus den Fässern. Schottische Whiskyhersteller füllen daher wegen ihres feuchten Klimas und der Meeresnähe eher Whisky mit 70 Prozent Alkoholgehalt in die Fässer. In den USA, wo das Klima etwa in Tennessee deutlich trockener ist als in Schottland, verdunstet eher das Wasser und weniger der Alkohol aus den Fässern, der Bourbon wird im Lauf der Jahre alkoholhaltiger. Deshalb sagen die Schotten gern, sie hätten ihren Platz im Himmel sicher, weil sie den Engeln Alkohol abgeben, die Amerikaner dagegen nur Wasser. In Oberbayern verdunstet beides zu gleichen Teilen.

Allerdings variieren die Werte in Schottland von Produzent zu Produzent, die modernen Lagerhäuser lassen sich gut klimatisieren. Und die hohe Luftfeuchtigkeit und die aufgrund des stabilen Atlantikklimas geringen Temperaturschwankungen während des Jahrs führen dazu, dass der absolute Verlust in Schottland geringer ist als etwa am bayerischen Schliersee. In Schottland liegt der »angel's share« bei gut 2 Prozent. Bei Slyrs liege er bei 4 Prozent, sagt Hans Kemenater. Anfangs hätten die neuen, erstmals benutzten amerikanischen Eichenfässer erst einmal kräftig Whisky aufgesogen. Doch der Hauptgrund seien die im Vergleich zu Schottland wesentlich höheren Temperaturschwankungen mit den heißen Sommern und sehr kalten bayerischen Wintern.

# UNSERE FÜNF SINNE

## Im Winter: Hören

Die Landschaft verliert im Winter ihre Farben, ein grauer Mantel legt sich übers Land. Kein Baum, keine Pflanze verströmt noch intensive Düfte, nicht einmal der Regen riecht noch wie im Sommer. Wenn im Winter die Intensität anderer Sinneseindrücke zurückgeht, ist die Zeit des Hörens. Oft ist es in dieser Jahreszeit zwar auch stiller, denn frisch gefallener Schnee beispielsweise dämpft alle Töne. Aber das Hintergrundrauschen ist leiser. Mir kommt es im Winter immer so vor, als sei jeder einzelne Ton umso klarer hörbar. Wer auf einer einsamen Langlaufloipe dahingleitet, hört etwa das leise Schaben der Ski auf dem trockenen Schnee oder den schnellen Atem. Auch Stimmen klingen reiner, so als wäre man in einem Tonstudio.

Hören ist eine unglaubliche Leistung. Denn letztlich verarbeitet unser Ohr dabei nur ein einziges Signal und entnimmt daraus so komplexe Informationen wie das Summen einer Biene, das Klackern eines Koffers auf Kopfsteinpflaster oder eine einzelne Stimme aus einem Stimmengewirr. Ein Ton ist nichts anderes als eine zeitliche Variation des Schalldrucks. Töne sind Schallwellen, sie transportieren die Informationen durch ein Medium, in der Regel durch die Luft. Im Weltall, wo praktisch fast völliges Vakuum herrscht, ist es völlig still. Aber auf der Erde erzeugt ein Husten oder Klatschen genauso eine Druckschwankung wie die Musik einer Flöte oder Geige. All das vermischt sich zu einem Klangteppich aus unterschiedlichen Vibrationen.

Die Schallwellen erreichen unser Ohr und dringen bis zum Trommelfell vor. Dieses überträgt die Schwingungen mechanisch auf die Gehörknöchelchen dahinter, auf Hammer, Amboss und Steigbügel, das sind die kleinsten Knochen, die wir Menschen besitzen. Der Steigbügel gibt den Druck als mechanische Schwingung weiter und bringt so wiederum eine Flüssigkeit in dem schneckenförmigen Gang dahinter zum Schwingen. Sinneszellen an den Wänden dieser Cochlea werden angeregt und übertragen dann Nervenimpulse auf den Hörnerv. Im Gehirn wird die Schwingung dann erst zum Klang. Es ist ein sehr feines System, das gleichzeitig den ankommenden Schall bündelt und verstärkt, sodass wir in der Lage sind, minimale Tonunterschiede, also Luftdruckschwankungen, zu erfassen. 1300 Tonhöhen kann unser Gehör unterscheiden.

Das Gehör ist auch ein Meister in der zeitlichen Auflösung. Wenn Geräusche im Abstand von wenigen millionstel Sekunden im linken und im rechten Ohr ankommen, kann unser Gehirn daraus die Richtung der Geräuschquelle errechnen, ein Meisterleistung, die es auch im Dauereinsatz beherrscht. Es kann bereits gehörte Klangmuster, wie etwa die Stimme des eigenen Kindes, in Sekundenbruchteilen zuordnen. Zudem ist es in der Lage, zwischen Geräuschen, also einem Durcheinander von Schallwellen, und gleichmäßig schwingenden Tönen zu unterscheiden. Töne lösen sogar mit die stärksten Empfindungen aus, ohne dass wir wissen, wie das funktioniert. Schon einfache Tonfolgen können uns zutiefst berühren. Musik aktiviert im Gehirn ein eigenes Areal, Sprache ein anderes.

Die ungewöhnlichste Eigenschaft des Hörsinns ist jedoch, dass er rund um die Uhr aktiv ist. Selbst im Schlaf sind die Ohren unsere Verbindung zur Außenwelt. Wenn wir nachts aufwachen, ist in der Regel ein ungewöhnlicher Laut daran schuld. Diese ständige Bereitschaft zeigt uns, wie wichtig das Hören für unsere frühen Vorfahren einst war: Es war überlebenswichtig, das ankommende Raubtier zu hören. So können wir niemals weghören, aber durchaus wegsehen und unsere Nase verschließen. Wir haben keine Möglichkeit, uns gegen Schall physikalisch abzuschotten, es gibt keine »Ohrenlider«. Um nichts mehr zu hören, müssten wir unsere Ohren komplett mit Kopfhörern abdichten.

# Dank

**E**in so vielschichtiges Buch wie dieses wäre ohne die originellen Ideen, erhellenden Erklärungen und vielfältigen Anregungen von Wissenschaftlern nicht möglich. Dafür danke ich Tilo Arnhold, Asa Barber, Ralf Bender, Sebastian Bley, Thomas Brandt, Franz Brümmer, Simone Egger, Barbara Ercolano, Charlotte Förster, Brigitte Schulte-Fortkamp, Alexander Fraser, Richard Fuchs, Albert Gerdes, Michael Gliss, Gerhard Heldmaier, Bernd Herkner, Stephan Herminghaus, Gunther Hirschfelder, Hans Kemenater, Christian Lisdat, Karin Mölling, Viatcheslav Mukhanov, Werner Müller, Michael Ohl, Steve Sasson, Martin Schneebeli, Ingo Schneider, Friedemann Schrenk, Manfred Walzl, Stefan Winter, Holger Wormer und Martin Zarnkow.

Besonderer Dank gilt meiner Mitarbeiterin Katharina Roth, die mich nicht nur bei den Recherchen unterstützt hat. Sie hat auch das gesamte Manuskript akribisch gegengelesen und mir in intensiven Diskussionen viele wertvolle Ideen mit auf den Weg gegeben.

Stefan Ulrich Meyer hat den Stein ins Rollen gebracht, mit ihm habe ich das Grundkonzept besprochen. Ihm danke ich für seine Ideen und sein Vertrauen. Daniel Mursa von meiner Agentur Petra Eggers hat mein Projekt nach Kräften unterstützt. Verena Diercks und den Schülerinnen des Theresia-Gerhardinger-Gynmnasiums München danke ich für Anregungen zu spannenden Fragen. Besonders dankbar bin ich meiner

Lektorin Nadine Lipp, für ihre Begeisterung, mit der sie das Buch begleitet hat, und für ein überaus präzises, kluges und gleichzeitig behutsames Lektorat.

Zum Schluss möchte ich meiner Frau Denise und meinen Kindern Fabian, Nicolai und Laura danken. Sie haben mich in den intensiven Monaten des Schreibens unterstützt, mich mit ihren Gedanken inspiriert und ihrer klaren Kritik bereichert. Widmen möchte ich dieses Buch meinen Eltern, als Dank für ihre lebenslange Unterstützung und die Begeisterung für mein Tun.

# QUELLEN

## BÜCHER

David Blatner, Extremwelten: Unser unfassbares Universum von unendlich klein bis unendlich, Berlin 2013

Trevor Cox, Das Buch der Klänge, Berlin 2015

Cyril Edward, The Strange Case of the Old High German Lullaby. in: The Beginnings of German Literature: Comparative and Interdisciplinary Approaches to Old High German. S. 142–165, Camden House 2002

Simone Egger, Phänomen Wiesntracht. Identitätspraxen einer urbanen Gesellschaft: Dirndl und Lederhosen, München und das Oktoberfest, München 2006

Giulia Enders, Darme mit Charme, Berlin 2014

Eva Heller, Wie Farben wirken, Reinbek 2006

Hans Magnus Enzensberger, Die Geschichte der Wolken, Frankfurt/Main 2003

Hubert Filser, Das erste Mal, Berlin 2011

Andrea Fink-Keßler, Milch, Oekom Verlag, München 2012

Gebrüder Grimm, Deutsches Wörterbuch der Gebrüder Grimm, Online Version: dwb.uni-trier.de

Daniel Gethmann/Anselm Wagner: Staub. Eine interdisziplinäre Perspektive, Wien 2013

Hermann G. Hauthal/Günter Wagner (Hrsg.): Reinigungs- und Pflegemittel im Haushalt, Verlag für chemische Industrie, Augsburg 2007

Rudolf Heiss, Karl Eichner, Haltbarmachen von Lebensmitteln. Chemische, physikalische und mikrobiologische Grundlagen der Qualitätserhaltung. Berlin 2002

Gunther Hirschfelder, Europäische Esskultur – Geschichte der Ernährung von der Steinzeit bis heute, Frankfurt/Main 2005

Alexandre Lacroix, Kleiner Versuch über das Küssen, Berlin 2013

Stefan Klein, Zeit, Frankfurt/Main 2006

Harald Lesch und Harald Zaun, Die kürzeste Geschichte allen Lebens, Hamburg 2008

Franz Meußdoerffer, Martin Zarnkow. Das Bier: Eine Geschichte von Hopfen und Malz, München 2014

Karin Mölling, Supermacht des Lebens – Reisen in die erstaunliche Welt der Viren, München 2014

Bernhard Mühr, Der Wolkenatlas und ein Ausflug in die Astronomie, Gerchsheim 2008

Werner Paravicini (Hg.), Höfe und Residenzen im spätmittelalterlichen Reich, darin Beitrag von Anja Kircher-Kannemann, »Feuerwerke und Illuminationen«, Ostfildern 2005

Günther Richter, Feste und Bräuche im Wandel der Zeit. Kirmes, Kürbis und Knecht Ruprecht, Bielefeld 2011

Andrew F. Smith, Popped Culture: A Social History of Popcorn in America, Washington and London 2001

Peter Spork, Wake up! – Aufbruch in eine ausgeschlafene Gesellschaft, München 2014

Jens Soentgen, Kurt Völzke (Hg.), Staub. Spiegel der Umwelt, München 2006
Jürgen Tautz, Die Erforschung der Bienenwelt, Stuttgart 2015
Ordericus Vitalis, Historica Ecclesiastica
Günther Wagner, Waschmittel. Chemie, Umwelt, Nachhaltigkeit, Weinheim
    2005
Michael Welland, Sand: The Never-Ending Story, University of California Press
    2010
Marc Wittmann, Wenn die Zeit stehen bleibt, München 2015
Richard Wrangham, Feuer fangen, München 2009
Holger Wormer, Hubert Filser, Das schönste Fest des Jahres, Freiburg 2009

## WEBSEITEN
www.goethezeitportal.de
www.quarks.de
www.spektrum.de
www.slf.ch
www.weltderphysik.de
www.zeit.de/serie/stimmts

## ARTIKEL
### FRÜHJAHR

Kathrin Altwegg et al., 67P/Churyumov-Gerasimenko, a Jupiter family comet
    with a high D/H ratio, in: Science Express, 11 Dez. 2014, doi 10.1126/
    science.1261952
Elise Facer-Childs et al., The Impact of Circadian Phenotype and Time since
    Awakening on Diurnal Performance in Athletes, in: Current Biology, 29.
    Januar 2015, DOI: http://dx.doi.org/10.1016/j.cub.2014.12.036
Charles C. Davis, Maribeth Latvis, Floral Gigantism in Rafflesiaceae, in: Science,
    Online 11. Januar 2007, gedruckt in Science Bd. 315, S. 1812, DOI: 10.1126/
    science. 1135260
Alan Dundes, April Fool and April Fish: Towards a Theory of Ritual Pranks, in:
    Etnofoor, Jg. 1, Nr. 1. S 4 f., 1988
Katherine M. Flegal et al., Association of All-Cause Mortality With Overweight
    and Obesity Using Standard Body Mass Index Categories, in: JAMA, Bd.
    309(1), S. 71 f., 2013, doi:10.1001/jama.2012.113905
Heinrich Fichtenau, Die Fälschungen Georg Zapperts in: Mitteilungen des
    Instituts für Österreichische Geschichtsforschung, Bd.78, S.444-467, 1970
Richard Fuchs, Gross changes in reconstructions of historic land cover/use for
    Europe between 1900 and 2010, in: Global Change Biology, doi: 10.1111/
    gcb.12714, 2014
John Gaski et al.; Detrimental effects of daylight-saving time on SAT scores, in:
    Journal of Neuroscience, Psychology, and Economics, Bd. 4, S. 44 f., Februar
    2011, http://dx.doi.org/10.1037/a0020118
Gregor Kiesewetter et al., Modelling street level PM10 concentrations across
    Europe: source apportionment and possible futures, in: Atmospheric Che-
    mistry and Physics, Bd. 15, S. 1539 f., doi:10.5194/acp-15-1539-2015, 2015.
Remco Kort et al., Shaping the oral microbiota through intimate kissing, in:
    Microbiome, 2:41, 2014
Jeremy Langrish et al., Air pollution and mortality in Europe, in: The Lancet,

Bd. 383, S.758 f., 1. März 2014, DOI: http://dx.doi.org/10.1016/S0140-6736(13)62570-2

Ruben Meerman et al., When somebody loses weight, where does the fat go, in: BMJ, Bd. 349, 16. Dezember 2014, doi: http://dx.doi.org/10.1136/bmj.g7257

Jörn Müller, Harald Lesch, Woher kommt das Wasser der Erde? – Urgaswolke oder Meteoriten. In: Chemie in unserer Zeit. Bd 37, Nr. 4, S. 242 f., 2003

Charles T. O›Reilly et al., Resolving the World›s largest tides, in J.A Percy, A.J. Evans, P.G. Wells, and S.J. Rolston (Hrsg.) 2005: The Changing Bay of Fundy – Beyond 400 years, Proceedings of the 6th Bay of Fundy Workshop, Cornwallis, Nova Scotia, 29 Sept.- 2. Okt. 2004

Till Roenneberg et al. Aligning Work and Circadian Time in Shift Workers Improves Sleep and Reduces Circadian Disruption, in: Current Biology, online, 12. März 2015

Michale Tortorello: Speck by Speck, Dust piles up, in: New York Times, 9. Februar 2011

David Wagner et al., Lost sleep and cyberloafing: Evidence from the laboratory and a daylight saving time quasi-experiment, in: Journal of Applied Psychology, Bd. 97, S. 1068 f., September 2012, http://dx.doi.org/10.1037/a0027557

Lauren Walmsley et al., Colour as a signal for entraining the mammalian circadian clock, in: PLOSBiolog, DOI:10.1371/journal.pbio.1002127, 17. April 2015

## SOMMER

Isabel Joy Bear et al., Nature of Argillaceous Odour, in: Nature, Bd. 201, S. 993 f., 1964 doi:10.1038/201993a0

Adrian Bejan, Why humans biuld fires shaped the sme way, in: Scientific Reports, doi:10.1038/srep11270, Juni 2015

Jürgen Blum et al., Granular Convection And The Brazil Nut Effect In Reduced Gravity, in: Physical Review E Bd. 87, 23. April 2013, doi: 10.1103/PhysRevE.87.044201

Daniel Bonn, Maryam Pakpour et al., How to construct the perfect sandcastle, in: Scientific Reports, 2. August 2012, DOI: 10.1038/srep00549

Daniel Bonn, Abdoulaye Fall et al., Sliding Friction on Wet and Dry Sand, in: Physical Review Letters, 112, 29. April, 2014, http://dx.doi.org/10.1103/PhysRevLett.112.175502

Roger Brothers und Kenneth Lohmann, Evidence for geomagnetic imprinting and magnetic navigation in the natal homing of sea turtles, in: Current Biology. Bd. 25, S. 1, 2. Februar 2015, doi: 10.1016/j.cub.2014.12.035

McClain et al., Sizing ocean giants. patterns of intraspecific size variation in marine megafauna. DOI: 10.7717/peerj.715, in: PeerJ, 13. Januar 2015

Claire S. Earlie et al., Coastal cliff ground motions and response to extreme storm waves, in: Geophysical Research Letters, DOI: 10.1002/2014GL062534, 2015

G. Guannel et al., »Formulation of the Undertow Using Linear Wave Theory«, in: Physics of Fluids, 2014

Stephan Herminghaus, Mario Scheel et. al, Morphological clues to wet granular pile stability, in: Nature Materials, Bd. 7, S. 189 f., 2008, doi:10.1038/nmat2117

Naomi Holliday et al., Were extreme waves in the Rockall Trough the largest ever recorded?, in: Geophysical Research Letters, Bd. 33, 11. März 2006 DOI: 10.1029/2005GL025238

Ernest Illy, Von der Bohne zum Espresso, in: Spektrum der Wissenschaft, 05/2003

Marie D. Jackson et al., Mechanical resilience and cementitious processes in Imperial Roman architectural mortar, in: PNAS, Bd. 111, Nr. 52, S. 18484 f., 2014, doi: 10.1073/pnas.1417456111

Young Soo Joung et al. Aerosol generation by raindrop impact on soil, in: Nature Communications, Bd. 6, doi: 10.1038/ncomms7083, 2015

Joshua L Kennedy, Pathogenesis of Rhinovirus Infection, in: Current Opinion in Virology, Bd. 2, Heft 3, S. 287 f., Juni 2012

Michael Larson, Further evidence for superterminal raindrops, in: Geophysical Research Letters, 1 Okt. 2014, doi: 10.1002/2014GL061397

Florian Lederbogen et al., City living and urban upbringing affect neural social stress processing in humans. In: Nature Bd. 474, S. 498 f., 2011, doi: 10.1038/nature10190

Rachel Markwald et al., Impact of insufficient sleep on total daily energy expenditure, food intake, and weight gain, in: PNAS, 11. März 2013. doi: 10.1073/pnas.1216951110

Ming Meng et al., Lateralization of face processing in the human brain. In: Proceedings of the Royal Society B: Biological Sciences, Jan. 2012; DOI: 10.1098/rspb.2011.1784

Michael Nickel, Like a 'rolling stone': quantitative analysis of the body movement and skeletal dynamics of the sponge Tethya wilhelma, in: Journal of Experimental Biology, Bd. 209, S. 2839, 2006

Michael J. Smith, Honey bee pain index by body location, in: PeerJ, 2:e338. 2014, DOI 10/7717/peerj.338

P. Vermeesch et al., Sand residence times of one million years in the Namib Sand Sea from cosmogenic nuclides, in: Nature Geoscience, Bd. 3, S. 862, 2010, doi:10.1038/ngeo985

L. Donelson Wright, Andrew Short, Short-term changes in the morphodynamic states of beaches and surf zones: An empirical predictive model, in: Marine Geology, Bd. 62, Ausgabe 3–4, Januar 1985, S. 339–364

Sand, rarer than one thinks, UNEP Global Environmental Alert Service (GEAS), März 2014, www.unep.org/geas

HERBST

Asa H. Barber et al., Extreme strength observed in limpet teeth. In: Royal Society Journal Interface, 2015 DOI: 10.1098/rsif.2014.1326

Matthias Bauer et al., Fear of heights in ancient China, in: Journal of Neurology, Bd. 259, S. 2223f., DOI 10.1007/s00415-012-6523-5

Manfred Betz et al., Schlafgewohnheiten und Gesundheit bei Jugendlichen und jungen Erwachsenen – Auswirkungen von Schlafdefizit auf Leistungsfähigkeit und Wohlbefinden, in: Deutsche medizinische Wochenschrift; 137 – A28, 2012, DOI: 10.1055/s-0032-1323191

Daniel Blumstein et al., The sound of arousal in music is context-dependent, in: Biological Letters, 11. Sept. 2012, DOI: 10.1098/rsbl.2012.0374

Robynne Boyd, Do People Only Use 10 Percent of Their Brains? – What's the matter with only exploiting a portion of our gray matter?, in: Scientific American, 7. Februar 2008

Thomas Brandt et al., Fear of heights and visual height intolerance, in: Current Opinion Neurology, Bd. 27, S. 111 f., 2014, DOI:10.1097/WCO.0000000000000057

Jason B. Castro et al., Categorical Dimensions of Human Odor Descriptor Space Revealed by Non-Negative Matrix Factorization, In: PloS One, 18. September 2013, DOI: 10.1371/journal.pone.0073289

Harris Cooper et al., The Effects of Summer Vacation on Achievement Test Scores: A Narrative and Meta-Analytic Review, in: Review of Educational Research, doi: 10.3102/00346543066003227

Rubén Fernández-Alonso et al., Adolescents' Homework Performance in Mathematics and Science: Personal Factors and Teaching Practices. In: Journal of Educational Psychology. Advance online publication. 16. März 2015, http://dx.doi.org/10.1037/edu0000032

Jennifer Fiegel et al., Airborne infectious disease and the suppression of pulmonary bioaerosols, in: Drug Discovery Today, Bd. 11, Heft ½, S.51 f., Januar 2006

Dominik Guggisberg et al., Mechanism and control of the eye formation in cheese, in: International Dairy Journal, Bd.47, S. 118 f., August 2015

Gerhard Heldmaier, Life on Low Flame in Hibernation, in: Science, Bd. 331, S.866 f., 2011

Max Hirshkowitz, National Sleep Foundation's sleep time duration recommendations: methodology and results summary, in: Sleep Health, Bd. 1, Ausg. 1, S. 40f., März 2015 http://dx.doi.org/10.1016/j.sleh.2014.12.010

William James, The Energies of Men, in: Science, Bd. 635, S. 321 f., 1907

Thomas Kantermann et al., Timing of Examinations Affects School Performance Differently in Early and Late Chronotypes, in: Journal of Biological Rhythms, Bd. 30, S. 53 f., Februar 2015

John Londesborough et al., Analysis of Beers from an 1840s' Shipwreck, in: Journal of Agricultural &Food Chemistry, DOI: 10.1021/jf5052943, 9. Februar 2015

Steven McMullen et al., The Impact of Year-Round Schooling on Academic Achievement: Evidence from Mandatory School Calendar Conversions, in: American Economic Journal: Economic Policy, Bd.4, S. 230 f., 2012, DOI: 10.1257/pol.4.4.230

Gordon E. Moore, Cramming More Components onto Integrated Circuits, in: Electronics, S. 114 f., 19. April 1965.

Pam Mueller et al., The Pen Is Mightier than the Keyboard: Advantages of Longhand Over Laptop Note Taking, in: Psychological Science, doi: 10.1177/0956797614524581, 2014

Julian W. Tang et al., Airflow Dynamics of Coughing in Healthy Human Volunteers by Shadowgraph Imaging: An Aid to Aerosol Infection Control, in: PloS one, Bd. 7, Ausgabe 4, S. e34818 April 2012

Morgan W. Tingley et al., Global mountain topography and the fate of montane species under climate change, in: Nature Climate Change, 18. Mai 2015, online, doi:10.1038/nclimate2656

Emmanuel Virot et al., Popcorn: critical temperature, jump and sound, in: Journal of the Royal Society Interface, 12: 20141247. http://dx.doi.org/10.1098/rsif.2014.1247, 2015

Edgar Wunder, Die Folgen von »Freitag, dem 13.« auf das Unfallgeschehen in Deutschland, in: Zeitschrift für Anomalistik, Bd. 3, S. 47 f., 2003

Shengwei Zhu et al., Study on transport characteristics of saliva droplets produced by coughing in a calm indoor environment. In: Building and Environment, Bd. 41, S. 1691 f., 2006

WINTER
James C. Bird, Daughter bubble cascades produced by folding of ruptured thin films, in: Nature, Bd. 465, S. 759 f., 2010, doi:10.1038/nature09069
Antony Szu-Han Chen und Stephen W. Morris, On the origin and evolution of icicle ripples, in: New Journal of Physics, 17 September 2013, arXiv:1301.4734v3
Nike Heinen, Die Schneemacher, in:/ Technology Review, Heft 01/2010
Thomas Hummel et al., Effects of the form of glasses on the perception of wine flavors: a study in untrained subjects. In: Appetite Bd. 41: 197 f., 2003
Katsuhiro Kikuchi et al., A global classification of snow crystals, ice crystals, and solid precipitation based on observations from middle latitudes to polar regions, in: Atmospheric Research, Bd. 132–133, Okt/Nov. 2013, S. 460f., doi:10.1016/j.atmosres.2013.06.006
Tanjaniina Laukkanen, Jari Laukkanen et al., »Association Between Sauna Bathing and Fatal Cardiovascular and All-Cause Mortality Events«, in: JAMA Internal Medicine, online 23. Februar 2015. doi:10.1001/jamainternmed.2014.8187
Naohisa Ogawa et al., Surface instability of icicles, in: Physical Review E, Bd. 66, 4. Oktober 2002, DOI: http://dx.doi.org/10.1103/PhysRevE.66.041202
Svenja Reinke et al., Tracking Structural Changes in Lipid-based Multicomponent Food Materials due to Oil Migration by Microfocus Small-Angle X-ray Scattering, in: ACS Applied Material and Interfaces, 20. April 2015, DOI: 10.1021/acsami.5b02092
Kurt Schindelwig et al., Temperature below a gliding cross country ski, in: Procedia Engineering, Bd. 72, S. 380 f., 2014, doi: 10.1016/j.proeng.2014.06.065
Michael Siegrist et al., Expectations influence sensory experience in a wine tasting, in: Appetite, Bd. 52, S. 762 f., June 2009
Charles Spence et al., Beverage perception and consumption: The influence of the container on the perception of the contents, in: Food Quality and Preference, Bd. 39, S. 131 f., Januar 2015
Yangjun Tu et al., Touching tastes: The haptic perception transfer of liquid food packaging materials, in: Food Quality and Preference, Bd. 39, S. 124 f., Januar 2015
Kazuto Ueno, Characteristics of the wavelength of ripples on icicles, arXiv:1103.5208v1, 27 März 2011
Martin Wallraff, Jahrestage – Jahreswechsel, in: Praktische Theologie, Bd.44(3), S.172 f., 2009

# BILDNACHWEIS

HildenDesign,Veronika Wunderer: S. 6, 7, 8, 12-13, 15, 17, 27, 29, 32, 37, 39, 40, 52, 77, 88, 91, 97, 101, 103, 104, 108-109, 128, 132-133, 134, 138, 141, 159, 164, 165, 166, 168, 172, 180, 186, 187, 188, 201, 203, 206, 216-217, 218, 220-221, 224, 227, 228, 242-243, 254, 257, 265, 267, 268, 269, 277, 278-279, 282, 291, 295, 301, 303, 304, 307, 309, 318-319, 320, 325, 333, 336, 339, 341, 343, 344, 347, 351, 354, 355, 363, 366, 370, 372, 374, 376, 377, 379, 381, 383, 390, 395, 398, 400, 401, 403, 404-405, 408

Shutterstock (modifiziert von HildenDesign,Veronika Wunderer): Daniel Barreto S. 7, 110; smilewithjul S. 8, 216, 248; advent S. 10, 108, 120, 136; Aleks Melnik S. 12, 43, 153; Natalia Hubbert S. 12, 94, 413; chotwit piyapramote S. 22, 27; Reuki S. 35; dicogm S. 47; microvector S. 79; Yayayoyo S. 79; Nikiteev_Konstantin S. 89, 118; Popmarleo S. 92; Danussa S. 118; Art'nLera S. 144; Zhemchuzhina S. 146; Orfeev S. 196; Mire S. 213; Jka S. 248; MARK-IN S. 261; Lyudmyla Kharlamova S. 313

Shutterstock: Cat_arch_angel S. 6, 102; Palau S. 12, 21, 30; Redcollegiya S. 12, 14; design36 S. 32; Oko Laa S. 41; Aleks Melnik S. 55; WINS86 S. 63; Annykos S. 68-70, 81; Karin Hildebrand Lau S. 72-75; La puma S. 81; Nikiparonak S. 114-115; hchjjl S. 153; hauvi S. 155, 156; Skryl Sergey S. 155; Macrovector S. 193; tovovan S. 193; Katata S. 195-196; moopsi S. 208; Elena Li S. 217; Polovinkin S. 234; Erica Truex S. 318, 391; Nikiteev_Konstantin S. 318, 360-361; elenabsl S. 329

# REGISTER